优化设计基础及实践

YOUHUA SHEJI JICHU JI SHIJIAN

龚相超　胡百鸣　编著

华中科技大学出版社
中国·武汉

内 容 简 介

本书是一本面向初学者的优化设计教材，全面介绍了优化设计的基本理论、方法以及实际应用。本书采用通俗易懂的语言，辅以大量直观的图形，通过丰富的实例和配套演示程序，引导读者快速掌握优化设计的核心技能。

本书内容共分 7 章，分别对优化设计的基本概念、多维函数的一维优化问题、无约束优化设计方法、约束优化设计的直接法、约束优化设计的间接法、多目标优化方法和部分约束优化实例加以介绍，同时在附录中收录了相关的数学知识、VB 程序命令的用法和教材中部分源程序。这些内容构建起优化设计的基本知识体系框架。书中还详细讲解了传统的常用优化算法，通过配套软件，读者可以直接在计算机上运行并调试优化算法，深入理解优化过程的各个细节。

本书既可作为机械工程、土木工程、工程力学及工程管理等专业学生的入门教材，也可作为工程师和科研人员的实用参考书，且附录程序可供二次开发使用。

图书在版编目(CIP)数据

优化设计基础及实践/龚相超，胡百鸣编著. —武汉：华中科技大学出版社，2024.1
ISBN 978-7-5772-0388-1

Ⅰ.①优… Ⅱ.①龚… ②胡… Ⅲ.①最优设计 Ⅳ.①TB21

中国国家版本馆 CIP 数据核字(2024)第 016200 号

优化设计基础及实践 龚相超 胡百鸣 编著
Youhua Sheji Jichu ji Shijian

策划编辑：余伯仲
责任编辑：程 青
封面设计：廖亚萍
责任监印：周治超
出版发行：华中科技大学出版社(中国·武汉) 电话：(027)81321913
武汉市东湖新技术开发区华工科技园 邮编：430223
录 排：武汉三月禾文化传播有限公司
印 刷：武汉市洪林印务有限公司
开 本：787mm×1092mm 1/16
印 张：15.75
字 数：403 千字
版 次：2024 年 1 月第 1 版第 1 次印刷
定 价：49.80 元

前　言

优化设计是一种现代设计方法，也是一项工程领域中极为重要的实用技术，它针对实际的工程设计问题，应用最优化理论建立起数学模型，并借助计算机进行求解，以便高效和快捷地寻找出最优的设计方案和完成设计目标。但是，优化设计的理论知识有时比较抽象和复杂，这会使得一些初学者望而却步、难以入门。

本书的目标是以简单易懂的方式介绍优化设计的基本原理，并通过丰富的配套演示程序帮助读者深入理解和实践所学的知识。在内容上，本书选择了最基本的优化设计方法，并对其中的概念逐一给出清晰的定义和解释。同时，通过几何方法对相关的优化设计理论进行直观表述，在例题中也大量使用图形描述优化方法的过程。为了弱化对工程专业背景知识的要求，本书选择比较简单的设计实例进行建模和优化计算，这样可以使读者将学习的重心放在优化设计本身。同时针对本书中所介绍的每种优化方法都编制了相应的程序，且这些程序都经过了实际运算验证，源代码可参见附录和二维码。

在本书编写过程中力求突出以下几个特点：

(1) 语言通俗易懂，过程讲解详细，使初学者能够轻松理解相关内容。

(2) 图文并茂，结合几何方法直观地阐明相关原理和概念。

(3) 内容翔实。本书对各种优化算法的重要程序语句都进行了说明，关键语句均附有注释，可帮助读者理解程序的运行过程，也方便读者对这些程序进行二次开发使用。

(4) 配套资源丰富。本书提供了电子版的配套课件、全部源程序代码，以及习题的参考答案(部分含计算过程)，这些资源能够帮助教师和学生更好地进行教学和学习。相关资源可扫描二维码获得。

本书适合机械工程、土木工程、工程力学及工程管理等专业的学生选用，同时也适合相关专业的教师和工程技术人员使用。建议理论教学部分安排 34～54 学时，并额外安排 8 学时的上机实践。

本书由龚相超、胡百鸣任主编，吉德三、黄健任副主编。第 1 章和第 2 章及附录Ⅰ由龚相超编写，第 3 章及附录Ⅲ(部分)由黄健编写，第 4 章和第 7 章及附录Ⅱ由吉德三编写，第 5 章和第 6 章及附录Ⅲ(部分)由胡百鸣编写。本书在华中师范大学周丽丽老师的建议下开始编写，其对教材规划提出了很好的构想，且提供了许多有价值的参考意见。本书由武汉科技大学教材建设基金资助出版，在此向所有对本书提供支持与帮助的人员和单位表示由衷的敬意和感谢。

在本书编写过程中，我们参考并引用了一些经典的优化设计文献，在此向原作者表示感谢。需要说明的是：经过多方考证，我们仍未能查明其中几个参考文献的准确出处，因而无法注明其详细的引用信息，请原作者与我们联系，以便及时更正。

由于本类数字化教材建设尚在探索中，且作者水平有限，书中难免存在疏漏和错误，敬请读者批评指正。

编　者

2023 年 6 月于武汉科技大学

编者邮箱：jjwt2004@163.com

目　录

第1章

优化设计概论

本章以两个实例为起点，逐步介绍优化设计中常用的基本概念和基本思想，为进一步研究优化设计问题打下必要的基础；通过实例总结出相关概念的一般定义，并介绍一些优化设计中常用的方法。

1.1 优化设计示例

优化设计概论

【例 1-1】 图 1-1-1(a)所示是一块边长为 6 m 的正方形铁板，将四个角均裁剪掉边长为 x 的正方形，然后将金属板折叠并焊接成一个无盖的正方形盒子，如图 1-1-1(b)所示。当 x 取何值时，无盖正方形盒子容积最大？

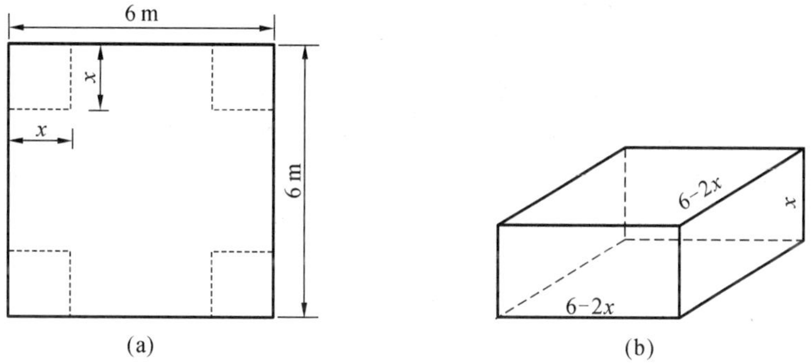

图 1-1-1 无盖盒示意图

(a) 平面解析 (b) 无盖正方形盒子

1. 问题分析

这是一个一元函数问题，即如何选择一元变量 x，使折成的正方形盒子容积最大。

2. 数学描述

独立设计参数 x 决定了盒子容积。独立的设计参数称为优化设计的**设计变量**。

为了衡量盒子容积是否达到最大，需要写出盒子容积的函数表达式：

$$f(x) = x(6-2x)^2 \tag{1-1-1}$$

取一系列不同的设计变量 x 时，将得到一系列不同的容积值 $f(x)$。通过比较容积值 $f(x)$ 的大小，即可从中找出最大容积 $\max f(x^*)$，从而确定最大容积所需的最优设计变量 x^*。

优化设计中，一个/一组设计变量，称为一个**设计方案**。优化设计需要从这一系列设计方案中，选出"最佳或最优"，即容积最大的设计方案。

为了衡量设计方案表示的一个技术指标是否达到最优，需要建立一个由设计变量表示的技术指标函数。用于衡量设计变量表示的某项技术指标优劣程度的函数，称为优化设计的**目标函数**。盒子容积这一技术指标函数 $f(x)$，就是该优化设计的目标函数。

对于该实例，求目标函数最优(最大)值记为

$$\max f(x)=x(6-2x)^2 \tag{1-1-2}$$

对于纯数学问题，x 可以取任意实数。但在工程问题中，切角边长 x 必须为正数，数学表述方式为

$$x>0 \tag{1-1-3}$$

同时，由几何关系可知，为了折成一个盒子，切角边长 x 必须小于铁板边长的一半，数学表述方式为

$$x<3 \tag{1-1-4}$$

设计变量取值必须满足的限制性因素，称为优化设计的**约束条件**。约束条件用数学表达式描述时，称为**约束方程**。

最后，将上述全部分析内容用数学方式综合表示为

$$\max f(x)=x(6-2x)^2 \tag{1-1-5}$$

$$\text{s.t.}\quad x>0 \tag{1-1-6}$$

$$x<3 \tag{1-1-7}$$

式中，s. t. 是“subject to”的缩写，表示“约束于”。

式(1-1-5)至式(1-1-7)的 3 个数学表达式组合，称为优化设计的数学模型。它分为两个部分：式(1-1-5)表示取目标函数最优值；式(1-1-6)、式(1-1-7)表示设计变量要满足的约束条件。

该数学模型的意义是：寻找满足约束条件的最佳设计变量 x，使目标函数值达到最优。本例中，对应目标函数值最大的设计方案，称为该设计的**最优方案**。

3. 选择优化求解计算方法

该优化问题较简单，可用一阶导数为零的方法求出最优解。

令

$$\frac{\mathrm{d}f(x)}{\mathrm{d}x}=0$$

得

$$(x-1)(x-3)=0$$

解得：$x^*=1(\mathrm{m})$。另一个解 $x=3(\mathrm{m})$ 不满足约束条件，应舍去。

将 $x^*=1(\mathrm{m})$ 代入式(1-1-5)，最大容积为 $\max f(x^*)=16(\mathrm{m}^3)$。

称 x^* 为一元设计变量的**最优点**，$\max f(x^*)$ 为一元函数的**最优值**，x^* 与 $\max f(x^*)$ 合称为**最优解**。

用数学分析原理求优化设计最优解的方法，称为**解析法**。

求解一个优化设计问题，需要经过问题分析、数学描述(确定设计变量、建立目标函数、确定约束方程、建立优化设计数学模型)、选择优化计算方法并求解的过程，从而在一系列设计方案中，找出满足约束条件的最优设计方案。

【例 1-2】 空心等截面铝材受压杆，两端是球铰支座，轴向压力 $P=22\ 680$ N，如图 1-1-2所示。压杆长度 $l=2\ 540$ mm，弹性模量 $E=70.3$ GPa，密度 $\rho=2.768\ \mathrm{t/m^3}$，比例极限 $\sigma_\mathrm{p}=175$ MPa，许用压应力 $[\sigma]=140$ MPa。设压杆的内、外直径分别为 D_0、D_1，平均直径 $D=(D_0+D_1)/2$。视其为薄壁圆筒，要求 $D\leqslant 89$ mm，壁厚 $\delta\geqslant 1$ mm。当 D、δ 分别为何值时，压杆的质量最小？

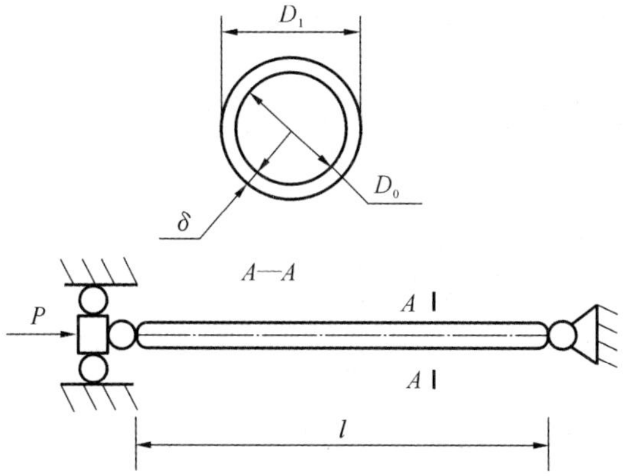

图 1-1-2　压杆结构图

1. 问题分析

这是一个二元函数问题，将二元及二元以上函数称为多元函数。对于该压杆稳定问题，选择满足约束条件的平均直径 D、壁厚 δ，使压杆的质量最小，即最省材料。

2. 数学描述

题目已经明确两个设计变量 D、δ，二元及二元以上设计变量用列向量表示：

$$\boldsymbol{X} = \begin{pmatrix} D \\ \delta \end{pmatrix} = \begin{bmatrix} x_1 \\ x_2 \end{bmatrix} \tag{1-1-8}$$

采用向量方式，可将二元设计变量推广到任意 n 元的情况，表达 n 个设计变量。

为了与线性代数表述一致，将二元变量称为二维变量，对应 n 元变量称为 n 维变量。

为了衡量压杆质量是否达到最小，需要写出压杆质量的函数表达式。

由于薄壁圆筒 $D \gg \delta$，圆筒横截面面积 A 可以近似表示为

$$A = \pi D\delta = \pi x_1 x_2 \tag{1-1-9}$$

该优化设计的目标函数即为薄壁圆筒压杆的质量：

$$f(\boldsymbol{X}) = (\pi D\delta) l\rho = \pi x_1 x_2 l\rho \tag{1-1-10}$$

当目标函数是多元函数时，目标函数记为 $f(\boldsymbol{X})$，用大写的向量符号 $\boldsymbol{X}$ 表示一组设计变量 $(x_1, x_2)^{\mathrm{T}}$，与例 1-1 中 $f(x)$ 的小写 x 写法不同。

取一系列不同组合的 $(x_1, x_2)^{\mathrm{T}}$ 值，即对应着一系列不同的“设计方案”。虽然设计方案不同，但比较目标函数值——压杆质量的大小，仍然可以从众多不同的设计方案中选出“最优”——压杆质量最小的设计方案。

求目标函数最优（最小）值可记为

$$\min f(\boldsymbol{X}) = \pi D\delta l = \pi x_1 x_2 l \tag{1-1-11}$$

工程问题的约束条件一般分两类：构件的边界约束、构件的性能约束。

1）边界约束

边界约束一般是优化对象的几何尺寸必须满足的限制因素。

(1) 平均直径 D 不得为负且不得超过限定尺寸：

$$x_1 \geqslant 0 \tag{1-1-12}$$

$$x_1 \leqslant 89 \tag{1-1-13}$$

(2) 压杆壁厚 δ 必须大于限定尺寸（同时自然满足了非负的条件）：

$$1 \leqslant x_2 \tag{1-1-14}$$

2) 性能约束

性能约束一般是优化对象的力学、机械性能等必须满足的限制因素，如本例中压杆必须满足的强度条件、稳定条件等。

(1) 压杆应满足的抗压强度条件：

$$\sigma = \frac{P}{A} = \frac{P}{\pi D\delta} = \frac{P}{\pi x_1 x_2} \leqslant [\sigma] \tag{1-1-15}$$

代入已知数据，整理为

$$51.6 - x_1 x_2 \leqslant 0 \tag{1-1-16}$$

如果式(1-1-14)及式(1-1-16)成立，则式(1-1-12)自然成立，其是一个可以去掉的多余约束。

(2) 压杆应满足的稳定性条件：

$$\sigma \leqslant \sigma_{cr} \tag{1-1-17}$$

用压杆的欧拉公式计算两端铰支大柔度压杆(薄壁圆筒)的临界应力 σ_{cr}：

$$\sigma_{cr} = \frac{\pi^2 EI}{l^2 A} = \frac{\pi^2 E}{l^2}\frac{D^2}{8} = \frac{\pi^2 E x_1^2}{8l^2} \tag{1-1-18}$$

式中：I 为薄壁圆筒横截面的惯性矩，即

$$I = \frac{\pi D^3 \delta}{8} = \frac{\pi x_1^3 x_2}{8} \tag{1-1-19}$$

压杆的稳定性条件式(1-1-17)可展开为

$$\frac{P}{\pi x_1 x_2} \leqslant \frac{\pi^2 E x_1^2}{8l^2} \tag{1-1-20}$$

代入已知数据，并整理为

$$537026.3 - x_1^3 x_2 \leqslant 0 \tag{1-1-21}$$

(3) 使用欧拉公式的限制条件，即压杆必须是大柔度杆：

$$\lambda \geqslant \lambda_1 \tag{1-1-22}$$

式中：λ 为压杆的柔度。对于两端铰支的压杆，有

$$\lambda = \frac{l}{i} \tag{1-1-23}$$

式中：i 为压杆截面的惯性半径，

$$i = \sqrt{\frac{I}{A}} = \frac{D}{\sqrt{8}} = \frac{x_1}{\sqrt{8}} \tag{1-1-24}$$

λ_1 为材料的柔度极限值：

$$\lambda_1 = \sqrt{\frac{\pi^2 E}{\sigma_p}} \tag{1-1-25}$$

式中：σ_p 为铝材的比例极限，代入数据可得 $\lambda_1 = 62.9$。

于是，式(1-1-22)可改写为

$$\frac{\sqrt{8}l}{x_1} \geqslant 62.9 \tag{1-1-26}$$

将 l 值代入式(1-1-26)，最终可整理为

$$x_1 \leqslant 114 \tag{1-1-27}$$

当式(1-1-13)成立,即设计变量 $x_1 \leqslant 98$ 时,式(1-1-27)是自然成立的,式(1-1-27)或式(1-1-26)也是一个可以去掉的多余约束。其力学意义是,只要满足约束条件式(1-1-13),则压杆一定是大柔度杆,可以应用压杆的欧拉公式。但在一般压杆优化设计中,随着各设计参数的变化,压杆有可能成为中柔度杆,并不能保证压杆一定满足欧拉公式的使用条件。所以,在一般压杆优化设计中,仍然需要设置约束条件式(1-1-26),作为使用式(1-1-17)的必要条件。

去掉多余约束条件式(1-1-12)及式(1-1-27),简化的压杆优化设计数学模型为

$$\min f(\boldsymbol{X}) = \pi x_1 x_2 l\rho \tag{1-1-28}$$

$$\text{s.t.} \quad x_1 - 89 \leqslant 0 \tag{1-1-29}$$

$$1 - x_2 \leqslant 0 \tag{1-1-30}$$

$$51.6 - x_1 x_2 \leqslant 0 \tag{1-1-31}$$

$$537026.3 - x_1^3 x_2 \leqslant 0 \tag{1-1-32}$$

该数学模型的意义是:寻找一组符合约束条件式(1-1-29)至式(1-1-32)的设计变量 $\boldsymbol{X} = (x_1, x_2)^{\mathrm{T}}$,使目标函数 $f(\boldsymbol{X})$ 的值最小(质量最小)。

3. 选择优化计算方法

该优化问题也可用解析法,通过一阶偏导数为零的方法求出最优解。但一般的多元函数优化问题难以用解析法求得最优解,普遍用数值迭代法搜索出最优解。

数值迭代法(简称**迭代法**)是一种通过重复执行一系列相同计算格式,逐渐逼近解析解的搜索计算方法。迭代法特别适合计算机编程计算,是优化设计的主要方法。

第4、5章将介绍用迭代法进行搜索的多种优化方法,从中选一种搜索出最优点 $\boldsymbol{X}^*$:

$$\boldsymbol{X}^* = \begin{pmatrix} D \\ \delta \end{pmatrix} = \begin{bmatrix} x_1^* \\ x_2^* \end{bmatrix} = \begin{pmatrix} 81.275 \\ 1.000 \end{pmatrix} (\text{mm})$$

将 $\boldsymbol{X}^*$ 代入式(1-1-28),得到满足所有约束条件的压杆的最小质量为

$$\min f(\boldsymbol{X}^*) = 1.795(\text{kg})$$

$\boldsymbol{X}^*$ 及 $\min f(\boldsymbol{X}^*)$ 分别为该多元目标函数的最优点及最优值。

材料密度 ρ 是常数,压杆最小质量实际对应压杆最小体积,所以也可将压杆体积设为目标函数:$f(\boldsymbol{X}) = \pi x_1 x_2 l$。解出 $\boldsymbol{X}^* = (81.275, 1.000)^{\mathrm{T}}(\text{mm})$,$\min f(\boldsymbol{X}^*) = 6.485 \times 10^5 (\text{mm}^3)$。

在上述两个例题中,应注意三点:

(1) 优化设计数学模型,包含设计变量、目标函数及约束条件三要素;

(2) 使目标函数值最大或最小,都属于目标最优的情况;

(3) 工程问题中的多元目标函数优化设计,需要用数值迭代法计算。

1.2　优化设计数学模型及概念

本节将全面介绍一般优化设计的相关概念。

1.2.1　设计变量与设计空间

一个设计方案中,设计参数可分为两类。一类是在设计过程中不会发生变化的参数,如

材料的密度、重力加速度等，称为**常量**。另一类是在设计过程中可以变化的参数，称为**变量**。优化过程中可以改变的一组相互独立的设计参数，称为**设计变量**。

选定的一组设计参数，必须相互独立，任何一个参数都不能是其他参数的组合形式。

设一般优化设计变量 $\boldsymbol{X}$ 共有 n 个设计变量分量，其中任一设计变量分量用 $x_i(i=1,2,\cdots,n)$ 表示，将 n 个设计变量按一定顺序排列起来，用一个列矩阵或置换的行矩阵表示为

$$\boldsymbol{X}=\begin{pmatrix}x_1\\x_2\\\vdots\\x_n\end{pmatrix}=(x_1,x_2,\cdots,x_n)^{\mathrm{T}} \tag{1-2-1}$$

式(1-2-1)表示设计变量 $\boldsymbol{X}$ 的几何意义：它是 n 维空间中，以坐标原点为起点，终点指向 P 点的一个向量。向量的各个分量即为各设计变量 $x_i(i=1,2,\cdots,n)$。图 1-2-1(a)(b)分别为 $n=2,3$ 时的向量示意图。

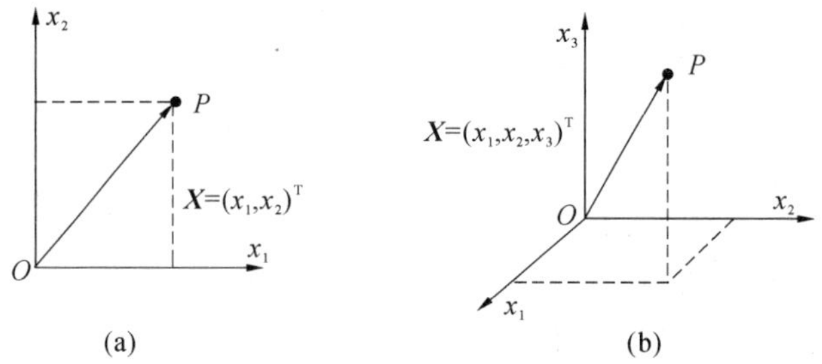

图 1-2-1　向量的几何意义

(a) 二维向量　(b) 三维向量

当 $n>3$ 时，向量空间是超几何空间，只能用 n 维空间向量进行抽象描述。

n 个独立的设计变量对应 n 个坐标轴，全体可行设计变量的取值范围构成一个 n 维实数空间，称为 n 维**设计空间**，用 $\mathbf{R}^n$ 表示。设计空间中的一个坐标点，对应一组(n 个)设计变量，称为一个**设计点**。一个设计点代表一个具有 n 维设计变量的设计方案。

独立设计变量总数也称为优化设计的维数。增加优化设计的维数，可以使设计更加灵活，设计方案更多，但同时也增加了设计的难度和求解过程的复杂性。

根据维数的大小，可以将优化设计问题分为小型优化(2～10 维)、中型优化(10～50 维)和大型优化(超过 50 维)设计问题。

1.2.2　约束条件及可行域

设计变量在整个实数域 $\mathbf{R}^n$ 中取值时，从纯数学的角度看，一组设计变量可以构成一个理论上的设计方案。但在实际优化设计问题中，有些设计方案是可行的，有些是不可行的。如某设计变量是杆件直径，它不可能取负值。所以，如果设计方案中杆件直径为负值，则该设计方案是一个不可行设计方案。另外，设计变量可能还必须符合某些特定性能要求。如杆件直径，必须符合强度条件限定的尺寸。

设计变量必须满足的限制因素，称为优化设计的**约束条件**。约束条件以一组方程的形式表示时，称为**约束方程**。

按约束方程的表示形式，约束条件可分为等式约束条件：

$$h_i(\boldsymbol{X})=h_i(x_1,x_2,\cdots,x_n)=0\ (i=1,2,\cdots,p<n) \tag{1-2-2}$$

及不等式约束条件：

$$g_j(\boldsymbol{X}) = g_j(x_1, x_2, \cdots, x_n) \leqslant 0 \ (j = 1, 2, \cdots, q) \tag{1-2-3}$$

等式约束条件 $h_i(\boldsymbol{X})$ 及不等式约束条件 $g_j(\boldsymbol{X})$ 也是关于设计变量的函数。

式(1-2-2)中 p 是等式约束方程的最大个数，式(1-2-3)中 q 是不等式约束方程的最大个数。

式(1-2-2)中 $p<n$ 的条件，表示等式约束方程个数 p 必须小于设计变量个数 n。因为在一个等式中，可以将其中一个设计变量表示为其余设计变量的组合，从而减少一个设计变量。若 $p=n$，即可用 n 个等式约束方程，解得一组唯一的 n 个设计变量。这样，全部"设计变量"都成为常量，该优化问题转化成求定解问题，无须再寻找一组最优解，所以必须使 $p<n$。

在几何上，等式约束 $h_i(\boldsymbol{X})=0$ 表示一条曲线或一张曲面，称为**约束曲线**或**约束曲面**；不等式约束 $g_j(\boldsymbol{X})\leqslant 0$ 表示包含约束曲线或曲面及某一侧空间的区域。

不等式约束也可用 $g_j(\boldsymbol{X})\geqslant 0$ 的形式表示，由于其等效于 $-g_j(\boldsymbol{X})\leqslant 0$，所以，统一用 $g_j(\boldsymbol{X})\leqslant 0$ 的方式表示不等式约束。

1. 不等式约束条件及可行域

一个不等式约束将设计空间分成两个部分：一部分是满足该不等式约束的空间($g_j(\boldsymbol{X})<0$)，称为约束空间内部；另一部分是不满足该不等式的约束空间($g_j(\boldsymbol{X})>0$)，称为约束空间外部。两部分空间的分界面即是约束面($g_j(\boldsymbol{X})=0$)，称为约束边界。按式(1-2-3)的定义，位于约束面(约束边界)上的设计点也满足不等式约束条件。

对于 q 个不等式约束方程，每个约束方程都有一个约束面，全体约束面的集合构成一个复合约束面。复合约束面及复合约束面包围的内部区域，是满足全体不等式约束条件的设计空间，称为**设计可行域**，简称**可行域**，用 $\boldsymbol{D}$ 表示。可行域内任意一点，称为**可行设计点**，也称为**内点**，记为 $\boldsymbol{X}\in\boldsymbol{D}$，一个内点表示一个可行的设计方案。

可行域以外的设计空间称为**非设计可行域**，简称**非可行域**。非可行域内任意一点，称为**非可行设计点**或**外点**，记为 $\boldsymbol{X}\notin\boldsymbol{D}$，一个外点表示一个不可行设计方案。

某二维优化问题的一组不等式约束条件为

$$\begin{cases} g_1(\boldsymbol{X}) = x_1^2 + x_2^2 - 16 \leqslant 0 \\ g_2(\boldsymbol{X}) = 2 - x_2 \leqslant 0 \end{cases} \tag{1-2-4}$$

其几何意义如图 1-2-2 所示。由两条约束曲线包围的内部区域(含约束边界曲线)是可行域，记为 $\boldsymbol{D}$；两条约束曲线之外的区域是非可行域。

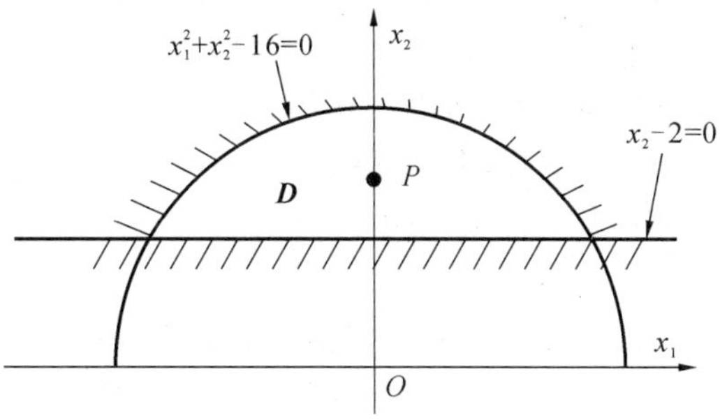

图 1-2-2　二维可行域几何意义

位于约束面上的可行设计点，称为**极限设计点**或**边界点**。在某一个搜索方向上，对设计变量起到限制作用的约束，称为**适时约束**或**起作用约束**；在某一个搜索方向上，对设计变量不起作用的约束，称为**非适时约束**。如图 1-2-2 所示，若从可行域内 P 点出发，沿着 x_2 轴正方向搜索，$g_1(\boldsymbol{X})\leqslant 0$ 是适时约束，$g_2(\boldsymbol{X})\leqslant 0$ 是非适时约束。若仍然从 P 点出发，但沿着 x_2 轴负方向搜索，$g_1(\boldsymbol{X})\leqslant 0$ 是非适时约束，$g_2(\boldsymbol{X})\leqslant 0$ 是适时约束。所以，适时约束与当前搜索方向相关。若对于任何搜索方向，约束都不起限制作用，则该约束称为**冗余约束**或**多余约束**。

在优化设计数学模型中，为什么会设置冗余约束呢？

首先，由于实际工程问题的复杂性，事先不能完全确定某些约束性质或约束程度，为了慎重起见，可能会设置某些“不必要”的约束，使之成为冗余约束。如例 1-2 中，可以分析出约束条件式(1-1-26)是一个冗余约束，从而可以去掉。但在一般工程应用中，某一约束是否为冗余约束，并不容易分析出来，因而可能会设置出某些冗余约束。

其次，某约束是否成为冗余约束，还与使用的优化设计方法有关。如某一约束在搜索方向较为规律的优化方法（如梯度法）中，可能完全不起约束作用，成为冗余约束，但在搜索方向规律不强的优化方法（如随机方向法）中却可能会起作用，成为适时约束。所以，在未能选定合适的优化方法前，必须设置该约束条件。

但优化模型中是否有冗余约束，最终都不会影响最优解，因为冗余约束根本不起作用。

2. 等式约束条件及几何意义

几何上，等式约束是设计空间中一条曲线或一张曲面（或超曲面）。若仅满足等式约束条件，则表示设计变量一定位于该约束曲线或曲面上。

当优化问题既有不等式约束条件，又有等式约束条件时，设计变量不仅被约束于可行域内，同时还将被约束于可行域内的等式约束曲线或曲面上。

等式约束一般会增加优化问题的难度。但对于某些优化问题，可以利用等式约束将某设计变量用其余设计变量的组合表示，以减少设计变量，从而降低优化问题的求解难度。

按约束条件限制的性质分类，约束条件可分为边界约束及性能约束。边界约束直接限定设计变量的取值范围，如某些构件的几何尺寸等；性能约束是根据必须满足的某些特定性能要求而设置的约束条件，如构件截面尺寸必须满足的强度条件、刚度条件等。

1.2.3 目标函数

对于一项设计所要追求的某项特定性能指标（如最大容积、最小质量），不同的可行设计方案之间存在相对较优或较劣的差异。为了评价该性能指标的优劣程度，可以用表征其特定性能指标的函数值进行比较，该函数称为优化设计对该性能指标的目标函数，简称**目标函数**。目标函数起到衡量、比较不同设计方案的作用。

(1) 目标函数是设计变量的函数，多维目标函数用符号 $f(\boldsymbol{X})$ 表示，其中 $\boldsymbol{X}$ 是以一组设计变量为分量的向量。目标函数的一般表达方式为

$$f(\boldsymbol{X}) = f(x_1, x_2, \cdots, x_n) \tag{1-2-5}$$

(2) 目标函数是优化设计中关于某项性能指标的函数，通过比较目标函数的函数值大小，可以度量优化设计所追求的特定性能指标的优劣程度。最优值表示为

$$\min f(\boldsymbol{X}) \text{ 或 } \max f(\boldsymbol{X}) \tag{1-2-6}$$

由于 $\max f(\boldsymbol{X})$ 可以转化为等价的 $\min(-f(\boldsymbol{X}))$ 或 $\min(1/f(\boldsymbol{X}))$，所以，统一用最小值

表示优化设计的最优值：

$$\min f(\boldsymbol{X}) \tag{1-2-7}$$

最优值是最小值，它可以是极小值，但并不仅限于极小值。

(3) 同一个工程产品，针对不同的性能指标，可以建立不同的目标函数。例如，在设计颚式破碎机的动颚时，可以建立以动颚质量为性能指标的目标函数，以获取质量最小、材料最省的优化结果；也可以建立以动颚运动轨迹的垂直位移与水平位移比值为性能指标的目标函数，以获得综合垂直方向位移最小的运动轨迹，从而间接获得啮齿板磨损量最小的优化结果，延长啮齿板使用周期；甚至还可以建立一个综合性能指标的目标函数，兼顾动颚质量和啮齿板磨损量，以获得适当减小动颚质量和减小啮齿板磨损量的综合优化结果。

当目标函数只有一个需要优化的性能指标时，称为**单目标**优化设计。例如，只以动颚质量为性能指标，追求质量最小、材料最省的优化问题。当目标函数具有多个需要综合优化的性能指标时，称为**多目标**优化设计。例如，以动颚质量和啮齿板磨损量作为综合性能指标，追求动颚质量尽可能小，同时啮齿板磨损量尽可能小的优化问题。

1.2.4　优化设计的数学模型

数学模型是对实际问题的特征或本质进行抽象，反映其主要影响因素之间内在联系的一种数学表达形式。优化设计的数学模型为：选择一组可行的最佳设计变量，使得表征某项性能指标的目标函数值达到最优。优化设计的数学模型可以表示为

$$\begin{aligned} & \min f(\boldsymbol{X}) \\ \text{s.t.}\quad & h_i(\boldsymbol{X}) = h_i(x_1, x_2, \cdots, x_n) = 0 \ (i = 1, 2, \cdots, p < n) \\ & g_j(\boldsymbol{X}) = g_j(x_1, x_2, \cdots, x_n) \leqslant 0 \ (j = 1, 2, \cdots, q) \end{aligned} \tag{1-2-8}$$

应用某种优化方法，进行一系列搜索，寻找满足约束条件且目标函数值最小的设计变量

$$\boldsymbol{X}^* = (x_1^*, x_2^*, \cdots, x_n^*)^{\mathrm{T}} \tag{1-2-9}$$

$\boldsymbol{X}^*$ 称为**最优点**。

最优点 $\boldsymbol{X}^*$ 对应的目标函数值表示为

$$\min f(\boldsymbol{X}) = f(\boldsymbol{X}^*) \tag{1-2-10}$$

$f(\boldsymbol{X}^*)$称为**最优值**。最优点与最优值合称为**最优解**。

若按照是否具有约束条件对优化问题进行分类，则没有约束条件的优化方法称为**无约束优化**，无约束优化问题在整个实数空间中求解，是从式(1-2-8)中去掉约束条件的一种特例。而有约束条件的优化方法称为**约束优化**，约束优化问题只能在可行域内求解，如式(1-2-8)所示。实际工程优化问题通常属于约束优化问题。

1.3　目标函数的等值线

优化设计中，为了更直观地说明设计变量、约束条件及目标函数之间的关系，可以利用几何方法在图形上表示。其中一种方法，是用目标函数的等值线表示目标函数的几何意义。借助目标函数等值线表示的几何关系，还可以观察优化设计的搜索过程，更直观地理解各种优化方法的原理。

除了解析法和迭代法外，几何法是求解优化问题的第三种方法。

由于空间几何图形表示方法的限制，几何法只适用于二维问题，且因作图精度有限，用几何法求得的解不够准确。所以，尽管几何法可以用于简单优化问题的求解，但主要的求解方法仍然是迭代法。几何法的主要优点是可从几何图形上直观地说明优化方法的原理。

1.3.1　目标函数等值线的概念

为了在三维空间中表述等值线概念，以二维目标函数为例：

$$f(\boldsymbol{X}) = x_1^2 + (x_2 - 2)^2 \tag{1-3-1}$$

对于设计变量 $\boldsymbol{X}=(x_1, x_2)^{\mathrm{T}}$，图 1-3-1(a)表示目标函数 $f(\boldsymbol{X})$的几何曲面。该曲面只有一个极小值，这种函数称为**单峰函数**，并且是凸函数(详见附录Ⅰ)。

设定目标函数 $f(\boldsymbol{X})$的值等于一系列常数 $c_1, c_2, c_3, \cdots$，即

$$f(\boldsymbol{X}) = x_1^2 + (x_2 - 2)^2 = c_i \qquad (i = 1,2,3,\cdots) \tag{1-3-2}$$

式(1-3-2)的几何意义是：以这一族常数为高度且与坐标平面(x_1Ox_2)平行的平面与目标函数曲面相交形成的一族平面曲线。

图 1-3-1(b)表示一组曲线，曲线方程为

$$x_1^2 + (x_2 - 2)^2 = (\sqrt{c_i})^2 \tag{1-3-3}$$

它是位于空间的平面圆曲线，随着常数 c_i 的增大，水平平面高度增加，圆半径增大。

将图 1-3-1(b)中的一族曲线投影到坐标平面 x_1Ox_2 上，形成一族同心圆曲线，如图 1-3-1(c)中虚线所示。这些同心圆曲线中，不同半径的圆对应不同高度的函数值。

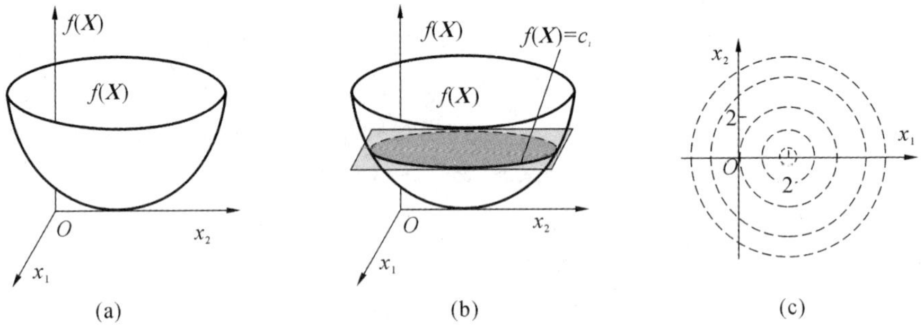

图 1-3-1　目标函数等值线

(a) 目标函数曲面　(b) 相交曲线　(c) 等值线

同一曲线上，任意两点的函数值相等。从几何上看，这两个点对应的函数值在同一高度上，因此这条曲线被称为目标函数的**等值线**(或**等高线**)，一组等值线称为等值线族。

某等值线是 x_1Ox_2 平面上具有相同函数值的点的集合。

由等值线的定义可知，当目标函数值相等时，可能会搜索到同一等值线上不同的坐标点，这些坐标点代表着不同的设计方案。所以，某优化问题达到同一个最优解时，可能会对应不同的设计点，即设计方案并不是唯一的。

对于具有 n 个设计变量的目标函数，将二维等值线的定义推广到 n 维目标函数：

$$f(\boldsymbol{X}) = f(x_1, x_2, \cdots, x_n) = c \tag{1-3-4}$$

具有相同函数值的点的集合，称为目标函数的**等值曲线**/**曲面**/**超曲面**。

由于空间表示的限制，利用等值线表述优化问题的几何关系时，均以二维目标函数为例。

1.3.2　等值线的作用与几何意义

1. 等值线表示目标函数值变化趋势

图 1-3-1(c)中的等值线图表明，在设计变量平面 x_1Ox_2 上，外层半径较大的等值线对应着较大的目标函数值，而内层半径较小的等值线，对应着较小的目标函数值。最内层是半径极限值趋于零的等值线，即圆心，对应着目标函数的最小值。对于单峰函数，目标函数只有一个最小值。图 1-3-1(c)中圆心的坐标，是优化搜索需要寻找的目标函数最优点。

2. 最佳搜索方向

等值线的减小方向与目标函数值减小的方向相对应，因此也是正确的优化搜索方向。然而，从较大的等值线上某一点出发，指向较小等值线的方向有无数个。其中，只有指向最优点的方向才是“最佳”方向，也是最理想的搜索方向。借助等值线图，可以直观地判断不同优化方法在不同的搜索阶段是否具有最佳的搜索方向，或能否改进搜索方向。

3. 一般等值线上的几何意义

不同目标函数的等值线具有不同形状。一般目标函数的等值线可用式(1-3-4)类似理解。图 1-3-2 显示了一个二维高阶函数的等值线。内层的等值线仍然对应较小的函数值。等值线族越密集，表示函数值变化率越大。等值线族中心的函数值对应着目标函数的最小值，等值线中心的坐标是目标函数的最优点。在最优点附近，等值线的形状近似于椭圆。二次函数(几何形状为椭圆)具有良好的数学性质，因此在最优点附近常用二次函数来近似高次函数。

4. 局部最优与全局最优

某些等值线可能具有多个极值点，如图 1-3-3 所示。在图中所示等值线范围内，存在两个极值点 $\boldsymbol{X}_1^*$、$\boldsymbol{X}_2^*$，分别对应着两个极小值(假设 $f(\boldsymbol{X}_1^*)>f(\boldsymbol{X}_2^*)$)，这类函数被称为**多峰函数**，并且有一个鞍点 $\boldsymbol{X}_3$。多峰函数是非凸函数。

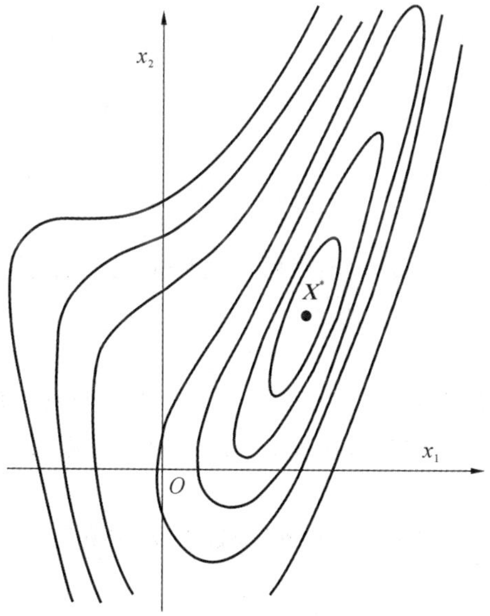

图 1-3-2　二维高阶函数等值线

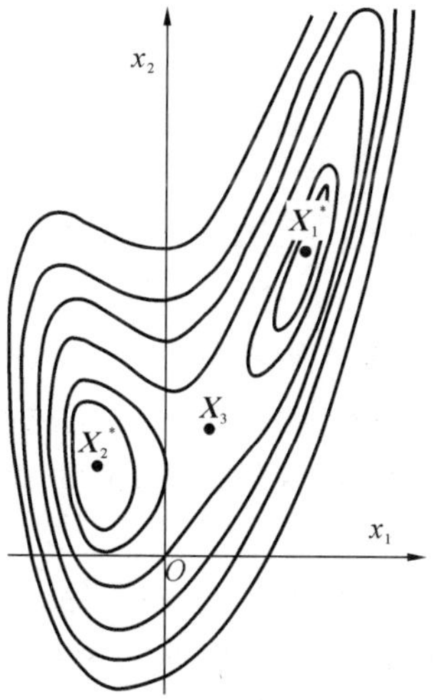

图 1-3-3　具有多个极值点的等值线

对于多峰函数，如果目标函数 $f(\boldsymbol{X})$ 在某个极值点 $\boldsymbol{X}_i^*$ 邻域内的任何点 $\boldsymbol{X}$ 均满足不等式：

$$f(\boldsymbol{X}) > f(\boldsymbol{X}_i^*)$$

则称目标函数 $f(\boldsymbol{X})$ 在 $\boldsymbol{X}_i^*$ 处取得**局部最优值**，$\boldsymbol{X}_i^*$ 称为**局部最优点**。如图 1-3-3 所示，$\boldsymbol{X}_1^*$ 及 $\boldsymbol{X}_2^*$ 都是目标函数的局部最优点。

由于 $f(\boldsymbol{X}_2^*) < f(\boldsymbol{X}_1^*)$，图示等值线范围内，$f(\boldsymbol{X}_2^*)$ 是最小的函数值，$\boldsymbol{X}_2^*$ 是图示等值线范围内的最优点，称 $\boldsymbol{X}_2^*$ 为目标函数在该区域内的**全局最优点**，$f(\boldsymbol{X}_2^*)$ 为目标函数在该区域内的**全局最优值**。理论上，全局最优解是指优化问题解空间中的最优解。

在某等值线范围内，一般情况下，局部最优点可能有多个，全局最优点只有一个。

单峰函数是凸函数，凸函数的局部最优点也是全局最优点。多峰函数是非凸函数，理论上优化设计应该找到目标函数的全局最优点，但目前还没有找到全局最优点的可靠方法。通常情况下，先找出所有局部最优点，然后比较各局部最优点的函数值，以确定全局最优点。然而，找到所有局部最优点并不是一件容易的事。

综上所述，等值线在优化设计中具有重要的几何意义，如用于直观理解搜索的变化趋势，表示当前搜索方向与最佳搜索方向的差异，并揭示优化问题的局部最优解和全局最优解。

1.3.3　优化设计求解的几何法

借助等值线，可以用几何法概略性地求解例 1-2 的优化问题。

1. 设计变量与设计空间

压杆优化设计问题只有两个设计变量，可以用平面 x_1Ox_2 表示设计空间。

2. 约束条件及可行域的几何表示

为简化问题，用等价的求体积最小的压杆优化模型进行分析，先考虑全部约束条件：

$$\min f(\boldsymbol{X}) = \pi x_1 x_2 l \tag{1-3-5}$$

$$\text{s.t.}\quad -x_1 \leqslant 0 \tag{1-3-6}$$

$$x_1 - 89 \leqslant 0 \tag{1-3-7}$$

$$1 - x_2 \leqslant 0 \tag{1-3-8}$$

$$51.6 - x_1x_2 \leqslant 0 \tag{1-3-9}$$

$$537026.3 - x_1^3x_2 \leqslant 0 \tag{1-3-10}$$

$$x_1 - 114 \leqslant 0 \tag{1-3-11}$$

式(1-3-6)至式(1-3-8)是三个边界约束条件，式(1-3-9)至式(1-3-11)是三个性能约束条件。

1）边界约束条件

分别取约束式(1-3-6)至式(1-3-8)中的等式方程，在 x_1Ox_2 平面上绘制直线，如图 1-3-4(a)所示。例如，按式(1-3-6)中的等式方程应绘制竖直直线 a—a，阴影线一侧($x_1<0$)是不可行域。

综合起来，由 a—a 线右侧、b—b 线左侧及 c—c 上侧所围成的区域，是同时满足三个边界约束条件的可行域，标注为 $\boldsymbol{D}_1$。

2）性能约束条件

分别取约束式(1-3-9)至式(1-3-11)中的等式方程，用曲线叠加画于图 1-3-4(a)上，如

图 1-3-4(b)所示。例如,式(1-3-9)中的等式方程对应曲线 $d—d$,阴影线一侧是不可行域。

理论上,由曲线 $d—d$ 右上侧、曲线 $e—e$ 右上侧及直线 $f—f$ 左侧所围成的区域,是同时满足三个性能约束的可行域。

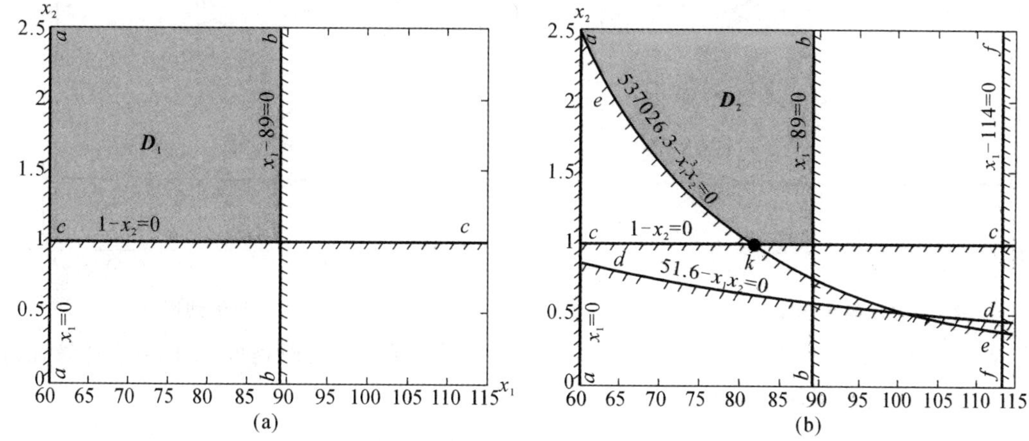

图 1-3-4 压杆优化约束条件

(a) 边界约束 (b) 性能约束

3) 去除冗余约束并确定可行域

在图 1-3-4(b)上,先用几何关系解释冗余约束问题。

首先,约束直线 $f—f$ 在约束直线 $b—b$ 的非可行域中,当约束直线 $b—b$ 起作用时,约束直线 $f—f$ 一定是不起作用的,即为冗余约束,约束直线 $f—f$ 可以简化掉。

其次,约束曲线 $d—d$ 在约束直线 $c—c$ 的非可行域中,当约束直线 $c—c$ 起作用时,约束曲线 $d—d$ 一定是不起作用的,即为冗余约束,约束曲线 $d—d$ 也可以简化掉。

最后,约束直线 $a—a$ 在约束曲线 $e—e$ 的非可行域中,当约束曲线 $e—e$ 起作用时,约束直线 $a—a$ 一定是不起作用的,即为冗余约束,约束曲线 $a—a$ 可以简化掉。

综合考虑图 1-3-4(b)上全部六条约束直线和曲线后,最终确定只有三个约束条件起作用:表示 $x_1-89=0$ 的 $b-b$ 约束直线;表示 $1-x_2=0$ 的 $c—c$ 约束直线;表示 $537026.3-x_1^3x_2=0$ 的 $e—e$ 曲线。

由直线 $b—b$、直线 $c—c$ 和曲线 $e—e$ 及它们各自的可行域共同包围的区域,是既满足边界约束、又满足性能约束的最小可行域,标注为 $\boldsymbol{D}_2$。这与之前解析法分析的结论相同,但在几何图形上更直观。

去掉全部冗余约束后,将图 1-3-4(b)放大,表示出最简单的约束条件及最小可行域,如图 1-3-5 所示。最小可行域 $\boldsymbol{D}$ 是由直线 $b—b$、直线 $c—c$ 及曲线 $e—e$ 围成的半开放区间。

比较图 1-3-4 及图 1-3-5 可知,即使不简化所有冗余约束,冗余约束的存在也只是在形式上增加了约束的复杂性,并不会改变实际的可行域范围,也不会影响优化的最优点。

3. 等值线与最优点

令目标函数 $f(\boldsymbol{X})$ 分别等于一组常数 c_i,构造等值线:

$$f(\boldsymbol{X}) = \pi x_1 x_2 l = c_i \tag{1-3-12}$$

分别取 c_i 为 1.1969×10^6、1.0374×10^6、8.7776×10^5、6.4635×10^5。在 x_1Ox_2 平面上,对应画出等值线①、②、③、④,形成等值线族,如图 1-3-6 中的虚线所示。

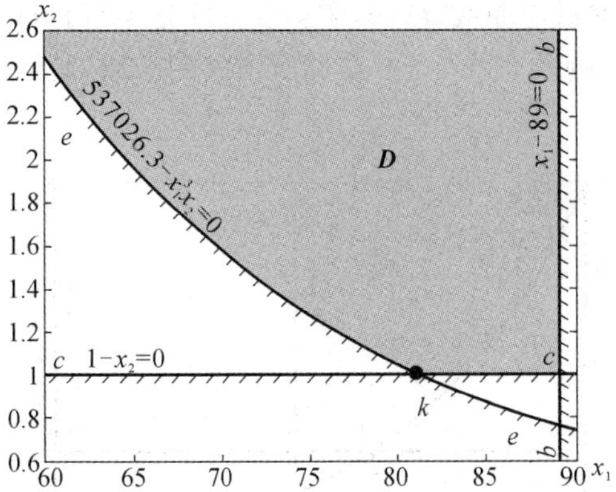

图 1-3-5　简化约束条件及可行域

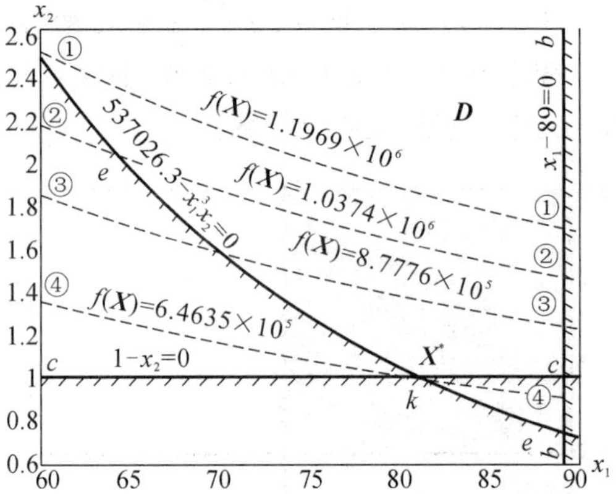

图 1-3-6　等值线图

从图上找到满足所有约束条件且等值线值最小的 k 点，该点即是该优化问题的最优点 $\boldsymbol{X}^*$。在图上量出近似最优点：

$$\boldsymbol{X}^* = (x_1^*, x_2^*)^{\mathrm{T}} = (81, 1)^{\mathrm{T}}$$

过 k 点的等值线值为目标函数的最优值：

$$f(\boldsymbol{X}^*) = 6.4635 \times 10^5 (\mathrm{mm}^3)$$

几何法用图形表示设计空间、约束条件及目标函数，也能求得优化问题最优解。几何法的不足之处是精度不够，且只适用于二维变量优化问题，但几何法的最大优点是直观。

1.4　迭代方法及迭代终止准则

1.4.1　迭代法原理及迭代格式

在优化设计中，最常用的计算方法是数值迭代法，简称**迭代法**。

迭代法是一种通过重复执行相同的计算格式，逐渐逼近解析解的搜索计算方法。迭代法具有以下两个特点：① 在计算过程中，用相同的计算格式进行重复计算，不断由旧值推算出新值；② 迭代法得到的解，通常只是逼近解析解的一个近似解。由于特点①，迭代法非常适合用编程实现算法，只需用少量的计算公式，并通过循环进行重复计算。

迭代法的基本步骤如下。

(1) 初始化：确定迭代的起始条件，如设置初始变量、定义迭代终止条件等。

(2) 迭代过程：通过重复执行以下步骤逐步改进搜索方案。

① 计算：根据当前变量，使用相同的计算格式计算，以搜索出函数值更优的新变量。

② 更新：将新变量更新为当前变量。

③ 终止条件检查：检查计算结果是否满足终止条件，如果满足条件，终止迭代过程，转到步骤(3)，否则，返回步骤②进行下一次迭代。

(3) 输出结果：输出当前的变量及函数值作为近似解。

根据优化的含义，迭代计算中每次搜索到的目标函数值应当递减，即

$$f(\boldsymbol{X}^{(0)}) > f(\boldsymbol{X}^{(1)}) > \cdots > f(\boldsymbol{X}^{(k)}) > f(\boldsymbol{X}^{(k+1)}) \tag{1-4-1}$$

才是合理的。

在无约束优化设计中，通过有限次迭代计算，迭代序列最终应收敛到目标函数最优点 $\boldsymbol{X}^*$ 附近，按照指定的终止准则，停止迭代计算。

而在约束优化设计中，每一次迭代应使函数值下降(称为搜索“适用”)：

$$f(\boldsymbol{X}^{(k)}) > f(\boldsymbol{X}^{(k+1)}) \tag{1-4-2}$$

新迭代点还必须在可行域内(称为搜索“可行”)：

$$\{\boldsymbol{X}^{(k+1)}, k = 0,1,\cdots\} \in \boldsymbol{D} \tag{1-4-3}$$

迭代序列最终应该收敛到可行域内的目标函数最优点 $\boldsymbol{X}^*$。

1.4.2 迭代计算的终止准则

经过迭代计算，如果设计变量能够无限逼近最优点，即序列 $\{\boldsymbol{X}^{(k)}, k=1,2,\cdots\}$ 有极限：

$$\lim_{k\to\infty}\boldsymbol{X}^{(k)} = \boldsymbol{X}^* \tag{1-4-4}$$

则称迭代序列收敛，否则称为发散。优化设计的近似解序列必须是收敛的。

由于时间及计算机精度限制，实际迭代计算只能进行有限次，获得一个有限精度的近似最优解。况且机械加工精度有限，即使计算结果具有很高的精度，也无法进行实际加工，因此并不需要追求极高的计算精度。

迭代计算达到一定精度从而停止迭代的规定性方法，称为迭代计算的**终止准则**。终止准则是人为设定的，当侧重于不同的计算信息时，会有不同的终止准则。这些准则是合理的，但不是唯一的。下面介绍三种最常用的终止准则。

1. 点距准则

该准则以两个相邻迭代点的距离 $\|\boldsymbol{X}^{(k+1)} - \boldsymbol{X}^{(k)}\|$ 是否足够小，作为判断迭代是否终止的依据。如果迭代序列是收敛的，由式(1-4-4)，经过无限次迭代，有

$$\|\boldsymbol{X}^* - \lim_{k\to\infty}\boldsymbol{X}^{(k)}\| = 0 \tag{1-4-5}$$

这表示迭代坐标点无限逼近最优点。

但是，在有限次迭代后，两个相邻迭代点 $\boldsymbol{X}^{(k+1)}$ 与 $\boldsymbol{X}^{(k)}$ 距离足够小时，有

$$\|\boldsymbol{X}^{(k+1)} - \boldsymbol{X}^{(k)}\| = \sqrt{\sum (x_i^{(k+1)} - x_i^{(k)})^2} < \varepsilon \tag{1-4-6}$$

其中，ε 是预先给定的计算**控制精度**，为一个很小的正数，如 10^{-4}。

式(1-4-6)表示两次迭代计算中，两个迭代点距离很小，可以认为迭代点已经非常接近最优点，可终止迭代计算，并将最新的迭代点 $\boldsymbol{X}^{(k+1)}$ 作为最优点 $\boldsymbol{X}^*$ 输出。需要注意的是，$\boldsymbol{X}^{(k+1)}$ 只是 $\boldsymbol{X}^*$ 的近似坐标点，并不是真正的最优点。

2. 函数值差值准则

该准则以两个相邻迭代点的函数值差值的绝对值 $|f(\boldsymbol{X}^{(k+1)}) - f(\boldsymbol{X}^{(k)})|$ 是否足够小，作为判断迭代是否终止的依据。根据函数在最优点 $\boldsymbol{X}^*$ 处的局部性质，可知在 $\boldsymbol{X}^*$ 一个非常小的邻域内，函数值的变化一般很小。当两个相邻迭代点的函数值之差的绝对值足够小时，有

$$|f(\boldsymbol{X}^{(k+1)}) - f(\boldsymbol{X}^{(k)})| < \varepsilon \tag{1-4-7}$$

这表明新的迭代点 $\boldsymbol{X}^{(k+1)}$ 已经逼近最优点 $\boldsymbol{X}^*$，可以终止迭代计算，并将迭代点 $\boldsymbol{X}^{(k+1)}$ 作为最优点 $\boldsymbol{X}^*$ 输出。

在某些情况下，也可以将函数值之差的相对值足够小作为终止准则($f(\boldsymbol{X}^{(k)}) \neq 0$)：

$$\frac{|f(\boldsymbol{X}^{(k+1)}) - f(\boldsymbol{X}^{(k)})|}{|f(\boldsymbol{X}^{(k)})|} < \varepsilon \tag{1-4-8}$$

3. 梯度准则

该准则以目标函数迭代点处的梯度值的模是否足够小，作为判断迭代是否可以终止的依据。当函数存在极值点时，其必须满足梯度为零的条件$\nabla f(\boldsymbol{X}^{*})=\boldsymbol{0}$。因此，当新的迭代点$\boldsymbol{X}^{(k+1)}$逼近函数最优点$\boldsymbol{X}^{*}$时，梯度的模应该足够小，即当

$$\|\nabla f(\boldsymbol{X}^{(k+1)})\|<\varepsilon \tag{1-4-9}$$

时，可以终止迭代计算，并将迭代点$\boldsymbol{X}^{(k+1)}$作为最优点$\boldsymbol{X}^{*}$输出。

优化设计过程中，可以根据具体情况选择合适的终止准则。当满足终止准则时，停止迭代计算，将最近的坐标点及对应的函数值作为最优解输出：$\boldsymbol{X}^{*}=\boldsymbol{X}^{(k+1)}$，$f(\boldsymbol{X}^{*})=f(\boldsymbol{X}^{(k+1)})$。

这里仅列出了三种最常用的终止准则，其他终止准则将结合具体的优化方法说明。

此外，对某些特殊的目标函数，可以综合使用多种终止准则。

第2章

多维函数的一维优化方法

首先,需要明确多维函数的一维优化方法与一元函数优化方法的区别。多维函数的一维优化方法是指通过一系列一维优化方法解决多维函数的优化问题。它涉及在多维空间中寻找最优解的过程。

通常情况下,在从当前函数坐标开始的一步寻优搜索中,为了找到尽可能小的函数值,需要解决两个基本问题:

(1) 在当前函数坐标处,如何确定一个指向最优点的最佳搜索方向。

(2) 沿着最佳搜索方向,如何找到一个最佳的搜索步长,从而确定从搜索起点到最优点的距离。

在多维函数优化中,确定最佳搜索步长的方法有两种:**最优步长法**和**追赶步长法**(也称**加速步长法**)。这两种方法主要用于不同类型的优化问题:最优步长法通常用于无约束优化方法,它没有约束条件,未限制搜索范围;追赶步长法通常用于约束优化方法,它存在一些约束条件,限制了搜索范围。

本章重点研究如何在给定搜索方向的条件下确定最佳的搜索步长。至于如何确定最佳搜索方向的问题,将在后续的“无约束优化设计方法”一章中进行详细讨论。

2.1 一维优化方法概述

一维优化方法概述

本节主要介绍两个问题:① 为什么需要通过一系列一维优化方法来解决多维函数优化问题? ② 如何实现每一步的一维优化,以及一维优化方法的迭代关系。

2.1.1 多维函数的一维优化概念

图 2-1-1 展示了一个二维函数的等值线。现在需要从当前函数坐标点 $\boldsymbol{X}^{(k)}$ 开始进行一次寻优搜索,找到下一个函数坐标点 $\boldsymbol{X}^{(k+1)}$,使其函数值 $f(\boldsymbol{X}^{(k+1)})$ 尽可能下降。优化方法将这个复杂问题分解为两个步骤进行分析。

首先考虑哪个方向是函数值下降最快的方向;其次,沿着这个给定的下降最快方向搜索时,从当前坐标点 $\boldsymbol{X}^{(k)}$ 出发,应该跨越多远的距离,正好落到该方向上的函数值最小点。

1. 搜索方向问题

根据等值线的几何概念,从当前坐标点 $\boldsymbol{X}^{(k)}$ 指向等值线内层的方向,都是函数值下降的方向,如图 2-1-1 所示,向量 $\boldsymbol{S}^{(1)}$ 和 $\boldsymbol{S}^{(2)}$ 正方向,以及向量 $\boldsymbol{S}^{(j)}$ 和 $\boldsymbol{S}^{(k)}$ 正方向,都是函数值下降的方向。然而,观察并比较等值线后可以发现,$\boldsymbol{S}^{(k)}$ 向量方向指向椭圆更小的等值线,即相较

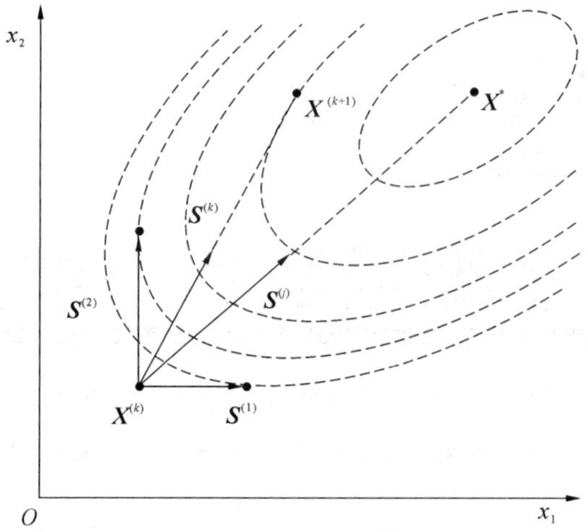

图 2-1-1　多维函数的搜索方向

于 $\boldsymbol{S}^{(1)}$ 和 $\boldsymbol{S}^{(2)}$，$\boldsymbol{S}^{(k)}$ 的方向是函数值下降更快的方向。因此，$\boldsymbol{S}^{(k)}$ 的方向比 $\boldsymbol{S}^{(1)}$ 和 $\boldsymbol{S}^{(2)}$ 的方向更好。再次比较后可以发现，$\boldsymbol{S}^{(j)}$ 的方向比 $\boldsymbol{S}^{(k)}$ 的方向更好，因为 $\boldsymbol{S}^{(j)}$ 的方向直接指向目标函数的最优点 $\boldsymbol{X}^*$，称为最优搜索方向。$\boldsymbol{S}^{(k)}$ 向量方向称为次优搜索方向。显然，仅从搜索方向考虑，沿着 $\boldsymbol{S}^{(j)}$ 向量方向进行搜索，函数值下降最快，优化的效率最高，是最理想的方向。

由于优化设计的复杂性，很难直接找到最优搜索方向，通常只能找到次优搜索方向，可沿着次优搜索方向多进行几次搜索，代替沿着最优方向搜索，找到最优点。但好的优化方法能够自行修正搜索方向，经过连续搜索能逐步将搜索方向调整到接近最优搜索方向。

下面以次优搜索方向为例，介绍一维优化的概念。以 $\boldsymbol{X}^{(k)}$ 点为原点，以 $\boldsymbol{S}^{(k)}$ 向量方向为正向，建立一个参数坐标轴，记为 α 参数坐标轴，如图 2-1-2 所示。沿着该参数坐标轴进行的优化，是对一维参数 α 进行的一维优化。因此，多维函数优化问题就转化成：从 $\boldsymbol{X}^{(k)}$ 点出发，沿着 $\boldsymbol{S}^{(k)}$ 方向进行的“一维优化”问题。多维函数的自变量是 $\boldsymbol{X}=(x_1,x_2)^{\mathrm{T}}$，而在一维优化中，自变量是参数坐标轴上的 α。

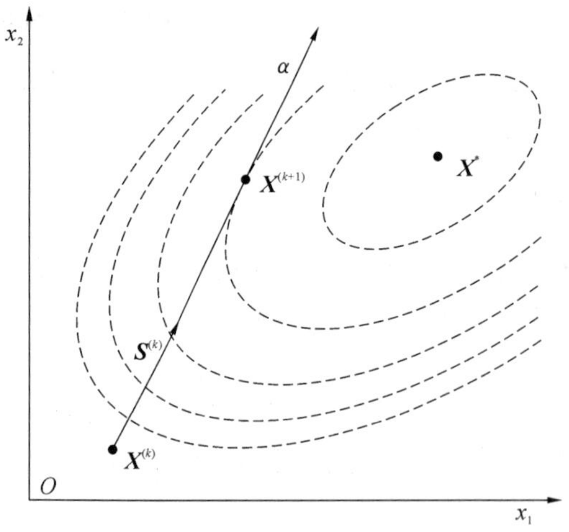

图 2-1-2　建立一维 α 参数坐标轴

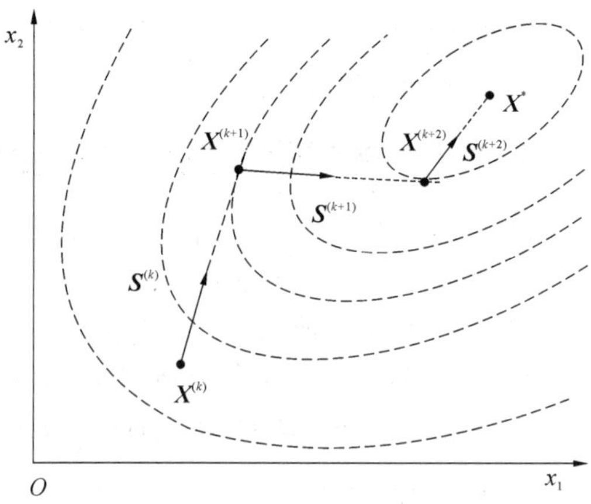

图 2-1-3　转化为一系列一维优化问题

将多维函数优化转变为多维函数的一维优化，是为了降低搜索的难度。

一般优化方法是从 $\boldsymbol{X}^{(k)}$ 点开始，确定一个较好的搜索方向 $\boldsymbol{S}^{(k)}$，在该方向上搜索到函数

值最小的坐标点 $\boldsymbol{X}^{(k+1)}$，如图 2-1-3 所示。再从 $\boldsymbol{X}^{(k+1)}$ 点开始，继续确定下一个较好的搜索方向 $\boldsymbol{S}^{(k+1)}$，在该方向上，继续搜索函数值最小的坐标点 $\boldsymbol{X}^{(k+2)}$。如此反复进行，直到找到目标函数的最优点 $\boldsymbol{X}^*$。因此，一般的优化方法是将一个多维函数的优化问题，转化成一系列一维优化问题，从而获得最优解。用多个沿次优方向的搜索，代替沿最优方向的搜索。

2. 搜索步长问题

在图 2-1-4(a)中，从 $\boldsymbol{X}^{(k)}$ 点出发沿着向量 $\boldsymbol{S}^{(k)}$ 的方向进行搜索。如果跨出的步子太小，可能会停留在 P_1 点；如果跨出的步子太大，可能会越过最优点跳到 P_2 点。在这两种情况下，找到的两个点都在函数值更大的等值线上，并不在该方向上函数值最小的点上。因此，如何确定适当的步长也是寻优过程中的一个重要问题。

根据向量的几何概念，将一个标量 α_k(>0)乘以向量 $\boldsymbol{S}^{(k)}$ 得到一个新向量 $\alpha_k\boldsymbol{S}^{(k)}$。对于新向量 $\alpha_k\boldsymbol{S}^{(k)}$，$\alpha_k$ 仅改变了向量 $\boldsymbol{S}^{(k)}$ 的长度，而不改变其方向。调整 α_k 可以调整 $\alpha_k\boldsymbol{S}^{(k)}$ 跨越的距离，故 α_k 被称为**“步长因子”**。如果 $\alpha_k<0$，则向量 $\alpha_k\boldsymbol{S}^{(k)}$ 的方向与向量 $\boldsymbol{S}^{(k)}$ 的方向相反。

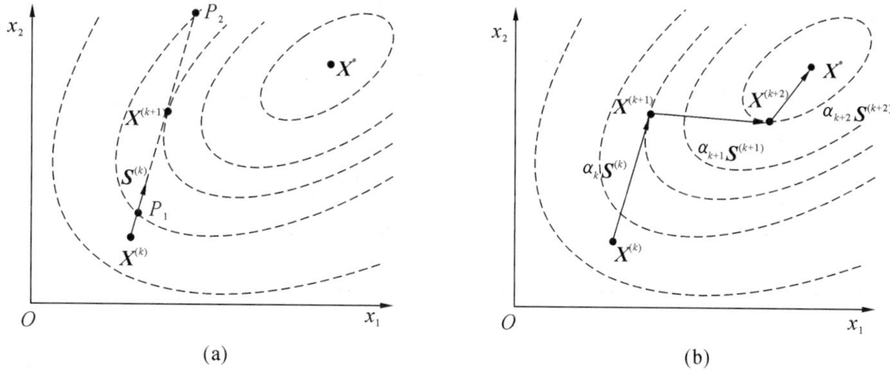

图 2-1-4　搜索步长

(a) 步长不合适　(b) 步长合适

如图 2-1-4(b)所示，从 $\boldsymbol{X}^{(k)}$ 点出发，只要适当调整步长因子 α_k，就可以使向量 $\alpha_k\boldsymbol{S}^{(k)}$ 的终点为 $\boldsymbol{X}^{(k+1)}$ 点，从而确定 $\alpha_k\boldsymbol{S}^{(k)}$ 方向上一维函数的最优点 $\boldsymbol{X}^{(k+1)}$，完成一次一维优化。如此反复，通过一系列的一维优化，最终可以找到目标函数的最优点 $\boldsymbol{X}^*$。注意比较图 2-1-3 与图 2-1-4(b)，二者的不同之处在于引入了步长因子。

在图 2-1-4(b)中，设 $\boldsymbol{X}^{(k)}$ 是向量 $\alpha_k\boldsymbol{S}^{(k)}$ 的起点，$\boldsymbol{X}^{(k+1)}$ 是向量 $\alpha_k\boldsymbol{S}^{(k)}$ 的终点，且 $\boldsymbol{X}^{(k+1)}$ 点是 $\alpha_k\boldsymbol{S}^{(k)}$ 方向上一维函数的最优点(等值线的切点)，称 α_k 为第 k 步的**最优步长因子**，记为 α_k^*。虽然步长与步长因子概念不同，但习惯上也经常将 α_k 简称为步长，α_k^* 简称为最优步长。

最优步长的概念主要用于解析法求一维优化最优点。过程是，首先根据一阶导数为零的极值条件，算出最优步长因子，再通过最优步长因子计算一维优化的最优点。在几何法中，先绘制起点至最优点的向量，然后测量向量的长度，得到最优步长因子和一维优化的最优点。在迭代法中，通过比较相邻点的函数值，得到一维优化方向上函数最小值，不需要求解最优步长因子。

为了简化讨论，本章不涉及如何寻找最佳搜索方向的问题，而是默认给定了最优搜索方向，并重点讨论如何搜索一维优化最优点的问题。如何寻找最优搜索方向的问题在第 3 章解决。

2.1.2　一维优化的几何概念

在图 2-1-5(a)所示平面上，假设从 A 点出发，沿着给定的向量方向 $\boldsymbol{S}^{(k)}$ 搜索，求步长因

子为 α_k 时任意 B 点的坐标。根据向量的概念，可以用向量 $\boldsymbol{X}^{(k)}$ 和 $\boldsymbol{X}^{(k+1)}$ 确定 A 点和 B 点在空间中的位置。根据向量的性质，$\boldsymbol{X}^{(k+1)}$ 可以表示为 $\boldsymbol{X}^{(k)}$ 与 $\alpha_k\boldsymbol{S}^{(k)}$ 向量和的形式，其几何关系如图 2-1-5(b)所示，向量和的表达式为

$$\boldsymbol{X}^{(k+1)} = \boldsymbol{X}^{(k)} + \alpha_k\boldsymbol{S}^{(k)} \tag{2-1-1}$$

在式(2-1-1)中，已知 $\boldsymbol{X}^{(k)}$，并假设给定了搜索方向向量 $\boldsymbol{S}^{(k)}$，因此向量 $\boldsymbol{X}^{(k+1)}$ 仅由参变量 α_k 决定。其几何意义是：B 点仅在向量 $\boldsymbol{S}^{(k)}$ 所在的 α 轴上，随 α_k 变化而移动。

在一维的 α 参数坐标轴上，目标函数表达式为

$$f(\boldsymbol{X}^{(k+1)}) = f(\boldsymbol{X}^{(k)} + \alpha_k\boldsymbol{S}^{(k)}) \tag{2-1-2}$$

函数 $f(\boldsymbol{X}^{(k+1)})$ 仅是一维参变量 α_k 的函数。

当 B 点是给定搜索方向上的一维优化最优点（α 轴与等值线的切点）时，步长因子 α_k 就是一维优化的最优步长因子 α_k^*，最优点的向量表示关系如图 2-1-5(b)所示。最优点函数表示为

$$f(\boldsymbol{X}^{(k+1)}) = \min f(\boldsymbol{X}^{(k)} + \alpha_k^*\boldsymbol{S}^{(k)}) \tag{2-1-3}$$

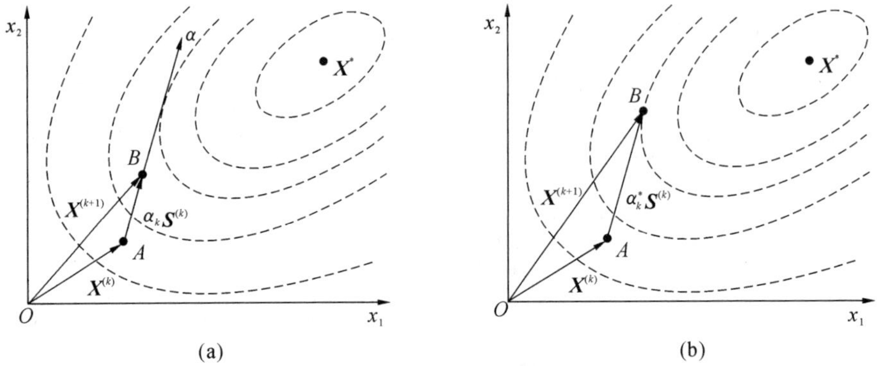

图 2-1-5 一维优化的向量表示

(a) 任意 B 点的向量表示关系 (b)最优点 B 的向量表示关系

2.1.3 多维优化转变到一维优化的过程

下面以二维目标函数 $f(\boldsymbol{X})$ 为例在几何图形上说明多维优化到一维优化的转变过程。函数曲面和等值线如图 2-1-6(a)所示。从坐标 $\boldsymbol{X}^{(k)}$ 点出发，沿着给定的搜索方向 $\boldsymbol{S}^{(k)}$ 进行第 k 轮一维搜索，如图 2-1-6(b)所示。

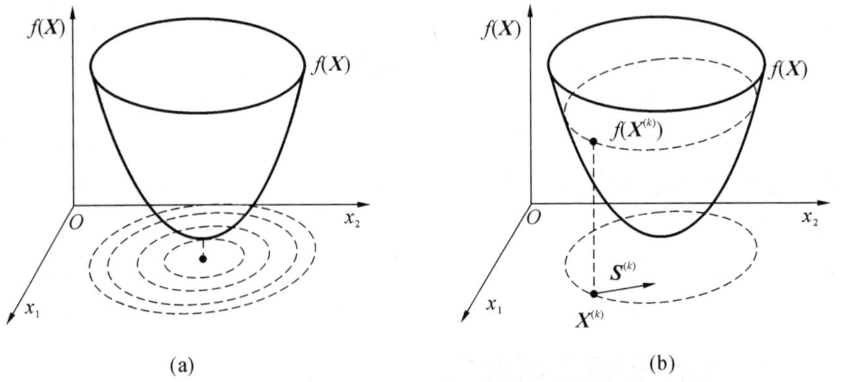

图 2-1-6 二维目标函数图形

(a) 函数曲面和等值线 (b) 截取一维优化

图 2-1-6(b)中，在 x_1Ox_2 坐标平面上，过 $\boldsymbol{X}^{(k)}$ 点，沿着向量 $\boldsymbol{S}^{(k)}$ 方向作一条参数方程坐标轴，记为 α 轴。然后再构造一个垂直于坐标平面 x_1Ox_2 且与 α 轴重合的平面 π，如图 2-1-7(a)所示。平面 π 与函数 $f(\boldsymbol{X})$ 曲面的交线记为 c，它是位于平面 π 内的一条平面曲线。当搜索沿着给定的方向 $\boldsymbol{S}^{(k)}$ 进行时，即在 π 平面内沿着参数 α 轴进行一维搜索。随着参数 α 变化，目标函数 $f(\boldsymbol{X})$ 仅沿着平面曲线 c 变化。

为了进行一般函数分析，需要建立坐标系。

在图 2-1-7(a)中，通过点 $\boldsymbol{X}^{(k)}$ 在 π 平面上建立纵轴 $F(\alpha)$，从而构造由 α 轴和 $F(\alpha)$ 轴组成的 α-$F(\alpha)$ 平面坐标系。最后将 π 平面取出，得到简化的坐标系，如图 2-1-7(b)所示。上述过程说明了沿着给定搜索方向 $\boldsymbol{S}^{(k)}$ 的多维函数优化问题是如何转变为一个一维优化问题的。用 α-$F(\alpha)$ 坐标系，可以对自变量 α 和函数 $F(\alpha)$ 的关系进行数学分析。

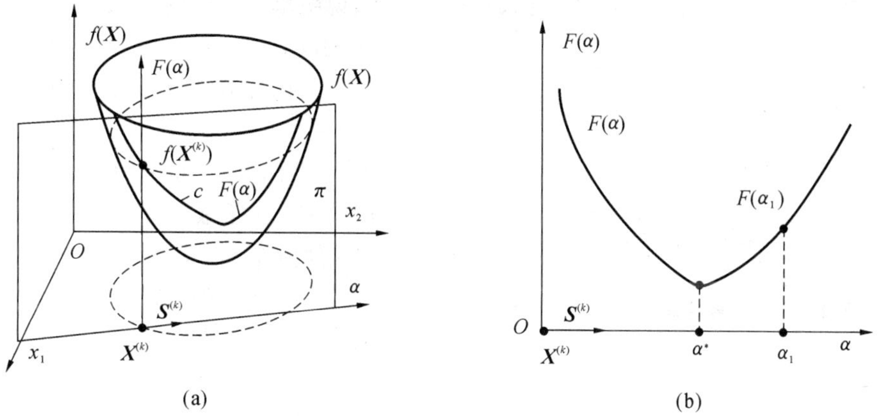

图 2-1-7　多维函数的一维优化

(a) π 平面建立坐标系　(b) 取出一维优化坐标系

类比于一般函数的概念，步长因子 α 是自变量，$F(\alpha)$是 α 的函数。在图 2-1-7(b)中，$F(\alpha)$极值对应的步长因子，是极值点 α^*。

当自变量是多维变量 $\boldsymbol{X}$ 时，函数仍然用符号 $f(\boldsymbol{X})$表示。当自变量是参数 α，且在 $\boldsymbol{S}^{(k)}$ 方向上进行一维优化时，函数用符号 $F(\alpha)$表示，表明它是一维变量 α 的函数。对步长因子变量 α，求解最优点的过程，称为对 α 的一维优化。

在后续的优化设计方法中，还会涉及如下概念：

(1) α 轴上某点 α_1 是步长因子坐标(如同 x_1)，$F(\alpha_1)$是坐标 α_1 处的函数值；

(2) 两个步长因子坐标的差值，称为 $\Delta\alpha=\alpha_2-\alpha_1$(如同 $\Delta x=x_2-x_1$)；

(3) 单位向量：如果记向量 $\boldsymbol{S}^{(k)}$ 的模为 $|\boldsymbol{S}^{(k)}|$，则定义单位向量 $\boldsymbol{S}^0$ 为

$$\boldsymbol{S}^0=\frac{\boldsymbol{S}^{(k)}}{|\boldsymbol{S}^{(k)}|} \tag{2-1-4}$$

$|\boldsymbol{S}^0|=1$，单位向量 $\boldsymbol{S}^0$ 如同 x 轴的单位向量 $\boldsymbol{i}$。

当搜索方向向量 $\boldsymbol{S}^{(k)}$ 的模不为 1($|\boldsymbol{S}^{(k)}|\neq1$)时，从 $\boldsymbol{X}^{(k)}$ 点到 $\boldsymbol{X}^{(k+1)}$ 点的“步长”距离并不是 α_k 值的大小，而是向量 $\alpha_k\boldsymbol{S}^{(k)}$ 的模 $|\alpha_k\boldsymbol{S}^{(k)}|$ 的大小。只有当搜索方向向量是单位向量 $\boldsymbol{S}^0$ 时，从 $\boldsymbol{X}^{(k)}$ 点到 $\boldsymbol{X}^{(k+1)}$ 点的“步长”距离才是 α_k 值的大小。

(4) 一维优化中求极值时，应当针对一维变量 α 进行导数计算，而不是对多维变量 $\boldsymbol{X}$ 进行导数计算。

进退法

2.2　单峰区间定义及搜索算法

优化设计理论中，默认的目标函数是凸函数。一维优化问题中，寻找一维最优点的过程可以分为两个步骤：① 使用进退法搜索出一个单峰区间，最优步长因子必然包含在该单峰区间内；② 用黄金分割法或二次插值法，在单峰区间内找出最优步长因子，并使用最优步长因子确定最优点的函数坐标。

2.2.1　单峰区间定义

以图 2-2-1 所示具有凸性的一元函数 $F(\alpha)$为例，说明单峰区间的定义。

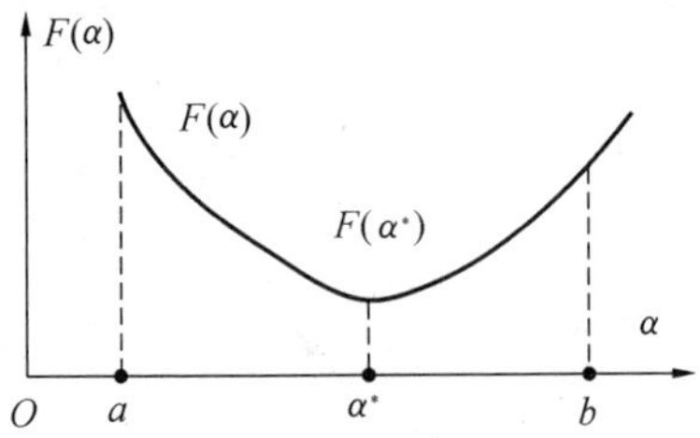

图 2-2-1　单峰区间

设 $F(\alpha)$在区间$[a,b]$上连续，在(a,b)内可导，且：

(1) 在区间$[a,b]$内存在极小点 α^*，即有 $\min F(\alpha)=F(\alpha^*)$，$\alpha\in[a,b]$；

(2)当步长因子坐标增量 $\Delta\alpha>0$($\Delta\alpha=\alpha_2-\alpha_1$，$\alpha_2>\alpha_1$)时，对于区间$[a,\alpha^*]$内任意 α 有 $F(\alpha)>F(\alpha+\Delta\alpha)$；对于区间$[\alpha^*,b]$内任意 α 有 $F(\alpha)<F(\alpha+\Delta\alpha)$，则称闭区间$[a,b]$为函数 $F(\alpha)$的**单峰区间**。

若 $F(\alpha)$仅在$[a,b]$上连续，则 α^* 为最小值，不一定是极小值。

对于凸函数：在极小点 α^* 的左侧，函数 $F(\alpha)$严格单调递减；在极小点 α^* 的右侧，函数 $F(\alpha)$严格单调递增。区间中 a，α^*，b 三点间函数图形呈现“高—低—高”的几何特征。

2.2.2　搜索单峰区间的基本原理

1. 基本设想

首先，计算出初始点处的函数值。然后，沿着步长因子坐标轴，反复前进或后退，依次找到另外两个步长因子坐标处的试探点，当这三个步长因子坐标点处对应的函数值呈现出“大—小—大”的数值关系时，函数图形在这三点处将呈现“高—低—高”的几何形状，这个“高—低—高”的区间就是一个包含最优步长因子 α^* 的单峰区间。

2. 搜索单峰区间的三个步骤

1) *初始试探*

(1) 计算初始点 $\boldsymbol{X}^{(0)}$ 处的函数值 $f(\boldsymbol{X}^{(0)})$；

(2) 向前试探：沿着 α 轴正向，选定第一个试探点，计算第一个试探点处的函数值 $f(\boldsymbol{X}^{(1)})$。

2) *判断应该前进还是后退搜索*

对于凸函数，比较两个坐标点上的函数值 $f(\boldsymbol{X}^{(0)})$、$f(\boldsymbol{X}^{(1)})$，只有下面两种情况。

(1) 第一种情况：$f(\boldsymbol{X}^{(0)})>f(\boldsymbol{X}^{(1)})$。

函数值对应的几何形态为“高—低”状，最优步长因子 α^* 一定在初始点前方，需要继续**前进搜索**，再找到第二个高点，即可确定单峰区间。

(2) 第二种情况：$f(\boldsymbol{X}^{(0)})<f(\boldsymbol{X}^{(1)})$。

函数值对应的几何形态为“低—高”状，最优步长因子 α^* 一定在初始点后方，需要反向并继续**后退搜索**。从反向顺序看，只要再找到第二个高点，即可确定单峰区间。

3）搜索第二个高点

（1）需要前进搜索时，对于凸函数，只要反复前进搜索，一定会再次搜索到一个函数值高点。当函数值在几何上呈“高—低—高”状态时，该区间一定是单峰区间，内含最优步长因子 α^*，完成搜索。

（2）需要后退搜索时，对于凸函数，同样，只要反复后退搜索，一定也会再次搜索到一个函数值高点。当函数值在几何上呈“高—低—高”状态时，该区间一定是单峰区间，内含最优步长因子 α^*，完成搜索。

通过前进或后退搜索以确定单峰区间的方法，称为**进退法**。

单峰区间是一维步长因子坐标 α 轴上的区间，不是函数坐标 $\boldsymbol{X}$ 的单峰区间。函数坐标 $\boldsymbol{X}$ 与步长因子坐标 α 之间的对应关系为

$$\boldsymbol{X}^{(k)} = \boldsymbol{X}^{(0)} + \alpha_k \cdot \boldsymbol{S} \tag{2-2-1}$$

2.2.3　基本进退法算法

给定函数初始点坐标 $\boldsymbol{X}^{(0)}$，沿着给定的向量 $\boldsymbol{S}$ 的方向搜索，设置初始步长因子增量 t_0（常取 $t_0=0.5\sim1.5$），搜索从 $\boldsymbol{X}^{(0)}$ 开始，沿着 $\boldsymbol{S}$ 方向的单峰区间$[A,B]$。

根据搜索单峰区间基本原理，具体算法如下。

1. 初始试探

1）计算初始点 $\boldsymbol{X}^{(0)}$ 处的函数值 $f(\boldsymbol{X}^{(0)})$

$\boldsymbol{X}^{(0)}$ 处的函数值为

$$F_0 = f(\boldsymbol{X}^{(0)}) \tag{2-2-2}$$

由于一维优化在 α-$F(\alpha)$ 坐标系中进行，为了使计算过程与步长因子坐标相关联，通常默认取步长因子初始点 $\alpha_0=0$。α 坐标轴上 $\alpha_0=0$ 点正好对应函数坐标 $\boldsymbol{X}^{(0)}$ 点，这样可以使计算过程更加简化。因此，有以下关系式：

$$F_0 = f(\boldsymbol{X}^{(0)}) = F(\alpha_0) \tag{2-2-3}$$

但 α_0 点不必正好对应函数坐标 $\boldsymbol{X}^{(0)}$ 点，所以 α_0 也可以取其他非零的初始值。

2）向前试探

为了在 α_0 正向的前方确定第一个试探点，增加一个初始步长因子增量 $t_0(t_0>0)$。于是，α 坐标轴上第一个试探点的步长因子坐标 α_1 为

$$\alpha_1 = \alpha_0 + t_0 \tag{2-2-4}$$

由于默认 $\alpha_0=0$，即 $\alpha_1=\alpha_0+t_0=t_0$，可简写为 $\alpha_1=t_0$，如图 2-2-2 所示。

步长因子坐标 α_1 对应的函数坐标 $\boldsymbol{X}^{(1)}$（沿着给定向量 $\boldsymbol{S}$ 的搜索方向上）为

$$\boldsymbol{X}^{(1)} = \boldsymbol{X}^{(0)} + \alpha_1\boldsymbol{S} \tag{2-2-5}$$

实际计算中用向量的分量表达式：

$$\begin{pmatrix} x_1^1 \\ \vdots \\ x_n^1 \end{pmatrix} = \begin{pmatrix} x_1^0 \\ \vdots \\ x_1^0 \end{pmatrix} + \alpha_1 \cdot \begin{pmatrix} s_1 \\ \vdots \\ s_n \end{pmatrix} \tag{2-2-6}$$

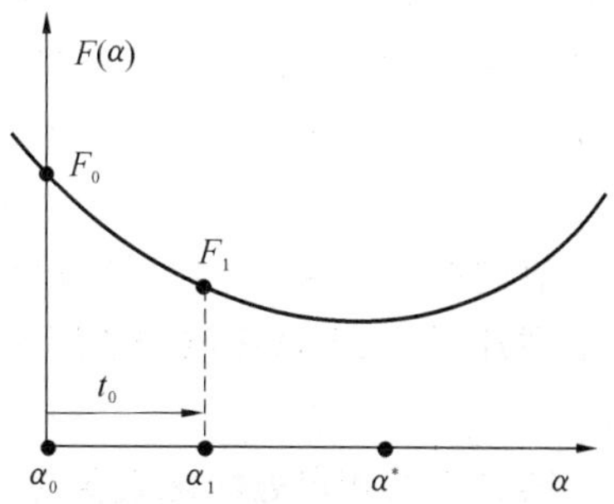

图 2-2-2　试探点步长因子坐标

可计算第一个试探点处的函数值：

$$F_1 = f(\boldsymbol{X}^{(1)}) = F(\alpha_1) \tag{2-2-7}$$

2. 判断应前进还是后退搜索

比较函数值 F_0 和 F_1 的大小，判断 F_1 是高点还是低点，决定需要进行前进还是后退搜索。

1）第一种情况：$F_0>F_1$

函数在几何上呈“高—低”状，α^* 在 α_1 前方，应前进搜索，如图 2-2-3(a)所示。再前进找到一个“高”点，即可确定一个肯定包含最优步长因子 α^* 的“高—低—高”单峰区间。

2）第二种情况：$F_0<F_1$

函数在几何上呈“低—高”的形状，α^* 在 α_0 后方，应后退搜索，如图 2-2-3(b)所示。再后退找到一个“高”点，即可确定一个肯定包含最优步长因子 α^* 的“高—低—高”单峰区间。

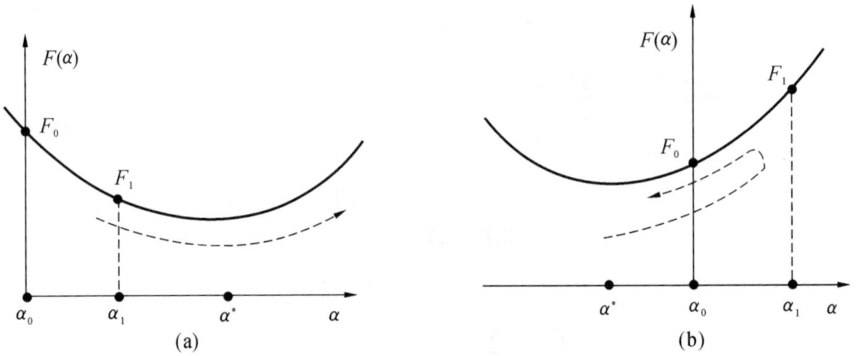

图 2-2-3　判断前进或后退

(a) 前进搜索　(b) 后退搜索

3. 搜索第二个“高”点

前面已经找到了一个“高—低”或“低—高”形状的区间，再沿着前进或后退方向，继续寻找下一个步长因子试探点 $\alpha_2, \alpha_3, \cdots, \alpha_k$，直到 α_k 处的函数值 F_k 是一个“高”点，即找到一个包含最优步长因子 α^* 的“高—低—高”单峰区间，完成搜索。

1）前进搜索寻找第二个“高”点

前进搜索中，步长因子初始点 α_0 固定不动，所以可将 α_0 作为单峰区间的左边界 A。只需反复前进搜索，找到单峰区间的右边界 B 即可。

为了使试探点不断前进，引入一个变量步长增量 T，初始时，t_0 为已知量，设置：$T \leftarrow t_0$。后续搜索时，设置一个变量步长增量**加倍因子** β（常取 $\beta=1.5\sim2$），将当前 T 加倍后再赋值给 T：$T \leftarrow \beta T$。如取 $\beta=2$，$T \leftarrow \beta T = 2 \cdot t_0$，用来加快搜索速度。这样，第二个试探点的步长因子坐标为

$$\alpha_2 = \alpha_0 + T = T = 2 \cdot t_0 \tag{2-2-8}$$

前进搜索时，$\alpha_0=0$，可简写为 $\alpha_2=T$。$\alpha_2>\alpha_1$，即表示新试探点在“前进”。

同理，第二个试探点步长因子坐标 α_2 对应的函数坐标 $\boldsymbol{X}^{(2)}$ 为

$$\boldsymbol{X}^{(2)} = \boldsymbol{X}^{(0)} + \alpha_2 \cdot \boldsymbol{S} \tag{2-2-9}$$

第二个试探点处的函数值为

$$F_2 = f(\boldsymbol{X}^{(2)}) \tag{2-2-10}$$

比较两个试探点处的函数值 F_1、F_2，判断是否出现一个新高点，会出现两种情况。

(1) 第一种情况：$F_1<F_2$。

如图 2-2-4(a)所示，三点函数值的关系为 $F_0>F_1$ 且 $F_1<F_2$，即搜索到一个肯定包含最优步长因子 α^* 的"高—低—高"单峰区间，试探点 α_2 作为步长因子单峰区间的右边界，赋值给右边界符号 B：$B\leftarrow\alpha_2$。步长因子单峰区间 $[A,B]\leftarrow[\alpha_0,\alpha_2]$，完成搜索。

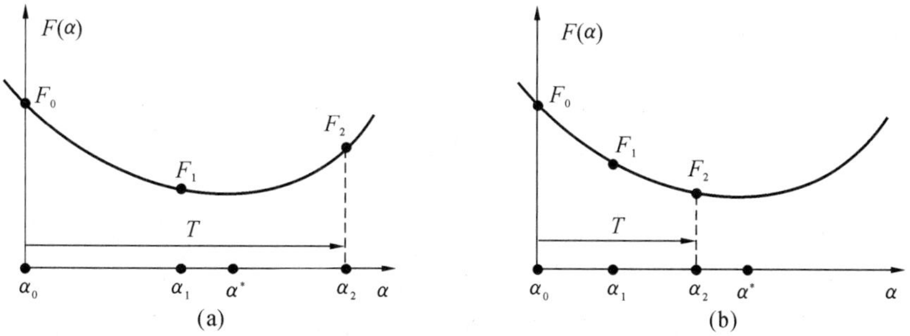

图 2-2-4　前进搜索

(a) 高—低—高　(b) 高—低—更低

(2) 第二种情况：$F_1>F_2$。

如图 2-2-4(b)所示，三点函数值的关系为 $F_0>F_1>F_2$，是"高—低—更低"的几何形状。虽然 α^* 也有可能在 $[\alpha_0,\alpha_2]$ 区间内，但由于"高—低—更低"的几何形状，不是 α^* 在 $[\alpha_0,\alpha_2]$ 区间内的充分条件。所以，需要继续前进搜索，直至找到肯定包含最优步长因子 α^* 的"高—低—高"单峰区间为止。

将当前变量步长增量 $T(T=2\cdot t_0)$ 加倍后再赋值给 T：$T\leftarrow 2T=4\cdot t_0$。下一个试探点的步长因子坐标记为 $\alpha_3=\alpha_0+T=T=4\cdot t_0$。同理，可以计算出 α_3 对应的函数坐标 $\boldsymbol{X}^{(3)}$ 及函数值 $F_3=f(\boldsymbol{X}^{(3)})$，如此反复前进搜索。$T$ 可加倍变化，称为**可变步长增量**。

对于凸函数，反复前进搜索，一定会搜索到一个"高"点。假设搜索到第 $k-1$ 次时，在 α_{k-1} 处仍然是一个低点，其函数值为 F_{k-1}。搜索到第 k 次，在 α_k 处出现第二个高点，函数值为 F_k，如图 2-2-5 所示，即搜索到的 α_0—α_{k-1}—α_k 区间是一个肯定包含 α^* 的"高—低—高"单峰区间。将最后一个试探点 α_k 作为步长因子单峰区间的右边界，赋值给右边界符号 B：$B\leftarrow\alpha_k$。步长因子单峰区间 $[A,B]\leftarrow[\alpha_0,\alpha_k]$，完成搜索。

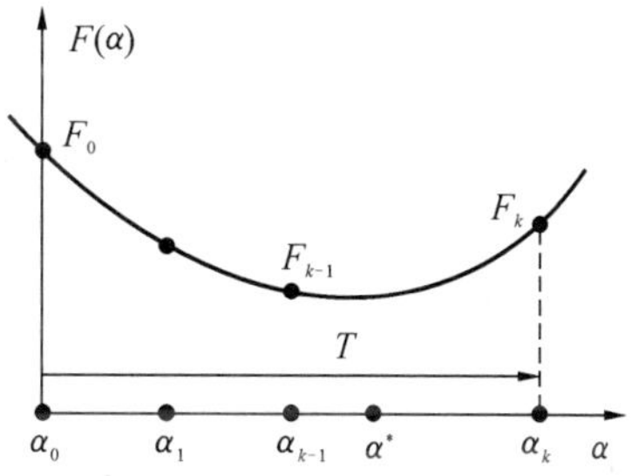

图 2-2-5　加倍前进搜索

在介绍上述过程时，为了便于理解，引用了多个试探点 $\alpha_1,\alpha_2,\cdots,\alpha_k$ 进行说明。但在编程中，为了减少编程中的变量个数，并突出迭代法的优点，可以采用置换 F_2 的方法进行简化处理。

参见图 2-2-4(b)，当 $F_1>F_2$ 需要继续前进搜索时，将函数值 F_2 置换成 F_1：$F_1\leftarrow F_2$，如图 2-2-6(a)所示。

置换后，再将步长加倍，继续前进搜索：确定"第二个"新试探点 α_2，计算对应的 $\boldsymbol{X}^{(2)}$ 及 F_2。如果新搜索到的 F_2 满足 $F_0>F_1$ 且 $F_1<F_2$ 的条件，如图 2-2-6(b)所示，即寻找到单峰区间：$[A,B]\leftarrow[\alpha_0,\alpha_2]$。如果仍是 $F_1>F_2$，再次置换 $F_1\leftarrow F_2$，继续重复上述过程。

对于凸函数，只要变量步长增量 T 反复加倍（$T\leftarrow\beta T$），即反复进行前进搜索，就一定会

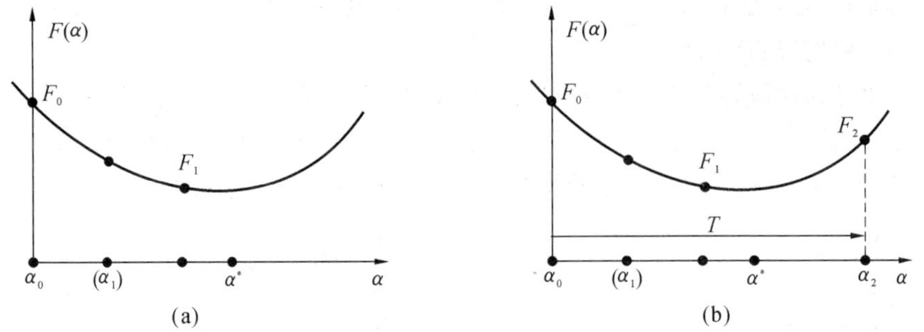

图 2-2-6　前进搜索中函数值置换

(a)$F_1 \leftarrow F_2$　(b) 高—低—高

找到一个新的高点 F_2，使 $F_2 > F_1$，如图 2-2-6(b)所示。三点函数值的关系为 $F_0 > F_1$ 且 $F_1 < F_2$，即搜索到一个肯定包含最优步长 α^* 的"高—低—高"单峰区间：$[A,B] \leftarrow [\alpha_0, \alpha_2]$，完成搜索。编程时，上述过程可用一个循环实现。经过这种改进，无论重复进行多少次前进搜索，迭代计算格式都一样，而且只会用到 α_2、F_1 及 F_2 三个变量。

下一步搜索时，这种迭代置换只需要重新计算 α_2 及 F_2，而且不需要比较 α_1，所以置换过程中无须保留 α_1、α_2 及 F_2。置换过程只需要一步计算：$F_1 \leftarrow F_2$。但为了便于理解置换过程，图 2-2-6 仍将 α_1 示意性地表示于括号内。$\boldsymbol{X}^{(0)}$、$\boldsymbol{X}^{(1)}$ 也不必置换。

上述过程说明，即使前进搜索中出现第二种情况，但由于目标函数是凸函数，故前进搜索最终一定是从第一种情况处结束。

2）后退搜索寻找第二个"高"点

这是与前进搜索中寻找第二个"高"点对应的方法。

为了保留步长因子坐标 α 的顺序关系，相对于前进搜索，后退搜索增加了两个计算点：①交换 F_0 与 F_1；②变量步长增量 T 反向。

(1) 互换 F_0 与 F_1。

如图 2-2-3(b)所示，当 $F_0 < F_1$ 时，应进行后退搜索。为使后退搜索具有与前进搜索相似的算法，可以将 F_0 与 F_1、α_0 与 α_1 同时互换，相较于图 2-2-3(b)，互换后结果如图 2-2-7(a)所示。

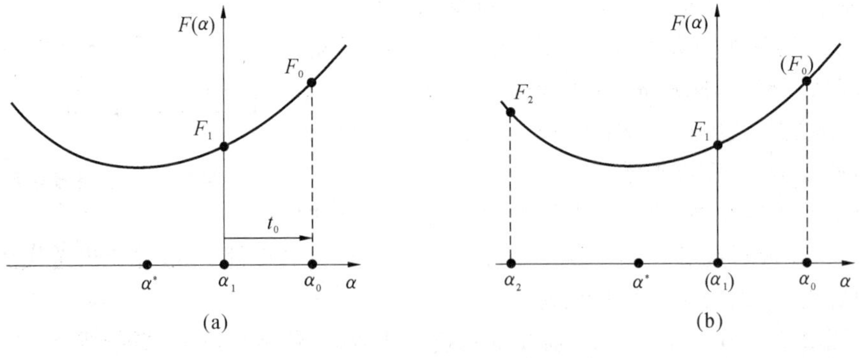

图 2-2-7　后退搜索的交换

(a) F_0 与 F_1 互换　(b) 高—低—高

互换后，步长因子坐标分别是 $\alpha_0 = t_0$，$\alpha_1 = 0$。后退搜索中，α_0 仍然作为步长搜索起点，α_1 作为第一个试探点。注意到，前进搜索中 $\alpha_0 = 0$，后退搜索中，$\alpha_0 = t_0$。

上述交换过程中，理论上需要保留四个变量，但实际需要保留的只有 α_0 及 F_1 两个变量。其中保留互换后的 α_0，其将作为后退搜索中单峰区间的右边界点 B；保留互换后的 F_1，是为了与新试探点的函数值 F_2 作比较，以确定是否出现“高—低—高”状态。不必保留互换后的 α_1 及 F_0。所以，实现上述过程最简单的步骤为：$\alpha_0 \leftarrow \alpha_1$、$F_1 \leftarrow F_0$。不必保留的 α_1 及 F_0，仅形式上表示于括号内，如图 2-2-7(b)所示。

与前进搜索对应，后退搜索中，固定右侧的步长因子坐标初始点 α_0 不动，可将 α_0 作为单峰区间的右边界 B。只需反复后退搜索，找到单峰区间的左边界 A 即可。

(2) 变量步长增量 T 反向。

后退搜索中，将初始步长因子增量 t_0 取负值，再赋值给变量步长增量 T：$T \leftarrow -t_0$，则 T 反向。当 T 逐步加倍时，试探点步长因子坐标将逐步反向后退。

注意到置换后，$\alpha_0 = t_0$，$\alpha_1 = 0$，t_0 取负值后，当前 $T = -t_0$。

将 T 加倍，$T \leftarrow 2T = 2 \cdot (-t_0)$，如图 2-2-8 所示，计算第二个试探点 α_2 的坐标：

$$\alpha_2 = \alpha_0 + T = t_0 + (-2 \cdot t_0) = -t_0 \qquad (2\text{-}2\text{-}11)$$

后退搜索中，$\alpha_0 \neq 0$，式(2-2-11)必须计入 α_0。且 $\alpha_2 < \alpha_1$，表示试探点在“后退”。

计算第二个试探点步长因子 α_2 对应的函数坐标及目标函数值：

$$\begin{cases} \boldsymbol{X}^{(2)} = \boldsymbol{X}^{(0)} + \alpha_2 \cdot \boldsymbol{S} \\ F_2 = f(\boldsymbol{X}^{(2)}) \end{cases} \qquad (2\text{-}2\text{-}12)$$

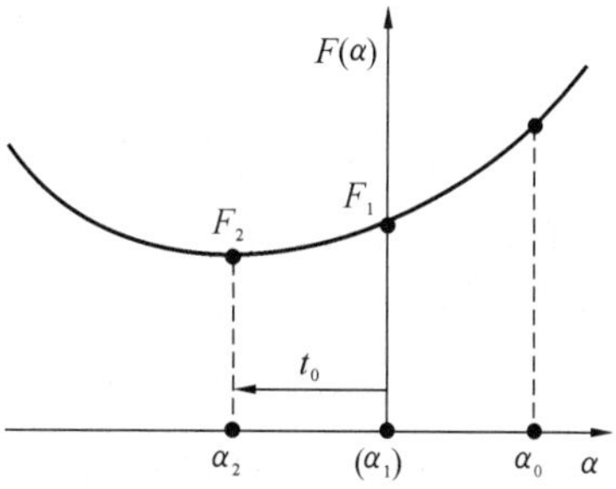

图 2-2-8　反向及搜索

(3) 比较两个函数值 F_1、F_2，判断是否出现一个新的高点，也有两种情况。

① 第一种情况：$F_2 > F_1$。

如图 2-2-9(a)所示，三点函数值的关系为 $F_2 > F_1$ 且 $F_1 < F_0$，即后退搜索到一个肯定包含最优步长因子 α^* 的“高—低—高”单峰区间，区间为 $[A, B] \leftarrow [\alpha_2, \alpha_0]$，完成搜索。

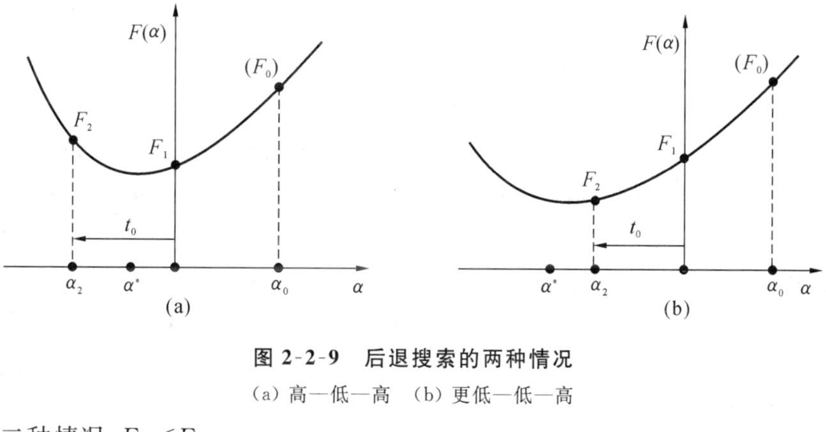

图 2-2-9　后退搜索的两种情况

(a) 高—低—高　(b) 更低—低—高

② 第二种情况：$F_2 < F_1$。

如图 2-2-9(b)所示，三点函数值的关系为 $F_2 < F_1 < F_0$，是“更低—低—高”的几何形状，没有找到一个肯定包含最优步长因子 α^* 的“高—低—高”区间，需要继续后退搜索。

与前进搜索类似，将图 2-2-9(b)中函数值 F_2 置换保留为 F_1：$F_1 \leftarrow F_2$，如图 2-2-10(a)所示。置换后，出现 $F_1 < F_0$ 的“低—高”状，需要继续后退搜索。将当前变量步长增量 T 加倍后再赋值给 T：$T \leftarrow 2T$。用式(2-2-11)重新确定第二个试探点 α_2，计算对应的 $\boldsymbol{X}^{(2)}$ 及 F_2。

如果新搜索到的 F_2 满足 $F_2>F_1$ 且 $F_1<F_0$ 的条件，如图 2-2-10(b)所示，即寻找到单峰区间$[A,B]\leftarrow[\alpha_2,\alpha_0]$。如果仍是 $F_2<F_1$，则再次置换 $F_1\leftarrow F_2$，继续重复上述过程。

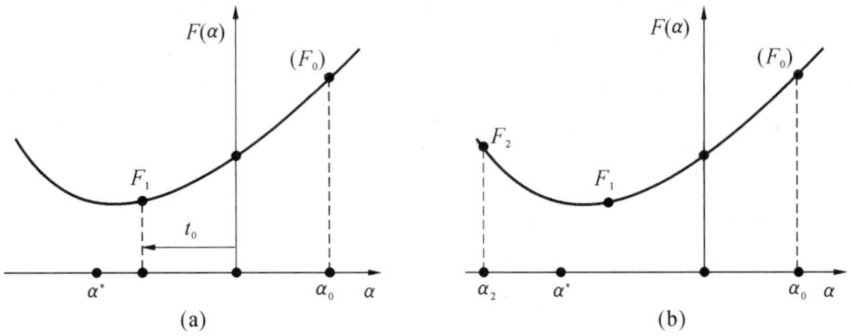

图 2-2-10　后退搜索中的函数值置换

(a) $F_1\leftarrow F_2$　(b) 高—低—高

同理，对于凸函数，只要 T 反复加倍($T\leftarrow 2T$)，即反复进行后退搜索，就一定会找到一个新的高点 F_2，使 $F_2>F_1$ 且 $F_1<F_0$，如图 2-2-10(b)所示，即搜索到一个肯定包含最优步长因子 α^* 的单峰区间$[A,B]\leftarrow[\alpha_2,\alpha_0]$，完成搜索。编程时，上述过程同样可用一个循环实现。

该算法中，先固定一侧起始边界，再搜索到另一侧的终止边界，称其为**基本进退法**。

2.2.4　基本进退法流程图与重要语句

1. 程序流程图

流程图用 N-S(Nassi-Shneiderman)方式描述，用法参见附录Ⅱ。基本进退法程序由一个主程序、两个子程序和一个子函数组成：基本进退法子程序(Sub Forward_backward)、计算函数坐标子程序(Sub Cal_Coord)及计算目标函数值子函数(Function fxval)。

基本进退法主程序完成如下主要任务：从程序界面的文本框中获取初始值 $\boldsymbol{X}^{(0)}$、t_0 及 $\boldsymbol{S}$；调用基本进退法子程序获得单峰区间$[A,B]$；输出单峰区间值。

基本进退法子程序 N-S 流程如图 2-2-11 所示，为避免混淆，有些地方用“←”表示赋值语句。由步长因子 α，计算对应函数坐标 $\boldsymbol{X}$ 的子程序 N-S 流程如图 2-2-12 所示。N-S 流程图中，引用了一个 For…Next 计数型循环。计算函数值的子函数比较简单，不再画出程序流程图。

基本进退法完整程序可扫描二维码查看，可对照程序流程图，理解程序的编制方法。

2. 程序中的重要语句

由于编程语言中无法用希腊字母及下标，因此程序中用 A1 表示步长因子 α_1，用 X0 表示函数坐标 $\boldsymbol{X}^{(0)}$，用 F1 表示函数值 F_1 等。

基本进退法程序

1）主程序

以一个二维目标函数为例。

初始点函数坐标 $\boldsymbol{X}^{(0)}$ 的两个分量 $X^{(0)}(1)$、$X^{(0)}(2)$，分别由 Text1 及 Text2 文本框读入：

```
x0(1)= Val(Text1.Text)
x0(2)= Val(Text2.Text)
```

初始步长因子增量 t_0，由 Text3 文本框读入：

```
t0= Val(Text3.Text)
```

作为练习，给定搜索方向向量 $\boldsymbol{S}$ 的两个分量 $s(1)=0.6$、$s(2)=0.5$，直接用赋值语句：

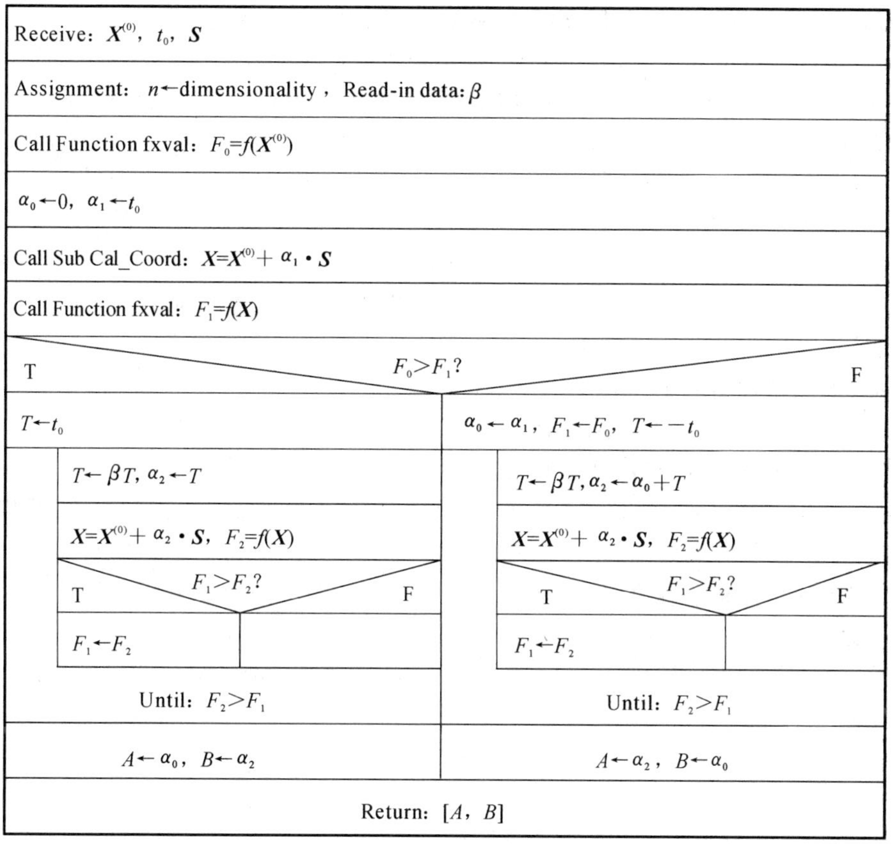

图 2-2-11　基本进退法子程序流程图

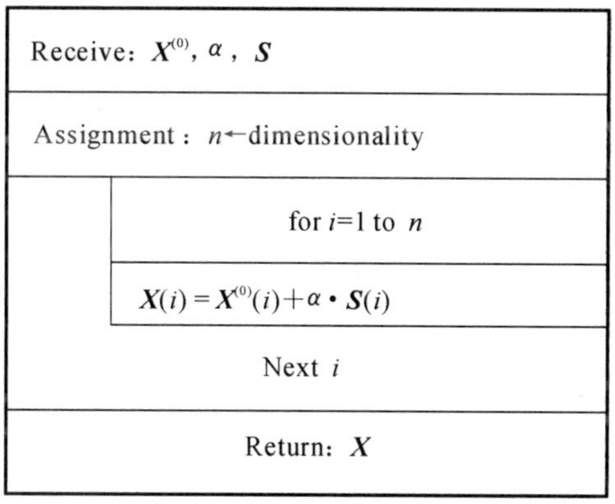

图 2-2-12　计算函数坐标子程序流程图

```
s(1)= 0.6
s(2)= 0.5
```

调用进退法子程序的语句：

```
Call forward_backward(x0,s,t0,A,B)
```

forward_backward 是进退法子程序名，实参表(x0，s，t0，A，B)向子程序的形参表传递初始数据，其中 x0 及 s 是数组名，t0、A、B 是简单变量名。

进退法子程序搜索到单峰区间后，通过形参表，将 A、B 返回到主程序的实参表中，作为单峰区间[A,B]的值。

单峰区间[A,B]按特定格式输出到文本框 Text4 中，语句为

```
Text4.Text= Format$ (A,"0.00") & "," & Format$ (B,"0.00")
```

Format $ (A,"0.00")是将单峰区间左边界 A 以两位小数的格式进行输出。

2) 进退法子程序

进退法子程序用于搜索单峰区间[A,B]。

子程序名及形参表为

```
Private Subforward_backward(x0! (),s! (),t0,A,B)
```

子程序形参表(x0! (),s! (),t0,A,B)中，用“!”声明数组为单精度型数据。

(1) 计算初始数据。

变量步长增量加倍因子 β 从 Text5 文本框读入：

```
beta= Val(Text5.Text) 'beta:β取变量步长增量加倍因子
```

根据接收到的 $\boldsymbol{X}^{(0)}$，调用计算函数值的子函数，计算函数值 F_0：F0＝fxval(x0)。

子函数为 Private Function fxval! (x! ())，用“!”声明子函数值为单精度型数据。用形参表(x! ())接收函数坐标 $\boldsymbol{X}$，通过函数 fxval 返回该函数坐标处的函数值。

调用计算函数坐标子程序，计算试探点步长因子 α_1 对应的函数坐标 $\boldsymbol{X}^{(1)}$：

```
Call Cal_Coord(x0,s,A1,x)
```

根据子程序返回的函数坐标 x(即 $\boldsymbol{X}^{(1)}$)，再调用子函数计算函数值 F_1。

(2) 判断应前进或后退搜索。

```
If F0 >  F1 Then '函数值呈"高一低"状，应前进搜索
……
Else '否则，函数值呈"低一高"状，应后退搜索
……
End If
```

(3) 前进循环搜索过程。

重复前进搜索部分，安排在一个 Do…Loop Until 直到型循环中。

```
Do '循环前进搜索
    T= beta *  T
    A2= T
    Call Cal_Coord(x0,s,A2,x)
    F2 = fxval(x)
    If F1 >  F2 Then F1= F2
Loop Until F1 <  F2
```

将搜索出的单峰区间左、右边界 α_0、α_2 赋值给单峰区间 A、B：

```
A= A0
B= A2
```

(4) 后退循环搜索过程。

将 α_1 和 F_0 置换给 α_0 和 F_1 的语句为

```
A0= A1
F1= F0
```

将变量步长增量 T 反向的语句为

```
T= - t0
```

重复后退搜索部分，也安排在一个 Do…Loop Until 直到型循环中。

```
Do  '循环后退搜索
     T= beta *  T
     A2= A0+ T
     Call Cal_Coord(x0,s,A2,x)
     F2 = fxval(x)
     If F1 >  F2 Then F1= F2
Loop Until F1 <  F2
```

将搜索出的单峰区间左、右边界 α_2、α_0 赋值给单峰区间 A、B：

```
A= A2
B= A0
```

最终通过形参表，将单峰区间$[A,B]$返回到主程序实参表中。

为了解初始步长因子增量 t_0 及变量步长增量加倍因子 β 的作用，这里设置了参数输入方式，可以通过调整参数大小来观察变化，以后它们将改为定值。

3）由步长因子计算函数坐标子程序

```
Private Subcal_Coord(x0! (),s! (),A,x! ()) 'A:步长因子
For i= 1 To UBound(x0! ()) '取数组 x0()的上标作维数
  x(i)= x0(i)+ A *  s(i)
Nexti
End Sub
```

通过形参表(x0！()，s！()，A，x！())，接收 $\boldsymbol{X}^{(0)}$、$\boldsymbol{S}$ 及 α，由步长因子 α，计算出对应的函数坐标 $\boldsymbol{X}$，通过形参表返回到调用语句的实参表中。

在编写程序的过程中，应注意如下三点：① 先画出程序流程图，仔细核对计算原理与基本步骤；② 写出的程序应当逻辑清晰，便于阅读、理解、校对，不必为了追求技巧而过度节省变量或使用非结构化编程方法；③ 尽量写出各命令语句的注释，便于理解算法。

2.2.5 消除冗余区间进退法

1. 消除冗余区间进退法

基本进退法中，将某一侧起始边界固定，然后向另一侧不断搜索，直至找到另一侧的边界为止。其算法简单，但不足之处在于：所找到的单峰区间范围较大，而在一个较大的单峰区间中寻找最优步长因子 α^* 需要较大的计算量。

为了解决这个问题，引入消除冗余区间进退法。其基本原理是：起始边界不再固定，随着搜索的进行，起始边界会不断向最优步长因子 α^* 的方向移动，从而缩小单峰区间的范围，以获得一个相对较小的单峰区间，有利于后续搜索，提高效率。

以前进搜索为例，如图 2-2-13(a)所示，当出现“高—低—更低”形状，需要继续前进搜索时，将起始边界 α_0 移到 α_1 处，将 α_1 移到 α_2 处，同步将 F_1 移到 F_2(但不必实际将 F_0 移到 F_1)，于是形成一个新的“高—低”形状，如图 2-2-13(b)所示，新 α_0 更接近最优步长因子 α^*。因为最终是将 α_0 作为单峰区间的起始边界，比较图 2-2-13(a)(b)可知，图 2-2-13(b)的起始边界向 α^* 收缩，将对应一个较小的含有最优步长因子 α^* 的单峰区间。相对于图 2-2-13(a)，图 2-2-13(b)中的阴影区域是可以去掉的无用区间，称为**冗余区间**。该过程称为**消除冗余区间**。

前进搜索中，消除冗余区间最简单的程序语句是：

```
If F1 >  F2 Then A0= A1: A1= A2: F1= F2
```

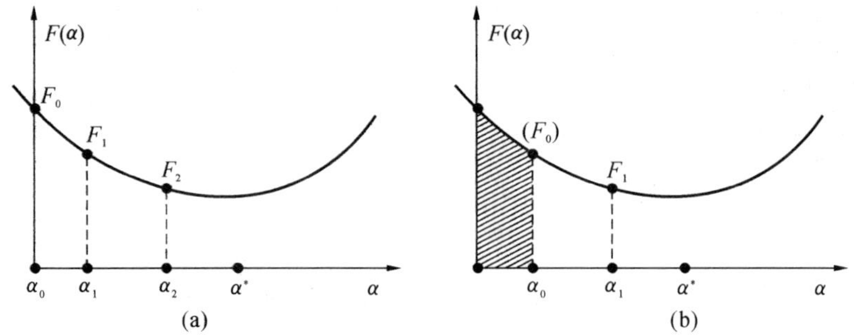

图 2-2-13　前进搜索中消除冗余区间

(a) 前进方向:高—低—更低　(b) 消除冗余区间

对于后退搜索,如图 2-2-14(a)所示,当出现“更低—低—高”形状,需要继续后退搜索时,将右边界 α_0 移动到 α_1 处,即 $\alpha_0 \leftarrow \alpha_1$,同步移动 α_1、F_1,即 $\alpha_1 \leftarrow \alpha_2$、$F_1 \leftarrow F_2$,如图 2-2-14(b)所示,新 α_0 更接近最优步长因子 α^*。比较图 2-2-14(a)(b)可知,图 2-2-14(b)将对应一个较小的含有最优步长因子 α^* 的单峰区间。图 2-2-14(b)中的阴影区域是冗余区间。

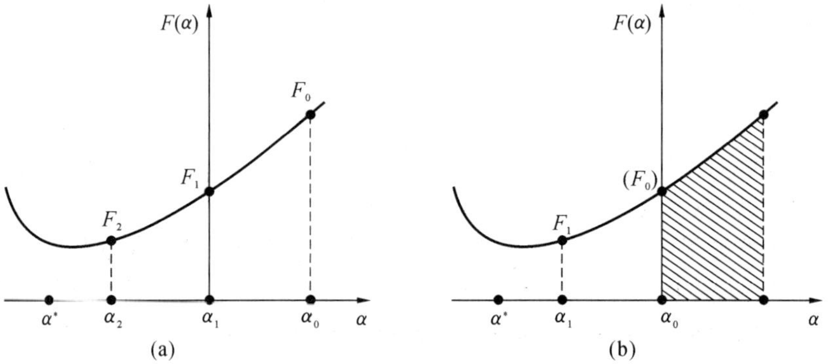

图 2-2-14　后退搜索中消除冗余区间

(a) 后退方向:更低—低—高　(b) 消除冗余区间

后退搜索中,消除冗余区间最简单的程序语句是:

```
If F1 > F2 Then A0= A1: A1= A2: F1= F2
```

改进的进退法称为“消除冗余区间进退法”,该方法需要置换并保留 α_0、α_1,因为计算 α_2 时必须计入 α_0。

仅增加几条简单命令,消除冗余区间进退法即可有效地缩小单峰区间,其流程如图2-2-15所示。图中设置了一个临时变量 Tem,用于调换 α_0,α_1。

消除冗余区间进退法完整程序见附录Ⅲ。

消除冗余区间进退法程序

2. 改进后退搜索的消除冗余区间进退法

基本进退法及消除冗余区间进退法的前进及后退搜索的流程图基本对称,编写程序简单。但是,在这两种进退法的后退搜索中,由于开始时进行了一次 α_0 与 α_1 的置换,有可能造成 α_0 一侧边界变大。为此,可以对算法做进一步改进。

后退搜索改进的基本原理:在判断应前进还是后退搜索时,若 $F_0 < F_1$,则表示需要后退搜索,如图 2-2-16(a)所示。不将 α_0 与 α_1 置换,而是直接取反向试探点 $\alpha_1 = -t_0$,并计算 F_1,如图 2-2-16(b)所示。图 2-2-16(b)中,置换算法的 α_1 及 F_1 保留在括号内,且 α_1 位于 α_0 右侧。可见,改进后退搜索算法的单峰区间更小。

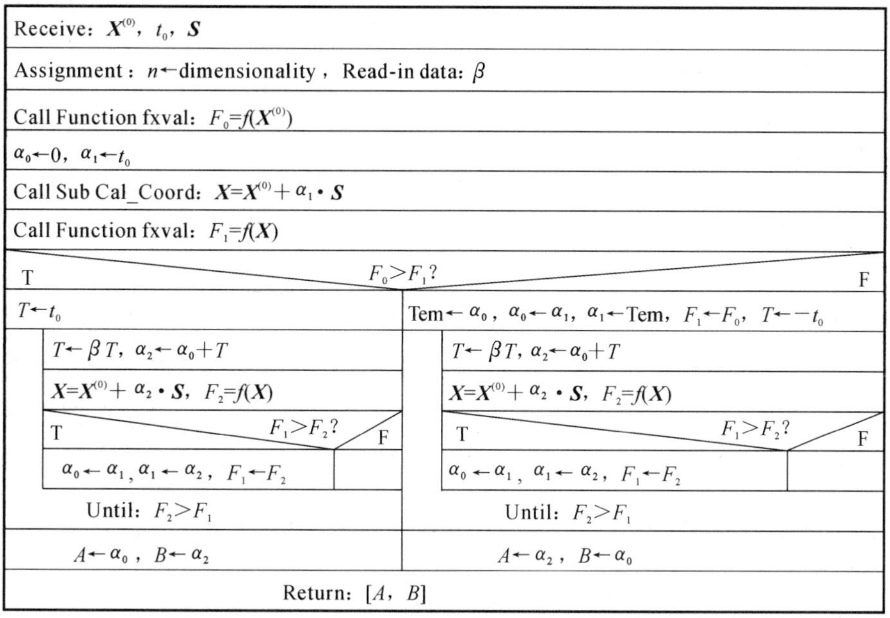

图 2-2-15　消除冗余区间进退法子程序流程图

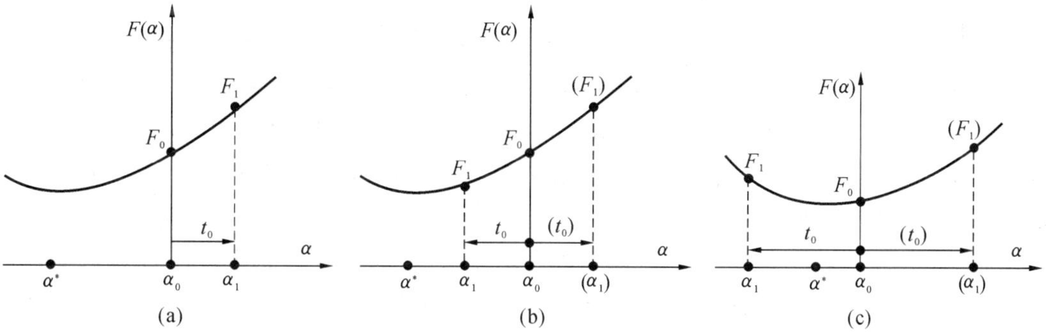

图 2-2-16　改进后退搜索的消除冗余区间进退法

(a) $F_0<F_1$　(b) 反向并试探　(c) 高—低—高

再比较两点的函数值 F_0、F_1，有两种可能性。

(1) 第一种情况，反向试探后 $F_1<F_0$，如图 2-2-16(b)所示。

这是一种"低—高"状态，可以直接套用之前的算法，先将变量步长增量反向，即 $T\leftarrow -t_0$，再进入反向搜索循环，直到反复后退搜索到一个新的高点为止，终止反向搜索循环。

(2) 第二种情况，反向试探后 $F_1>F_0$，如图 2-2-16(c)所示。

即无论是前进还是后退试探，α_0 两侧试探点的函数值都是"高"点，如图 2-2-16(c)所示。所以 α_1—α_0—(α_1)是一个"高—低—高"的单峰区间，单峰区间为：$[A,B]\leftarrow[-t_0,t_0]$。

改进消除冗余进退法程序

改进消除冗余区间进退法子程序流程如图 2-2-17 所示。改进后退搜索的消除冗余进退法的完整程序可扫描二维码查看。

基本进退法是最简单的一种方法，它固定某一侧的起始边界仅向另一侧进行搜索。消除冗余区间进退法在基本进退法的基础上进行改进，不再固定起始边界，而是根据搜索的进行，动态地调整起始边界的位置，从而缩小单峰区间的范围。改进后退搜索的消除冗余区间

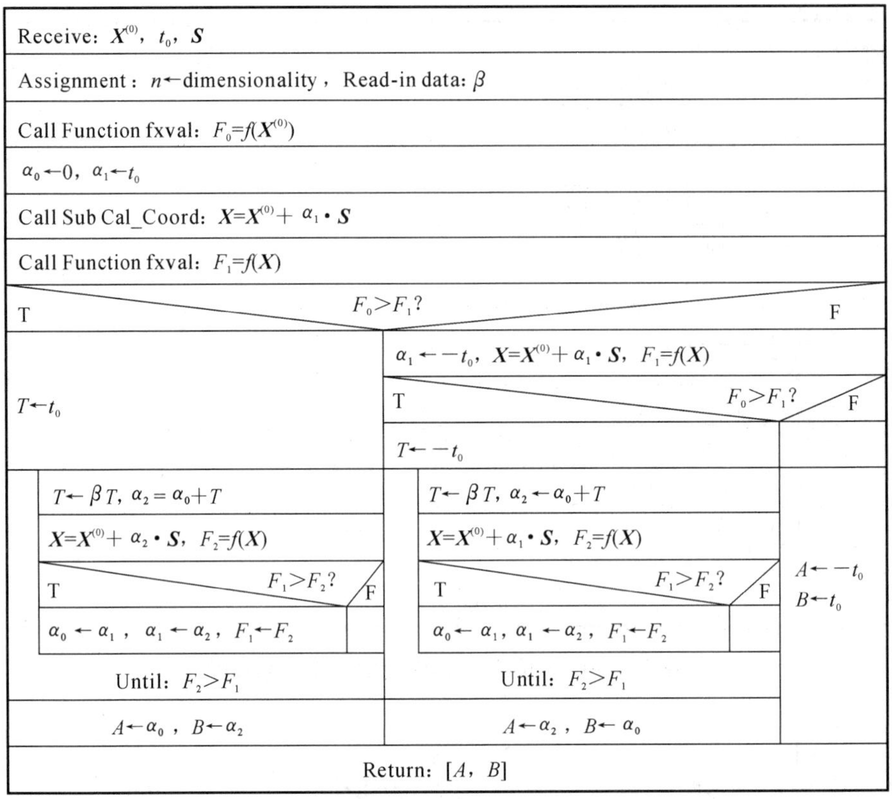

图 2-2-17　改进消除冗余区间进退法子程序流程图

进退法则是在消除冗余区间进退法的基础上进一步优化，它省略了反向互换，减少计算量并进一步缩小了单峰区间。

实际应用中，通常只会采用改进的消除冗余进退法。然而，基本进退法、消除冗余区间进退法及改进后退搜索的消除冗余区间进退法，它们构成了一个由浅入深的过程，学习以上由浅入深的过程有利于启发初学者思考如何改进并优化算法。

2.2.6　进退法算例

【例 2-1】 设目标函数 $f(\boldsymbol{X})=(x_1-2)^2+(x_2-3)^2$，从初始点 $\boldsymbol{X}^{(0)}=(1.5,3)^{\mathrm{T}}$ 开始，沿着给定的搜索方向 $\boldsymbol{S}=(1,0)^{\mathrm{T}}$（该搜索方向是初始点处负梯度方向/最速下降方向，取得该方向的原理见第 3 章“梯度法”内容），取加倍因子 $\beta=1.5$，初始步长因子增量 $t_0=1.3$。试用改进后退搜索的消除冗余区间进退法确定单峰区间。

解　1. 初始试探

1）计算初始点处函数值

初始点 $\boldsymbol{X}^{(0)}=(1.5,3)^{\mathrm{T}}$，函数值 $F_0=f(\boldsymbol{X}^{(0)})=(1.5-2)^2+(3-3)^2=0.25$。

2）向前试探

取步长因子初始点 $\alpha_0=0$，加倍因子 $\beta=1.5$。

第一个试探点步长因子坐标为 $\alpha_1=t_0=1.3$，第一个试探点的函数坐标为

$$\boldsymbol{X}^{(1)}=\boldsymbol{X}^{(0)}+\alpha_1\cdot\boldsymbol{S}=\begin{pmatrix}x_1\\x_2\end{pmatrix}+\alpha_1\cdot\begin{pmatrix}s_1\\s_2\end{pmatrix}=\begin{pmatrix}1.5\\3\end{pmatrix}+1.3\times\begin{pmatrix}1\\0\end{pmatrix}=\begin{pmatrix}2.8\\3\end{pmatrix}$$

第一个试探点处的函数值为

$$F_1 = f(\boldsymbol{X}^{(1)}) = (2.8-2)^2 + (3-3)^2 = 0.64$$

2. 判断应前进还是后退搜索

由 $F_0=0.5<F_1=0.64$ 可知，函数在几何上是“低—高”状，需要反向并后退搜索。

3. 后退搜索，寻找第二个“高”点

重新取后退方向的第一个试探点步长因子坐标：

$$\alpha_1 = -t_0 = -1.3$$

$$\boldsymbol{X}^{(1)} = \boldsymbol{X}^{(0)} + \alpha_1 \cdot \boldsymbol{S} = \begin{vmatrix} x_1 \\ x_2 \end{vmatrix} + \alpha_1 \cdot \begin{vmatrix} s_1 \\ s_2 \end{vmatrix} = \begin{pmatrix} 1.5 \\ 3 \end{pmatrix} + (-1.3) \times \begin{pmatrix} 1 \\ 0 \end{pmatrix} = \begin{pmatrix} 0.2 \\ 3 \end{pmatrix}$$

$$F_1 = f(\boldsymbol{X}^{(1)}) = (0.2-2)^2 + (3-3)^2 = 3.24$$

因为 $F_0=0.5<F_1=3.24$，反向试探也不成功，如图 2-2-18 所示。

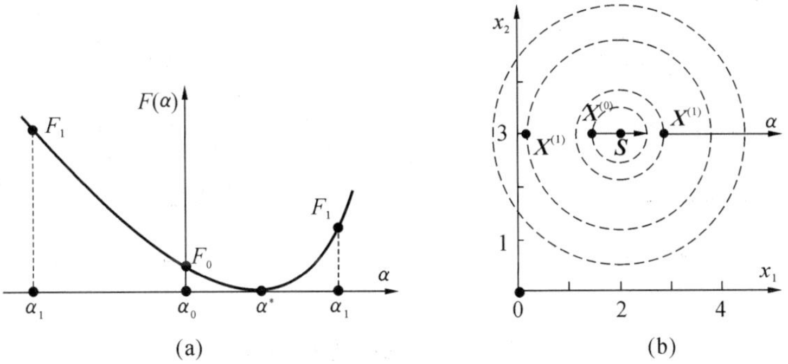

图 2-2-18　两种坐标中搜索过程对比

(a) 步长因子坐标中搜索　(b) 函数坐标等值线中搜索

α_0 两侧试探点都是“高”点，单峰区间为 $[A,B] \leftarrow [-t_0, t_0] = [-1.3, 1.3]$。

即从 $\boldsymbol{X}^{(0)}=(1.5,3)^{\mathrm{T}}$ 出发，沿指定的搜索向量 $\boldsymbol{S}=(1,0)^{\mathrm{T}}$ 方向，步长因子坐标单峰区间为

$$[A,B] = [-1.3, 1.3]$$

步长因子单峰区间边界 A、B 对应的函数坐标分别为 $\boldsymbol{X}_A=(0.2,3)^{\mathrm{T}}$、$\boldsymbol{X}_B=(2.8,3)^{\mathrm{T}}$。

2.3　黄金分割法

黄金分割法

在单峰区间上，确定最优步长因子 α^* 的常用方法有黄金分割法和二次插值法。这两种方法的基本原理都是消除法。也就是在当前的单峰区间中，构造出一个包含最优步长因子且范围更小的“高—低—高”单峰区间，保留这个更小的单峰区间，且同时消除原单峰区间某一侧的多余区间。如此反复进行这一过程，可以不断缩小含有最优步长因子的单峰区间，这种方法称为**消除法**。当单峰区间足够小时，最终可获得最优步长因子的近似值。

黄金分割法是在当前的单峰区间中，按照黄金比例(0.618)关系插入分割点，从而构造一个包含最优步长因子且更小的“高—低—高”单峰区间，通过反复应用消除法，不断缩小含有最优步长因子的单峰区间，以获得最优步长因子的近似值。

2.3.1　黄金分割法基本原理

对于单峰区间$[A,B]$，其区间宽度为$(B-A)$，按照黄金比例取单峰区间宽度的 0.618

倍，相对单峰区间的两个边界点 A、B，分别插入两个分割点 α_1 及 $\alpha_2(\alpha_1<\alpha_2)$，计算出对应的目标函数值 F_1、F_2，如图 2-3-1(a)(b)所示。通过比较 F_1、F_2，可以确定一个“高—低”或“低—高”段，在函数值“低”的一侧，利用单峰区间在该侧边界上的一个“高”点，即可找出一个包含最优步长因子 α^* 且更小的“高—低—高”单峰区间。如当 $F_1>F_2$ 时，如图 2-3-1(a)所示，在函数值 F_2“低”的一侧，再利用该侧边界 B 处的“高”点，则 $\alpha_1—\alpha_2—B$ 是一个包含最优步长因子 α^* 且更小的“高—低—高”单峰区间；当 $F_1<F_2$ 时，如图 2-3-1(b)所示，在函数值 F_1“低”的一侧，再利用该侧边界 A 处的“高”点，则 $A—\alpha_1—\alpha_2$ 是一个包含最优步长因子 α^* 且更小的“高—低—高”单峰区间。

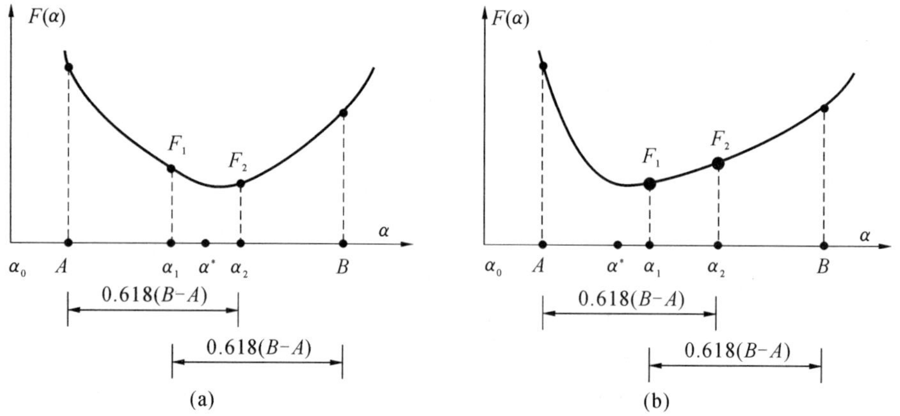

图 2-3-1　黄金分割法原理

(a) $F_1>F_2$　(b) $F_1<F_2$

选出包含最优步长因子 α^* 且更小的单峰区间后，相对新的单峰区间而言，原单峰区间内总有某一侧的一段区间是可以消除的多余区间。如图 2-3-1(a)中，区间$[A,\alpha_1]$是可以消除的多余区间；而图 2-3-1(b)中，区间$[\alpha_2,B]$是可以消除的多余区间。消除多余区间后，即从原单峰区间中，获得一个包含最优步长因子 α^* 且缩小了的新单峰区间。

为了继续用黄金分割法进行迭代，需要将消除了多余区间的新单峰区间，重新置换成标准单峰区间格式。如在图 2-3-1(a)中做置换：$[A,B]\leftarrow[\alpha_1,B]$。而在图 2-3-1(b)中做置换：$[A,B]\leftarrow[A,\alpha_2]$。进而下一轮可以在新的单峰区间$[A,B]$上，再次进行同样的黄金分割及消除，如此反复迭代，将使单峰区间逐步缩小，直到单峰区间的宽度满足预先设定的精度，取两个黄金分割点的中点作为近似最优步长因子 α^*，完成搜索。

2.3.2　黄金分割法算法

给定单峰区间$[A,B]$，初始点函数坐标 $\boldsymbol{X}^{(0)}$，搜索方向向量 $\boldsymbol{S}$ 及控制精度 ε，黄金分割算法步骤如下。

1. 计算步长因子坐标分割点

按黄金比例计算两个步长因子坐标分割点：

$$\alpha_1 = A + 0.382(B - A) \tag{2-3-1}$$

$$\alpha_2 = A + 0.618(B - A) \tag{2-3-2}$$

及其对应的函数坐标和函数值：

$$\boldsymbol{X}^{(1)} = \boldsymbol{X}^{(0)} + \alpha_1 \cdot \boldsymbol{S}$$

$$F_1 = f(\boldsymbol{X}^{(1)})$$
$$\boldsymbol{X}^{(2)} = \boldsymbol{X}^{(0)} + \alpha_2 \cdot \boldsymbol{S}$$
$$F_2 = f(\boldsymbol{X}^{(2)})$$

2. 进入循环，寻找更小的单峰区间

1）第一种情况：$F_1 > F_2$

（1）消除多余区间。

参考图 2-3-2(a)，当 $F_1 > F_2$ 时，需要保留的包含最优步长因子 α^* 且更小的“高—低—高”单峰区间是 $[\alpha_1, B]$，需要消除的多余区间是 $[A, \alpha_1]$（阴影区间）。为了实现该过程，只需进行置换 $A \leftarrow \alpha_1$，即可消除图 2-3-2(a)中阴影部分所示的多余区间。原单峰区间收缩成新单峰区间 $[A, B] \leftarrow [\alpha_1, B]$，如图 2-3-2(b)所示。

（2）保留其中一个黄金分割点。

由黄金分割法性质可知，原单峰区间中的黄金分割点 α_2 在新单峰区间中仍将是一个黄金分割点 α_1。当 $F_1 > F_2$ 时，原单峰区间中的 α_2 应置换成新单峰区间中的 α_1。为实现该过程，只需进行置换 $\alpha_1 \leftarrow \alpha_2$、$F_1 \leftarrow F_2$，即可在新单峰区间 $[A, B]$ 中得到黄金分割点 α_1 及对应函数值 F_1。经过消除及分割点置换，得到新单峰区间 $[A, B]$ 及分割点 α_1，如图 2-3-2(b)所示。

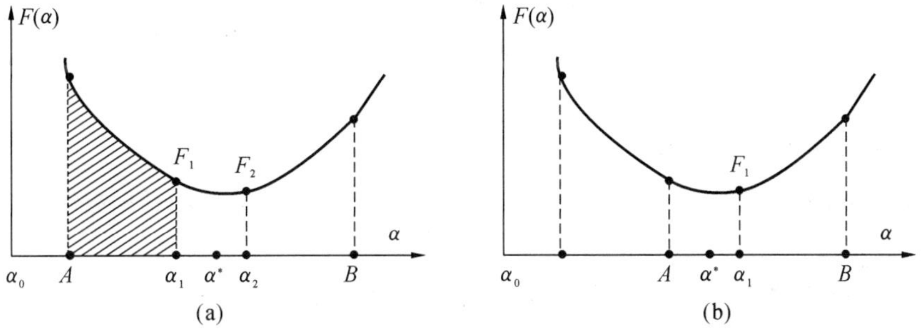

图 2-3-2　$F_1 > F_2$ 黄金分割法

(a) 需要消除的区间　(b) 消除及置换后

（3）计算另一个黄金分割点。

在新单峰区间 $[A, B]$ 中，仅需按黄金比例计算新分割点 α_2：

$$\alpha_2 = A + 0.618(B - A)$$

及其对应的函数坐标与函数值：

$$\boldsymbol{X}^{(2)} = \boldsymbol{X}^{(0)} + \alpha_2 \cdot \boldsymbol{S}$$
$$F_2 = f(\boldsymbol{X}^{(2)})$$

然后转到步骤 3。

2）第二种情况：$F_1 < F_2$

（1）消除多余区间。

参见图 2-3-3(a)，当 $F_1 < F_2$ 时，需要保留的包含最优步长因子 α^* 且更小的“高—低—高”单峰区间是 $[A, \alpha_2]$，需要消除的多余区间是 $[\alpha_2, B]$（阴影区间）。为实现该过程，只需进行置换 $B \leftarrow \alpha_2$，即可消除图 2-3-3(a)中阴影部分所示的多余区间。原单峰区间收缩成新单峰区间 $[A, B] \leftarrow [A, \alpha_2]$，如图 2-3-3(b)所示。

（2）保留其中一个黄金分割点。

同理，当 $F_1 < F_2$ 时，原单峰区间中的 α_1 应置换为新单峰区间中的 α_2。为了实现该过

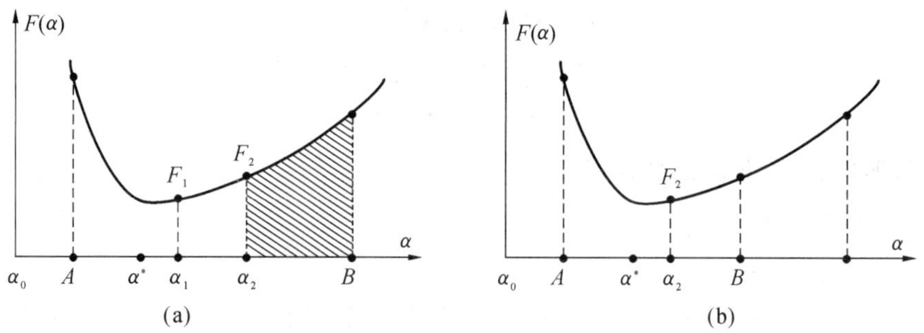

图 2-3-3　$F_1<F_2$ 黄金分割法

(a) 需要消除的区间　(b) 消除及置换后

程，只需进行置换 $\alpha_2\leftarrow\alpha_1$、$F_2\leftarrow F_1$，即可在新单峰区间$[A,B]$中得到黄金分割点 α_2 及对应函数值 F_2。经过消除及分割点置换，得到新单峰区间$[A,B]$及分割点 α_2，如图 2-3-3(b)所示。

(3) 计算另一个黄金分割点。

在新单峰区间$[A,B]$中，仅需按黄金比例计算新分割点 α_1：

$$\alpha_1 = A + 0.382(B - A)$$

及对应的函数坐标与函数值：

$$\boldsymbol{X}^{(1)} = \boldsymbol{X}^{(0)} + \alpha_1 \cdot \boldsymbol{S}$$
$$F_1 = f(\boldsymbol{X}^{(1)})$$

然后转到步骤 3。

3. 判断是否满足精度要求

计算两个分割点的步长因子坐标的距离 $\alpha_2-\alpha_1$，如果不满足控制精度要求

$$\alpha_2 - \alpha_1 > \varepsilon \tag{2-3-3}$$

则返回步骤 2，重新循环，继续寻找包含最优步长因子 α^* 且更小的单峰区间。

如果满足控制精度要求

$$\alpha_2 - \alpha_1 < \varepsilon \tag{2-3-4}$$

则退出循环。

经过反复循环，单峰区间将不断缩小，最终一定会满足控制精度要求。

4. 计算最优步长因子 α^* 的近似值

取两个黄金分割点的中点为最优步长因子 α^* 的近似值：

$$\alpha^* = (\alpha_1 + \alpha_2)/2 \tag{2-3-5}$$

根据最优步长因子计算最优函数坐标点 $\boldsymbol{X}^*=\boldsymbol{X}_0+\alpha^*\cdot\boldsymbol{S}$ 及最优函数值 $f(\boldsymbol{X}^*)$。

2.3.3　黄金分割法子程序流程图与重要语句

1. 程序流程图

从本节起，仅给出子程序流程图。黄金分割法子程序 N-S 流程如图 2-3-4 所示。

黄金分割法程序

给定单峰区间，用黄金分割法搜索最优步长因子的程序，可扫描二维码查看。

在实用优化程序中，主程序首先调用进退法子程序来搜索出一个单峰区间，然后将该单峰区间传递给黄金分割法子程序进行进一步处理。具体而言，当调用黄金分割法子程序时，

主程序通过实参/形参表将单峰区间传递给黄金分割法子程序。完整的程序使用了进退法和黄金分割法相结合的策略,详细内容可扫描二维码查看。

改进进退法-
黄金分割法程序

Receive: $X^{(0)}$, S, A, B, ε	
$\alpha_1 = A + 0.382(B-A)$, $X^{(1)} = X^{(0)} + \alpha_1 \cdot S$, $F_1 = f(X^{(1)})$	
$\alpha_2 = A + 0.618(B-A)$, $X^{(2)} = X^{(0)} + \alpha_2 \cdot S$, $F_2 = f(X^{(2)})$	
T $\qquad\qquad$ $F_1 > F_2$? $\qquad\qquad$ F	
$A \leftarrow \alpha_1$, $\alpha_1 \leftarrow \alpha_2$, $F_1 \leftarrow F_2$	$B \leftarrow \alpha_2$, $\alpha_2 \leftarrow \alpha_1$, $F_2 \leftarrow F_1$
$\alpha_2 = A + 0.618(B-A)$	$\alpha_1 = A + 0.382(B-A)$
$X = X^{(0)} + \alpha_2 \cdot S$, $F_2 = f(X)$	$X = X^{(0)} + \alpha_1 \cdot S$, $F_1 = f(X)$
Until: $(\alpha_2 - \alpha_1) < \varepsilon$	
$\alpha^* = (\alpha_1 + \alpha_2)/2$	
Return: α^*	

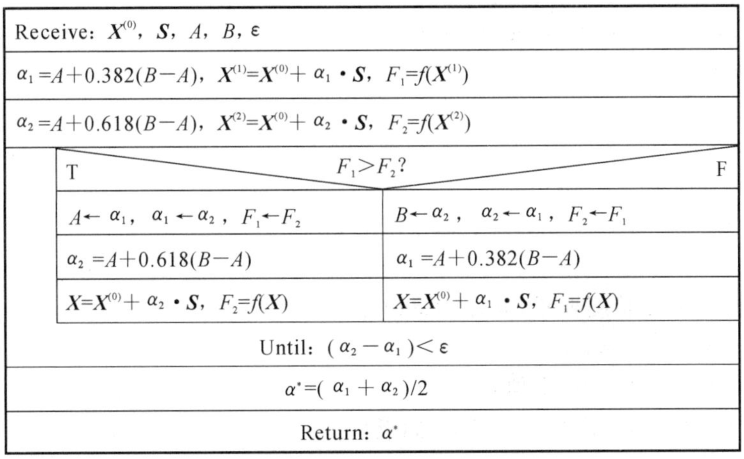

图 2-3-4 黄金分割法子程序流程图

2. 程序中的重要语句

子程序名及形参表:

```
Private Sub golden_section(x0!(),s!(),A,B,epx,Aopt)
```

通过形参表,接收初始点函数坐标 $X^{(0)}$,搜索方向向量 S,单峰区间$[A,B]$,控制精度 ε(用 epx 表示)。子程序搜索出的最优步长因子 α^*,通过形参表返回主程序。

黄金分割法所需的单峰区间$[A,B]$,可以先调用进退法子程序获得。

(1) 按黄金比例,先取两个步长坐标分割点:

```
A1= A+ 0.382 * (B- A)
A2= A+ 0.618 * (B- A)
```

计算两个分割点处对应的函数坐标及函数值:

```
Call Cal_Coord(x0,s,A1,x)
F1 = fxval(x)
Call Cal_Coord(x0,s,A2,x)
F2 = fxval(x)
```

(2) 进入循环,反复寻找一个更小的单峰区间。

循环的结构为

```
Do
......
Loop Until A2 - A1 < epx
```

(3) 进入循环后,比较 F_1 与 F_2 的大小,两种情况的条件分支语句结构为

```
If F1 >  F2 Then
   ......
Else
   ......
End If
```

① 第一种情况:$F_1 > F_2$。

```
If F1 >  F2 Then
  A= A1: A1= A2: F1= F2
  A2= A+ 0.618 * (B - A)
  Call Cal_Coord(x0,s,A2,x): F2= fxval(x)
```

② 第二种情况：$F_1 < F_2$。

```
Else
  B= A2: A2= A1: F2= F1
  A1= A+ 0.382 * (B - A)
  Call Cal_Coord(x0,s,A1,x): F1= fxval(x)
End If
```

(4) 判断是否满足精度要求，满足则退出循环。

```
Loop Until A2 - A1 < epx
```

(5) 计算最优步长因子近似值。

取$[\alpha_1,\alpha_2]$的中点为最优步长因子 α^* 的近似值：

```
Aopt = (A1+ A2)/2
```

最后，通过子程序的形参表将最优步长因子 α^* 返回到主程序。

2.3.4 黄金分割法算例

【例 2-2】 目标函数为 $f(\boldsymbol{X})=(x_1-2)^2+(x_2-3)^2$，取初始点 $\boldsymbol{X}^{(0)}=(0,0)^{\mathrm{T}}$，给定搜索方向 $\boldsymbol{S}=(0.6,0.5)^{\mathrm{T}}$，取控制精度 $\varepsilon=0.1$。在单峰区间$[A,B]=[4,5]$上用黄金分割法搜索最优步长因子 α^*，并计算出最优点函数坐标 $\boldsymbol{X}^*$ 及最优值 $f(\boldsymbol{X}^*)$。

解 为了明晰算法的计算过程，用解析法及数值法进行对比分析计算。

1. 用解析法计算

已知 $f(\boldsymbol{X})=(x_1-2)^2+(x_2-3)^2$，$\boldsymbol{X}^{(0)}=(0,0)^{\mathrm{T}}$，$\boldsymbol{S}=(0.6,0.5)^{\mathrm{T}}$，从 $\boldsymbol{X}^{(0)}$ 出发，沿着 $\boldsymbol{S}$ 搜索方向，用最优步长因子 α^*，得到一维最优点 $\boldsymbol{X}^*$：

$$\boldsymbol{X}^* = \boldsymbol{X}^{(0)} + \alpha^* \cdot \boldsymbol{S} = \begin{bmatrix} x_1 \\ x_2 \end{bmatrix} + \alpha^* \cdot \begin{bmatrix} s_1 \\ s_2 \end{bmatrix} = \begin{pmatrix} 0 \\ 0 \end{pmatrix} + \alpha^* \cdot \begin{pmatrix} 0.6 \\ 0.5 \end{pmatrix} = \begin{bmatrix} 0.6\alpha^* \\ 0.5\alpha^* \end{bmatrix}$$

将 $\boldsymbol{X}^*$ 代入目标函数：

$$f(\boldsymbol{X}^*) = (0.6\alpha^* - 2)^2 + (0.5\alpha^* - 3)^2$$

由极值的必要条件：

$$\frac{\mathrm{d}f(\boldsymbol{X}^*)}{\mathrm{d}\alpha^*} = 2 \times 0.6(0.6\alpha^* - 2) + 2 \times 0.5(0.5\alpha^* - 3) = 0$$

解出最优步长因子：$\alpha^*=4.4262$。

可计算得：$\boldsymbol{X}^* = \begin{bmatrix} 0.6\alpha^* \\ 0.5\alpha^* \end{bmatrix} = \begin{pmatrix} 2.6557 \\ 2.2131 \end{pmatrix}$，$f(\boldsymbol{X}^*)=1.0492$。

2. 用数值法迭代计算

为了单独练习黄金分割法，本例给定了一个单峰区间。在实际的优化程序中，通常会先调用进退法来搜索出一个单峰区间，然后在该单峰区间上调用黄金分割法来搜索最优步长因子，从而形成一个完整的一维优化搜索程序。

1)计算步长因子坐标

在给定的单峰区间$[A,B]$上，计算两个黄金分割点的步长因子坐标：

$$\alpha_1 = A + 0.382(B - A) = 4 + 0.382 \times (5 - 4) = 4.3820$$
$$\alpha_2 = A + 0.618(B - A) = 4 + 0.618 \times (5 - 4) = 4.6180$$

计算两个步长因子坐标对应的函数坐标 $\boldsymbol{X}^{(1)}$、$\boldsymbol{X}^{(2)}$ 及函数值 $f(\boldsymbol{X}^{(1)})$、$f(\boldsymbol{X}^{(2)})$：

$$\boldsymbol{X}^{(1)} = \boldsymbol{X}^{(0)} + \alpha_1 \cdot \boldsymbol{S} = \begin{bmatrix} x_1 \\ x_2 \end{bmatrix} + \alpha_1 \cdot \begin{bmatrix} s_1 \\ s_2 \end{bmatrix} = \begin{pmatrix} 0 \\ 0 \end{pmatrix} + 4.3820 \cdot \begin{pmatrix} 0.6 \\ 0.5 \end{pmatrix} = \begin{pmatrix} 2.6292 \\ 2.1910 \end{pmatrix}$$
$$F_1 = f(\boldsymbol{X}^{(1)}) = (2.6292 - 2)^2 + (2.1910 - 3)^2 = 1.0504$$
$$\boldsymbol{X}^{(2)} = \boldsymbol{X}^{(0)} + \alpha_2 \cdot \boldsymbol{S} = \begin{bmatrix} x_1 \\ x_2 \end{bmatrix} + \alpha_1 \cdot \begin{bmatrix} s_1 \\ s_2 \end{bmatrix} = \begin{pmatrix} 0 \\ 0 \end{pmatrix} + 4.6180 \cdot \begin{pmatrix} 0.6 \\ 0.5 \end{pmatrix} = \begin{pmatrix} 2.7708 \\ 2.3090 \end{pmatrix}$$
$$F_2 = f(\boldsymbol{X}^{(2)}) = (2.7708 - 2)^2 + (2.3090 - 3)^2 = 1.0716$$

2) 进入第一轮循环，寻找一个包含最优步长因子 α^* 且更小的单峰区间

$$F_1 = 1.0504 < F_2 = 1.0716$$

如图 2-3-5(a)所示，$[A,\alpha_2]=[4,4.6180]$是包含最优步长因子且更小的单峰区间。

(1) 消除多余区间。

$B \leftarrow \alpha_2 = 4.6180$，得到收缩的新单峰区间$[A,B]=[4,4.6180]$，如图 2-3-5(b)所示。

(2) 保留其中一个黄金分割点。

将原单峰区间中的 α_1 置换为新单峰区间$[A,B]=[4,4.6180]$中的 α_2。只需置换：

$$\alpha_2 \leftarrow \alpha_1 = 4.3820, F_2 \leftarrow F_1 = 1.0504$$

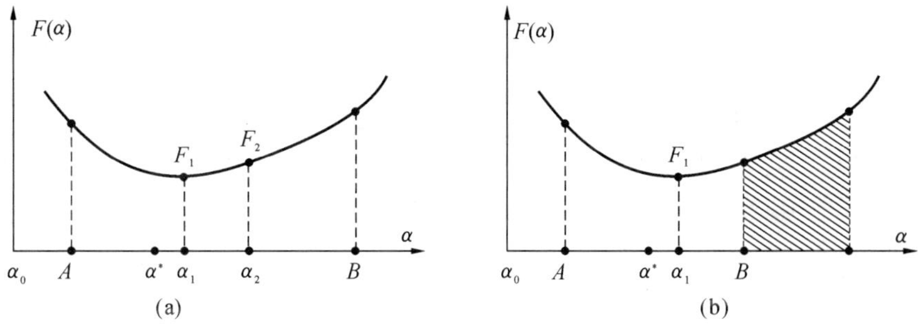

图 2-3-5　第一轮黄金分割法

(3) 计算另一个黄金分割点。

在新单峰区间$[A,B]$中，仅需按黄金比例计算新分割点 α_1：

$$\alpha_1 = A + 0.382(B - A) = 4 + 0.382(4.6180 - 4) = 4.2361$$

及对应的函数坐标与函数值：

$$\boldsymbol{X}^{(1)} = \boldsymbol{X}^{(0)} + \alpha_1 \cdot \boldsymbol{S} = \begin{bmatrix} x_1 \\ x_2 \end{bmatrix} + \alpha_1 \cdot \begin{bmatrix} s_1 \\ s_2 \end{bmatrix} = \begin{pmatrix} 0 \\ 0 \end{pmatrix} + 4.2361 \cdot \begin{pmatrix} 0.6 \\ 0.5 \end{pmatrix} = \begin{pmatrix} 2.5417 \\ 2.1180 \end{pmatrix}$$
$$F_1 = f(\boldsymbol{X}^{(1)}) = (2.5417 - 2)^2 + (2.1180 - 3)^2 = 1.0714$$

3) 判断是否满足精度要求

$$\alpha_2 - \alpha_1 = 4.3820 - 4.2361 = 0.1459 > \varepsilon = 0.1$$

不满足精度要求，需要转到步骤 2)继续搜索更小的单峰区间。

开始第二轮循环之前，新一轮的初始数据为

$$[A,B] = [4,4.6180], \alpha_1 = 4.2361, \alpha_2 = 4.3820, F_1 = 1.0714, F_2 = 1.0504$$

初始时的状态如图 2-3-6(a)所示。

转到步骤 2)后，采用与第一轮循环序号一致的序号形式，以便对比。

2）进入第二轮循环，继续寻找一个包含最优步长因子且更小的单峰区间：

$$F_1 = 1.0714 > F_2 = 1.0504$$

如图 2-3-6(a)所示，$[\alpha_1, B] = [4.2361, 4.6180]$是包含最优步长因子且更小的单峰区间。

(1) 消除多余区间。

$A \leftarrow \alpha_1 = 4.2361$，得到新单峰区间$[A, B] = [4.2361, 4.6180]$，如图 2-3-6(b)所示。

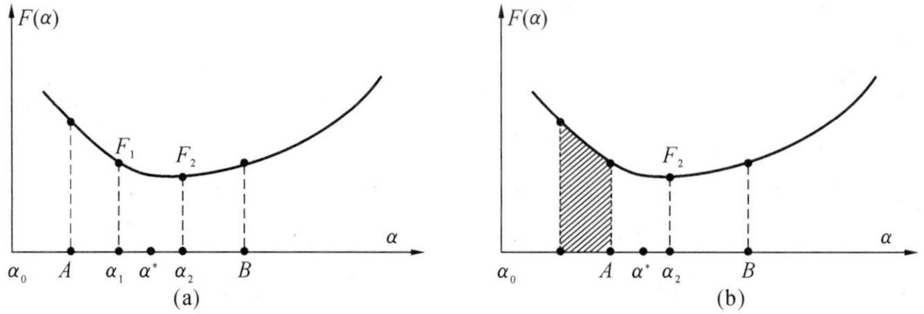

图 2-3-6　第二轮黄金分割法

(2) 保留其中一个黄金分割点。

将原单峰区间中的 α_2 置换为新单峰区间$[A, B] = [4.2361, 4.6180]$中的 α_1。只需置换：

$$\alpha_1 \leftarrow \alpha_2 = 4.3820, F_1 \leftarrow F_2 = 1.0504$$

该过程参见图 2-3-6(b)。

(3) 计算另一个黄金分割点。

在新单峰区间$[A, B]$中，仅需按黄金比例计算新分割点 α_2：

$$\alpha_2 = A + 0.618(B - A) = 4.2361 + 0.618(4.6180 - 4.2361) = 4.4721$$

及对应的函数坐标与函数值：

$$\boldsymbol{X}^{(2)} = \boldsymbol{X}^{(0)} + \alpha_2 \cdot \boldsymbol{S} = \begin{pmatrix} x_1 \\ x_2 \end{pmatrix} + \alpha_2 \cdot \begin{pmatrix} s_1 \\ s_2 \end{pmatrix} = \begin{pmatrix} 0 \\ 0 \end{pmatrix} + 4.4721 \cdot \begin{pmatrix} 0.6 \\ 0.5 \end{pmatrix} = \begin{pmatrix} 2.6833 \\ 2.2361 \end{pmatrix}$$

$$F_2 = f(\boldsymbol{X}^{(2)}) = (2.6833 - 2)^2 + (2.2361 - 3)^2 = 1.0505$$

3）再次判断是否满足精度要求

$$\alpha_2 - \alpha_1 = 4.4721 - 4.3820 = 0.0901 < \varepsilon = 0.1$$

满足精度要求，退出循环。

4）计算最优步长因子 α^* 的近似值

取两个黄金分割点的中点为最优步长因子 α^* 的近似值：

$$\alpha^* = (\alpha_1 + \alpha_2)/2 = (4.3820 + 4.4721)/2 = 4.4271$$

由最优步长因子 α^* 计算最优解：

$$\boldsymbol{X}^* = \boldsymbol{X}^{(0)} + \alpha^* \cdot \boldsymbol{S} = \begin{pmatrix} x_1 \\ x_2 \end{pmatrix} + \alpha^* \cdot \begin{pmatrix} s_1 \\ s_2 \end{pmatrix} = \begin{pmatrix} 0 \\ 0 \end{pmatrix} + 4.4271 \cdot \begin{pmatrix} 0.6 \\ 0.5 \end{pmatrix} = \begin{pmatrix} 2.6562 \\ 2.2135 \end{pmatrix}$$

$$f(\boldsymbol{X}^*) = (2.6562 - 2)^2 + (2.2135 - 3)^2 = 1.0492$$

对比解析法计算结果 $\alpha^* = 4.4262$，$\boldsymbol{X}^* = [2.6557, 2.2131]^{\mathrm{T}}$，$f(\boldsymbol{X}^*) = 1.0492$，可知二者很接近。

为了减少手算工作量，本例使用了一个较低的控制精度值。尽管如此，在该精度值下，算法仍能提供较为满意的搜索结果。如果选择更高的控制精度，将需要进行更多轮的循环计算，这意味着会增加计算量。因此，在实际的优化设计中，需要对计算精度与计算量进行综合权衡。

2.4　二次插值法

二次插值法

二次插值法（或称为抛物线法）是另一种用于在单峰区间中求解最优步长因子的消除法。该方法使用二次多项式函数（即抛物线函数）作为插值函数，通过逼近插值函数的最优点逐步逼近目标函数的最优点。二次插值法计算简单且精度较高，得到了广泛应用。如果用三次多项式函数作为插值函数，则称为三次插值法。

当目标函数是二次函数时，二次插值函数可以完全拟合目标函数，插值函数的最优点即是目标函数的最优点。当目标函数是三次或三次以上函数时，二次插值函数只能局部拟合高次目标函数。随着搜索的进行，逐渐逼近最优点时，目标函数的二次函数性态逐渐增强。在最优点附近，二次插值函数与高次目标函数可以有较高精度的拟合，从而得到高次目标函数的近似最优点。

在一维优化中，通常将求单峰区间与黄金分割法或二次插值法合起来，称为**最优步长法**。

2.4.1　二次插值法基本原理

将单峰区间[A,B]的两个边界点的值 α_1 和 α_3 及区间的中点 $\alpha_2=(\alpha_1+\alpha_3)/2$ 共三个点，作为插值点，可以用一个二次函数 $p(\alpha)$去拟合目标函数 $F(\alpha)$，即用一个二次函数构造出目标函数的近似函数，再求出二次函数的极值点 α_P。在单峰区间内，将 α_2 及 α_P 作为两个插入点，比较两个点处的目标函数值 $F(\alpha_2)$及 $F(\alpha_P)$的大小，可以确定一个“高—低”或“低—高”段，再利用单峰区间某一侧边界上的另一个“高点”，即找出一个包含最优步长因子且更小的“高—低—高”单峰区间。这样就消除了另一侧的多余区间，从原单峰区间中构造一个包含最优步长因子且更小的“高—低—高”单峰区间。如此反复，可将包含最优步长因子的单峰区间收缩到足够小，从而得到最优步长因子的近似值。

1. 二次插值法的数学原理

研究二次插值算法时，一定要区分计算对象是插值函数还是目标函数。

已知关于步长因子 α 的一维目标函数为 $F(\alpha)$，设二次插值函数为 $p(\alpha)$：

$$p(\alpha)=a+b\alpha+c\alpha^2 \tag{2-4-1}$$

由数学原理可知，对于二次插值函数，需要选三个 α 点为**插值点**，令插值点处插值函数值与目标函数值相等，即 $p(\alpha_i)=F(\alpha_i)(i=1,2,3)$，可得到三个等式，联立可求出三个待定系数 a、b 及 c，从而确定在三个插值点处与目标函数值相等的二次插值函数。

具体到二次插值算法，先取单峰区间的左右边界 A、B 为两个插值点。为统一表述，将 A、B 在步长坐标上的对应边界点的值记为 α_1、α_3，计算对应的目标函数值 $F(\alpha_1)$、$F(\alpha_3)$；再取单峰区间的中点 $\alpha_2=(\alpha_1+\alpha_3)/2$ 为第三个插值点，计算对应的目标函数值 $F(\alpha_2)$。令三个插值点处 $p(\alpha_i)=F(\alpha_i)$，参照图 2-4-1，通过式(2-4-1)分别建立一个三个等式的方程组：

$$\begin{cases}p(\alpha_1)=a+b\alpha_1+c\alpha_1^2=F(\alpha_1)=F_1\\p(\alpha_2)=a+b\alpha_2+c\alpha_2^2=F(\alpha_2)=F_2\\p(\alpha_3)=a+b\alpha_3+c\alpha_3^2=F(\alpha_3)=F_3\end{cases} \tag{2-4-2}$$

三点的目标函数值 $F(\alpha_i)$ 均已知，联立三个方程一定可求出 a、b、c 三个系数。于是可构造出逼近一维目标函数 $F(\alpha)$ 的二次插值函数 $p(\alpha)$。

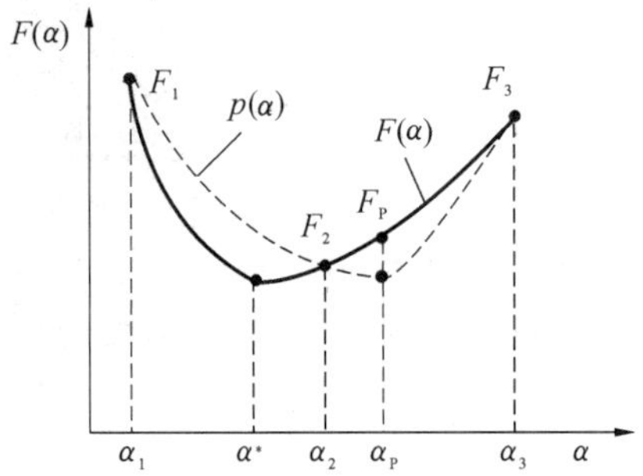

图 2-4-1　二次插值法拟合曲线

为了构造一个包含最优步长因子且更小的单峰区间，还需要在单峰区间内确定两个**插入点**。为简便起见，将已知的 α_2 作为第一个插入点，再求出二次插值函数 $p(\alpha)$ 的极值点 α_P，将其作为第二个插入点，如图 2-4-1 所示。

由极值的必要条件，令式(2-4-1)的一阶导数为零，求出插值函数 $p(\alpha)$ 的极值点 α_P：

$$\begin{cases} \dfrac{\mathrm{d}p(\alpha)}{\mathrm{d}\alpha} = b + 2c \cdot \alpha_P = 0 \\ \alpha_P = -\dfrac{b}{2c} \end{cases} \tag{2-4-3}$$

极值点 α_P 仅与插值函数的系数 b、c 有关，只需联立方程就可求出系数 b、c：

$$b = \frac{(\alpha_2^2 - \alpha_3^2)F_1 + (\alpha_3^2 - \alpha_1^2)F_2 + (\alpha_1^2 - \alpha_2^2)F_3}{(\alpha_1 - \alpha_2)(\alpha_2 - \alpha_3)(\alpha_3 - \alpha_1)} \tag{2-4-4}$$

$$c = -\frac{(\alpha_2 - \alpha_3)F_1 + (\alpha_3 - \alpha_1)F_2 + (\alpha_1 - \alpha_2)F_3}{(\alpha_1 - \alpha_2)(\alpha_2 - \alpha_3)(\alpha_3 - \alpha_1)} \tag{2-4-5}$$

将式(2-4-4)及式(2-4-5)代入式(2-4-3)，得

$$\alpha_P = -\frac{b}{2c} = \frac{1}{2}\frac{(\alpha_2^2 - \alpha_3^2)F_1 + (\alpha_3^2 - \alpha_1^2)F_2 + (\alpha_1^2 - \alpha_2^2)F_3}{(\alpha_2 - \alpha_3)F_1 + (\alpha_3 - \alpha_1)F_2 + (\alpha_1 - \alpha_2)F_3} \tag{2-4-6}$$

为了简化表示，取两个常数：

$$c_1 = \frac{F_3 - F_1}{\alpha_3 - \alpha_1} \tag{2-4-7}$$

$$c_2 = \frac{(F_2 - F_1)/(\alpha_2 - \alpha_1) - c_1}{\alpha_2 - \alpha_3} \tag{2-4-8}$$

式(2-4-6)可以简化表示为

$$\alpha_P = \frac{1}{2}\left(\alpha_1 + \alpha_3 - \frac{c_1}{c_2}\right) \tag{2-4-9}$$

由此可以计算出极值点处的目标函数值 $F_P = F(\alpha_P)$。

2. 二次插值法的消除原理

如图 2-4-2 所示，由单峰区间内选定的两个插入点 α_2、α_P，可计算出对应的两个目标函数值 F_2、F_P。比较 F_2、F_P，可以确定一个“高—低”或“低—高”段，再利用单峰区间某一侧边界上的一个“高点”，一定可以找出一个包含最优步长因子 α^* 且更小的“高—低—高”单峰区间。若 $F_P > F_2$，如图 2-4-2(a)所示，保留边界 α_1，则 α_1—α_2—α_P 是包含最优步长因子 α^* 且更小的“高—低—高”单峰区间；若 $F_2 > F_P$，如图 2-4-2(b)所示，保留边界 α_3，则 α_2—α_P—α_3 是包含最优步长因子 α^* 且更小的“高—低—高”单峰区间。

选出包含最优步长因子 α^* 且更小的单峰区间后，相对原单峰区间而言，总有一侧的一段区间是可以消除掉的多余区间。如图 2-4-2(a)所示，$[\alpha_1, \alpha_P]$ 是包含最优步长因子 α^* 且更小的“高—低—高”单峰区间，则区间 $[\alpha_P, \alpha_3]$（阴影区间）是可以消除掉的多余区间；图 2-4-2(b)中，$[\alpha_2, \alpha_3]$ 是包含最优步长因子 α^* 且更小的“高—低—高”单峰区间，则区间 $[\alpha_1, \alpha_2]$

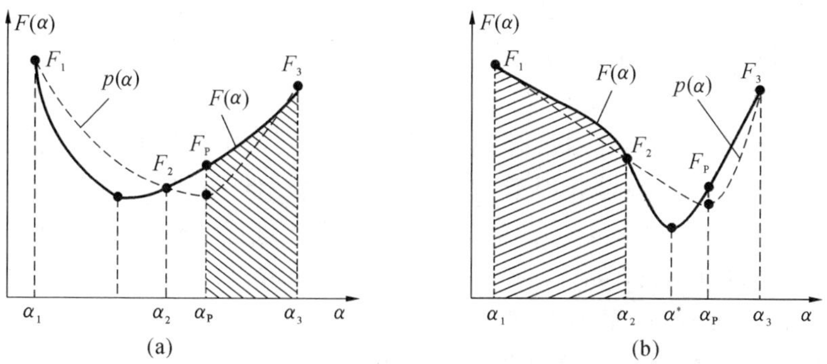

图 2-4-2　二次插值法消除原理

(阴影区间)是可以消除掉的多余区间。

为了继续用二次插值法进行迭代,需要将消除了多余区间的新单峰区间,重新设置成标准单峰区间。对图 2-4-2(a)应进行置换:$[\alpha_1,\alpha_3]\leftarrow[\alpha_1,\alpha_P]$。对图 2-4-2(b)则应进行置换:$[\alpha_1,\alpha_3]\leftarrow[\alpha_2,\alpha_3]$。下一轮可以在新的单峰区间$[\alpha_1,\alpha_3]$上,再次对目标函数进行类似的二次插值及消除。如此反复迭代,单峰区间将逐步缩小,直到单峰区间的宽度满足给定的计算精度,此时取两个插值点中目标函数值小的插入点作为近似最优步长因子 α^*,完成搜索。

2.4.2　二次插值法基本步骤

给定单峰区间$[A,B]$、初始点函数坐标 $\boldsymbol{X}^{(0)}$、搜索方向向量 $\boldsymbol{S}$ 及控制精度 ε,二次插值法基本步骤如下。

1. 计算初始数据

将单峰区间的左右边界$[A,B]$设置为两侧处的步长因子坐标:$\alpha_1\leftarrow A$,$\alpha_3\leftarrow B$。取单峰区间中点为第一个插入点:$\alpha_2\leftarrow 0.5(\alpha_1+\alpha_3)$。

计算这三个点处的函数坐标:

$$\boldsymbol{X}^{(i)}=\boldsymbol{X}^{(0)}+\alpha_i\cdot\boldsymbol{S}\quad(i=1,2,3)\tag{2-4-10}$$

及三个点处的函数值:

$$F_i=f(\boldsymbol{X}^{(i)})\quad(i=1,2,3)\tag{2-4-11}$$

2. 进入循环,寻找一个更小的单峰区间

(1) 计算插值函数 $p(\alpha)$的极值点 α_P,作为第二个插入点:

$$c_1=\frac{F_3-F_1}{\alpha_3-\alpha_1},c_2=\frac{(F_2-F_1)/(\alpha_2-\alpha_1)-c_1}{\alpha_2-\alpha_3}$$

$$\alpha_P=\frac{1}{2}\left(\alpha_1+\alpha_3-\frac{c_1}{c_2}\right)$$

计算插值函数 $p(\alpha)$极值点 α_P 处的函数坐标及目标函数值:

$$\boldsymbol{X}^{(P)}=\boldsymbol{X}^{(0)}+\alpha_P\cdot\boldsymbol{S}\tag{2-4-12}$$

$$F_P=f(\boldsymbol{X}^{(P)})\tag{2-4-13}$$

(2) 保留两个初始插入点 $\alpha_{P0}\leftarrow\alpha_P$、$\alpha_{20}\leftarrow\alpha_2$,将其作为是否退出循环的判据。

3. 消除多余区间,找出需保留的新单峰区间

α_2 与 α_P 位置具有两种不同的排列顺序,需要分别考虑。

1) $\alpha_2<\alpha_P$

比较 F_2 与 F_P 大小，又有两种情况。

(1) 第一种情况：$F_2>F_P$，如图 2-4-3(a)所示。

当 $\alpha_2<\alpha_P$ 且 $F_2>F_P$ 时，在函数值 F_P“低”的一侧，利用单峰区间在该侧边界 α_3 上的一个“高”点，找出一个包含最优步长因子 α^* 且更小的“高—低—高”单峰区间$[\alpha_2,\alpha_3]$，需要消除的多余区间是$[\alpha_1,\alpha_2]$(阴影区间)。消除多余区间只需进行置换：$\alpha_1\leftarrow\alpha_2$ 及 $F_1\leftarrow F_2$。原单峰区间缩小成新单峰区间，即$[\alpha_1,\alpha_3]\leftarrow[\alpha_2,\alpha_3]$。在新单峰区间$[\alpha_1,\alpha_3]$上，可再次重复上述二次插值法计算，构造新的二次插值函数。

为了减少计算，可将 α_P 直接置换为下一轮的插入点 α_2：$\alpha_2\leftarrow\alpha_P$。同时置换 $F_2\leftarrow F_P$。这样，下一轮不必计算 α_2 及 F_2，只需计算 α_P 及 F_P。

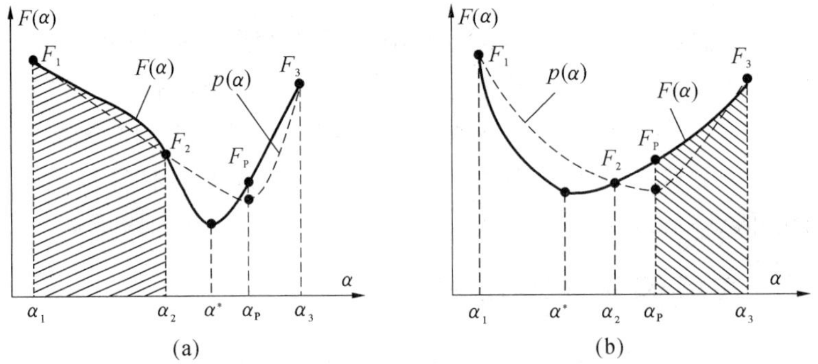

图 2-4-3 $\alpha_2<\alpha_P$ 时函数值比较

(2) 第二种情况：$F_P>F_2$，如图 2-4-3(b)所示。

当 $\alpha_2<\alpha_P$ 且 $F_P>F_2$ 时，在函数值 F_2 为“低”的一侧，利用单峰区间在该侧边界 α_1 上的一个“高”点，找出一个包含最优步长因子 α^* 且更小的“高—低—高”单峰区间$[\alpha_1,\alpha_P]$，需要消除的多余区间是$[\alpha_P,\alpha_3]$(阴影区间)。消除多余区间只需进行置换 $\alpha_3\leftarrow\alpha_P$ 及 $F_3\leftarrow F_P$，原单峰区间缩小成新单峰区间，即$[\alpha_1,\alpha_3]\leftarrow[\alpha_1,\alpha_P]$。在新单峰区间$[\alpha_1,\alpha_3]$上，可再次重复上述二次插值法计算，构造新的二次插值函数。

保留 α_2，仍然作为下一轮的插入点 α_2，下一轮只需计算 α_P 及 F_P。

2) $\alpha_P<\alpha_2$

比较 F_2 与 F_P 大小，也有两种情况。

(1) 第一种情况：$F_2>F_P$，如图 2-4-4(a)所示。

当 $\alpha_P<\alpha_2$ 且 $F_2>F_P$ 时，保留包含最优步长因子 α^* 且更小的“高—低—高”单峰区间$[\alpha_1,\alpha_2]$，消除多余区间$[\alpha_2,\alpha_3]$(阴影区间)。消除多余区间只需进行置换 $\alpha_3\leftarrow\alpha_2$ 及 $F_3\leftarrow F_2$，原单峰区间缩小成新单峰区间，即$[\alpha_1,\alpha_3]\leftarrow[\alpha_1,\alpha_2]$。

为了减少计算，可将 α_P 直接置换为下一轮的插入点 α_2：$\alpha_2\leftarrow\alpha_P$。同时置换 $F_2\leftarrow F_P$。这样，下一轮不必计算 α_2 及 F_2，只需计算 α_P 及 F_P。

(2) 第二种情况：$F_P>F_2$，如图 2-4-4(b)所示。

当 $\alpha_P<\alpha_2$ 且 $F_P>F_2$ 时，保留包含最优步长因子 α^* 且更小的“高—低—高”单峰区间$[\alpha_P,\alpha_3]$，消除多余区间$[\alpha_1,\alpha_P]$(阴影区间)。消除多余区间只需进行置换 $\alpha_1\leftarrow\alpha_P$ 及 $F_1\leftarrow F_P$，原单峰区间缩小成新单峰区间，即$[\alpha_1,\alpha_3]\leftarrow[\alpha_P,\alpha_3]$。

保留 α_2，仍然作为下一轮的插入点 α_2。下一轮只需计算 α_P 及 F_P。

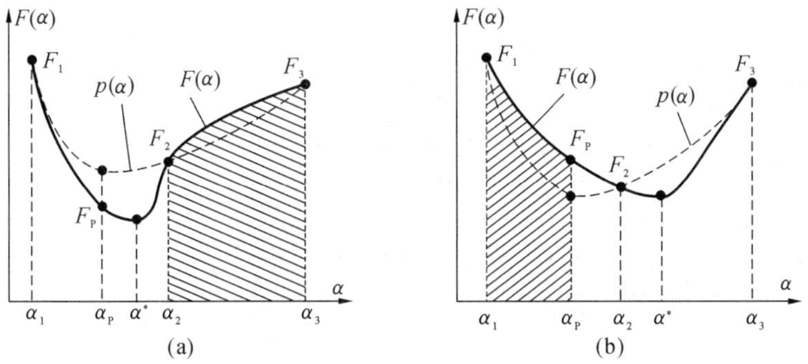

图 2-4-4　$\alpha_P < \alpha_2$ 时函数值比较

综上所述，考虑 α_2、α_P 顺序关系及 F_2、F_P 大小关系，共有四种可能情况，需要从中找出包含最优步长因子 α^* 且更小的“高—低—高”单峰区间。

4. 判断是否满足精度要求

当两个初始插入点的距离不满足精度要求时：

$$|\alpha_{20} - \alpha_{P0}| > \varepsilon \tag{2-4-14}$$

返回步骤 2，重新循环，继续寻找包含最优步长因子 α^* 且更小的单峰区间。

经过反复循环，单峰区间将不断缩小，直到两个初始插入点的距离满足精度要求：

$$|\alpha_{20} - \alpha_{P0}| < \varepsilon \tag{2-4-15}$$

退出循环。

5. 输出最优步长因子

取 F_2、F_P 两者中函数值小的插入点，为最优步长因子 α^* 的近似值，再将最优步长因子 α^* 的近似值输出。

2.4.3　二次插值法子程序流程图与重要语句

1. 二次插值法子程序流程图

图 2-4-5 所示为二次插值法子程序 N-S 流程图，需要给定单峰区间。

实用优化程序中，主程序首先调用进退法子程序，搜索出一个单峰区间，再将该单峰区间供二次插值法使用。即调用二次插值法子程序时，通过实参/形参表将单峰区间[A,B]传递到二次插值法子程序中：$\alpha_1 \leftarrow A$，$\alpha_3 \leftarrow B$。综合运用进退法及二次插值法的完整程序可扫描二维码查看。由于此处进退法已不是重点内容，为简化计算，示例程序进退法中直接取 $t_0 = 1$ 及 $\beta = 1.5$ 为常数。

进退法-插值法程序

2. 重要语句

二次插值法子程序用于搜索最优步长因子 α^*，并将其返回主程序。

子程序名及形参表：

```
Private Sub quadratic_interpolation(x0! (),s! (),A1,A3,epx,Aopt)
```

从形参表接收初始点函数坐标 $\boldsymbol{X}^{(0)}$，方向向量 $\boldsymbol{S}$，控制精度 ε，主程序单峰区间[A,B]通过形参表传递并转存于[α_1,α_3]（用[A1、A3]表示）。

1）计算初始数据

调用函数坐标子程序及函数值子函数，计算 α_1、α_2、α_3 处函数坐标及函数值：

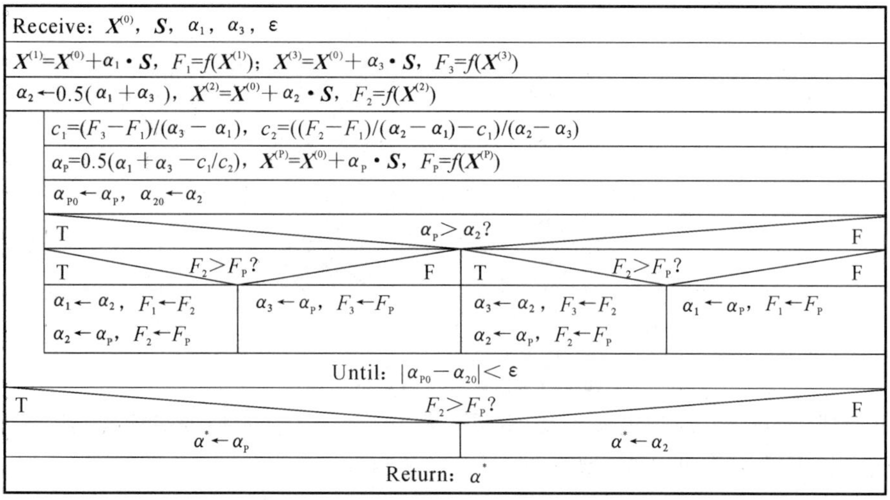

图 2-4-5　二次插值法子程序流程图

```
Call Cal_Coord(x0,s,A1,x)
F1= fxval(x)
Call Cal_Coord(x0,s,A3,x)
F3= fxval(x)
A2= 0.5 * (A1+ A3)
Call Cal_Coord(x0,s,A2,x)
F2= fxval(x)
```

2）进入循环

循环的结构为

```
Do
……
Loop Until abs(A20 - AP0) <  epx
```

（1）计算插值函数极值点步长因子坐标 α_P、函数坐标及函数值：

```
c1= (F3- F1)/(A3- A1)
c2= ((F2- F1)/(A2- A1)- c1)/(A2- A3)
AP= 0.5(A1+ A3- c1/ c2)
Call Cal_Coord(x0,s,AP,x)
FP=  fxval(x)
```

（2）保留两个初始插入点：

```
A20= A2
AP0= AP
```

3）消除多余区间，找出需保留的新单峰区间

（1）首先判断 α_2 与 α_P 位置排序，分支结构为

```
  If AP > A2 Then
    ……
  Else
    ……
  End If
```

（2）再判断 F_2 与 F_P 的大小，分支结构为

```
  If F2 >  FP Then
     ……
  Else
     ……
  End If
```

① 当 $\alpha_P > \alpha_2$ 时，比较 F_2 与 F_P 大小的部分嵌入结构为

```
If AP > A2  Then
  If F2 >  FP  Then
     A1= A2:F1= F2
     A2= AP: F2= FP
   Else
     A3= AP:F3= FP
   End If
Else
     ……
End If
```

② 而当 $\alpha_P < \alpha_2$ 时，比较 F_2 与 F_P 大小的部分嵌入结构为

```
If AP > A2  Then
     ……
Else
  If F2 >  FP  Then
     A3= A2: F3= F2
     A2= AP: F2= FP
  Else
     A1= AP:F1= FP
  End If
End If
```

4）判断是否满足精度要求

```
Loop Until abs(AP0 - A20) <  epx
```

其中，abs()是取绝对值函数。

5）选函数值 F_P、F_2 中函数值小的插入点，为最优步长因子 α^* 的近似值

```
If F2 >  FP Then Aopt= AP Else Aopt= A2
```

2.4.4　二次插值法算例

【例 2-3】　目标函数 $f(\boldsymbol{X})=(x_1-2)^2+(x_2-3)^2$，$[A,B]=[2,8]$，$\boldsymbol{S}=(0.6,0.5)^{\mathrm{T}}$，$\boldsymbol{X}^{(0)}=(0,0)^{\mathrm{T}}$，$\varepsilon=0.1$，用二次插值法求最优步长因子 α^* 及最优解。

解　该例题的解析法计算已在黄金分割法一节介绍过，本节仅介绍二次插值法计算。

1. 第一轮计算

1）计算初始数据

单峰区间左边界 $\alpha_1=A=2$，单峰区间右边界 $\alpha_3=B=8$。注意 $\boldsymbol{X}^{(0)}=(0,0)^{\mathrm{T}}$。

$$\boldsymbol{X}^{(1)}=\boldsymbol{X}^{(0)}+\alpha_1\cdot\boldsymbol{S}=2\cdot\begin{pmatrix}0.6\\0.5\end{pmatrix}=\begin{pmatrix}1.2\\1.0\end{pmatrix}$$

$$F_1 = f(\boldsymbol{X}^{(1)}) = (1.2-2)^2 + (1.0-3)^2 = 4.64$$

$$\boldsymbol{X}^{(3)} = \boldsymbol{X}^{(0)} + \alpha_3 \cdot \boldsymbol{S} = 8 \cdot \begin{pmatrix} 0.6 \\ 0.5 \end{pmatrix} = \begin{pmatrix} 4.8 \\ 4.0 \end{pmatrix}$$

$$F_3 = f(\boldsymbol{X}^{(3)}) = (4.8-2)^2 + (4.0-3)^2 = 8.84$$

首次取单峰区间中点为第一个插入点 α_2：

$$\alpha_2 = (\alpha_1 + \alpha_3)/2 = (2+8)/2 = 5$$

插入点 α_2 处函数坐标及函数值为

$$\boldsymbol{X}^{(2)} = \boldsymbol{X}^{(0)} + \alpha_2 \cdot \boldsymbol{S} = 5 \cdot \begin{pmatrix} 0.6 \\ 0.5 \end{pmatrix} = \begin{pmatrix} 3.0 \\ 2.5 \end{pmatrix}$$

$$F_2 = f(\boldsymbol{X}^{(2)}) = (3.0-2)^2 + (2.5-3)^2 = 1.25$$

2)进入循环，寻找一个更小的单峰区间

(1)计算插值函数 $p(\alpha)$ 的极值点 α_P，作为第二个插入点：

$$c_1 = \frac{F_3 - F_1}{\alpha_3 - \alpha_1} = \frac{8.84 - 4.64}{8-2} = 0.7$$

$$c_2 = \frac{(F_2 - F_1)/(\alpha_2 - \alpha_1) - c_1}{\alpha_2 - \alpha_3} = \frac{(1.25-4.64)/(5-2) - 0.7}{5-8} = 0.61$$

$$\alpha_P = \frac{1}{2}\left(\alpha_1 + \alpha_3 - \frac{c_1}{c_2}\right) = \frac{1}{2}\left(2+8-\frac{0.7}{0.61}\right) = 4.4262$$

$$\boldsymbol{X}^{(P)} = \boldsymbol{X}^{(0)} + \alpha_P \cdot \boldsymbol{S} = 4.4262 \cdot \begin{pmatrix} 0.6 \\ 0.5 \end{pmatrix} = \begin{pmatrix} 2.6557 \\ 2.2131 \end{pmatrix}$$

$$F_P = f(\boldsymbol{X}^{(P)}) = (2.6557-2)^2 + (2.2131-3)^2 = 1.0492$$

(2)保留两个初始插入点：$\alpha_{P0} = \alpha_P = 4.4262$、$\alpha_{20} = \alpha_2 = 5$。

3) 消除多余区间，找出需保留的新单峰区间

因 $\alpha_P = 4.4262 < \alpha_2$ 且 $F_2 = 1.25 > F_P$，保留单峰区间 $[\alpha_1, \alpha_2]$，消除多余区间 $[\alpha_2, \alpha_3]$，如图 2-4-6(a)所示。

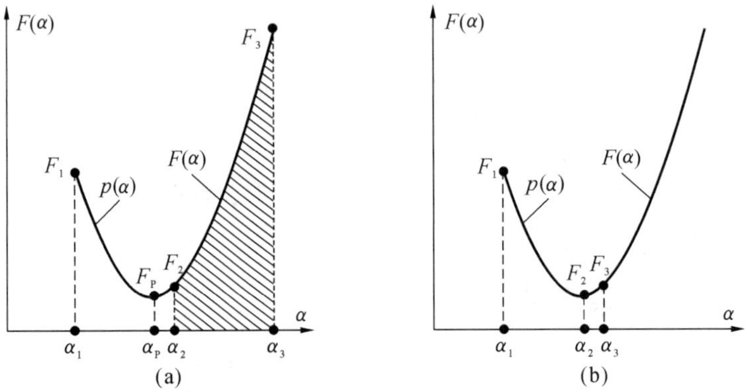

图 2-4-6　二次插值法算例

只需要置换 $\alpha_3 \leftarrow \alpha_2 = 5$ 及 $F_3 \leftarrow F_2 = 1.25$，则含有 α^* 的更小的新单峰区间为 $[\alpha_1, \alpha_3] = [2, 5]$，对应 $F_1 = 4.64$，$F_3 = 1.25$。

将 α_P 置换成下一轮的 α_2：$\alpha_2 \leftarrow \alpha_P = 4.4262$。同时置换：$F_2 \leftarrow F_P = 1.0492$。

完成上述置换后，步长因子坐标及函数值如图 2-4-6(b)所示。

4) 判断是否满足精度要求

两个初始插入点区间距离为

$$|\alpha_{P0}-\alpha_{20}|=|4.4262-5|=1.54>\varepsilon=0.1$$

需要转到步骤 2 再次循环，寻找更小的新单峰区间。

第二轮计算时，其初始数据为

$$[\alpha_1,\alpha_3]=[2,5],F_1=4.64,F_3=1.25,\alpha_2=4.4262,F_2=1.0492$$

2. 第二轮计算(从步骤 2)开始)

2) 进入循环，寻找一个更小的单峰区间

(1)计算插值函数 $p(\alpha)$ 的极值点 α_P，作为第二个插入点：

$$c_1=\frac{F_3-F_1}{\alpha_3-\alpha_1}=\frac{1.25-4.64}{5-2}=-1.13$$

$$c_2=\frac{(F_2-F_1)/(\alpha_2-\alpha_1)-c_1}{\alpha_2-\alpha_3}=\frac{(1.0492-4.64)/(4.4262-2)-(-1.13)}{4.4262-5}=0.61$$

$$\alpha_P=\frac{1}{2}\left(\alpha_1+\alpha_3-\frac{c_1}{c_2}\right)=\frac{1}{2}\left(2+5-\frac{-1.13}{0.61}\right)=4.4262$$

注意到第一轮计算的 $\alpha_P=4.4262$，与第二轮的 $\alpha_P=4.4262$ 相同。

$$\boldsymbol{X}^{(P)}=\boldsymbol{X}^{(0)}+\alpha_P\cdot\boldsymbol{S}=4.4262\cdot\begin{pmatrix}0.6\\0.5\end{pmatrix}=\begin{pmatrix}2.6557\\2.2131\end{pmatrix}$$

$$F_P=f(\boldsymbol{X}^{(P)})=(2.6557-2)^2+(2.2131-3)^2=1.0492$$

(2)保留两个初始插入点：$\alpha_{P0}=\alpha_P=4.4262$、$\alpha_{20}=\alpha_2=4.4262$。

由于 $\alpha_{P0}=\alpha_{20}$，必定满足循环终止条件 $|\alpha_{P0}-\alpha_{20}|=0<\varepsilon$，可退出循环。

由于 $\alpha_P=\alpha_2$，即两个插入点重合为一点，从 $\alpha_P=\alpha_2$ 点起，无论向单峰区间的哪一侧移动，都可找到一个单调增区间，$\alpha_P=\alpha_2$ 点就是极值点 α^*：$\alpha^*=\alpha_P$。

最优步长因子 $\alpha^*=\alpha_P=4.4262$，最优点函数坐标 $\boldsymbol{X}^*=\boldsymbol{X}^{(P)}=(2.6557,2.2131)^T$，最优目标函数值 $F^*=f(\boldsymbol{X}^*)=f(\boldsymbol{X}^{(P)})=1.0492$，与解析解相同。

从数学原理来说，以上结果并不难理解，因为目标函数是二次函数，插值函数也是二次函数，那么插值函数一定可以完全拟合目标函数，插值函数的极值点就是目标函数的最优点，这就是图 2-4-6 中目标函数曲线与二次插值函数曲线相同的原因。通过一次插值，必定可以找到给定搜索方向上目标函数的最优点。也就是在第一轮插值计算时，找到的二次插值函数极值点 $\alpha_P=4.4262$ 对应的步长因子，就是最优步长因子。在数值法计算中，因为计算结果不满足精度要求，才进行了一次额外的循环计算。

然而，如果目标函数是高次函数，就需要经过多轮的插值拟合，才能找到目标函数的近似最优步长因子。这是因为高次函数的曲线更加复杂，需要更多的插值计算才能逼近最优点。

2.5　追赶步长法

追赶步长法

一维优化中，搜索最优点有两种方法：一种方法是先搜索出单峰区间再结合黄金分割法或插值法，被称为**最优步长法**；另一种方法是**追赶步长法**(也称**加速步长法**)。

与最优步长法相比，追赶步长法不需要事先搜索出单峰区间，而是通过比较相邻的两个试探点处函数值大小，持续地向函数值下降方向移动初始点及试探点，直到搜索出最小函数值为止。

无约束优化中,目标函数的变量定义于整个实数空间。对凸函数来说,单峰区间一定包含最优步长因子。因此,无约束优化中,可以先寻找到一个单峰区间,然后用黄金分割法或插值法从单峰区间中搜索出最优步长因子。所以,无约束优化中可以用最优步长法。

而在约束优化中,目标函数的变量仅定义于可行域内。在可行域内的某个搜索方向上,由于可行域对变量范围的限定,即使是凸函数,目标函数也可能不存在单峰区间,例如目标函数在可行域内是单调函数,甚至在可行域内,无法判断目标函数是否存在单峰区间。因此,在这种情况下无法使用最优步长法,但可以使用追赶步长法搜索到最小值作为最优值。追赶步长法主要用于约束优化,也可以用于无约束优化。在本节中,首先介绍追赶步长法在无约束优化中的应用。

2.5.1 追赶步长法基本原理

首先计算初始点处函数值,然后沿着搜索方向确定第一个试探点,并计算其函数值。比较初始点和试探点处的函数值,以确定应该继续前进还是后退搜索。沿着前进或后退搜索方向,不断向前试探,如果目标函数值持续下降,就连续地将初始点向试探点移动,使初始点逐步向最优点靠近(如初始点不断地"追赶"试探点)。在无约束优化中,由于函数的凸性,试探点处的函数值一定会上升。当试探点处的函数值上升时,终止此轮搜索。将本轮搜索到的最后一个"初始点"作为下一轮的起点。检查计算精度,如果不满足精度要求,则从新的起点处重复上述过程,进行新一轮搜索,直到满足精度要求为止。将最终搜索到的最后一个"初始点"作为近似最优点输出。

当初始点处的正向和反向试探都导致目标函数值上升时,这可能是因为初始点位于一个较低的谷底区间内,并且初始步长又太大。此时可以将初始步长减半,以更小的初始步长重新搜索,寻找最优点。随着初始步长减小,试探点将逐步逼近最优点。

需要注意的是,在追赶步长法中,由于初始点不断移动,"最优步长"已没有实际意义。因此,追赶步长法的最终搜索结果是一个近似最优点的函数坐标。

2.5.2 追赶步长法算法

给定目标函数初始点坐标 $\boldsymbol{X}^{(0)}$、搜索方向向量 $\boldsymbol{S}$、初始步长因子增量 t_0 及控制精度 ε,追赶步长法基本步骤如下。

1. 计算初始数据

计算初始点处函数值:

$$F_0 = f(\boldsymbol{X}^{(0)})$$

2. 进入外循环

初始试探,从 $\alpha_0=0$ 起,沿着搜索方向 $\boldsymbol{S}$,确定第一个试探点步长因子坐标 $\alpha=\alpha_0+t_0=t_0$,如图 2-5-1(a)所示,计算对应的函数坐标 $\boldsymbol{X}$ 及函数值 F:

$$\boldsymbol{X} = \boldsymbol{X}^{(0)} + \alpha \cdot \boldsymbol{S}$$

$$F = f(\boldsymbol{X})$$

3. 判断进退搜索

1) 第一种情况:$F_0 > F$

如图 2-5-1(a)所示,试探点处函数值下降,沿前进方向试探成功,需要继续前进搜索。

将初始步长因子增量置换为变量步长因子增量：$T \leftarrow t_0$。

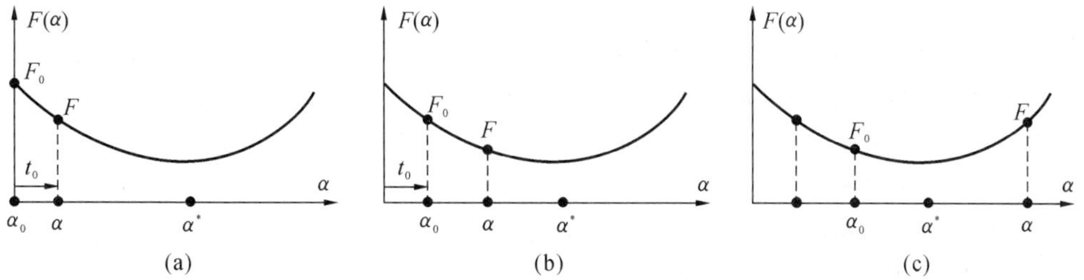

图 2-5-1　前进试探及循环

(a) 试探结果 $F_0 > F$　(b) 进行追赶　(c) 直到试探点函数值上升

(1) 进入内循环，进行前进追赶。

将试探点置换给初始点，即 $\alpha_0 \leftarrow \alpha$，$\boldsymbol{X}^{(0)} \leftarrow \boldsymbol{X}$，$F_0 \leftarrow F$，如图 2-5-1(b)所示，实现初始点向试探点前进"追赶"一次。保留新初始点的函数坐标：$\boldsymbol{X}^{(00)} \leftarrow \boldsymbol{X}^{(0)}$。

(2) 前进循环试探。

将变量步长因子增量加倍(常取 1.3 倍)：$T \leftarrow 1.3T$。

计算新试探点步长因子坐标 α、对应的函数坐标 $\boldsymbol{X}$ 及函数值 F，如图 2-5-1(b)所示：

$$\alpha = \alpha_0 + T$$

$$\boldsymbol{X} = \boldsymbol{X}^{(0)} + \alpha \cdot \boldsymbol{S}$$

$$F = f(\boldsymbol{X})$$

如果函数值仍然下降($F_0 > F$)，则返回步骤(1)，重新进行内循环。在内循环中，如此反复，使初始点 α_0 持续向前方试探点 α 追赶，即 α_0 逐渐趋向 α^*。直到试探点的函数值上升($F > F_0$)，终止前进追赶内循环，如图 2-5-1(c)所示。

经过前进追赶内循环，α_0 逐渐趋向 α^*，$\boldsymbol{X}^{(0)}$ 同时趋向 $\boldsymbol{X}^*$。将 $\boldsymbol{X}^{(0)}$ 置换为下一轮外循环的初始点，保留最后一个"初始点"$\boldsymbol{X}^{(00)}$，作为本轮搜索的"近似最优点"。

转到步骤 4，检查是否满足精度要求。

2) 第二种情况：$F_0 < F$

如图 2-5-2(a)所示，试探点处函数值上升，沿前进方向试探不成功，需要反向试探。

取初始步长因子增量 t_0 为负，确定反向试探点步长因子坐标：$\alpha = \alpha_0 - t_0 = -t_0$，如图 2-5-2(b)所示，计算对应的反向试探点函数坐标 $\boldsymbol{X}$ 及函数值 F：

$$\boldsymbol{X} = \boldsymbol{X}^{(0)} + \alpha \cdot \boldsymbol{S}$$

$$F = f(\boldsymbol{X})$$

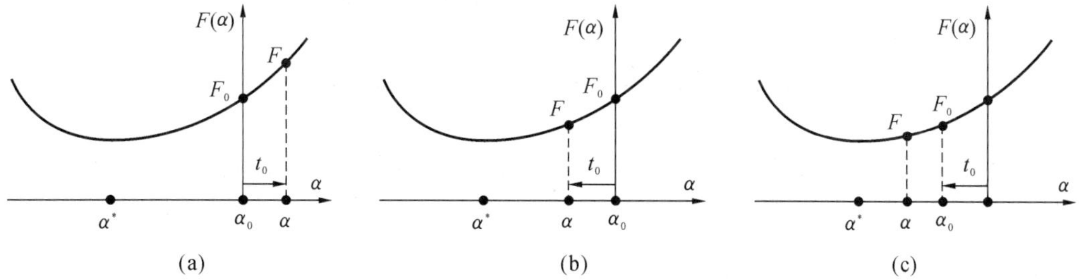

图 2-5-2　后退试探及循环

(a) 试探结果 $F_0 < F$　(b) 反向　(c) 反向追赶

比较 F_0 与 F 函数值大小，有两种情况。

(1) 第一种情况：$F_0>F$。

如图 2-5-2(b)所示，试探点处函数值下降，沿后退方向试探成功，需要继续后退搜索。

① 变量步长因子增量反向。

取初始步长因子增量为负值，再置换为变量步长因子增量：$T\leftarrow -t_0$。

② 进入内循环，进行后退追赶。

将试探点置换给初始点，即 $\alpha_0\leftarrow\alpha$，$\boldsymbol{X}^{(0)}\leftarrow\boldsymbol{X}$，$F_0\leftarrow F$，如图 2-5-2(c)所示，实现初始点向试探点反向“追赶”一次。同样保留新初始点的函数坐标：$\boldsymbol{X}^{(00)}\leftarrow\boldsymbol{X}^{(0)}$。

③ 后退循环试探。

将变量步长因子增量加倍(常取 1.3 倍)：$T\leftarrow 1.3T$。

计算新试探点步长因子坐标 α、对应的函数坐标 $\boldsymbol{X}$ 及函数值 F，如图 2-5-2(c)所示：

$$\alpha=\alpha_0+T$$

$$\boldsymbol{X}=\boldsymbol{X}^{(0)}+\alpha\cdot\boldsymbol{S}$$

$$F=f(\boldsymbol{X})$$

如果函数值仍然下降($F_0>F$)，则返回步骤②，重新进行内循环。在内循环中，如此反复，使初始点 α_0 不断地向后方的试探点 α 追赶，即 α_0 逐渐趋向 α^*。直到试探点的函数值上升($F>F_0$)，终止后退追赶的内循环。

经过后退追赶内循环，α_0 逐渐趋向 α^*，$\boldsymbol{X}^{(0)}$ 同时趋向 $\boldsymbol{X}^*$。将 $\boldsymbol{X}^{(0)}$ 置换为下一轮外循环的初始点，保留最后一个“初始点”$\boldsymbol{X}^{(00)}$，作为本轮搜索的“近似最优点”。

转到步骤 4，检查是否满足精度要求。

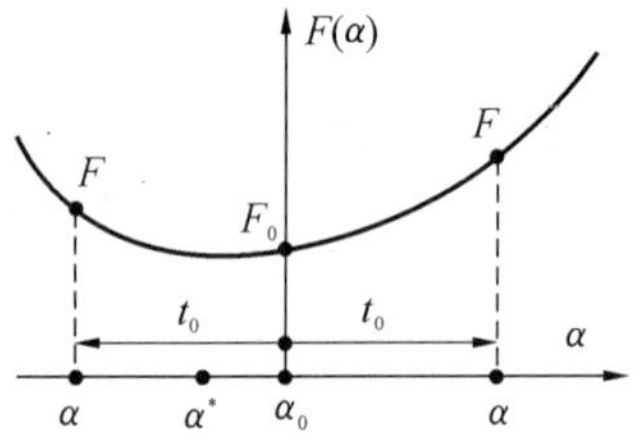

图 2-5-3　进退搜索均失效的状态

(2) 第二种情况：$F>F_0$。

若搜索正向试探不成功，反向试探也不成功，则两侧都是函数值“高”点，表示 α_0 位于一个谷底区间，如图 2-5-3 所示。若初始步长因子增量 t_0 较大，则前进、后退试探时，两侧试探点 α 处的函数值都可能上升。

为此，需要将初始步长因子增量 t_0 减半处理：

$$t_0=t_0/2$$

用更小的步长进行搜索，寻找最佳步长因子 α^*，再转到步骤 4。

4. 判断是否满足精度要求

经过多轮搜索，初始步长因子增量 t_0 将不断缩小。如果初始步长因子增量足够小，说明搜索是在初始点一个足够小的邻域内进行的，初始点已经逼近最优点。可将初始步长因子增量 t_0 足够小作为搜索终止条件。

若 $t_0>\varepsilon$，则表示不满足精度要求，需要返回步骤 2，从外循环开始处重新进行下一轮搜索。

经过反复搜索，初始步长因子增量 t_0 会逐渐减小，直到 $t_0<\varepsilon$，满足精度要求为止，终止外循环。

5. 结果输出

将最后搜索到的“初始点”$\boldsymbol{X}^{(00)}$ 作为目标函数最优点 $\boldsymbol{X}^*$ 的近似值输出。

2.5.3　追赶步长法子程序流程图与重要语句

追赶步长法程序

1. 程序流程图

无约束条件下追赶步长法子程序的 N-S 流程如图 2-5-4 所示。

沿着给定搜索方向的一维优化追赶步长法程序可扫描二维码查看。

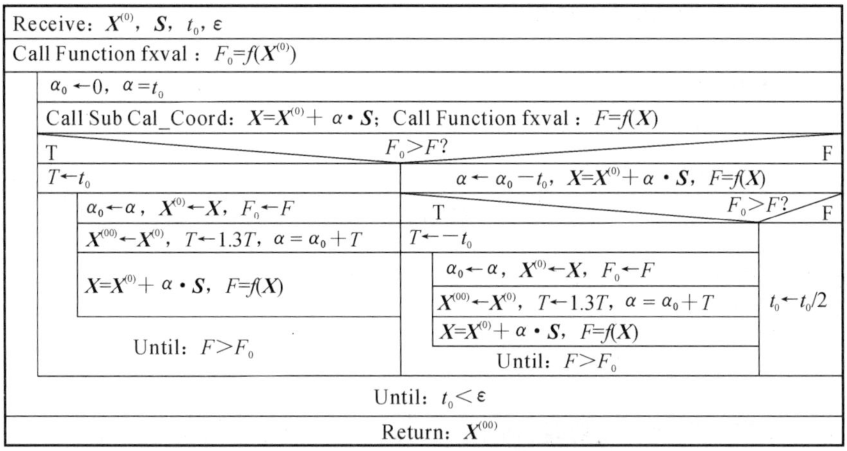

图 2-5-4　追赶步长法子程序流程图

2. 子程序的重要语句

子程序名及形参表：

```
Private Sub chasing_method(x0! (),s! (),t0,epx,x00! ())
```

通过形参表，接收初始点函数坐标 $X^{(0)}$、搜索方向向量 S、初始步长因子变量 t_0，控制精度 ε。x00! ()是子程序搜索出的最优点函数坐标，通过形参表返回主程序。

1）外循环结构

外循环结构为

```
Do
……
Loop Until t0 <  epx
```

2）判断应前进还是后退追赶的分支结构

```
If f0 >  f Then  '若正向试探点函数值下降，则正向试探成功
……
Else  '正向试探点函数值上升，需反向试探
……
End If
```

(1)前进追赶内循环部分，嵌入到判断分支结构 Then 中。

```
If f0 >  f Then '若正向试探点函数值下降，则正向试探成功
    T= t0
    Do '前进追赶内循环
      A0= A: x0= x: f0= f: x00= x0
      T= 1.3 *  T: A= A0+ T
      Call Cal_Coord(x0,s,A,x): f= fxval(x)
```

```
    Loop Until f >  f0
Else  '正向试探点函数值上升,需反向试探
```

(2)后退追赶内循环部分,嵌入到判断分支结构 Else 中

```
Else  '正向试探点函数值上升,需反向试探
  A= - t0
  Call Cal_Coord(x0,s,A,x): f= fxval(x)
  If f0 >  f Then  '试探点函数值下降,反向试探成功
     T= -t0
     Do  '后退追赶内循环
        A0= A: x0= x: f0= f: x00= x0
        T= 1.3 *  T: A= A0+ T
        Call Cal_Coord(x0,s,A,x): f= fxval(x)
     Loop Until f >  f0
  Else '当前初始点处正、反向试探均不成功
  ……
   End If
End If
```

(3) 当正、反向试探均不成功时,初始步长因子减半的程序结构为

```
If f0 >  f Then  '函数值呈"高—低"状,应前进搜索
……
Else  '否则,函数值呈"低—高"状,应后退试探
  If f0 >  f Then  '反向试探成功
     ……
  Else '当前初始点处正、反向试探均不成功
     t0= 0.5 *  t0 '步长因子减半,进行下一轮搜索
   End If
End If
```

2.5.4 追赶步长法算例

【例 2-4】 目标函数 $f(\boldsymbol{X})=(x_1-2)^2+(x_2-3)^2$,$\boldsymbol{S}=(0.6,0.5)^{\mathrm{T}}$,$\boldsymbol{X}^{(0)}=(0,0)^{\mathrm{T}}$,$\varepsilon=0.1$,$t_0=0.5$,用追赶步长法求 $\boldsymbol{X}^*$ 及 $f(\boldsymbol{X}^*)$。

解 1. 第一轮搜索

1) 计算初始值

由 $\boldsymbol{X}^{(0)}=(0,0)^{\mathrm{T}}$,$\boldsymbol{S}=(0.6,0.5)^{\mathrm{T}}$,$t_0=0.5$,$\varepsilon=0.1$,得

$$F_0=f(\boldsymbol{X}^{(0)})=(0-2)^2+(0-3)^2=13$$

2) 进入外循环

从 $\alpha_0=0$ 开始,计算试探点的步长因子坐标、函数坐标及函数值:

$$\alpha=\alpha_0+t_0=0.5$$

$$\boldsymbol{X}=\boldsymbol{X}^{(0)}+\alpha\cdot\boldsymbol{S}=\begin{pmatrix}x_1\\x_2\end{pmatrix}+\alpha\cdot\begin{pmatrix}s_1\\s_2\end{pmatrix}=\begin{pmatrix}0\\0\end{pmatrix}+0.5\cdot\begin{pmatrix}0.6\\0.5\end{pmatrix}=\begin{pmatrix}0.3\\0.25\end{pmatrix}$$

$$F=f(\boldsymbol{X})=(0.3-2)^2+(0.25-3)^2=10.45$$

3) 判断进退搜索

由于 $F_0=13>F=10.45$，因此应循环前进搜索，$T\leftarrow t_0=0.5$。

(1) 进入内循环，进行前进追赶。

先进行一次追赶置换，将试探点置换为初始点：

$$\alpha_0 \leftarrow \alpha = 0.5, \boldsymbol{X}^{(0)} \leftarrow \boldsymbol{X} = (0.3, 0.25)^{\mathrm{T}}, F_0 \leftarrow F = 10.45$$

保存试探点函数坐标：$\boldsymbol{X}^{(00)}\leftarrow\boldsymbol{X}^{(0)}=(0.3,0.25)^{\mathrm{T}}$。

(2) 前进循环试探。

将变量步长因子增量增加 1.3 倍：$T\leftarrow1.3T=1.3\times0.5=0.65$。

新试探点的步长因子坐标、函数坐标及函数值为

$$\alpha = \alpha_0 + T = 0.5 + 0.65 = 1.15$$

$$\boldsymbol{X} = \boldsymbol{X}^{(0)} + \alpha \cdot \boldsymbol{S} = \begin{pmatrix} 0.3 \\ 0.25 \end{pmatrix} + 1.15 \times \begin{pmatrix} 0.6 \\ 0.5 \end{pmatrix} = \begin{pmatrix} 0.99 \\ 0.825 \end{pmatrix}$$

$$F = f(\boldsymbol{X}) = (0.99-2)^2 + (0.825-3)^2 = 5.8$$

由于 $F_0=10.45>F=5.8$，需要转到步骤(1)，继续进行内层循环，做前进追赶。

$$\alpha_0 \leftarrow \alpha = 1.15, \boldsymbol{X}^{(0)} \leftarrow \boldsymbol{X} = (0.99, 0.825)^{\mathrm{T}}, F_0 \leftarrow F = 5.8$$

保存试探点函数坐标：$\boldsymbol{X}^{(00)}\leftarrow\boldsymbol{X}^{(0)}=(0.99,0.825)^{\mathrm{T}}$。

共持续进行 4 次前进追赶，内循环追赶过程数据如表 2-5-1 所示。在黄金分割法例题中，已经用解析法计算出最优步长因子 $\alpha^*=4.4262$，最优点 $\boldsymbol{X}^*=(2.6557,2.2131)^{\mathrm{T}}$。从表 2-5-1 中可以看到，$F_0$ 不断减小，α_0 及 $\boldsymbol{X}^{(0)}$ 逐步向最优步长因子及最优点追赶。

表 2-5-1　第一轮外循环中的内循环计算过程

k	$\boldsymbol{X}^{(0)}$	α_0	F_0	t_0	α	$\boldsymbol{X}$	F	$\boldsymbol{X}^{(00)}$
1	$(0,0)^{\mathrm{T}}$	0	13	0.5	0.5	$(0.3,0.25)^{\mathrm{T}}$	10.45	$(0.3,0.25)^{\mathrm{T}}$
2	$(0.3,0.25)^{\mathrm{T}}$	0.5	10.45	0.5	1.15	$(0.99,0.825)^{\mathrm{T}}$	5.8	$(0.99,0.825)^{\mathrm{T}}$
3	$(0.99,0.825)^{\mathrm{T}}$	1.15	5.8	0.5	1.995	$(2.187,1.8225)^{\mathrm{T}}$	1.4	$(2.187,1.8225)^{\mathrm{T}}$
4	$(2.187,1.8225)^{\mathrm{T}}$	1.995	1.4	0.5	3.094	$(4.043,3.3692)^{\mathrm{T}}$	4.3	$(2.187,1.8225)^{\mathrm{T}}$

表 2-5-1 中第 4 步，$F_0=1.4<F$，试探点函数值上升，应终止前进内循环。

注意到第 4 步时，没有将试探点函数坐标 $\boldsymbol{X}=(4.043,3.3692)^{\mathrm{T}}$ 置换到 $\boldsymbol{X}^{(0)}$ 及 $\boldsymbol{X}^{(00)}$。所以，内循环结束时：$\boldsymbol{X}^{(00)}=\boldsymbol{X}^{(0)}=(2.187,1.8225)^{\mathrm{T}}$。

4) 判断是否满足精度要求

由于 $t_0=0.5>\varepsilon$，不满足精度要求，需要转到步骤 2)，进行第二轮外循环。

第二轮外循环初始值：$\boldsymbol{X}^{(0)}=(2.187,1.8225)^{\mathrm{T}}$，$\boldsymbol{X}^{(00)}=(2.187,1.8225)^{\mathrm{T}}$。

2. 第二轮搜索

第二轮搜索过程的数据列于表 2-5-2，没有进行内循环追赶。

表 2-5-2　第二轮循环中的计算过程数据

k	$\boldsymbol{X}^{(0)}$	α_0	F_0	t_0	α	$\boldsymbol{X}$	F	$\boldsymbol{X}^{(00)}$
1	$(2.187,1.8225)^{\mathrm{T}}$	0	1.4	0.5	0.5	$(2.487,2.0725)^{\mathrm{T}}$	1.1	$(2.187,1.8225)^{\mathrm{T}}$
2	$(2.487,2.0725)^{\mathrm{T}}$	0.5	1.1	0.5	1.15	$(3.177,2.6475)^{\mathrm{T}}$	1.5	$(2.187,1.8225)^{\mathrm{T}}$

由于 $t_0=0.5>\varepsilon$，不满足精度要求，需要转到步骤 2)，进行第三轮外循环。

第三轮外循环初始值：$\boldsymbol{X}^{(0)}=(2.487,2.0725)^{\mathrm{T}}$，$\boldsymbol{X}^{(00)}=(2.187,1.8225)^{\mathrm{T}}$。

3. 第三轮搜索

第三轮搜索过程的数据列于表 2-5-3。

表 2-5-3　第三轮循环中的计算过程数据

k	$\boldsymbol{X}^{(0)}$	α_0	F_0	t_0	α	$\boldsymbol{X}$	F	$\boldsymbol{X}^{(00)}$
1	$(2.487,2.0725)^{\mathrm{T}}$	0	1.1	0.5	0.5	$(2.787,2.3225)^{\mathrm{T}}$	1.08	$(2.187,1.8225)^{\mathrm{T}}$
2	$(2.787,2.3225)^{\mathrm{T}}$	0.5	1.08	0.5	1.15	$(3.477,2.8975)^{\mathrm{T}}$	2.2	$(2.787,2.3225)^{\mathrm{T}}$

由于 $t_0=0.5>\varepsilon$，不满足精度要求，需要转到步骤 2)，进行第四轮外循环。

第四轮外循环初始值：$\boldsymbol{X}^{(0)}=(2.787,2.3225)^{\mathrm{T}}$，$\boldsymbol{X}^{(00)}=(2.787,2.3225)^{\mathrm{T}}$。

4. 第四轮至第九轮搜索

第四轮及后续搜索过程的数据列于表 2-5-4。

表 2-5-4　第四轮及后续搜索过程数据

k	$\boldsymbol{X}^{(0)}$	α_0	F_0	t_0	α	$\boldsymbol{X}$	F	$\boldsymbol{X}^{(00)}$
1	$(2.787,2.3225)^{\mathrm{T}}$	0	1.08	0.5	0.5	$(3.087,2.5725)^{\mathrm{T}}$	1.4	$(2.787,2.3225)^{\mathrm{T}}$
2	$(2.787,2.3225)^{\mathrm{T}}$	0	1.08	0.5	−0.5	$(2.487,2.0725)^{\mathrm{T}}$	1.1	$(2.787,2.3225)^{\mathrm{T}}$
3	$(2.787,2.3225)^{\mathrm{T}}$	0	1.08	0.25	0.25	$(2.937,2.4475)^{\mathrm{T}}$	1.2	$(2.787,2.3225)^{\mathrm{T}}$
4	$(2.787,2.3225)^{\mathrm{T}}$	0	1.08	0.25	−0.25	$(2.637,2.1975)^{\mathrm{T}}$	1.05	$(2.637,2.1975)^{\mathrm{T}}$
5	$(2.637,2.1975)^{\mathrm{T}}$	−0.25	1.05	0.25	−0.575	$(2.292,1.91)^{\mathrm{T}}$	1.3	$(2.637,2.1975)^{\mathrm{T}}$
6	$(2.637,2.1975)^{\mathrm{T}}$	0	1.05	0.25	0.25	$(2.787,2.3225)^{\mathrm{T}}$	1.08	$(2.637,2.1975)^{\mathrm{T}}$
7	$(2.637,2.1975)^{\mathrm{T}}$	0	1.05	0.25	−0.25	$(2.487,2.0725)^{\mathrm{T}}$	1.1	$(2.637,2.1975)^{\mathrm{T}}$
8	$(2.637,2.1975)^{\mathrm{T}}$	0	1.05	0.125	0.125	$(2.712,2.26)^{\mathrm{T}}$	1.06	$(2.637,2.1975)^{\mathrm{T}}$
9	$(2.637,2.1975)^{\mathrm{T}}$	0	1.05	0.125	−0.125	$(2.562,2.135)^{\mathrm{T}}$	1.06	$(2.637,2.1975)^{\mathrm{T}}$

第四轮搜索包含表 2-5-4 中 $k=1$、2 两步。第 1、2 步表示，正向及反向试探均不成功，需要将初始步长减半。步长减半后，$t_0=0.25>\varepsilon$，不满足精度要求，需要进行第五轮搜索。

第五轮搜索包含表 2-5-4 中 $k=3\sim5$ 步。第 3 步表示，步长减半后，正向试探不成功。第 4 步表示，反向试探成功，后退追赶一次：$\alpha_0\leftarrow\alpha=-0.25$，$\boldsymbol{X}^{(0)}\leftarrow\boldsymbol{X}=(2.637,2.1975)^{\mathrm{T}}$，$F_0\leftarrow F=1.05$。保存试探点函数坐标：$\boldsymbol{X}^{(00)}\leftarrow\boldsymbol{X}^{(0)}=(2.637,2.1975)^{\mathrm{T}}$。第 5 步表示，函数值上升，应终止反向试探内循环。此时 $t_0=0.25>\varepsilon$，不满足精度要求，需要进行第六轮搜索。

第六轮搜索包含表 2-5-4 中 $k=6$、7 步。第 6、7 步表示，正向及反向试探均不成功，需要将初始步长减半。步长减半后，$t_0=0.125>\varepsilon$，不满足精度要求，需要进行第七轮搜索。

第七轮搜索包含表 2-5-4 中 $k=8$、9 步。第 8、9 步表示，正向及反向试探均不成功，需要将初始步长减半。步长减半后，$t_0=0.0625<\varepsilon$，满足精度要求，终止搜索。

将 $\boldsymbol{X}^{(00)}=(2.637,2.1975)^{\mathrm{T}}$ 作为近似最优点 $\boldsymbol{X}^*$，对应最优值为 $f(\boldsymbol{X}^*)=1.0498$。

为了减小手工计算量，本例题仅取 $\varepsilon=0.1$。如果取 $\varepsilon=0.001$，经过 14 轮循环计算，得到 $\boldsymbol{X}^{(00)}=(2.6558,2.2131)^{\mathrm{T}}$，$f(\boldsymbol{X}^{(00)})=1.0492$。与解析法的计算结果 $\boldsymbol{X}^*=(2.6557,2.2131)^{\mathrm{T}}$，$f(\boldsymbol{X}^*)=1.0492$ 对比，计算精度已经很高了。

本 章 小 结

1. 本章知识脉络归纳

一维优化知识脉络图如图 2-6-1 所示。

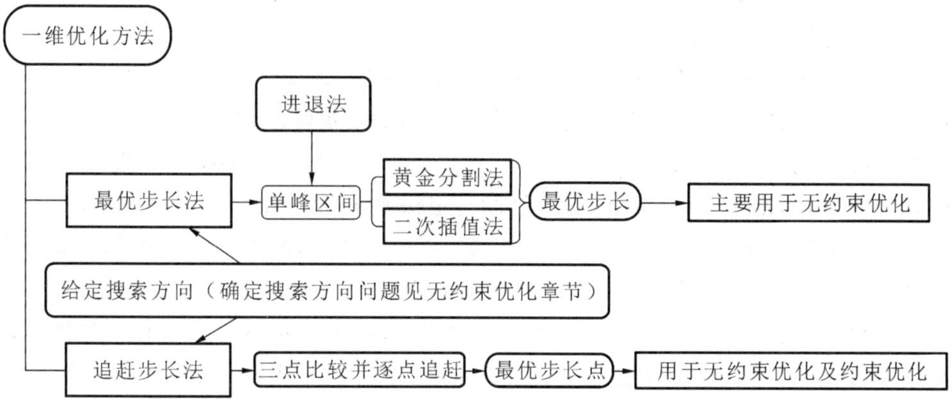

图 2-6-1　一维优化知识脉络图

2. 本章内容回顾

1）一维优化在优化方法中的位置

一维优化是整个优化方法中最基础的内容。一般情况下，一个实际的工程优化过程，需要经过多轮一维优化，才能寻找到最终的优化结果。或者说，一个实际优化过程，通常需要“拆分”成多个一维优化过程，逐步进行寻优才能实现。

2）一维优化的基本作用

每一轮一维优化，需要沿着一个“最佳的方向”移动，找到一个“最佳的步长”，才能寻找到这一轮上的一个“最优点”。如同进行一次投篮，要将篮球投入篮筐，投出的球不仅需要沿着正确的方向，而且需要一个适合的距离。一维优化即用于解决如何寻找“最佳步长”这一基本问题。本章中，“最佳方向”是给定的，一维优化是沿着某一“已知方向”进行的。至于如何寻找“最佳方向”的问题，将在无约束优化设计方法一章中进行讨论。

3）一维优化方法的类别

一维优化方法分为最优步长法及追赶步长法（亦称加速步长法）。

在最优步长法中，首先用进退法，在“已知方向”上寻找一个含有一维最优点的单峰区间；再用黄金分割法或二次插值法，找出单峰区间上的一维最优点。在这一方法中，经常需要将一维的步长坐标点转换成目标函数的坐标点，并计算出函数坐标点处的目标函数值，以便进行函数值的比较。所以，每一步计算过程中，需要仔细区分步长坐标点与函数坐标点。

由于最优步长法需要先找出一个单峰区间，因此它主要用于无约束优化方法。最优步长法一般不能在约束优化问题中应用。若将某些约束优化问题转化成无约束优化问题（称为间接约束优化），则也可以用最优步长法。

追赶步长法中，先在“确定方向”上比较试探点处的函数值，决定应当“前进”还是“后退”。再向前（或向后）设置出第三个试探点，比较三个试探点处的目标函数值。若三个点的目标函数值呈“高—低—更低”，则将初始点向前（或向后）移动一个位置，保留函数值低的两点，继续向前（或向后）试探，直到搜索出目标函数值为“高—低—高”状态为止。取“低”点处的步长为最优值。

习　题

2-1　目标函数 $f(\boldsymbol{X})=x_1^2+25x_2^2$，$\boldsymbol{X}^{(0)}=(3,3)^{\mathrm{T}}$，搜索方向 $\boldsymbol{S}=(4,10)^{\mathrm{T}}$，给定 $t_0=1$，用消除冗余区间进退法确定单峰区间。

2-2　目标函数 $f(\boldsymbol{X})=(x_1-4)^2+(x_2-6)^2$，$\boldsymbol{X}^{(0)}=(2,2)^{\mathrm{T}}$，搜索方向 $\boldsymbol{S}=(0.707,0.707)^{\mathrm{T}}$，给定 $t_0=1$，用消除冗余区间进退法确定单峰区间。

2-3　目标函数 $f(\boldsymbol{X})=(x_1-4)^2+(x_2-6)^2$，$\boldsymbol{X}^{(0)}=(6,5)^{\mathrm{T}}$，搜索方向 $\boldsymbol{S}=(0.707,0.707)^{\mathrm{T}}$，给定 $t_0=1$，用消除冗余区间进退法确定单峰区间。

2-4　目标函数 $f(\boldsymbol{X})=(x_1-4)^2+(x_2-6)^2+(x_3-5)^2$，$\boldsymbol{X}^{(0)}=(0,0,0)^{\mathrm{T}}$，搜索方向 $\boldsymbol{S}=(0.707,0.707,0.707)^{\mathrm{T}}$，给定 $t_0=1$，用消除冗余区间进退法确定单峰区间。

2-5　目标函数 $f(\boldsymbol{X})=x_1^2+25x_2^2$，$\boldsymbol{X}^{(0)}=(3,3)^{\mathrm{T}}$，搜索方向 $\boldsymbol{S}=(4,10)^{\mathrm{T}}$，利用习题 2-1 搜索到的单峰区间，用黄金分割法求前两轮的近似最优步长因子 α^*、最优点函数坐标 $\boldsymbol{X}^*$、最优目标函数值 $f(\boldsymbol{X}^*)$。

2-6　目标函数 $f(\boldsymbol{X})=(x_1-4)^2+(x_2-6)^2$，$\boldsymbol{X}^{(0)}=(2,2)^{\mathrm{T}}$，搜索方向 $\boldsymbol{S}=(0.707,0.707)^{\mathrm{T}}$，在单峰区间 $[A,B]=[4,5]$ 内，用黄金分割法求近似最优步长因子 α^*、最优点函数坐标 $\boldsymbol{X}^*$、最优目标函数值 $f(\boldsymbol{X}^*)$。

2-7　目标函数 $f(\boldsymbol{X})=x_1^2+25x_2^2$，$\boldsymbol{X}^{(0)}=(3,3)^{\mathrm{T}}$，搜索方向 $\boldsymbol{S}=(4,10)^{\mathrm{T}}$，利用习题 2-1 搜索到的单峰区间，用二次插值法求近似最优步长因子 α^*、最优点函数坐标 $\boldsymbol{X}^*$、最优目标函数值 $f(\boldsymbol{X}^*)$，并与习题 2-5 黄金分割法结果进行比较。

2-8　目标函数 $f(\boldsymbol{X})=(x_1-4)^2+(x_2-6)^2$，$\boldsymbol{X}^{(0)}=(2,2)^{\mathrm{T}}$，搜索方向 $\boldsymbol{S}=(0.707,0.707)^{\mathrm{T}}$，用习题 2-2 搜索到的单峰区间，用二次插值法求近似最优步长因子 α^*、最优点坐标 $\boldsymbol{X}^*$、最优目标函数值 $f(\boldsymbol{X}^*)$，并与习题 2-6 黄金分割法结果进行比较。

2-9　目标函数 $f(\boldsymbol{X})=(x_1-4)^2+(x_2-6)^2$，$\boldsymbol{X}^{(0)}=(2,2)^{\mathrm{T}}$，搜索方向 $\boldsymbol{S}=(0.707,0.707)^{\mathrm{T}}$，给定 $t_0=0.5$，计算精度 $\varepsilon=0.1$，写出追赶步长法第一轮的计算过程。

第3章

无约束优化设计方法

3.1 无约束优化方法概述

无约速优化
方法概述

优化设计数学模型中，求 n 维设计变量 $\boldsymbol{X}=(x_1, x_2, \cdots, x_n)^{\mathrm{T}}$ 目标函数最优值：

$$\begin{gathered}\min F(\boldsymbol{X}) \\ \boldsymbol{X} \in \mathbf{R}^n\end{gathered} \tag{3-1-1}$$

称为无约束优化问题。无约束优化的设计变量定义于整个实数空间。

工程实际优化设计都是约束优化设计问题，但研究无约束优化也具有重要意义。

首先，无约束优化研究的主要内容是在理想的情况下（设计变量定义在整个实数空间上），如何寻找各种“最佳”的搜索方向。由于不考虑对设计变量的限制，无约束优化可以专注于寻找“最佳”搜索方向，从而建立起优化的基本方法。

其次，某些约束优化问题可以通过处理约束条件（例如惩罚函数法）转化为无约束优化问题进行求解。更一般地，许多约束优化方法可以利用无约束优化中寻找到的“最佳”搜索方向，考虑适当的约束条件，并结合追赶步长法来建立一般约束优化的方法。因此，无约束优化是约束优化的重要基础。

在第 2 章研究一维优化方法的过程中，已经强调在给定的搜索方向上研究搜索步长问题（例如最优步长法及追赶步长法）。现在，在无约束优化方法中，将具体研究如何寻找这些“最佳”搜索方向。

在无约束优化问题中，根据确定最佳搜索方向的方法，可以将无约束优化方法分为两类。一类需要利用目标函数的导数来确定或构造搜索方向，称为间接法，如梯度法（最速下降法）、共轭梯度法等。另一类直接利用函数值进行比较来确定或构造搜索方向，称为直接法，例如随机方向法、鲍威尔（Powell）法等。重点是理解确定或构造各种“最佳”搜索方向的原理。

本章重点讨论确定搜索方向的方法，搜索步长可使用最优步长法或者追赶步长法。各种无约束优化的算法及程序均默认使用最优步长法，追赶步长法会在每一节的最后单独列出。

本章仅介绍部分基础的无约束优化方法，更多的方法可参考其他优化设计教材。

3.2 梯　度　法

梯度法

根据工程数学的理论，在当前函数坐标点处，梯度方向是函数值上升最快的方向，而负梯度方向则是函数值下降最快的方向。无约束优化中使用负梯度方向作为“最佳”搜索方向的方法，称为梯度法(或最速下降法)。几何上，梯度或负梯度方向沿着等值线上某点的法线方向。在梯度法中，当前坐标处的最优搜索方向由负梯度方向确定，而搜索步长则由最优步长法或追赶步长法确定。

3.2.1 梯度法原理

在初始点 $\boldsymbol{X}^{(0)}$ 处，首先计算负梯度 $-\nabla f(\boldsymbol{X}^{(0)})$，作为“最佳”搜索方向向量 $\boldsymbol{S}$，再使用最优步长法搜索出该方向上一维最优步长因子 α^*，计算出对应的函数坐标 $\boldsymbol{X}$。一般情况下，从初始点开始的第一轮梯度法优化搜索得到的一维优化最优点 $\boldsymbol{X}$，并不是目标函数的最优点 $\boldsymbol{X}^*$。因此，可将当前一维优化最优点 $\boldsymbol{X}$ 置换为新初始点 $\boldsymbol{X}^{(0)}$：$\boldsymbol{X}^{(0)} \leftarrow \boldsymbol{X}$。

从新的初始点开始，再次计算负梯度(不同 $\boldsymbol{X}$ 点处，负梯度方向不同)，沿着新的负梯度方向进行一维优化搜索。通过重复搜索，新的一维优化最优点 $\boldsymbol{X}$ 将不断逼近目标函数最优点 $\boldsymbol{X}^*$。对于连续可导的目标函数，在最优点 $\boldsymbol{X}^*$ 附近，负梯度的模将趋近于零。因此，当坐标点处负梯度的模小于指定计算精度值时，可以认为搜索结果满足精度要求并终止搜索。将最终搜索到的一维优化最优点 $\boldsymbol{X}$ 作为目标函数最优点 $\boldsymbol{X}^*$ 的近似值输出。

3.2.2 梯度法算法过程

给定初始点目标函数坐标 $\boldsymbol{X}^{(0)}$ 及计算精度 ε，步长搜索用最优步长法。

1. 计算初始点处负梯度及模

$$\boldsymbol{S} = -\nabla f(\boldsymbol{X}^{(0)}) = -\left(\frac{\partial f(\boldsymbol{X}^{(0)})}{\partial x_1}, \frac{\partial f(\boldsymbol{X}^{(0)})}{\partial x_2}, \cdots, \frac{\partial f(\boldsymbol{X}^{(0)})}{\partial x_n}\right)^{\mathrm{T}} \tag{3-2-1}$$

$$\| -\nabla f(\boldsymbol{X}^{(0)}) \| = \sqrt{\sum_{i=1}^{n} \left(\frac{\partial f(\boldsymbol{X}^{(0)})}{\partial x_i}\right)^2} \tag{3-2-2}$$

2. 当 $\| -\nabla f(\boldsymbol{X}^{(0)}) \| > \varepsilon$ 时，进行梯度法搜索

(1) 调用进退法子程序，从 $\boldsymbol{X}^{(0)}$ 出发，沿着 $\boldsymbol{S}$ 方向，找出单峰区间 $[A, B]$；

(2) 调用二次插值法或黄金分割法子程序，在单峰区间中，找到最优步长因子 A_{opt}；

(3) 调用函数坐标计算子程序，计算最优步长因子 A_{opt} 对应的函数坐标 $\boldsymbol{X}_{\mathrm{opt}}$：

$$\boldsymbol{X}_{\mathrm{opt}} = \boldsymbol{X}^{(0)} + A_{\mathrm{opt}} \cdot \boldsymbol{S} \tag{3-2-3}$$

(4) 将 $\boldsymbol{X}_{\mathrm{opt}}$ 置换给 $\boldsymbol{X}^{(0)}$，作为下一轮搜索的初始点：$\boldsymbol{X}^{(0)} \leftarrow \boldsymbol{X}_{\mathrm{opt}}$。

(5) 再次计算新初始点 $\boldsymbol{X}^{(0)}$ 处负梯度 $-\nabla f(\boldsymbol{X}^{(0)})$ 及模 $\| -\nabla f(\boldsymbol{X}^{(0)}) \|$。

3. 判断是否满足精度要求

若 $\| -\nabla f(\boldsymbol{X}^{(0)}) \| > \varepsilon$，表示不满足精度要求，需要继续进行梯度法搜索。

若 $\| -\nabla f(\boldsymbol{X}^{(0)}) \| < \varepsilon$，表示满足精度要求，退出循环，终止搜索。

4. 结果输出

将 $\boldsymbol{X}_{\mathrm{opt}}$ 作为目标函数最优点 $\boldsymbol{X}^*$ 的近似值输出，返回主程序。

3.2.3 梯度法子程序流程图及重要语句

1. 梯度法子程序流程图

图 3-2-1 是梯度法子程序的 N-S 流程。其中负梯度及模的计算用一个子程序完成。

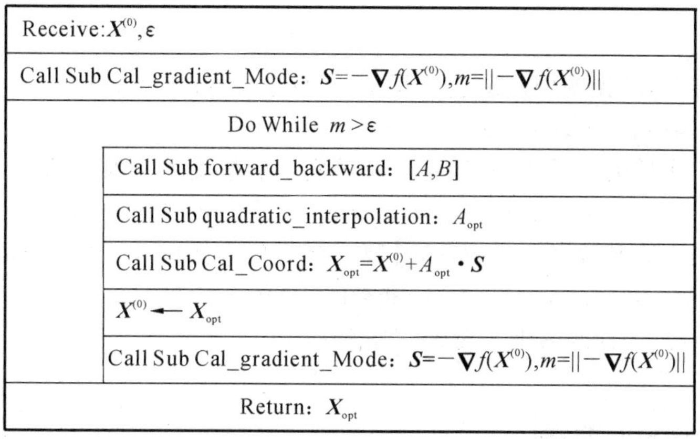

图 3-2-1　梯度法子程序流程图

计算负梯度及其模的子程序流程如图 3-2-2 所示。梯度法程序可扫描二维码查看。

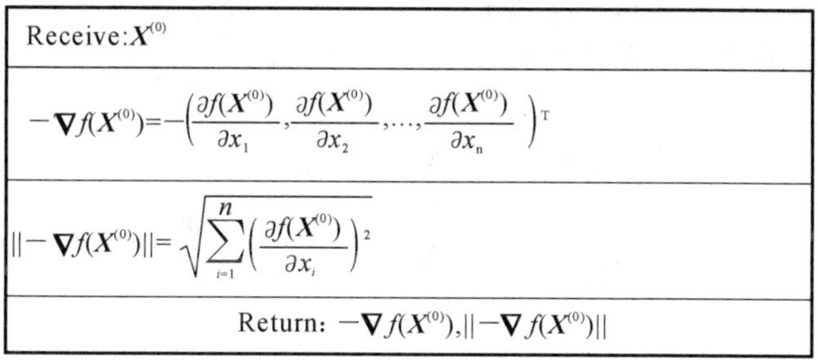

图 3-2-2　计算负梯度及其模的子程序流程图

梯度法-最优步长法程序

2. 梯度法子程序中重要语句

梯度法子程序用于搜索目标函数最优点，并将其返回主程序。

梯度法子程序名及形参表：

```
Private Sub gradient_method(x0! (),epx,xopt! ())
```

从形参表接收初始点函数坐标 $X^{(0)}$，控制精度 ε，搜索到最优点 X_{opt} 后返回主程序。

1）计算负梯度及模

为表述负梯度，以具体的目标函数 $f(X)=(x_1-2)^2+(x_2-3)^2$ 为例。

调用负梯度及模的语句为

```
Call grad_modulus(x0,s,m)
```

计算负梯度及梯度模的子程序为

```
Private Sub grad_modulus(x0! (),g! (),m) '计算梯度及模子程序
n = UBound(x0) '用函数语句 UBound(x0)获得数组 x0()维数
g(1)= - 2 * (x0(1)- 2): g(2)= - 2 * (x0(2) - 3)'负梯度分量
m= 0'梯度的模清零
Fori= 1 To n: m= m+ g(i) * g(i): Next i '累加梯度模的分量
m = Sqr(m)          '梯度的模
End Sub
```

2）当型循环结构

```
Do While m > epx '当梯度的模大于控制精度时进入循环
```

……

```
Loop
```

(1) 进入循环后，首先调用进退法子程序，寻找单峰区间[A,B]：

```
Callforward_backward(x0,s,A,B)
```

(2) 再调用二次插值法子程序，确定单峰区间上的最优步长因子 A_{opt}：

```
Callquadratic_interpolation(x0,s,A,B,epx,Aopt) 'Aopt 指最优步长
```

(3) 最后调用计算函数坐标子程序，计算一维优化最优点 $\boldsymbol{X}_{opt}$ 函数坐标：

```
Callcal_Coord(x0,s,Aopt,xopt) 'xopt 指最优点坐标
```

(4) 将 $\boldsymbol{X}_{opt}$ 保留，并置换为下一轮的初始点：

```
x0= xopt
```

3.2.4 梯度法算例

【例 3-1】 目标函数 $f(\boldsymbol{X})=(x_1-2)^2+(x_2-3)^2$，取初始点 $\boldsymbol{X}^{(0)}=(0,0)^{\mathrm{T}}$，计算精度 $\varepsilon=0.01$，用梯度法求无约束优化的最优解。

解 预先求出负梯度各分量表达式：

$$\boldsymbol{S}=(s(1),s(2))$$

$$s(1)=-\frac{\partial f(\boldsymbol{X})}{\partial x_1}=-2(x_1-2)$$

$$s(2)=-\frac{\partial f(\boldsymbol{X})}{\partial x_2}=-2(x_2-3)$$

1. 解析法求解

$\boldsymbol{X}^{(0)}=(0,0)^{\mathrm{T}}$ 处负梯度分量：

$$s(1)=-2(x_1-2)=4$$

$$s(2)=-2(x_2-3)=6$$

$$\boldsymbol{X}=\boldsymbol{X}^{(0)}+\alpha^*\cdot\boldsymbol{S}=\begin{pmatrix}0\\0\end{pmatrix}+\alpha^*\cdot\begin{pmatrix}s(1)\\s(2)\end{pmatrix}=\begin{bmatrix}4\alpha^*\\6\alpha^*\end{bmatrix}$$

$$f(\boldsymbol{X})=(x_1-2)^2+(x_2-3)^2=(4\alpha^*-2)^2+(6\alpha^*-3)^2$$

令

$$\frac{\mathrm{d}f(\boldsymbol{X})}{\mathrm{d}\alpha^*}=8(4\alpha^*-2)+12\cdot(6\alpha^*-3)=0$$

故

$$\alpha^*=0.5$$

$$\boldsymbol{X}=(2,3)^{\mathrm{T}}$$

$$f(\boldsymbol{X})=0$$

因 $\|-\nabla f(\boldsymbol{X})\|=0$，满足极值必要条件，所以，最优解 $\boldsymbol{X}^*=(2,3)^{\mathrm{T}}$，$f(\boldsymbol{X}^*)=0$。

2. 迭代法求解(与梯度法算法及程序匹配的方法)

1) 计算初始点处负梯度及模

调用负梯度及模计算子程序，在 $\boldsymbol{X}^{(0)}=(0,0)^{\mathrm{T}}$ 处，负梯度分量为 $s(1)=4$，$s(2)=6$。梯度的模：

$$\|-\nabla f(\boldsymbol{X})\|=\sqrt{(s(1))^2+(s(2))^2}=\sqrt{4^2+6^2}=7.2$$

2) 由于 $\|-\nabla f(\boldsymbol{X}^{(0)})\|=7.2>\varepsilon=0.01$，进行梯度法搜索

(1) 调用进退法子程序，从 $\boldsymbol{X}^{(0)}$ 出发，沿着 $\boldsymbol{S}$ 方向，找出单峰区间$[A,B]=[-1,1]$。

(2) 调用二次插值法子程序，获得最优步长因子 $A_{opt}=0.5$。

(3) 调用函数坐标计算子程序，对应最优步长因子的函数坐标：

$$\boldsymbol{X}_{\text{opt}} = \boldsymbol{X}^{(0)} + A_{\text{opt}} \cdot \boldsymbol{S} = \begin{pmatrix} 0 \\ 0 \end{pmatrix} + 0.5 \cdot \begin{pmatrix} 4 \\ 6 \end{pmatrix} = \begin{pmatrix} 2 \\ 3 \end{pmatrix}$$

(4) 将 $\boldsymbol{X}_{\text{opt}}$ 保留并置换给 $\boldsymbol{X}^{(0)}$，将 $\boldsymbol{X}^{(0)}$ 作为下一轮搜索的初始点：

$$\boldsymbol{X}^{(0)} \leftarrow \boldsymbol{X}_{\text{opt}} = (2,3)^{\text{T}}$$

(5) 计算新初始点 $\boldsymbol{X}^{(0)} = (2,3)^{\text{T}}$ 处负梯度及模：

$$s(1) = -2(x_1 - 2) = 0,\ s(2) = -2(x_2 - 3) = 0$$

梯度模：$\| -\nabla f(\boldsymbol{X}^{(0)}) \| = 0$。由极值必要条件可知：$\boldsymbol{X}^{(0)} = \boldsymbol{X}_{\text{opt}} = (2,3)^{\text{T}}$ 是最优点。

3. 转到步骤 2，检查是否满足精度要求

$\| -\nabla f(\boldsymbol{X}^{(0)}) \| = 0 < \varepsilon$，满足精度要求，退出循环。将 $\boldsymbol{X}_{\text{opt}} = (2,3)^{\text{T}}$ 作为目标函数最优点 $\boldsymbol{X}^*$ 的近似值输出，即 $\boldsymbol{X}^* = \boldsymbol{X}_{\text{opt}} = (2,3)^{\text{T}}$，$f(\boldsymbol{X}^*) = 0$。

与解析法相比，迭代法（通过程序计算）的主要区别在于使用进退法和插值法代替求导过程。在本章中，还介绍了多个无约束优化方法，这些例题都使用解析法求解，然而，在相应附带的程序中，使用进退法和插值法来确定最优步长因子，需要注意这种区别。

3.2.5　梯度法-追赶步长法

在梯度法中，步长搜索也可以使用追赶步长法，只需要将程序中的最优步长法部分（进退法和二次插值法）改为追赶步长法即可。

使用追赶步长法的梯度法程序流程如图 3-2-3 所示。用追赶步长法的梯度法程序参见附录Ⅲ。

梯度法-追赶步长法程序

与最优步长法相同的部分这里不再重复叙述，其中调用追赶步长法的关键语句如下：

```
Call chasing_method(x0(),s(),epx,x00)
```

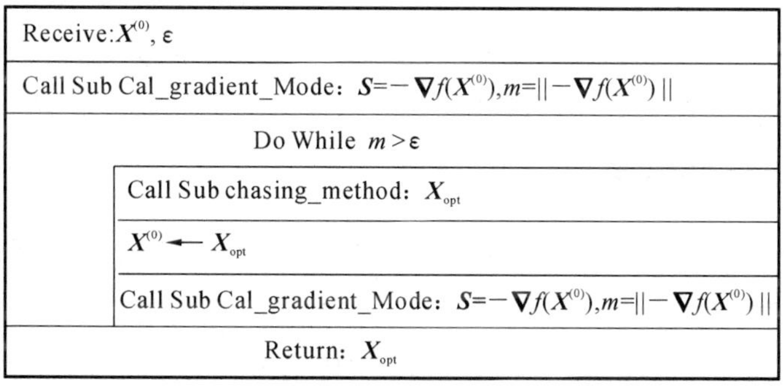

图 3-2-3　基于追赶步长法的梯度法程序流程图

梯度法的搜索效率与目标函数的性质密切相关。例如例 3-1 中目标函数的等值线是圆（见图 3-2-4(a)），那么任意一条等值线上的任意一点的负梯度方向线都会通过圆心，用最优步长法只需一步即可搜索到最优点 $\boldsymbol{X}^*$；然而，如果目标函数的等值线是倾斜的椭圆（见图 3-2-4(b)），则需要经过一系列锯齿状的多轮一维优化搜索才能找到最优点 $\boldsymbol{X}^*$。

此外，可以证明在图 3-2-4(b)中，任意两个相邻的一维优化最优点（例如 $\boldsymbol{X}^{(k-1)}$ 与 $\boldsymbol{X}^{(k)}$、$\boldsymbol{X}^{(k)}$ 与 $\boldsymbol{X}^{(k+1)}$）处的负梯度方向是互相垂直的。

在图 3-2-4(b)中，离极值点较远处的位置沿着负梯度方向，函数值下降的速度较快（步

长大)，但是随着接近极值点，函数值下降的速度较慢(步长小)。因此，梯度法虽然称为最速下降法，但其“最速下降”仅是函数的一种局部性质，而不是全局性质。

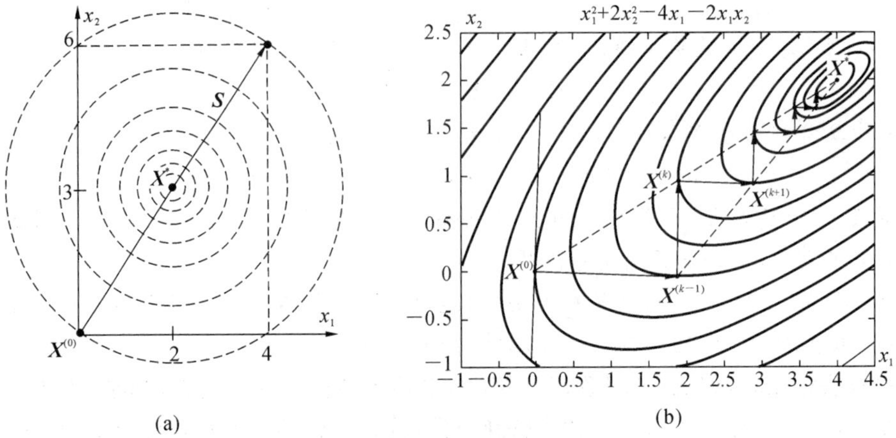

图 3-2-4 梯度法搜索效率

(a) 圆等值线 (b) 倾斜椭圆等值线

3.3 共轭梯度法

共轭梯度法

共轭梯度法是一种改进的梯度法，它利用共轭概念来提高搜索效率。在一维优化中，任意两个相邻的最优点处的负梯度方向是相互垂直的。通过共轭概念，可以将其中一个负梯度方向适度地偏转，以构造一个指向或近似指向目标函数最优点的方向，从而得到比负梯度方向更好的搜索方向，沿着这个方向进行一维搜索可以大大提高搜索效率。对于 n 维二次函数，共轭梯度法最多需要 n 轮迭代就可以构造出指向目标函数最优点的搜索方向。对于 n 维高次函数，共轭梯度法至少经过 n 轮迭代就可构造出非常接近目标函数最优点的搜索方向。

在共轭梯度法中，搜索方向由共轭向量确定，搜索步长由最优步长法或追赶步长法确定。

3.3.1 共轭向量概念

共轭向量的概念涉及一些数学理论，如果对数学理论不感兴趣，可以跳过这一部分。

1. 共轭向量定义

设 $\boldsymbol{A}$ 为 $n\times n$ 的实对称正定矩阵，若有两个非零的 n 维向量 $\boldsymbol{S}_1$、$\boldsymbol{S}_2$ 满足：

$$\boldsymbol{S}_1^{\mathrm{T}}\boldsymbol{A}\boldsymbol{S}_2=0 \tag{3-3-1}$$

则称 $\boldsymbol{S}_1$、$\boldsymbol{S}_2$ 为关于矩阵 $\boldsymbol{A}$ 的一对共轭向量，称 $\boldsymbol{S}_1$、$\boldsymbol{S}_2$ 两个向量的方向为共轭方向。

将该概念推广到 m 个非零的 n 维向量 $\boldsymbol{S}_1,\boldsymbol{S}_2,\cdots,\boldsymbol{S}_m$ 上，若其中任意两个向量满足：

$$\boldsymbol{S}_i^{\mathrm{T}}\boldsymbol{A}\boldsymbol{S}_j=0\quad (i,j=1,2,\cdots,m)(i\neq j) \tag{3-3-2}$$

则称 $\boldsymbol{S}_1,\boldsymbol{S}_2,\cdots,\boldsymbol{S}_m$ 为关于 $\boldsymbol{A}$ 共轭的向量组，$\boldsymbol{S}_1,\boldsymbol{S}_2,\cdots,\boldsymbol{S}_m$ 向量的方向为共轭方向。

2. 共轭向量几何意义

用一个 $n\times n$ 的矩阵 $\boldsymbol{A}$ 左乘一个 $n\times 1$ 的向量 $\boldsymbol{S}_2$ 后，$\boldsymbol{A}\boldsymbol{S}_2$ 变换成一个 $n\times 1$ 的向量。由线性代数可知，$\boldsymbol{A}\boldsymbol{S}_2$ 表示用矩阵 $\boldsymbol{A}$ 对向量 $\boldsymbol{S}_2$ 作了一个线性变换，几何上是用 $\boldsymbol{A}$ 将向量 $\boldsymbol{S}_2$ 的

方向进行了一个偏转。

一般情况下，满足共轭向量定义 $\boldsymbol{S}_1^{\mathrm{T}}\boldsymbol{A}\boldsymbol{S}_2=0$ 的一对共轭向量 $\boldsymbol{S}_1$、$\boldsymbol{S}_2$ 的方向是互相倾斜的：$\boldsymbol{S}_1^{\mathrm{T}}\boldsymbol{S}_2\neq0$。若用矩阵 $\boldsymbol{A}$ 对向量 $\boldsymbol{S}_2$ 作线性变换后，有 $\boldsymbol{S}_1^{\mathrm{T}}(\boldsymbol{A}\boldsymbol{S}_2)=0$，即 $\boldsymbol{S}_1$、$\boldsymbol{S}_2$ 两个向量关于矩阵 $\boldsymbol{A}$ 共轭，则相当于用矩阵 $\boldsymbol{A}$ 将向量 $\boldsymbol{S}_2$ 的方向作了偏转，使得向量 $\boldsymbol{A}\boldsymbol{S}_2$ 与向量 $\boldsymbol{S}_1$ 的方向互相垂直。同理，也可视为 $(\boldsymbol{S}_1^{\mathrm{T}}\boldsymbol{A})\boldsymbol{S}_2=0$，即向量 $\boldsymbol{S}_1^{\mathrm{T}}\boldsymbol{A}$ 与向量 $\boldsymbol{S}_2$ 互相垂直。

将其推广到满足式(3-3-2)的共轭向量组 $\boldsymbol{S}_1,\boldsymbol{S}_2,\cdots,\boldsymbol{S}_m$，任意两个 $\boldsymbol{S}_i$、$\boldsymbol{S}_j(i\neq j)$ 向量的方向一般是倾斜的，但 $\boldsymbol{S}_i$、$\boldsymbol{A}\boldsymbol{S}_j(i\neq j)$ 向量的方向是互相垂直的。

特殊情况下，若矩阵 $\boldsymbol{A}$ 是单位矩阵 $\boldsymbol{I}$，即 $\boldsymbol{S}_1^{\mathrm{T}}\boldsymbol{I}\boldsymbol{S}_2=0$，则有 $\boldsymbol{S}_1^{\mathrm{T}}\boldsymbol{S}_2=0$。$\boldsymbol{S}_1$、$\boldsymbol{S}_2$ 是关于单位矩阵 $\boldsymbol{I}$ 的一对共轭且正交的向量。这一对共轭向量的方向互相垂直，是一般定义下一对共轭向量的特例。

由梯度性质可知，相邻两个迭代点上的梯度方向互相垂直，即 $(g(\boldsymbol{X}^{(k+1)}))^{\mathrm{T}}g(\boldsymbol{X}^{(k)})=0$，也可以表示为 $\boldsymbol{S}_1^{\mathrm{T}}\boldsymbol{S}_2=0$。从几何上理解，相邻两个迭代点上梯度向量的方向关系(垂直)，是相邻两个迭代点上共轭向量的方向关系的特例。

将该概念推广到 m 个非零的 n 维向量 $\boldsymbol{S}_1,\boldsymbol{S}_2,\cdots,\boldsymbol{S}_m$ 上，当式(3-3-2)中 $\boldsymbol{A}=\boldsymbol{I}$ 时，$\boldsymbol{S}_1,\boldsymbol{S}_2,\cdots,\boldsymbol{S}_m$ 是关于单位矩阵 $\boldsymbol{I}$ 的 m 个共轭且正交的向量组。

3. 共轭向量的主要性质

(1) 若非零向量组 $\boldsymbol{S}_1,\boldsymbol{S}_2,\cdots,\boldsymbol{S}_m$ 关于对称正定矩阵 $\boldsymbol{A}$ 共轭，则该向量组是线性无关的。

(2) 对于 n 维向量空间，互相共轭的非零向量的个数不超过 n。

(3) 关于对称正定矩阵 $\boldsymbol{A}$ 共轭的向量组 $\boldsymbol{S}_1,\boldsymbol{S}_2,\cdots,\boldsymbol{S}_m$，从任意初始点开始，依次沿共轭向量方向，最多进行 m 次一维优化搜索，一定可以找到二次正定函数的极小点 $\boldsymbol{X}^*$。

由性质(3)可知，共轭向量法具有有限步收敛的性质，具有这种性质的算法称为二次收敛算法。

共轭方向法是一大类优化方法，共轭梯度法是其中一种。

3.3.2 共轭梯度法原理

1. 共轭梯度法数学原理

以二次正定函数为例：

$$f(\boldsymbol{X})=\boldsymbol{X}^{\mathrm{T}}\boldsymbol{A}\boldsymbol{X}/2+\boldsymbol{B}^{\mathrm{T}}\boldsymbol{X}+\boldsymbol{C} \tag{3-3-3}$$

其梯度：

$$\boldsymbol{g}(\boldsymbol{X})=\boldsymbol{A}\boldsymbol{X}+\boldsymbol{B} \tag{3-3-4}$$

从 $\boldsymbol{X}^{(k)}$ 点出发，取该点负梯度为第一个共轭向量 $\boldsymbol{S}^{(k)}=-\boldsymbol{g}(\boldsymbol{X}^{(k)})=-\boldsymbol{g}^{(k)}$，沿着该共轭向量方向作一维优化，其一维优化最优点为

$$\boldsymbol{X}^{(k+1)}=\boldsymbol{X}^{(k)}+\alpha^{(k)}\boldsymbol{S}^{(k)} \tag{3-3-5}$$

将 $\boldsymbol{X}^{(k)}$、$\boldsymbol{X}^{(k+1)}$ 处的负梯度分别记为 $-\boldsymbol{g}^{(k)}$、$-\boldsymbol{g}^{(k+1)}$：

$$-\boldsymbol{g}^{(k)}=-(\boldsymbol{A}\boldsymbol{X}^{(k)}+\boldsymbol{B}) \tag{3-3-6}$$

$$-\boldsymbol{g}^{(k+1)}=-(\boldsymbol{A}\boldsymbol{X}^{(k+1)}+\boldsymbol{B}) \tag{3-3-7}$$

用式(3-3-6)减式(3-3-7)：

$$\boldsymbol{g}^{(k+1)}-\boldsymbol{g}^{(k)}=\boldsymbol{A}(\boldsymbol{X}^{(k+1)}-\boldsymbol{X}^{(k)}) \tag{3-3-8}$$

将式(3-3-5)移项后代入式(3-3-8)，注意到 $\alpha^{(k)}$ 是一个数，得：

$$\boldsymbol{g}^{(k+1)}-\boldsymbol{g}^{(k)}=\alpha^{(k)}\boldsymbol{A}\boldsymbol{S}^{(k)} \tag{3-3-9}$$

式(3-3-9)等号左侧是相邻两个迭代点梯度向量差。

在 $\boldsymbol{X}^{(k+1)}$ 点处，取一个待求的列向量 $(\boldsymbol{S}^{(k+1)})^{\mathrm{T}}$，将其左乘式(3-3-9)：

$$(\boldsymbol{S}^{(k+1)})^{\mathrm{T}}(\boldsymbol{g}^{(k+1)}-\boldsymbol{g}^{(k)})=\alpha^{(k)}(\boldsymbol{S}^{(k+1)})^{\mathrm{T}}\boldsymbol{A}\boldsymbol{S}^{(k)} \tag{3-3-10}$$

注意式(3-3-10)等号右侧，若待求向量 $\boldsymbol{S}^{(k+1)}$ 与 $\boldsymbol{S}^{(k)}$ 是关于 $\boldsymbol{A}$ 的一对共轭向量，应有：$(\boldsymbol{S}^{(k+1)})^{\mathrm{T}}\boldsymbol{A}\boldsymbol{S}^{(k)}=0$，即式(3-3-10)变换为

$$(\boldsymbol{S}^{(k+1)})^{\mathrm{T}}(\boldsymbol{g}^{(k+1)}-\boldsymbol{g}^{(k)})=0 \tag{3-3-11}$$

式(3-3-11)表示 $\boldsymbol{S}^{(k+1)}$ 与 $\boldsymbol{S}^{(k)}$ 共轭时，$\boldsymbol{S}^{(k+1)}$ 与相邻两迭代点梯度的关系。

为了用负梯度 $-\boldsymbol{g}^{(k)}$、$-\boldsymbol{g}^{(k+1)}$ 构造待求的共轭向量 $\boldsymbol{S}^{(k+1)}$，设：

$$\boldsymbol{S}^{(k+1)}=-\boldsymbol{g}^{(k+1)}+\beta_k(-\boldsymbol{g}^{(k)}) \tag{3-3-12}$$

式中：β_k 是待定系数。

为求出待定系数 β_k，将式(3-3-12)的 $(\boldsymbol{S}^{(k+1)})^{\mathrm{T}}$ 代入式(3-3-11)：

$$(-\boldsymbol{g}^{(k+1)}+\beta_k(-\boldsymbol{g}^{(k)}))^{\mathrm{T}}(\boldsymbol{g}^{(k+1)}-\boldsymbol{g}^{(k)})=0 \tag{3-3-13}$$

将式(3-3-13)展开，注意到相邻两迭代点梯度互相垂直，即 $(\boldsymbol{g}^{(k+1)})^{\mathrm{T}}\boldsymbol{g}^{(k)}=0$，得到待定系数 β_k 的计算式：

$$\beta_k=\frac{(\boldsymbol{g}^{(k+1)})^{\mathrm{T}}\boldsymbol{g}^{(k+1)}}{(\boldsymbol{g}^{(k)})^{\mathrm{T}}\boldsymbol{g}^{(k)}}=\frac{\|\boldsymbol{g}^{(k+1)}\|^2}{\|\boldsymbol{g}^{(k)}\|^2} \tag{3-3-14}$$

式中：$\|\boldsymbol{g}^{(k)}\|$ 及 $\|\boldsymbol{g}^{(k+1)}\|$ 分别是 $\boldsymbol{X}^{(k)}$ 及 $\boldsymbol{X}^{(k+1)}$ 点梯度的模。

将式(3-3-14)代入式(3-3-12)，由此可得到待求的共轭向量 $\boldsymbol{S}^{(k+1)}$：

$$\boldsymbol{S}^{(k+1)}=-\boldsymbol{g}^{(k+1)}+\beta_k(-\boldsymbol{g}^{(k)})=-\boldsymbol{g}^{(k+1)}+\beta_k\boldsymbol{S}^{(k)} \tag{3-3-15}$$

待求的共轭向量 $\boldsymbol{S}^{(k+1)}$ 可由相邻两点的负梯度及模构造。式(3-3-15)的几何意义是：第二个共轭向量 $\boldsymbol{S}^{(k+1)}$ 是 $-\boldsymbol{g}^{(k+1)}$ 与 $\beta_k(-\boldsymbol{g}^{(k)})$ 的向量和。

由负梯度构造共轭向量进行优化的方法，称为**共轭梯度法**。

2. 共轭梯度构造

共轭梯度基本构造过程：先取当前坐标点的负梯度作为第一个共轭向量 $\boldsymbol{S}^{(k)}=-\boldsymbol{g}^{(k)}$，求得该共轭方向上的一维优化最优点 $\boldsymbol{X}^{(k+1)}$；计算该最优点处的负梯度 $-\boldsymbol{g}^{(k+1)}$，再由式(3-3-15)计算出向量 $\boldsymbol{S}^{(k+1)}$，即构造出一对共轭向量 $\boldsymbol{S}^{(k)}$、$\boldsymbol{S}^{(k+1)}$。具体构造步骤如下。

(1) 取当前 $\boldsymbol{X}^{(k)}$ 点处的负梯度向量 $-\boldsymbol{g}^{(k)}$ 为第一个共轭向量 $\boldsymbol{S}^{(k)}=-\boldsymbol{g}^{(k)}$，沿着 $\boldsymbol{S}^{(k)}$ 方向进行第一个一维共轭优化，得到一维优化最优点 $\boldsymbol{X}^{(k+1)}$：

$$\boldsymbol{X}^{(k+1)}=\boldsymbol{X}^{(k)}+\alpha^{(k)}\boldsymbol{S}^{(k)}$$

(2) 计算 $\boldsymbol{X}^{(k+1)}$ 点处的负梯度 $-\boldsymbol{g}^{(k+1)}$。

(3) 计算偏转系数：

$$\beta=\frac{\|\boldsymbol{g}^{(k+1)}\|^2}{\|\boldsymbol{g}^{(k)}\|^2}$$

(4) 构造下一个共轭向量：

$$\boldsymbol{S}^{(k+1)}=-\boldsymbol{g}^{(k+1)}-\beta\cdot\boldsymbol{g}^{(k)}=-\boldsymbol{g}^{(k+1)}+\beta\cdot\boldsymbol{S}^{(k)}$$

构造共轭向量的递推公式：

$$\boldsymbol{S}^{(0)}=-\boldsymbol{g}^{(0)} \tag{3-3-16}$$

$$\beta=\frac{\|\boldsymbol{g}^{(k+1)}\|^2}{\|\boldsymbol{g}^{(k)}\|^2} \tag{3-3-17}$$

$$\boldsymbol{S}^{(i)} = -\boldsymbol{g}^{(i)} + \beta \cdot \boldsymbol{S}^{(i-1)} \quad (i = 1,2,\cdots,n-1) \tag{3-3-18}$$

对于 n 维二次目标函数，根据共轭向量性质(3)，可以沿着最多 n 个共轭方向(不是负梯度方向)进行一维优化搜索，必定可以找到目标函数最优点 $\boldsymbol{X}^*$。

然而，对于一般的 n 维高次目标函数，经过一轮 n 维的共轭梯度法搜索，所得到的最优点一般与目标函数最优点相差较远。这时，应当将当前一轮得到的最优点作为下一轮的初始点，重新构造下一轮的共轭向量，再次进行下一轮 n 维共轭梯度法搜索。如此反复，可以逐渐逼近目标函数最优点附近区域。在最优点附近的区域中，高次函数将呈现较强的二次函数性质，相当于 n 维高次函数退化成 n 维二次函数，这样共轭梯度法就可以更容易地搜索到非常接近目标函数最优点的解。

3. 共轭梯度法的几何意义

以二维二次函数为例，画出其等值线，如图 3-3-1 所示。

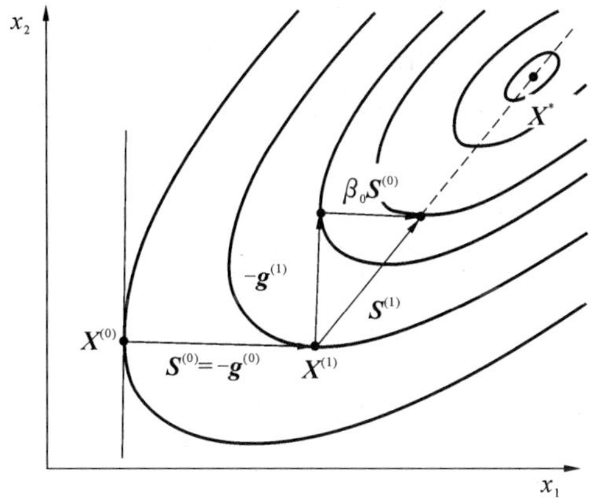

图 3-3-1　共轭梯度方向的几何意义

取 $\boldsymbol{X}^{(0)}$ 点处的负梯度 $-\boldsymbol{g}^{(0)}$，为第一个共轭向量 $\boldsymbol{S}^{(0)} = -\boldsymbol{g}^{(0)}$，第一次沿着共轭方向 $\boldsymbol{S}^{(0)}$ 作一维优化，搜索到一维优化最优点 $\boldsymbol{X}^{(1)}$，再计算出 $\boldsymbol{X}^{(1)}$ 处的负梯度 $-\boldsymbol{g}^{(1)}$($-\boldsymbol{g}^{(0)}$ 与 $-\boldsymbol{g}^{(1)}$ 方向互相垂直)，以及两个负梯度的模。用式(3-3-14)计算出系数 β_0。由于 β_0 是一个数，故向量 $\beta_0\boldsymbol{S}^{(0)}$ 与向量 $\boldsymbol{S}^{(0)}$ 同方向，图上两个向量平行。式(3-3-15)的几何意义为，$\boldsymbol{S}^{(1)}$ 是 $-\boldsymbol{g}^{(1)}$ 与 $\beta_0\boldsymbol{S}^{(0)}$ 的向量和，在图 3-3-1 上画出该向量和的三角形，即构造出一个新向量 $\boldsymbol{S}^{(1)}$。式(3-3-15)是根据共轭条件而导出的公式，所以 $\boldsymbol{S}^{(0)}$、$\boldsymbol{S}^{(1)}$ 是一对共轭向量。

根据共轭向量性质(3)，沿着第二个共轭向量 $\boldsymbol{S}^{(1)}$ 方向进行第二次一维共轭优化，一定可以搜索到目标函数最优点 $\boldsymbol{X}^*$，即 $\boldsymbol{S}^{(1)}$ 方向一定通过目标函数最优点 $\boldsymbol{X}^*$。在 $\boldsymbol{X}^{(1)}$ 点处，$\boldsymbol{S}^{(1)}$ 方向是所有搜索方向中最优的方向，该向量是根据共轭梯度法原理构造出来的。

由图 3-3-1，对于二维二次目标函数，共轭梯度法在几何上，相当于按照一定的规则，将原本相邻且互相垂直的两个负梯度向量 $-\boldsymbol{g}^{(0)}$、$-\boldsymbol{g}^{(1)}$ 中的向量 $-\boldsymbol{g}^{(1)}$ 绕 $\boldsymbol{X}^{(1)}$ 点偏转一个角度，生成 $\boldsymbol{S}^{(1)}$，从而构造出一对共轭向量 $\boldsymbol{S}^{(0)}$、$\boldsymbol{S}^{(1)}$。所以，共轭梯度法也称为偏转梯度法。

观察图 3-3-1，向量 $\beta_0\boldsymbol{S}^{(0)}$ 中的 β_0 由小变大，$\boldsymbol{S}^{(1)}$ 偏转的角度也将由小变大，称 β_0 为**偏转系数**。若 $\beta_0 \to 0$，表示没有偏转，由式(3-3-15)可知，$\boldsymbol{S}^{(1)} \to -\boldsymbol{g}^{(1)}$，$\boldsymbol{S}^{(1)}$ 退化为负梯度，$(\boldsymbol{S}^{(0)})^{\mathrm{T}}\boldsymbol{S}^{(1)} = (-\boldsymbol{g}^{(0)})^{\mathrm{T}}(-\boldsymbol{g}^{(1)}) = 0$，极限情况下，原来一对互相倾斜的共轭向量，退化为一对互相垂直的向量。

3.3.3　共轭梯度法算法

给定初始点函数坐标 $\boldsymbol{X}^{(0)}$、计算精度 ε，步长搜索用最优步长法，共轭梯度法步骤如下。

1. 计算初始点 $\boldsymbol{X}^{(0)}$ 处的负梯度及模

$$-\boldsymbol{g}^{(0)}=-\nabla f(\boldsymbol{X}^{(0)})=-\left(\frac{\partial \nabla f(\boldsymbol{X}^{(0)})}{\partial x_1},\frac{\partial \nabla f(\boldsymbol{X}^{(0)})}{\partial x_2},\cdots,\frac{\partial \nabla f(\boldsymbol{X}^{(0)})}{\partial x_n}\right)^{\mathrm{T}}$$

$$m_0=\|\boldsymbol{g}^{(0)}\|=\sqrt{\sum_{i=1}^{n}\left(\frac{\partial \nabla f(\boldsymbol{X}^{(0)})}{\partial x_i}\right)^2}$$

取初始点处的负梯度为第一个共轭向量：$\boldsymbol{S}^{(0)}=-\boldsymbol{g}^{(0)}$。

2. 判断搜索方向

若 $m_0>\varepsilon$，用共轭梯度法搜索。

3. 进行当前一轮的 n 次(共 n 维)一维优化

(1) 调用进退法，从 $\boldsymbol{X}^{(0)}$ 点出发，沿着共轭方向 $\boldsymbol{S}^{(0)}$ 搜索，找出单峰区间 $[A,B]$；

(2) 调用二次插值法子程序，在单峰区间 $[A,B]$ 中，找到最优步长因子 α^*；

(3) 调用函数坐标计算子程序，计算最优步长因子 α^* 对应的函数坐标 $\boldsymbol{X}^{(1)}$；

(4) 计算 $\boldsymbol{X}^{(1)}$ 点处的负梯度及模：

$$-\boldsymbol{g}^{(1)}=-\nabla f(\boldsymbol{X}^{(1)})$$

$$m_1=\|\boldsymbol{g}^{(1)}\|$$

(5) 计算偏转系数 β：

$$\beta=\frac{(m_1)^2}{(m_0)^2}$$

(6) 构造下一个共轭向量 $\boldsymbol{S}^{(1)}$：

$$\boldsymbol{S}^{(1)}=-\boldsymbol{g}^{(1)}-\beta\cdot\boldsymbol{g}^{(0)}=-\boldsymbol{g}^{(1)}+\beta\cdot\boldsymbol{S}^{(0)}$$

(7) 计算共轭向量 $\boldsymbol{S}^{(1)}$ 的模：

共轭向量 $\boldsymbol{S}^{(1)}$ 的列向量形式为

$$\boldsymbol{S}^{(1)}=(s_1,s_2,\cdots,s_n)^{\mathrm{T}}$$

$$m_2=\|\boldsymbol{S}^{(1)}\|=\sqrt{\sum_{i=1}^{n}(s_i)^2}$$

(8) 保留并置换当前数据。

保留数据并置换：$\boldsymbol{X}^{(0)}\leftarrow\boldsymbol{X}^{(1)}$，$\boldsymbol{S}^{(0)}\leftarrow\boldsymbol{S}^{(1)}$，$m_0\leftarrow m_2$。返回步骤 3，继续进行下一维的一维优化，直到 n 维的一维优化全部完成，终止一轮搜索。

4. 检查是否满足精度要求

若 $m_0>\varepsilon$，表示计算精度不够，需继续进行下一轮共轭梯度法搜索。

经过重复搜索，逼近目标函数最优点，由极值的必要条件，当 $m_0<\varepsilon$ 时，终止搜索。

5. 结果输出

将最终搜索到的最优点 $\boldsymbol{X}^{(1)}$ 作为目标函数最优点 $\boldsymbol{X}^*$ 的近似值输出。

3.3.4　共轭梯度法子程序框图及重要语句

1. 程序框图

图 3-3-2 是共轭梯度法子程序 N-S 流程图。完整程序可扫描二维码查看。

共轭梯度法-最优步长法程序

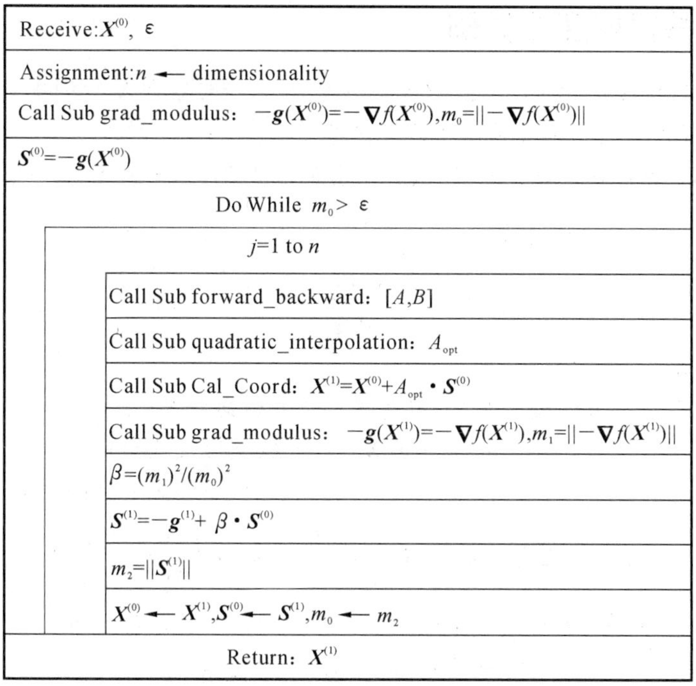
Receive:$X^{(0)}$, ε
Assignment:n ← dimensionality
Call Sub grad_modulus: $-g(X^{(0)})=-\nabla f(X^{(0)}), m_0=||-\nabla f(X^{(0)})||$
$S^{(0)}=-g(X^{(0)})$
Do While $m_0>\varepsilon$
j=1 to n
Call Sub forward_backward: $[A,B]$
Call Sub quadratic_interpolation: A_{opt}
Call Sub Cal_Coord: $X^{(1)}=X^{(0)}+A_{opt}\cdot S^{(0)}$
Call Sub grad_modulus: $-g(X^{(1)})=-\nabla f(X^{(1)}), m_1=||-\nabla f(X^{(1)})||$
$\beta=(m_1)^2/(m_0)^2$
$S^{(1)}=-g^{(1)}+\beta\cdot S^{(0)}$
$m_2=||S^{(1)}||$
$X^{(0)}\leftarrow X^{(1)}, S^{(0)}\leftarrow S^{(1)}, m_0\leftarrow m_2$
Return: $X^{(1)}$

图 3-3-2 共轭梯度法子程序流程图

2. 重要语句

1）子程序名及形参表

```
Private Sub Conjugate_Gradient(x0! (),epx,x1! ()) '共轭梯度法子程序
```

从形参表中，得到初始点坐标 $X^{(0)}$、计算精度 ε，返回最优点 $X^{(1)}$。

2）外循环结构

```
Do While m0 >  epx
……
Loop
```

3）内循环结构，进行 n 维一维优化（嵌入 Do…Loop 循环中）

```
For j= 1 to n
……
Next j
```

4）进行一维优化并构造共轭方向（嵌入 For…Next 循环中）

```
Call forward_backward(x0,s0,A,B) '调用进退法
Call quadratic_interpolation(x0,s0,A,B,epx,Aopt) '调用插值法
Call Cal_Coord(x0,s0,Aopt,x1) '调用计算坐标，获得最优点坐标 x1()
Call grad_modulus(x1,g1,m1) '调用梯度及模计算子程序
beta= m1 ^ 2/m0 ^ 2 '计算方向偏转系数 β:beta
For i= 1 To n: s1(i)= g1(i)+ beta * s0(i): Next i '构造共轭向量 S1()
m2= 0 '梯度的模清零
For i= 1 To n: m2= m2+ s1(i) * s1(i): Next i '累加梯度模的分量
m2= Sqr(m2)           '共轭向量的模
x0= x1: s0= s1: m0= m2 '保留并置换为初始点，搜索方向，模
```

3.3.5　共轭梯度法算例

【例 3-2】　目标函数 $f(\boldsymbol{X})=x_1^2+2x_2^2-4x_1-2x_1x_2$，初始点 $\boldsymbol{X}^{(0)}=(0,0)^{\mathrm{T}}$，计算精度 $\varepsilon=0.01$，用共轭梯度法求无约束优化问题的最优解。

解　已知 $\boldsymbol{X}^{(0)}=(0,0)^{\mathrm{T}}$，$\varepsilon=0.01$，预先求出负梯度 $\boldsymbol{S}^{(0)}=-\boldsymbol{g}(\boldsymbol{X})$ 各分量表达式：

$$-g(1)=-\frac{\partial f(\boldsymbol{X})}{\partial x_1}=-2x_1+2x_2+4$$

$$-g(2)=-\frac{\partial f(\boldsymbol{X})}{\partial x_2}=2x_1-4x_2$$

1. 解析法求解

(1) 计算 $\boldsymbol{X}^{(0)}=(0,0)^{\mathrm{T}}$ 处负梯度，取为第一个共轭向量 $\boldsymbol{S}^{(0)}$：

$$\boldsymbol{S}^{(0)}=-\boldsymbol{g}_0=-\boldsymbol{g}(\boldsymbol{X}^{(0)})=(g_0(1),g_0(2))^{\mathrm{T}}$$

$$g_0(1)=-2x_1+2x_2+4=4,\quad g_0(2)=2x_1-4x_2=0$$

$$\boldsymbol{X}^{(1)}=\boldsymbol{X}^{(0)}+\alpha^*\cdot\boldsymbol{S}^{(0)}=\begin{pmatrix}0\\0\end{pmatrix}+\alpha^*\cdot\begin{pmatrix}4\\0\end{pmatrix}=\begin{pmatrix}4\alpha^*\\0\end{pmatrix}$$

$$f(\boldsymbol{X}^{(1)})=x_1^2+2x_2^2-4x_1-2x_1x_2=(4\alpha^*)^2-4\alpha^*$$

令

$$\frac{\mathrm{d}f(\boldsymbol{X}^{(1)})}{\mathrm{d}\alpha^*}=8\alpha^*-4=0$$

故

$$\alpha^*=0.5$$

从 $\boldsymbol{X}^{(0)}$ 开始，沿着 $\boldsymbol{S}^{(0)}$ 方向的一维优化最优点为

$$\boldsymbol{X}^{(1)}=(2,0)^{\mathrm{T}}$$

$\boldsymbol{X}^{(0)}=(0,0)^{\mathrm{T}}$ 处负梯度的模为

$$m_0=\sqrt{4^2+0^2}=4$$

(2) 计算一维最优点 $\boldsymbol{X}^{(1)}=(2,0)^{\mathrm{T}}$ 处负梯度：

$$-\boldsymbol{g}_1=-\boldsymbol{g}(\boldsymbol{X}^{(1)})=(g_1(1),g_1(2))^{\mathrm{T}}$$

$$g_1(1)=-2x_1+2x_2+4=0,\quad g_1(2)=2x_1-4x_2=4$$

$\boldsymbol{X}^{(1)}=(2,0)^{\mathrm{T}}$ 处负梯度的模为

$$m_1=\sqrt{(0)^2+(4)^2}=4$$

(3) 计算偏转系数 β：

$$\beta=\frac{(m_1)^2}{(m_0)^2}=\frac{4^2}{4^2}=1$$

(4) 构造下一个共轭向量 $\boldsymbol{S}^{(1)}$：

$$\boldsymbol{S}^{(1)}=-\boldsymbol{g}_1+\beta\cdot(-\boldsymbol{g}_0)=\begin{pmatrix}0\\4\end{pmatrix}+1\cdot\begin{pmatrix}4\\0\end{pmatrix}=\begin{pmatrix}4\\4\end{pmatrix}$$

几何意义参见图 3-3-3。

(5) 进行第二次共轭优化。

从 $\boldsymbol{X}^{(1)}=(2,0)^{\mathrm{T}}$ 开始，沿着共轭向量 $\boldsymbol{S}^{(1)}=(4,4)^{\mathrm{T}}$ 方向，进行一维优化：

$$\boldsymbol{X}=\boldsymbol{X}^{(1)}+\alpha^*\cdot\boldsymbol{S}^{(1)}=\begin{pmatrix}2\\0\end{pmatrix}+\alpha^*\cdot\begin{pmatrix}4\\4\end{pmatrix}=\begin{bmatrix}2+4\alpha^*\\4\alpha^*\end{bmatrix}$$

$$f(\boldsymbol{X})=(2+4\alpha^*)^2+2(4\alpha^*)^2-4(2+4\alpha^*)-2(2+4\alpha^*)(4\alpha^*)$$

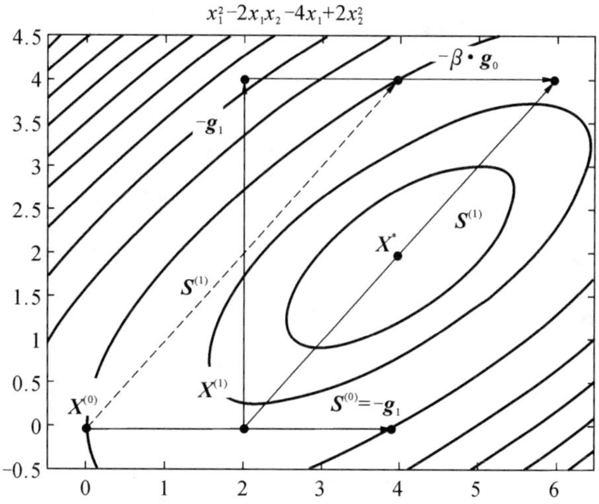

图 3-3-3　例 3-2 共轭梯度法搜索过程

令
$$\frac{\mathrm{d}f(\boldsymbol{X})}{\mathrm{d}\alpha^*}=2(2+4\alpha^*)\cdot 4+64\alpha^*-16-16-64\alpha^*=0$$

故
$$\alpha^*=0.5$$

从 $\boldsymbol{X}^{(1)}$ 开始，沿着 $\boldsymbol{S}^{(1)}$ 方向的一维优化最优点为 $\boldsymbol{X}=(4,2)^{\mathrm{T}}$。

由共轭向量性质，该目标函数最多需要进行两次沿共轭向量方向的一维优化，就可以找到目标函数最优点 $\boldsymbol{X}^*$，所以 $\boldsymbol{X}^*=\boldsymbol{X}=(4,2)^{\mathrm{T}}$。另外，可计算出 $\boldsymbol{X}=(4,2)^{\mathrm{T}}$ 点负梯度的模为零，$\boldsymbol{X}=(4,2)^{\mathrm{T}}$ 是极值点。

2. 迭代法求解（与共轭梯度法算法及程序匹配的方法）

1）计算初始点 $\boldsymbol{X}^{(0)}$ 处的负梯度 $-\boldsymbol{g}_0$ 及模 m_0

负梯度及模为

$$-\boldsymbol{g}_0=-\boldsymbol{g}(\boldsymbol{X}^{(0)})=(g_0(1),g_0(2))^{\mathrm{T}}$$
$$g_0(1)=-2x_1+2x_2+4=4,\quad g_0(2)=2x_1-4x_2=0$$

$\boldsymbol{X}^{(0)}$ 梯度的模为
$$m_0=\sqrt{4^2+0^2}=4$$

第一个共轭向量取为负梯度：

$$\boldsymbol{S}^{(0)}=-\boldsymbol{g}_0=(4,0)^{\mathrm{T}}$$

2）判断搜索方向

由于 $m_0=4>\varepsilon=0.01$，进行共轭梯度法循环搜索。

3）进行二维共轭计算（目标函数共二维）

（1）第一维共轭优化。

① 调用进退法子程序，沿着共轭向量 $\boldsymbol{S}^{(0)}$ 方向搜索，获得单峰区间 $[A,B]=[-1,1]$。

② 调用插值法子程序，获得最优步长因子 $\alpha^*=0.5$。

③ 调用函数坐标计算子程序，得到最优步长因子对应的函数坐标 $\boldsymbol{X}^{(1)}$：

$$\boldsymbol{X}^{(1)}=\boldsymbol{X}^{(0)}+\alpha^*\cdot\boldsymbol{S}^{(0)}=\begin{pmatrix}0\\0\end{pmatrix}+0.5\cdot\begin{pmatrix}4\\0\end{pmatrix}=\begin{pmatrix}2\\0\end{pmatrix}$$

几何意义参见图 3-3-3。

④ 计算 $\boldsymbol{X}^{(1)}$ 点处的负梯度 $-\boldsymbol{g}_1$ 及模 m_1：

$$-\boldsymbol{g}_1=-\boldsymbol{g}(\boldsymbol{X}^{(1)})=(g_1(1),g_1(2))^{\mathrm{T}}$$
$$g_1(1)=-2x_1+2x_2+4=0,\quad g_1(2)=2x_1-4x_2=4$$

$$m_1 = \sqrt{(0)^2 + (4)^2} = 4$$

⑤ 计算偏转系数 β：

$$\beta = \frac{(m_1)^2}{(m_0)^2} = \frac{4^2}{4^2} = 1$$

⑥ 构造下一个共轭向量 $\boldsymbol{S}^{(1)}$：

$$\boldsymbol{S}^{(1)} = -\boldsymbol{g}_1 + \beta \cdot (-\boldsymbol{g}_0) = \begin{pmatrix}0\\4\end{pmatrix} + 1 \cdot \begin{pmatrix}4\\0\end{pmatrix} = \begin{pmatrix}4\\4\end{pmatrix}$$

(2) 第二维共轭优化。

从 $\boldsymbol{X}^{(1)}=(2,0)^{\mathrm{T}}$ 开始，沿着 $\boldsymbol{S}^{(1)}=(4,4)^{\mathrm{T}}$ 方向搜索。

① 调用进退法子程序，沿着共轭向量 $\boldsymbol{S}^{(1)}$ 方向搜索获得单峰区间 $[A,B]=[-1,1]$。

② 调用插值法子程序，获得最优步长因子 $\alpha^*=0.5$。

③ 调用函数坐标计算子程序，得到最优步长因子对应的函数坐标 $\boldsymbol{X}$：

$$\boldsymbol{X} = \boldsymbol{X}^{(1)} + \alpha^* \cdot \boldsymbol{S}^{(1)} = \begin{pmatrix}2\\0\end{pmatrix} + 0.5 \cdot \begin{pmatrix}4\\4\end{pmatrix} = \begin{pmatrix}4\\2\end{pmatrix}$$

几何意义参见图 3-3-3。

④ 计算 $\boldsymbol{X}$ 点处的负梯度 $-\boldsymbol{g}$ 及模 m：

$$-g(1) = -2x_1 + 2x_2 + 4 = 0,\ -g(2) = 2x_1 - 4x_2 = 0$$

$$m = \sqrt{(0)^2 + (0)^2} = 0$$

$m=0<\varepsilon=0.01$，表示计算精度足够，终止共轭梯度法搜索。

将最终搜索到的最优点 $\boldsymbol{X}=(4,2)^{\mathrm{T}}$，作为目标函数最优点 $\boldsymbol{X}^*$ 的近似值输出。

$$\boldsymbol{X}^* = \boldsymbol{X} = (4,2)^{\mathrm{T}}$$

对于二维二次目标函数，关键在于沿着一对共轭向量 $\boldsymbol{S}^{(0)}$、$\boldsymbol{S}^{(1)}$，进行两次一维共轭优化搜索，即可找到最优点 $\boldsymbol{X}^*$。所以，共轭梯度法的优化搜索方向是两个共轭向量 $\boldsymbol{S}^{(0)}$、$\boldsymbol{S}^{(1)}$ 方向。

对图 3-3-3 中部分几何意义说明如下。

(1) 两次一维共轭优化的最优步长因子都是 $\alpha^*=0.5$，所以两个一维共轭优化最优点 $\boldsymbol{X}^{(1)}$、$\boldsymbol{X}^*$ 都在两个共轭向量 $\boldsymbol{S}^{(0)}$、$\boldsymbol{S}^{(1)}$ 长度一半的位置。

(2) 计算了第二个负梯度 $-\boldsymbol{g}_1$，但没有进行该方向上的一维优化，特别需要注意，共轭梯度法是沿着共轭向量进行一维优化的。

(3) $\beta=1$，向量 $-\beta \cdot \boldsymbol{g}_0$ 与向量 $-\boldsymbol{g}_0$ 的长度相同，方向相同。

(4) 为什么共轭向量 $\boldsymbol{S}^{(1)}=(4,4)^{\mathrm{T}}$ 终点是坐标点 $(6,4)^{\mathrm{T}}$，而不是坐标点 $(4,4)^{\mathrm{T}}$？可将共轭向量 $\boldsymbol{S}^{(1)}$ 从起点 $\boldsymbol{X}^{(1)}$ 平移到坐标原点上，记为辅助向量 $\boldsymbol{S}'^{(1)}=(4,4)^{\mathrm{T}}$。该向量从坐标原点 $(0,0)^{\mathrm{T}}$ 指向坐标点 $(4,4)^{\mathrm{T}}$，即向量 $\boldsymbol{S}'^{(1)}$ 的定义，而向量 $\boldsymbol{S}^{(1)}$ 与向量 $\boldsymbol{S}'^{(1)}$ 方向相同。

若用梯度法，取 $\varepsilon=0.01$ 时，同样从 $\boldsymbol{X}^{(0)}=(0,0)^{\mathrm{T}}$ 开始，经过 18 轮搜索，最优点 $\boldsymbol{X}^*=(3.9922,1.9961)^{\mathrm{T}}$，不仅搜索轮次多，而且精度也不高。

对于二维四次函数：$f(\boldsymbol{X})=(x_1-2)^4+(x_1-2x_2)^2$，取 $\boldsymbol{X}^{(0)}=(0,0)^{\mathrm{T}}$，$\varepsilon=0.01$。其解析解为 $\boldsymbol{X}^*=(2,1)^{\mathrm{T}}$，$f(\boldsymbol{X}^*)=0$。

对于该二维高次函数，经过一轮两维共轭梯度法搜索，结果为：$\boldsymbol{X}=(1.3690,0.6513)^{\mathrm{T}}$，$f(\boldsymbol{X})=0.4$，$\|\nabla f(\boldsymbol{X})\|=0.45$。不满足精度要求。

经过两轮搜索，近似最优点 $\boldsymbol{X}^*=(1.9786,0.9893)^{\mathrm{T}}$，$f(\boldsymbol{X}^*)=0.000$。

若取 $\varepsilon=0.00001$，经过 13 轮搜索，得到 $\boldsymbol{X}^*=(1.9939,0.9970)^{\mathrm{T}}$，$f(\boldsymbol{X}^*)=0.0000$。

3.3.6　共轭梯度法-追赶步长法

共轭梯度法-追赶步长法子程序 N-S 流程如图 3-3-4 所示。基于追赶步长法的共轭梯度法完整程序可扫描二维码查看。

共轭梯度法-追赶步长法程序

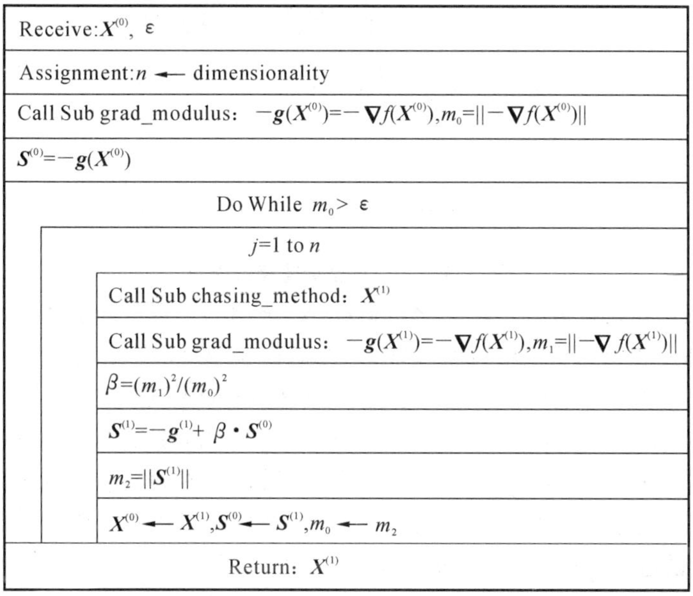

Receive:$X^{(0)}$, ε
Assignment:n ← dimensionality
Call Sub grad_modulus：$-g(X^{(0)})=-\nabla f(X^{(0)}), m_0=||-\nabla f(X^{(0)})||$
$S^{(0)}=-g(X^{(0)})$
Do While $m_0>$ ε
j=1 to n
Call Sub chasing_method：$X^{(1)}$
Call Sub grad_modulus：$-g(X^{(1)})=-\nabla f(X^{(1)}), m_1=||-\nabla f(X^{(1)})||$
$\beta=(m_1)^2/(m_0)^2$
$S^{(1)}=-g^{(1)}+\beta\cdot S^{(0)}$
$m_2=||S^{(1)}||$
$X^{(0)}\leftarrow X^{(1)}, S^{(0)}\leftarrow S^{(1)}, m_0\leftarrow m_2$
Return：$X^{(1)}$

图 3-3-4　共轭梯度法-追赶步长法流程图

3.4　坐标轮换法

坐标轮换法

在实际的优化问题中，有些目标函数非常复杂，其导数难以求得，甚至不存在连续导数。对于这类优化问题，可以采用直接法。直接法通常通过比较函数值的大小来确定函数值下降较大的方向，将其作为搜索方向。

坐标轮换法是一种入门级的直接法。在坐标轮换法中，搜索方向直接使用各坐标轴单位向量方向，并且搜索步长使用最优步长法或追赶步长法确定。

坐标轮换法原理容易理解，算法也相对简单。它无须特别计算搜索方向，只需要计算步长。然而，其搜索方向一般不是“最佳”方向，对大多数目标函数而言，其搜索效率较低，往往需要进行多轮次的搜索才能找到目标函数的近似最优点。

3.4.1　坐标轮换法原理

下面以二维设计变量优化问题的坐标轮换法为例说明其基本原理，如图 3-4-1 所示。从初始点 $\boldsymbol{X}^{(0)}$ 开始，取第一个坐标轴单位向量 $\boldsymbol{e}_1=(1,0)^{\mathrm{T}}$ 方向为搜索方向，进行一维优化，得到最优点 $\boldsymbol{X}_1^{(1)}$（切点）；再从 $\boldsymbol{X}_1^{(1)}$ 出发，取第二个坐标轴单位向量 $\boldsymbol{e}_2=(0,1)^{\mathrm{T}}$ 方向为搜索方向，进行一维优化，得到最优点 $\boldsymbol{X}_2^{(1)}$（切点），作为第一轮优化的最优点，完成第一轮坐标轮换法的优化搜索。

计算第一轮优化初始点 $\boldsymbol{X}^{(0)}$ 到最优点 $\boldsymbol{X}_2^{(1)}$ 之间的距离，用点距准则判断，如果点距不满足

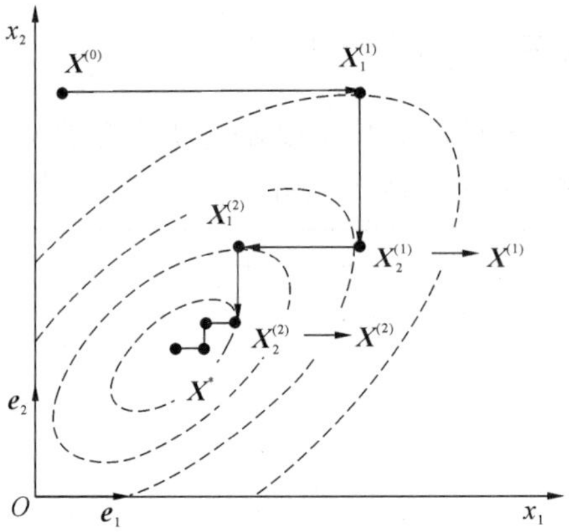

图 3-4-1　二维坐标轮换法原理

精度要求，将该最优点设置为下一轮优化初始点：$\boldsymbol{X}^{(1)} \leftarrow \boldsymbol{X}_2^{(1)}$。再从新的初始点 $\boldsymbol{X}^{(1)}$ 开始，重复上述过程，进行新一轮坐标轮换法搜索，如图 3-4-1 所示。如此反复，直到某一轮的点距满足精度要求为止，终止搜索。将最后一轮的最优点，作为目标函数最优点的近似值输出。

由于每一轮搜索中，都需要依次轮流转换坐标轴，因此称其为坐标轮换法。

推广到 n 维设计变量的优化问题，坐标轮换法原理为：在每一轮优化搜索中，轮流选择 n 个坐标轴的单位向量方向作为一维优化的方向，并进行一维优化。将每一维优化的最优点作为下一维优化的起点，进行 n 次一维优化，以获得本轮优化的最优点。如果在一轮优化后，最优点没有达到所需要的精度要求，则需要将本轮最优点作为下一轮的初始点，重复上述过程，进行下一轮搜索，直到达到精度要求为止。

沿某一坐标轴单位向量的正方向搜索，并不能保证目标函数值一定会下降，但可以使用进退法来判断应该沿着正向还是反向进行搜索，从而解决这个问题。

3.4.2　坐标轮换法算法

给定初始点函数坐标 $\boldsymbol{X}^{(0)}$、计算精度 ε，步长搜索用最优步长法。

1. 进入直到型外循环

保留每一轮的初始点：$\boldsymbol{X}^{(00)} \leftarrow \boldsymbol{X}^{(0)}$。

2. 进入计数型内循环，共进行 n 维坐标轮换

(1) 每一维进行一维优化。

每次取当前一维坐标单位向量的方向为搜索方向，其单位向量是一个当前一维分量为 1、其余分量为零的列向量：$\boldsymbol{S}(j)=(0,\cdots,0,1,0,\cdots,0)^{\mathrm{T}}$。

(2) 调用进退法子程序，获得从 $\boldsymbol{X}^{(0)}$ 出发沿 $\boldsymbol{S}(j)$ 方向的一维优化单峰区间 $[A,B]$。

(3) 调用二次插值法子程序，获得单峰区间上的最优步长因子 A_{opt}。

(4) 调用函数坐标计算子程序，得到当前一维的一维优化最优点函数坐标 $\boldsymbol{X}_{\mathrm{opt}}$：

$$\boldsymbol{X}_{\mathrm{opt}} = \boldsymbol{X}^{(0)} + A_{\mathrm{opt}} \cdot \boldsymbol{S}(j)$$

(5) 将 $\boldsymbol{X}_{\mathrm{opt}}$ 保留：

$$\boldsymbol{X}^{(0)} \leftarrow \boldsymbol{X}_{\mathrm{opt}}$$

作为下一维/下一轮搜索起点。

(6) 若当前一轮共 n 维中的一维优化未完成，返回步骤 2，从新初始点 $\boldsymbol{X}^{(0)}$ 开始，继续进行下一维的一维优化，如此反复。直到当前一轮共 n 维中的一维优化全部完成，退出计数型内循环。

本轮第 n 维的最优点函数坐标设置保留为 $\boldsymbol{X}^{(0)}$：$\boldsymbol{X}^{(0)} \leftarrow \boldsymbol{X}_{\text{opt}}$。将其作为下一轮的搜索起点。

3. 检查是否满足精度要求

计算本轮起点到最优点的点距：$m = \| \boldsymbol{X}_{\text{opt}} - \boldsymbol{X}^{(00)} \|$。

（1）若点距不满足计算精度要求，即 $m = \| \boldsymbol{X}_{\text{opt}} - \boldsymbol{X}^{(00)} \| > \varepsilon$，则转到步骤 2，从新初始点 $\boldsymbol{X}^{(0)}$ 开始，重新进行下一轮外循环。如此反复，直至逼近目标函数最优点。

（2）若满足计算精度，$m = \| \boldsymbol{X}_{\text{opt}} - \boldsymbol{X}^{(00)} \| < \varepsilon$，则退出外循环，终止搜索。

4. 结果输出

将最后一轮最后一维的最优点 $\boldsymbol{X}_{\text{opt}}$，作为目标函数最优点 $\boldsymbol{X}^*$ 的近似值输出，通过形参表返回主程序。

坐标轮换法的搜索效率较低，如果需要提高计算精度，往往需要进行多次循环，增加较多的计算量。

3.4.3　坐标轮换法子程序流程图及重要语句

1. 程序框图

图 3-4-2 是坐标轮换法子程序的 N-S 流程图。完整程序可扫描二维码查看。

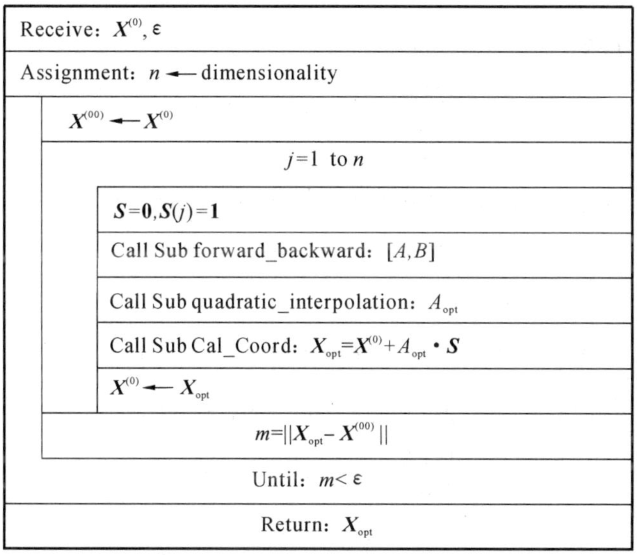

图 3-4-2　坐标轮换法子程序流程图

坐标轮换法-最优步长法程序

2. 重要语句

```
Do      '外循环
    i= i+ 1      '搜索轮次
    x00= x0      '保留每轮初始点坐标
      For j= 1 To n '搜索维次
        ReDim s(n)      '搜索方向重定义,将其清零
         s(j)= 1      '取当前维坐标的单位向量为搜索方向
```

```
            Call forward_backward(x0,s,A,B)      '调用进退法
            Call quadratic_interpolation(x0,s,A,B,epx,Aopt)     '调用插值法
            Call Cal_Coord(x0,s,Aopt,xopt)     '调用函数坐标计算
            x0= xopt     '最优点 xopt()→x0(),作为下一维/轮迭代起点
        Next j
        m= 0  '模清零
        For j= 1 To n: m= m + (x00(j) - xopt(j)) ^ 2: Next j '|X00-Xopt|^2
        m= Sqr(m)   '|X00-Xopt|
    Loop Until m < epx   '每轮初始点到最优点的距离足够小,终止外循环
```

3.4.4 坐标轮换法算例

【例 3-3】 目标函数 $f(\boldsymbol{X})=x_1^2+2x_2^2-4x_1-2x_1x_2$,初始点 $\boldsymbol{X}^{(0)}=(0,0)^{\mathrm{T}}$,计算精度 $\varepsilon=0.01$,用坐标轮换法求无约束优化的最优解。

解 已知 $\boldsymbol{X}^{(0)}=(0,0)^{\mathrm{T}}$,$\varepsilon=0.01$。

1. 解析法求解(仅示范计算前两轮)

1) 第一轮优化

从 $\boldsymbol{X}^{(0)}=(0,0)^{\mathrm{T}}$ 开始,保留初始点:$\boldsymbol{X}^{(00)}\leftarrow\boldsymbol{X}^{(0)}=(0,0)^{\mathrm{T}}$。

(1) 取第一个坐标轴单位向量 $\boldsymbol{S}=\boldsymbol{e}_1=(1,0)^{\mathrm{T}}$ 为搜索方向,一维优化最优点为

$$\boldsymbol{X}_1^{(1)}=\boldsymbol{X}^{(0)}+\alpha^*\cdot\boldsymbol{S}=\begin{pmatrix}0\\0\end{pmatrix}+\alpha^*\cdot\begin{pmatrix}1\\0\end{pmatrix}=\begin{pmatrix}\alpha^*\\0\end{pmatrix}$$

$$f(\boldsymbol{X}_1^{(1)})=x_1^2+2x_2^2-4x_1-2x_1x_2=(\alpha^*)^2-4(\alpha^*)$$

令

$$\frac{\mathrm{d}f(\boldsymbol{X}_1^{(1)})}{\mathrm{d}\alpha^*}=2\alpha^*-4=0$$

故

$$\alpha^*=2$$

从 $\boldsymbol{X}^{(0)}$ 开始,沿着 $\boldsymbol{e}_1$ 方向的一维优化最优点为 $\boldsymbol{X}_1^{(1)}=(2,0)^{\mathrm{T}}$。

(2) 从 $\boldsymbol{X}_1^{(1)}=(2,0)^{\mathrm{T}}$ 开始,取第二个坐标轴单位向量 $\boldsymbol{S}=\boldsymbol{e}_2=(0,1)^{\mathrm{T}}$ 为搜索方向,一维优化最优点为

$$\boldsymbol{X}_2^{(1)}=\boldsymbol{X}_1^{(1)}+\alpha^*\cdot\boldsymbol{S}=\begin{pmatrix}2\\0\end{pmatrix}+\alpha^*\cdot\begin{pmatrix}0\\1\end{pmatrix}=\begin{pmatrix}2\\\alpha^*\end{pmatrix}$$

$$f(\boldsymbol{X}_2^{(1)})=(2)^2+2(\alpha^*)^2-4\cdot2-2\cdot2\cdot(\alpha^*)$$

令

$$\frac{\mathrm{d}f(\boldsymbol{X}_2^{(1)})}{\mathrm{d}\alpha^*}=4\alpha^*-4=0$$

故

$$\alpha^*=1$$

从 $\boldsymbol{X}_1^{(1)}$ 开始,沿着 $\boldsymbol{e}_2$ 方向的一维优化最优点为 $\boldsymbol{X}_2^{(1)}=(2,1)^{\mathrm{T}}$。

(3) 检查 $\boldsymbol{X}_2^{(1)}=(2,1)^{\mathrm{T}}$ 是否满足精度要求。

$$m=\|\boldsymbol{X}_2^{(1)}-\boldsymbol{X}^{(00)}\|=\sqrt{(2-0)^2+(1-0)^2}=2.24>\varepsilon=0.01$$

不满足精度要求,需要继续进行第二轮搜索。将 $\boldsymbol{X}_2^{(1)}$ 设置为下一轮初始点:$\boldsymbol{X}^{(1)}\leftarrow\boldsymbol{X}_2^{(1)}=(2,1)^{\mathrm{T}}$。

2) 第二轮优化

从 $\boldsymbol{X}^{(1)}=(2,1)^{\mathrm{T}}$ 开始,保留初始点:$\boldsymbol{X}^{(00)}\leftarrow\boldsymbol{X}^{(1)}=(2,1)^{\mathrm{T}}$。

(1) 取第一个坐标轴单位向量 $\boldsymbol{S}=\boldsymbol{e}_1=(1,0)^{\mathrm{T}}$ 为搜索方向,一维优化最优点为

$$X_1^{(2)}=X^{(1)}+\alpha^*\cdot S=\begin{pmatrix}2\\1\end{pmatrix}+\alpha^*\cdot\begin{pmatrix}1\\0\end{pmatrix}=\begin{pmatrix}2+\alpha^*\\1\end{pmatrix}$$

$$f(X_1^{(2)})=(2+\alpha^*)^2+2\cdot 1-4(2+\alpha^*)-2(2+\alpha^*)\cdot 1$$

令
$$\frac{\mathrm{d}f(X_1^{(2)})}{\mathrm{d}\alpha^*}=2(2+\alpha^*)-4-2=0$$

故
$$\alpha^*=1$$

从 $X^{(1)}$ 开始，沿着 e_1 方向的一维优化最优点为 $X_1^{(2)}=(3,1)^{\mathrm{T}}$。

(2) 从 $X_1^{(2)}=(3,1)^{\mathrm{T}}$ 开始，取第二个坐标轴单位向量 $S=e_2=(0,1)^{\mathrm{T}}$ 为搜索方向，一维优化最优点为

$$X_2^{(2)}=X_1^{(2)}+\alpha^*\cdot S=\begin{pmatrix}3\\1\end{pmatrix}+\alpha^*\cdot\begin{pmatrix}0\\1\end{pmatrix}=\begin{pmatrix}3\\1+\alpha^*\end{pmatrix}$$

$$f(X_2^{(2)})=(3)^2+2(1+\alpha^*)^2-4\cdot 3-2\cdot 3\cdot(1+\alpha^*)$$

令
$$\frac{\mathrm{d}f(X_2^{(2)})}{\mathrm{d}\alpha^*}=4(1+\alpha^*)-6=0$$

故
$$\alpha^*=0.5$$

$$X_2^{(2)}=(3,1.5)^{\mathrm{T}}$$

(3) 检查 $X_2^{(2)}=(3,1.5)^{\mathrm{T}}$ 是否满足精度要求。

$$m=\|X_2^{(2)}-X^{(00)}\|=\sqrt{(3-2)^2+(1.5-1)^2}=1.12>\varepsilon=0.01$$

不满足精度要求，需要继续进行第三轮搜索。将 $X_2^{(2)}$ 设置为下一轮初始点：$X^{(2)}\leftarrow X_2^{(2)}=(3,1.5)^{\mathrm{T}}$。

用解析法进行前两轮搜索的过程可参见图 3-4-3。

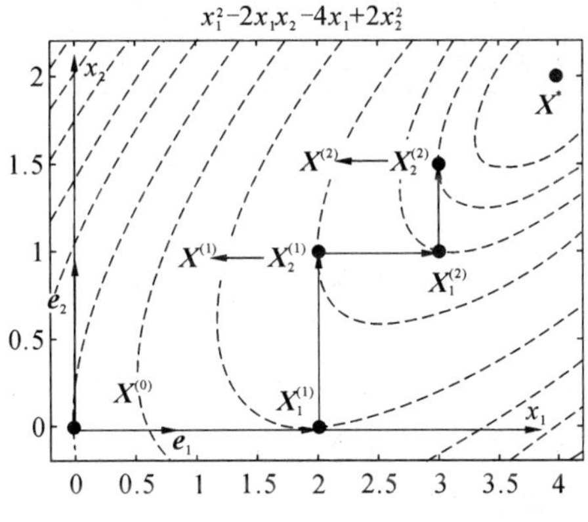

图 3-4-3 例 3-3 解析法搜索前两轮过程

3) 结果输出

如此重复计算，直到第 9 轮时：$X^{(00)}=(3.9844,19922)^{\mathrm{T}}$，$X_2^{(9)}=(3.9922,1.9961)^{\mathrm{T}}$。

检查 $X_2^{(9)}=(3.9922,1.9961)^{\mathrm{T}}$ 是否满足精度要求：

$$m=\|X_2^{(9)}-X^{(00)}\|=\sqrt{(3.9922-3.9844)^2+(1.9961-1.9922)^2}=0.0085<\varepsilon=0.01$$

满足精度要求。将 $X_2^{(9)}$ 作为目标函数极值点 X^* 的近似值输出：

$$X^*=X_2^{(9)}=(3.9922,1.9961)^{\mathrm{T}}$$

$$f(X^*)=-8.0000$$

过程可参考表 3-4-1。

表 3-4-1 坐标轮换法算例计算数据

i	j	$\boldsymbol{X}^{(00)}$	$\boldsymbol{X}^{(0)}$	$\boldsymbol{S}$	α	$\boldsymbol{X}_j^{(i)}$	$\Vert\boldsymbol{X}_2^{(i)}-\boldsymbol{X}^{(00)}\Vert$
1	1	$(0,0)^T$	$(0,0)^T$	$(1,0)^T$	2	$(2,0)^T$	2.24
	2	$(0,0)^T$	$(2,0)^T$	$(0,1)^T$	1	$(2,1)^T$	
2	1	$(2,1)^T$	$(2,1)^T$	$(1,0)^T$	1	$(3,1)^T$	1.12
	2	$(2,1)^T$	$(3,1)^T$	$(0,1)^T$	0.5	$(3,1.5)^T$	
3	1	$(3,1.5)^T$	$(3,1.5)^T$	$(1,0)^T$	0.5	$(3.5,1.5)^T$	0.56
	2	$(3,1.5)^T$	$(3.5,1.5)^T$	$(0,1)^T$	0.25	$(3.5,1.75)^T$	
4	1	$(3.5,1.75)^T$	$(3.5,1.75)^T$	$(1,0)^T$	0.25	$(3.75,1.75)^T$	0.28
	2	$(3.5,1.75)^T$	$(3.75,1.75)^T$	$(0,1)^T$	0.125	$(3.75,1.875)^T$	
5	1	$(3.75,1.875)^T$	$(3.75,1.875)^T$	$(1,0)^T$	0.125	$(3.875,1.875)^T$	0.14
	2	$(3.75,1.875)^T$	$(3.875,1.875)^T$	$(0,1)^T$	0.063	$(3.875,1.9375)^T$	
6	1	$(3.875,1.9375)^T$	$(3.875,1.9375)^T$	$(1,0)^T$	0.063	$(3.9375,1.9375)^T$	0.07
	2	$(3.875,1.9375)^T$	$(3.9375,1.9375)^T$	$(0,1)^T$	0.031	$(3.9375,1.9687)^T$	
7	1	$(3.9375,1.9687)^T$	$(3.9375,1.9687)^T$	$(1,0)^T$	0.031	$(3.9688,1.9687)^T$	0.03
	2	$(3.9375,1.9687)^T$	$(3.9688,1.9687)^T$	$(0,1)^T$	0.016	$(3.9688,1.9844)^T$	
8	1	$(3.9688,1.9844)^T$	$(3.9688,1.9844)^T$	$(1,0)^T$	0.016	$(3.9844,1.9844)^T$	0.017
	2	$(3.9688,1.9844)^T$	$(3.9844,1.9844)^T$	$(0,1)^T$	0.008	$(3.9844,1.9922)^T$	
9	1	$(3.9844,1.9922)^T$	$(3.9844,1.9922)^T$	$(1,0)^T$	0.008	$(3.9922,1.9922)^T$	0.0085
	2	$(3.9844,1.9922)^T$	$(3.9922,1.9922)^T$	$(0,1)^T$	0.004	$(3.9922,1.9961)^T$	

2. 数值法求解(与坐标轮换法算法及程序匹配的方法)

1) 进入直到型外循环

第一轮,保留初始点函数坐标:$\boldsymbol{X}^{(00)} \leftarrow \boldsymbol{X}^{(0)}=(0,0)^T$。

2) 进入计数型内循环

(1) 第一维,取第一个坐标轴单位向量方向为搜索方向:$\boldsymbol{S}=\boldsymbol{e}_1=(1,0)^T$。

调用进退法子程序,从 $\boldsymbol{X}^{(0)}$ 开始,沿着 $\boldsymbol{S}$ 方向,获得单峰区间$[A,B]=[1,3.25]$。

调用插值法子程序,获得最优步长因子 $A_{opt}=2$。

调用计算函数坐标子程序,获得一维优化最优点函数坐标:

$$\boldsymbol{X}_1^{(1)}=\boldsymbol{X}^{(0)}+A_{opt}\cdot\boldsymbol{S}=\begin{pmatrix}0\\0\end{pmatrix}+2\cdot\begin{pmatrix}1\\0\end{pmatrix}=\begin{pmatrix}2\\0\end{pmatrix}$$

将第一维最优点设置保留,即 $\boldsymbol{X}^{(0)} \leftarrow \boldsymbol{X}_1^{(1)}=(2,0)^T$,作为本轮下一维搜索起点。

(2) 第二维,取第二个坐标轴单位向量方向为搜索方向:$\boldsymbol{S}=\boldsymbol{e}_2=(0,1)^T$。

调用进退法子程序,从 $\boldsymbol{X}^{(0)}=(2,0)^T$ 开始,沿着 $\boldsymbol{S}$ 方向,获得单峰区间$[A,B]=[0,1.5]$。

调用插值法子程序,获得最优步长因子 $A_{opt}=1$。

调用计算函数坐标子程序,获得最优点函数坐标:

$$\boldsymbol{X}_2^{(1)}=\boldsymbol{X}^{(0)}+A_{\mathrm{opt}}\cdot\boldsymbol{S}=\begin{pmatrix}2\\0\end{pmatrix}+1\cdot\begin{pmatrix}0\\1\end{pmatrix}=\begin{pmatrix}2\\1\end{pmatrix}$$

将第二维最优点设置保留，即 $\boldsymbol{X}^{(0)}\leftarrow\boldsymbol{X}_2^{(1)}=(2,1)^{\mathrm{T}}$。其既是本轮的最优点，也是下一轮的初始点。本轮一维优化全部搜索结束，退出计数型内循环。

用数值法进行前两轮搜索的过程可参见图 3-4-4。

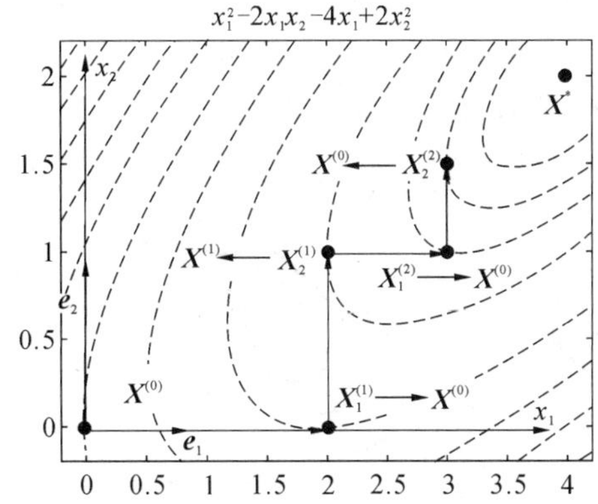

图 3-4-4　例 3-3 数值法搜索前两轮过程

3）判断本轮初始点 $\boldsymbol{X}^{(00)}$ 到最优点 $\boldsymbol{X}_2^{(1)}$ 的距离是否满足计算精度要求

$$m=\|\boldsymbol{X}_2^{(1)}-\boldsymbol{X}^{(00)}\|=\sqrt{(2-0)^2+(1-0)^2}=2.24>\varepsilon=0.01$$

$\boldsymbol{X}_2^{(1)}$ 不满足计算精度要求，重新返回外循环，进行第二轮搜索。

进入第二轮搜索时，$\boldsymbol{X}^{(0)}=(2,1)^{\mathrm{T}}$。计算过程参见表 3-4-1。

经过 9 轮坐标轮换法，所得结果满足精度要求：$\boldsymbol{X}^*=(3.9922,1.9961)^{\mathrm{T}}$，$f(\boldsymbol{X}^*)=-8.0000$。

若取精度 $\varepsilon=0.001$，经过 13 轮搜索，$\boldsymbol{X}^*=(3.9995,1.9995)^{\mathrm{T}}$，$f(\boldsymbol{X}^*)=-8.0000$。

3.4.5　坐标轮换法-追赶步长法

图 3-4-5 是将追赶步长法用于坐标轮换法子程序的 N-S 流程图。

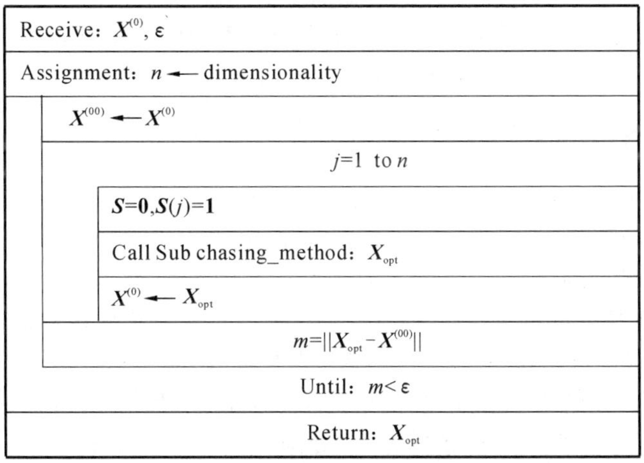

图 3-4-5　基于追赶步长法的坐标轮换法子程序框图

坐标轮换法-追赶步长法程序

基于追赶步长法的坐标轮换法子程序可扫描二维码查看。

3.4.6　坐标轮换法的特点

目标函数的性质对坐标轮换法的搜索效率有很大影响。举例来说，对于二元函数，当目标函数等值线呈圆形或长短轴线平行于坐标轴的椭圆形时，经过两次一维搜索可找到目标函数的最优点，如图 3-4-6(a)所示。当目标函数的等值线呈倾斜的椭圆形时，一般需要经过多轮搜索才能得到目标函数的最优点，如图 3-4-6(b)所示。此外，当目标函数的等值线呈倾斜椭圆形且带有脊线时，坐标轮换法无法进行优化搜索。因为在脊线的位置，沿着坐标轴方向无法使目标函数的值下降，如图 3-4-6(c)所示。

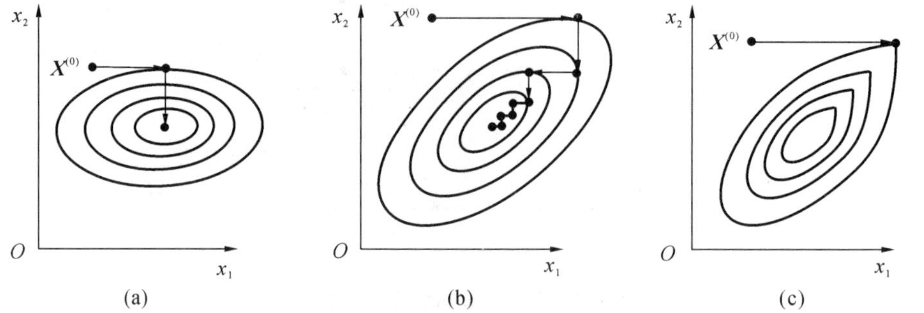

图 3-4-6　目标函数等值线形态对坐标轮换法搜索的影响

(a) 椭圆长短轴平行于坐标轴　(b) 椭圆长短轴倾斜　(c) 椭圆有脊线

3.5　随机方向法

随机方向法

随机方向法是无约束优化中的一种直接法，它利用计算机产生的随机数，在当前函数坐标点处生成多个随机方向，然后从这些随机方向中找出函数值下降最大的方向，作为当前位置的“最佳”搜索方向，并沿着该方向进行一维优化。在随机方向法中，搜索方向是从一组随机产生的方向中选出的“最佳”方向，而搜索步长则可以使用最优步长法或追赶步长法。

一般的优化设计教材通常将随机方向法安排在约束优化的章节中。然而，为了分散难点，本书将随机方向法中确定搜索方向的问题安排在无约束优化的章节中介绍，目的是便于读者更好地理解如何利用该方法确定最佳搜索方向。

3.5.1　随机方向法原理

以二维设计变量的目标函数为例，从 $\boldsymbol{X}^{(0)}$ 点开始，在以 $\boldsymbol{X}^{(0)}$ 为圆心的单位圆上，随机生成 k 个点。由 $\boldsymbol{X}^{(0)}$ 分别指向 k 个随机点的向量，即构成 k 个随机单位向量 $\boldsymbol{e}^j(j=1,2,\cdots,k)$。分别沿着 k 个随机单位向量方向，用相同的初始步长因子 α_0 进行试探，即在以 α_0 为半径的圆周上，得到 k 个随机方向的试探点 $\boldsymbol{X}_j(j=1,2,\cdots,k)$，从中选出函数值最小的试探点函数坐标 $\boldsymbol{X}_{\mathrm{L}}$，如图 3-5-1(a)所示。从 $\boldsymbol{X}^{(0)}$ 指向 $\boldsymbol{X}_{\mathrm{L}}$ 的方向，是从全部随机试探点中选出的、函数值下降最大的方向。比较 $\boldsymbol{X}^{(0)}$ 与 $\boldsymbol{X}_{\mathrm{L}}$ 两点处的函数值，有两种情况。

(1) 若 $f(\boldsymbol{X}^{(0)})>f(\boldsymbol{X}_{\mathrm{L}})$，表示试探点 $\boldsymbol{X}_{\mathrm{L}}$ 处函数值下降。从 $\boldsymbol{X}^{(0)}$ 指向 $\boldsymbol{X}_{\mathrm{L}}$ 的方向，可作为“最佳”的随机搜索方向。

(2) 若 $f(\boldsymbol{X}^{(0)})<f(\boldsymbol{X}_{\mathrm{L}})$，表示 $\boldsymbol{X}^{(0)}$ 位于一个低谷区中，$\boldsymbol{X}^{(0)}$ 周围都是函数值高点。当逼近目标函数最优点 $\boldsymbol{X}^*$ 时，往往出现这种情况。这时需要将初始步长因子 α_0 减半，重新生成

随机单位向量,直到从中找出“最佳”随机搜索方向为止。

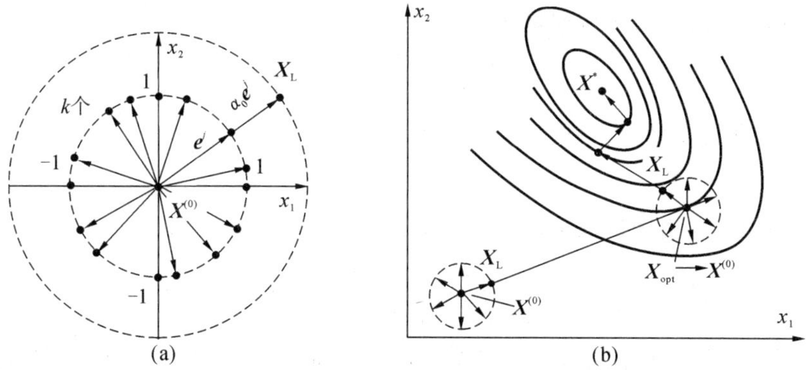

图 3-5-1 二维函数随机方向法原理

(a) 选出最佳搜索方向 (b) 重复进行随机方向法搜索

确定 $\boldsymbol{X}^{(0)}$ 点处“最佳”随机搜索方向后,沿着该搜索方向进行一维优化,找到该方向上的一维优化最优点 $\boldsymbol{X}_{opt}$。为了进行下一轮随机搜索迭代,将 $\boldsymbol{X}_{opt}$ 设置为 $\boldsymbol{X}^{(0)}$:$\boldsymbol{X}^{(0)} \leftarrow \boldsymbol{X}_{opt}$,作为下一轮随机搜索的初始点。随后,检查 $\boldsymbol{X}_{opt}$ 是否满足精度要求,若 $\boldsymbol{X}_{opt}$ 不满足精度要求,从新的初始点 $\boldsymbol{X}^{(0)}$ 开始,再次重复上述过程,如此反复,搜索过程将逐步逼近目标函数最优点 $\boldsymbol{X}^*$。当 $\boldsymbol{X}_{opt}$ 满足精度要求时,终止搜索,将最后一轮搜索到的 $\boldsymbol{X}_{opt}$ 作为目标函数最优点 $\boldsymbol{X}^*$ 的近似值输出。二维函数的随机方向法搜索示意图如图 3-5-1(b)所示。

3.5.2 随机单位向量

1. 生成随机单位向量的函数解析

在 VB(Visual Basic)语言中,随机函数 Rnd()可在[0,1)之间产生一个随机数。用公式(2×Rnd−1)即可在[−1,1)之间产生一个随机数。

以二维函数为例,在任意第 $j(j=1,2,\cdots,k)$ 次生成随机数时,设置一个循环 2 次的计数循环,用公式(2×Rnd−1)在[−1,1)之间产生两个随机数 r_1^j、r_2^j。将这两个随机数作为平面坐标系上一点的两个坐标分量(r_1^j,r_2^j)。将这两个随机数作为一个列向量的两个分量$(r_1^j,r_2^j)^{\mathrm{T}}$,即可构造出一个由坐标原点指向该坐标点的随机向量,记为

$$\boldsymbol{r}^j = (r_1^j, r_2^j)^{\mathrm{T}} \tag{3-5-1}$$

如图 3-5-2(a)所示,经过 k 次随机计算,将生成 k 个由坐标原点分别指向 k 个坐标点的随机向量,即生成 k 个随机方向。

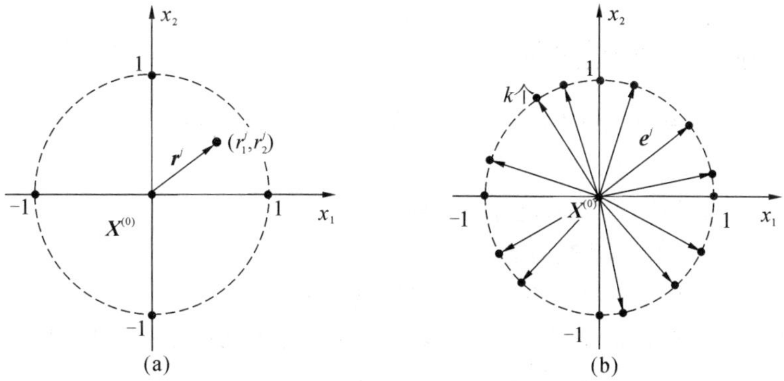

图 3-5-2 二维随机向量及随机单位向量

(a) 生成随机向量及单位圆 (b) 生成 k 个随机单位向量

这 k 个向量模的长度不同，需要统一变换成单位向量。将每个随机向量除以该向量的模，即可得到保持原方向的单位向量 $\boldsymbol{e}^j$：

$$\boldsymbol{e}^j = \frac{\boldsymbol{r}^j}{\|\boldsymbol{r}^j\|} \quad (j = 1,2,\cdots,k) \tag{3-5-2}$$

二维变量随机向量的模：

$$\|\boldsymbol{r}^j\| = \sqrt{(r_1^j)^2 + (r_2^j)^2} \tag{3-5-3}$$

经过上述计算，可由随机数构造出 k 个平面上的随机单位向量：

$$\boldsymbol{e}^j = \begin{pmatrix} e_1^j \\ e_2^j \end{pmatrix} = \frac{1}{\sqrt{(r_1^j)^2 + (r_2^j)^2}} \begin{pmatrix} r_1^j \\ r_2^j \end{pmatrix} \quad (j = 1,2,\cdots,k) \tag{3-5-4}$$

这一组平面随机单位向量 $\boldsymbol{e}^j$，均保持原向量方向，由坐标原点指到单位圆周上，如图 3-5-2(b)所示。

推广到 n 维变量，在生成第 $j(j=1,2,\cdots,k)$ 组随机数时，设置一个循环 n 次的计数循环，用公式(2×Rnd−1)在[−1,1)之间产生 n 个随机数 $r_i^j(i=1,2,\cdots,n;j=1,2,\cdots,k)$，构造出 k 个 n 维空间上的随机单位向量：

$$\boldsymbol{e}^j = \begin{pmatrix} e_1^j \\ \vdots \\ e_n^j \end{pmatrix} = \frac{1}{\sqrt{\sum_{i=1}^{n} (r_i^j)^2}} \begin{pmatrix} r_1^j \\ \vdots \\ r_n^j \end{pmatrix} \quad (j = 1,2,\cdots,k) \tag{3-5-5}$$

上述过程的核心，是用随机数构造随机单位向量，作为搜索方向。

2. 随机数实现方法

在编程语言中，使用随机函数 Rnd()生成的随机数实际是用一定的数学方法计算得出的。由于编程语言系统中随机数算法是固定的，即使多次调用随机函数，所产生的随机数序列也是相同的，这并不是真正的随机数，因此其被称为伪随机数。然而，由于伪随机数具有一定的随机性，因此可以在编程中使用。在 VB 中，可使用“种子函数”Randomize Timer()来增加随机性，其中 Timer()是获取计算机系统时间的函数，可以将其作为随机种子。随着系统时间不断变化，即使多次调用随机函数，由于随机种子不同，生成的随机数序列通常不会相同，从而产生更加随机的数据。

在随机方向法中，如果生成的随机数个数 k 太小，则可能会遗漏“最佳”的随机方向；而如果个数 k 太大，则需要更大的计算量。在实际的优化程序中，应根据情况来确定生成的随机数个数 k 的大小。

3.5.3 随机方向法算法

设定初始点 $\boldsymbol{X}^{(0)}$、初始步长因子 α_0、计算精度 ε、随机数个数 k，步长搜索用最优步长法。

(1) 计算初始点函数值 $F_0=f(\boldsymbol{X}^{(0)})$。

(2) 进入直到型循环，进行随机方向搜索。

设置一个大数作为比较基数：$F_L=10000$。

(3) 进入计数型循环(k 次)，找出“最佳”随机搜索方向。

① 调用生成随机单位向量子程序，每次产生一个 n 维随机单位向量 $\boldsymbol{e}^j$。

② 进行一维优化。

从 $\boldsymbol{X}^{(0)}$ 点开始，以 $\boldsymbol{e}^j$ 为搜索方向，α_0 为初始步长因子，计算 k 个试探点函数坐标 $\boldsymbol{X}_j$：

$$X_j = X^{(0)} + \alpha_0 e^j \quad (j = 1,2,\cdots,k) \tag{3-5-6}$$

目标函数是二维函数时，由于单位向量的模为 1，k 个试探点分布在以 $X^{(0)}$ 为圆心、初始步长因子 α_0 为半径的圆周上。当 $\alpha_0>1$ 时，该圆在单位圆外，第 j 个随机单位向量的示意图如图 3-5-3 所示。目标函数是三维函数时，k 个试探点分布在以 $X^{(0)}$ 为球心、α_0 为半径的球面上。目标函数是 $n(>3)$ 维函数时，k 个试探点分布在以 $X^{(0)}$ 为球心、α_0 为半径的超球面上。

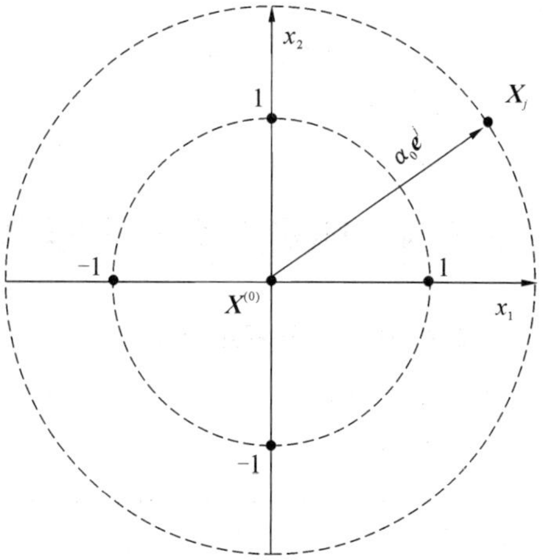

图 3-5-3　试探点坐标位置

③ 从 k 个试探点中，逐个比较函数值大小，当 $f(X_j)<F_L$ 时，设置保留：

$F_L \leftarrow f(X_j)$ 及 $e^L \leftarrow e^j \quad (j = 1,2,\cdots,k)$

经过 k 次循环，即可从 k 个试探点中选出最小函数值 F_L：

$$F_L = f(X_L) = \min(f(X_j)) \quad (j = 1,2,\cdots,k) \tag{3-5-7}$$

以及最小函数值 F_L 对应的随机单位向量 e^L。

随机单位向量 e^L 的方向，是 k 个试探点中函数值下降最大的方向，取该随机方向为最佳随机方向。

由式(3-5-6)可知，对于二维函数，只有方向向量 e^j 的模为 1 时，k 个试探点坐标 X_j 才分布在以 $X^{(0)}$ 为圆心、α_0 为半径的圆周上。所有的试探点 X_j 到圆心 $X^{(0)}$ 的距离相等，在相同的距离上，比较各 X_j 点的函数值 $f(X_j)$ 才有意义，此即将随机向量化成单位随机向量的原因。

(4) 检查是否可进行一维优化。

① 如果 $f(X^{(0)})>F_L$，即最佳搜索方向 e^L 上的试探点 X_L 处函数值下降，则可沿该方向进行一维优化。

调用进退法子程序、二次插值法子程序，可获得最佳搜索方向 e^L 上的一维优化最优步长因子 A_{opt}。

调用计算函数坐标子程序，可得到一维优化最优点函数坐标 X_{opt} 及函数值 $f(X_{opt})$。

为了继续下一轮搜索，将 X_{opt} 设置为 $X^{(0)}$：$X^{(0)} \leftarrow X_{opt}$。其作为下一轮的起点，同时需要设置函数值：$F_0 \leftarrow f(X_{opt})$。转到步骤(5)。

② 如果 $f(X^{(0)})<F_L$，说明最佳搜索方向 e^L 上的试探点 X_L 处函数值上升，则无法沿该方向进行一维优化。

由于 F_L 是全部试探点中最小的函数值，则 $X^{(0)}$ 处其他方向试探点函数值都大于 F_L，说明 $X^{(0)}$ 位于一个低谷区内。当搜索步长较大时，$X^{(0)}$ 四周的函数值都是上升的。随着搜索进行，试探点 $X^{(0)}$ 逐步逼近目标函数最优点 X^* 后经常出现的现象：$X^{(0)}$ 与 X^* 都位于一个低谷区内。这时需要将初始步长因子减半，即 $\alpha_0 \leftarrow \alpha_0/2$，用更小的步长进行搜索，才可能搜索到附近的目标函数最优点 X^*。收缩步长后转到步骤(5)。

(5) 检查是否满足精度要求。

用 α_0 是否足够小，作为是否满足计算精度要求的判别条件。

① 当 $\alpha_0>\varepsilon$ 时，表示不满足计算精度要求，需要转到步骤(2)，继续进行下一轮随机搜

索。如此反复，试探点 $\boldsymbol{X}_j$ 将逐步逼近目标函数最优点 $\boldsymbol{X}^*$，经过步骤(4)的②，α_0 将逐步减小。

② 当 $\alpha_0<\varepsilon$ 时，表示搜索步长已经很小，$\boldsymbol{X}^{(0)}$ 非常逼近目标函数最优点 $\boldsymbol{X}^*$，满足计算精度要求，终止搜索。

(6) 将最后搜索到的一维优化最优点 $\boldsymbol{X}_{\mathrm{opt}}$，作为目标函数最优点 $\boldsymbol{X}^*$ 的近似值输出。

3.5.4　随机方向法子程序流程图及重要语句

随机方向法-最优步长法程序

1. 随机方向法子程序流程图

图 3-5-4 是随机方向法子程序的 N-S 流程图。随机方向法完整程序可扫描二维码查看。

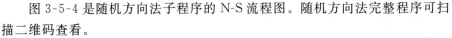

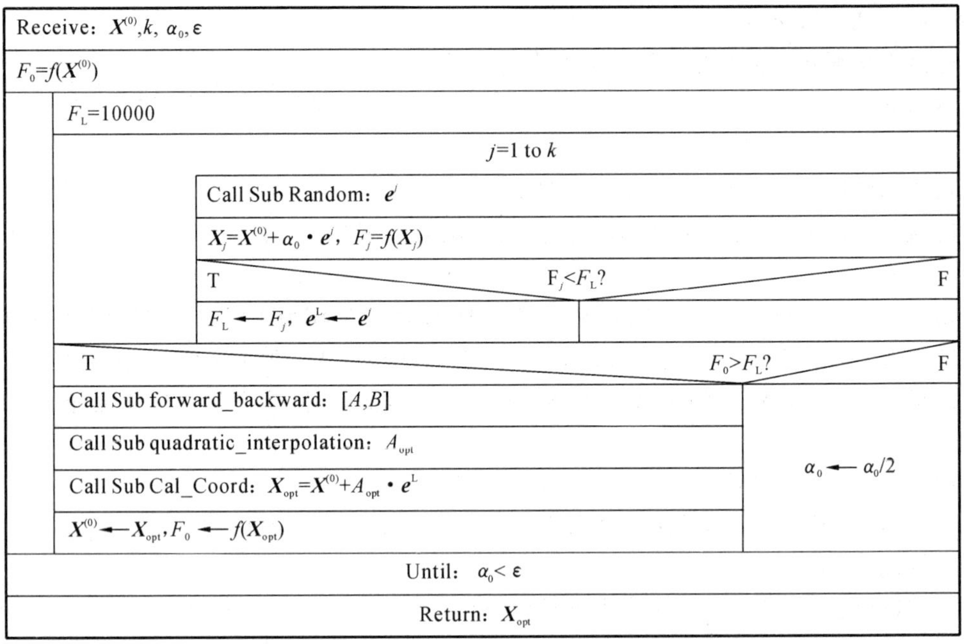
Receive: X(0), k, α0, ε
F0=f(X(0))
FL=10000
j=1 to k
Call Sub Random: e^j
Xj=X(0)+α0 • e^j, Fj=f(Xj)
T
Fj<FL?
F
FL ← Fj, e^L ← e^j
T
F0>FL?
F
Call Sub forward_backward: [A,B]
Call Sub quadratic_interpolation: Aopt
Call Sub Cal_Coord: Xopt=X(0)+Aopt • e^L
X(0) ← Xopt, F0 ← f(Xopt)
α0 ← α0/2
Until: α0< ε
Return: Xopt

图 3-5-4　随机方向法-最优步长子程序流程图

2. 随机方向法子程序重要语句

1) 生成随机单位向量子程序

```
Private Sub Random(e! ()) '产生随机单位向量子程序
  n = UBound(e) '取数组的上标为维数
  Dim r! ():ReDim r(n)
  m= 0
  For i= 1 To n
    Randomize Timer()   '用系统时间变量作随机种子
     r(i)= 2 *  Rnd - 1  '产生- 1到+ 1的随机数
    m= m+ r(i) *  r(i) '累加随机数的平方和
  Next i
  For i= 1 To n: e(i)= r(i)/Sqr(m): Next i '生成随机单位向量
End Sub
```

2）外层直到型循环结构

```
Do
……
Loop Until alph0 <  epx    '用初始步长因子 α0(用 alph0 表示)足够小作为搜索终止条件
```

3）从 k 个随机试探点中选出最小函数值及对应随机单位向量

```
For j= 1 To k  'x0()点产生 k 个随机单位向量
  Call Random(ej)  '调用生成随机单位向量子程序,记为 ej()
  Call Cal_Coord(x0,ej,alph0,xj): fj= fxval(xj) '第 j 个试探点函数坐标及函数值
  If fj <  FL Then '若试探点处函数值小于比较基数,进行设置保留
    FL= fj   '用函数值替换基数,以选出最小函数值
    el= ej   '选出最小函数值对应的随机单位向量并保留到 el
  End If
Next j '从中选出最小函数值,对应最佳单位向量方向
```

4）根据试探点函数值进行处理

```
If F0 >  fl Then '若最佳方向试探点函数值下降,沿该方向进行一维优化
  Call forward_backward(x0,el,A,B) '调用进退法子程序
  Call quadratic_interpolation(x0,el,A,B,epx,Aopt) '调用插值法子程序
  Call Cal_Coord(x0,el,Aopt,xopt) '调用坐标计算子程序获得 xopt()
  x0= xopt:  F0= fxval(xopt)  'xopt 设置为 x0,作为下轮起点的函数值
Else  '周围试探点函数值上升,X0 位于低谷处
  Alph0= 0.5 *  Alph0 '步长减半进行下一轮搜索
End If
```

3.5.5　随机方向法算例

因为随机性,随机方向法计算结果会略有不同。该算例只用于叙述随机方向法的过程。

【例 3-4】　目标函数 $f(\boldsymbol{X})=x_1^2+2x_2^2-4x_1-2x_1x_2$,初始点 $\boldsymbol{X}^{(0)}=(0,0)^{\mathrm{T}}$,初始步长因子 $\alpha_0=1.5$,计算精度 $\varepsilon=0.01$,产生随机数的个数 $k=50$,用随机方向法求最优解。

解　已知 $\boldsymbol{X}^{(0)}=(0,0)^{\mathrm{T}}$,$\alpha_0=1.5$,$\varepsilon=0.01$,$k=50$。

1. 第一轮随机搜索

(1) 计算初始点函数值 $F_0=f(\boldsymbol{X}^{(0)})=0$。

(2) 进入直到型循环,设置比较基数 $F_{\mathrm{L}}=10000$。

(3) 进入计数型循环,在 $k=50$ 个随机方向上,全部试探点函数坐标及函数值为

$$\boldsymbol{X}_j=\boldsymbol{X}^{(0)}+\alpha_0\boldsymbol{e}^j\qquad(j=1,2,\cdots,k)$$

$$F_j=f(\boldsymbol{X}_j)\qquad(j=1,2,\cdots,k)$$

利用随机方向法计算(每次都是随机的)函数值,从中找到的最小函数值为

$$F_{\mathrm{L}}=\min(f(\boldsymbol{X}_j))=-4.4588$$

最小函数值对应的随机单位向量为图 3-5-5(a)中 $k=1$ 所在的一行中的值:

$$\boldsymbol{e}^{\mathrm{L}}=(0.8925,0.4511)^{\mathrm{T}}$$

(4) 因 $f(\boldsymbol{X}^{(0)})=0>F_{\mathrm{L}}$,函数值下降,可以沿最佳搜索方向 $\boldsymbol{e}^{\mathrm{L}}$ 进行一维优化:

$$\boldsymbol{X}_{\mathrm{opt}}=\boldsymbol{X}^{(0)}+\alpha^*\cdot\boldsymbol{e}^{\mathrm{L}}=\begin{pmatrix}0\\0\end{pmatrix}+\alpha^*\cdot\begin{pmatrix}0.8925\\0.4511\end{pmatrix}=\begin{pmatrix}0.8925\alpha^*\\0.4511\alpha^*\end{pmatrix}$$

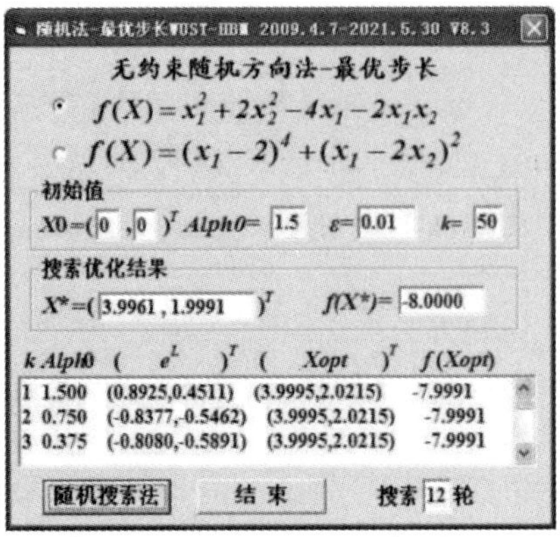

(a)

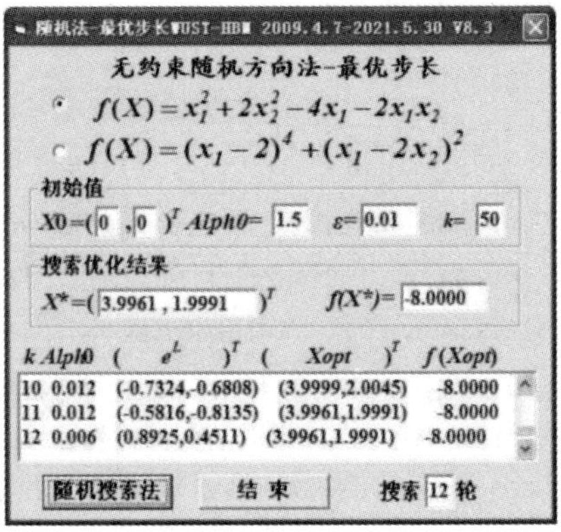

(b)

图 3-5-5 随机方向法程序计算数据

(a) 例 3-4 计算前三步数据 (b) 例 3-4 计算最后三步数据

$$f(\boldsymbol{X}_{\text{opt}})=(0.8925\alpha^*)^2+2(0.4511\alpha^*)^2-4(0.8925\alpha^*)-2(0.8925\alpha^*)(0.4511\alpha^*)$$

令
$$\frac{\mathrm{d}f(\boldsymbol{X}_{\text{opt}})}{\mathrm{d}\alpha^*}=1.5931\alpha^*+0.8140\alpha^*-3.57-1.6104\alpha^*=0$$

故
$$\alpha^*=4.4813$$

$$\boldsymbol{X}_{\text{opt}}=\begin{pmatrix}3.9995\\2.0215\end{pmatrix}$$

$$f(\boldsymbol{X}_{\text{opt}})=(3.9995)^2+2\cdot(2.0215)^2-4\cdot3.9995-2\cdot3.9995\cdot2.0215=-7.9991$$

此处搜索方向用数值计算方法产生，搜索步长用解析法求得，这种方法称为**半解析法**。

(5) 设置保留：$\boldsymbol{X}^{(0)}\leftarrow\boldsymbol{X}_{\text{opt}}=(3.9995,2.0215)^{\mathrm{T}}$，$F_0\leftarrow f(\boldsymbol{X}_{\text{opt}})=-7.9991$。

解析解：$\boldsymbol{X}^*=(4,2)^{\mathrm{T}}$，$f(\boldsymbol{X}^*)=-8$。可见第一轮随机搜索结果已经非常接近最优解。

(6) 检查是否满足计算精度要求。

因 $\alpha_0=1.5>\varepsilon$，不满足精度要求，需要转到步骤(2)再次进行下一轮随机搜索。

2. 经过 12 轮随机方向法搜索

经过 12 轮随机方向法搜索，得到的结果为：近似最优点 $\boldsymbol{X}^*=(3.9961,1.9991)^{\mathrm{T}}$，$f(\boldsymbol{X}^*)=-8.0000$，如图 3-5-5(b)所示。

对于二维四次函数：$f(\boldsymbol{X})=(x_1-2)^4+(x_1-2x_2)^2$，随机方向法搜索到的一个近似最优解为 $\boldsymbol{X}^*=(2.0005,1.0003)^{\mathrm{T}}$，$f(\boldsymbol{X}^*)=0.0000$。解析解为：$\boldsymbol{X}^*=(2,1)^{\mathrm{T}}$，$f(\boldsymbol{X}^*)=0$。随机方向法对高次函数也具有较好的适应性。

3.5.6 随机方向法-追赶步长法

与最优步长法相比，追赶步长法需要改变之处有：① 将调用最优步长子程序改为调用追赶步长子程序；② 外循环终止条件需要改为始、末两点函数坐标的距离。

随机方向法-追赶步长法程序

图 3-5-6 是基于追赶步长法的随机方向法子程序 N-S 流程图。基于追赶步长法的随机方向法程序可扫描二维码查看。

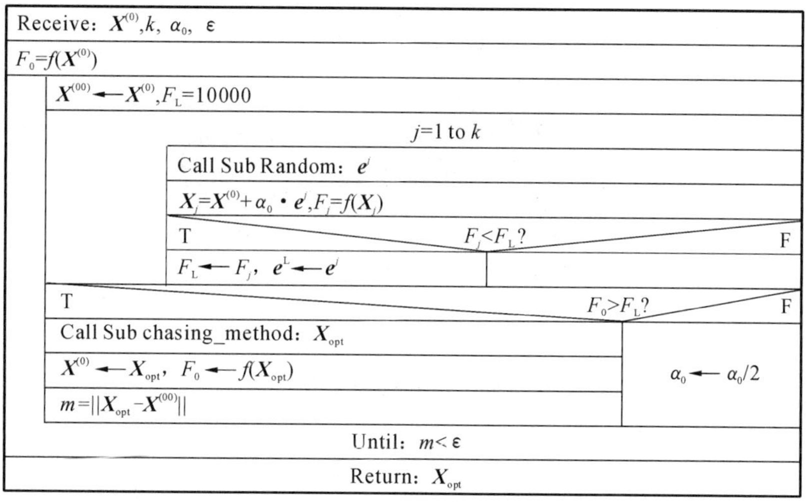
Receive: X(0),k, α0, ε
F0=f(X(0))
X(00)←X(0),FL=10000
j=1 to k
Call Sub Random: ej
Xj=X(0)+α0 · ej,Fj=f(Xj)
T
Fj<FL?
F
FL←Fj, eL←ej
T
F0>FL?
F
Call Sub chasing_method: Xopt
X(0)←Xopt, F0←f(Xopt)
m=||Xopt-X(00)||
α0←α0/2
Until: m<ε
Return: Xopt

图 3-5-6　随机方向法-追赶步长法子程序流程图

3.6　鲍威尔法

鲍威尔法

鲍威尔法是无约束优化中最为重要的方法之一，它出色地演示无约束优化方法的首要任务：寻找“最佳”的搜索方向。鲍威尔法采用边搜索边构造共轭向量的方式，具有极高的优化效率。不论在理论上还是在应用上，鲍威尔法都是优化方法的典范。

相对于共轭梯度法，鲍威尔法巧妙地利用一维优化极值点的函数坐标，构造出共轭向量。由于不使用梯度，鲍威尔法无须求导数，因此对目标函数性质要求相对较低。

鲍威尔法的搜索过程略显复杂，为了降低难度，方便初学者理解，本书将鲍威尔法分为基本鲍威尔法及改进鲍威尔法，并将优化搜索过程分成辅助优化过程及共轭优化过程。在基本鲍威尔法中，重点理解如何通过辅助优化过程构造共轭向量，并使用共轭向量进行共轭优化。在改进鲍威尔法中，关注的重点是更新搜索方向向量系的鲍威尔判别准则。

在鲍威尔法中，搜索方向由构造的共轭向量方向确定，搜索步长则通过最优步长法或追赶步长法确定。

3.6.1　鲍威尔法构造共轭向量原理

对于具有正定矩阵 $\boldsymbol{A}$ 的二次函数：

$$f(\boldsymbol{X}) = \boldsymbol{X}^{\mathrm{T}}\boldsymbol{A}\boldsymbol{X}/2 + \boldsymbol{B}^{\mathrm{T}}\boldsymbol{X} + \boldsymbol{C} \tag{3-6-1}$$

其梯度为

$$\boldsymbol{g}(\boldsymbol{X}) = \boldsymbol{A}\boldsymbol{X} + \boldsymbol{B} \tag{3-6-2}$$

如图 3-6-1 所示，为证明 $\boldsymbol{S}^{(k)}$ 与 $\boldsymbol{S}^{(k+1)}$ 是一对共轭向量，从任意两个不同的点出发，沿着相同的搜索向量 $\boldsymbol{S}^{(k)}$ 方向，分别进行一维优化，得到两个一维优化极值点函数坐标 $\boldsymbol{X}^{(k)}$、$\boldsymbol{X}^{(k+1)}$，极值点位于搜索方向线与等值线的切点，两个梯度向量分别记为 $\boldsymbol{g}^{(k)}=\boldsymbol{g}(\boldsymbol{X}^{(k)})$、$\boldsymbol{g}^{(k+1)}=\boldsymbol{g}(\boldsymbol{X}^{(k+1)})$。根据梯度性质，两个梯度向量方向，是等值线上该点法线方向，都与向量 $\boldsymbol{S}^{(k)}$ 垂直，所以有

$$(\boldsymbol{S}^{(k)})^{\mathrm{T}}\boldsymbol{g}^{(k)}=0 \tag{3-6-3}$$

$$(\boldsymbol{S}^{(k)})^{\mathrm{T}}\boldsymbol{g}^{(k+1)}=0 \tag{3-6-4}$$

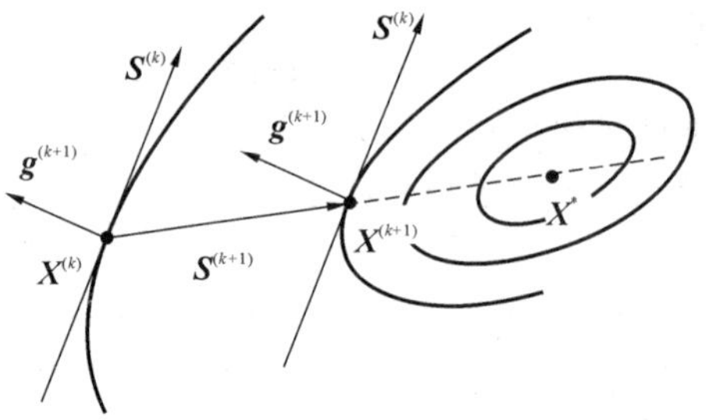

图 3-6-1　构造共轭向量原理

用式(3-6-4)减式(3-6-3)，得

$$(\boldsymbol{S}^{(k)})^{\mathrm{T}}(\boldsymbol{g}^{(k+1)}-\boldsymbol{g}^{(k)})=0 \tag{3-6-5}$$

由式(3-6-2)，两点处的梯度分别写为

$$\boldsymbol{g}^{(k)}=\boldsymbol{g}(\boldsymbol{X}^{(k)})=\boldsymbol{A}\boldsymbol{X}^{(k)}+\boldsymbol{B} \tag{3-6-6}$$

$$\boldsymbol{g}^{(k+1)}=\boldsymbol{g}(\boldsymbol{X}^{(k+1)})=\boldsymbol{A}\boldsymbol{X}^{(k+1)}+\boldsymbol{B} \tag{3-6-7}$$

用式(3-6-7)减式(3-6-6)，得

$$\boldsymbol{g}^{(k+1)}-\boldsymbol{g}^{(k)}=\boldsymbol{A}(\boldsymbol{X}^{(k+1)}-\boldsymbol{X}^{(k)}) \tag{3-6-8}$$

式(3-6-8)两边左乘$(\boldsymbol{S}^{(k)})^{\mathrm{T}}$：

$$(\boldsymbol{S}^{(k)})^{\mathrm{T}}(\boldsymbol{g}^{(k+1)}-\boldsymbol{g}^{(k)})=(\boldsymbol{S}^{(k)})^{\mathrm{T}}\boldsymbol{A}(\boldsymbol{X}^{(k+1)}-\boldsymbol{X}^{(k)}) \tag{3-6-9}$$

引用式(3-6-5)，可知式(3-6-9)左边为零，式(3-6-9)可改写为

$$(\boldsymbol{S}^{(k)})^{\mathrm{T}}\boldsymbol{A}(\boldsymbol{X}^{(k+1)}-\boldsymbol{X}^{(k)})=0 \tag{3-6-10}$$

若取：

$$\boldsymbol{S}^{(k+1)}=\boldsymbol{X}^{(k+1)}-\boldsymbol{X}^{(k)} \tag{3-6-11}$$

则式(3-6-10)可以改写为

$$(\boldsymbol{S}^{(k)})^{\mathrm{T}}\boldsymbol{A}\boldsymbol{S}^{(k+1)}=0 \tag{3-6-12}$$

由共轭向量的定义，$\boldsymbol{S}^{(k)}$与$\boldsymbol{S}^{(k+1)}$是关于矩阵$\boldsymbol{A}$的共轭向量。

式(3-6-11)表示，另一个共轭向量$\boldsymbol{S}^{(k+1)}$可由两个一维优化极值点$\boldsymbol{X}^{(k)}$、$\boldsymbol{X}^{(k+1)}$构造，所以，共轭向量$\boldsymbol{S}^{(k+1)}$位于$\boldsymbol{X}^{(k)}$、$\boldsymbol{X}^{(k+1)}$两点的连线上，如图 3-6-1 所示。

二维正定二次函数有两个重要性质(不予证明)：

(1) 二维正定二次函数的等值线是同心的椭圆族，其中心是以二维正定二次函数为目标函数的极小点；

(2) 过同心椭圆族中心的任一直线与各椭圆等值线产生一族交点，等值线上过各交点的一族切线均平行，因此，图 3-6-1 中，过两切点$\boldsymbol{X}^{(k)}$、$\boldsymbol{X}^{(k+1)}$连线的共轭向量$\boldsymbol{S}^{(k+1)}$，一定通过目标函数最优点。

共轭梯度法用梯度构造共轭向量$\boldsymbol{S}^{(k+1)}$，需要求导数。鲍威尔法中，仅用两个一维优化极值点的函数坐标构造共轭向量$\boldsymbol{S}^{(k+1)}$，不需要求导数。

按照基本鲍威尔法构造共轭向量的原理，现将上述过程的关键步骤归纳一下：分别从任意两个不同的初始点出发，沿着相同的向量$\boldsymbol{S}^{(k)}$方向进行一维优化，得到两个一维优化极值点函数坐标$\boldsymbol{X}^{(k)}$、$\boldsymbol{X}^{(k+1)}$。由这两个极值点的函数坐标，用式(3-6-9)构造另一个向量$\boldsymbol{S}^{(k+1)}$，则$\boldsymbol{S}^{(k)}$与$\boldsymbol{S}^{(k+1)}$就是一对关于矩阵$\boldsymbol{A}$的共轭向量。

3.6.2　基本鲍威尔法原理

以二维正定二次函数为例，函数的等值线示意图如图 3-6-2 所示。对于二维正定二次函数，最多需要构造一对（两个）共轭向量，并分别沿着两个共轭向量方向各进行一次一维共轭优化，这样一定可以搜索到目标函数最优点。

由于鲍威尔法中需要进行多次一维优化，为了区别，将为构造共轭向量而进行的一维优化，称为**辅助优化**；在共轭向量方向进行的一维优化，称为**共轭优化**。

1. 第一轮用坐标轮换法进行辅助优化，构造第一个共轭向量 $\boldsymbol{S}^1$

先取任意两个线性无关的向量，最简单的方法是取两个坐标轴的单位向量 $\boldsymbol{e}_1=(1,0)^{\mathrm{T}}$ 及 $\boldsymbol{e}_2=(0,1)^{\mathrm{T}}$，分别作为两个搜索方向。将这两个搜索方向向量，按列组合成一个 2 阶的单位矩阵 $\boldsymbol{SS}^1$：

$$\boldsymbol{SS}^1=(\boldsymbol{S}_1^1,\boldsymbol{S}_2^1)=(\boldsymbol{e}_1,\boldsymbol{e}_2)=\begin{pmatrix}1&0\\0&1\end{pmatrix} \tag{3-6-13}$$

这个按列排列的、线性无关的向量系，称为**搜索方向向量系**。

取 $\boldsymbol{X}_0^1\leftarrow\boldsymbol{X}^{(0)}$，从搜索方向向量系 $\boldsymbol{SS}^1$ 中，取第一列向量 $\boldsymbol{S}_1^1=\boldsymbol{e}_1=(1,0)^{\mathrm{T}}$ 的方向为搜索方向，从 $\boldsymbol{X}_0^1$ 出发，沿着 $\boldsymbol{S}_1^1=\boldsymbol{e}_1$ 方向，进行一维优化，得到一维优化极值点 $\boldsymbol{X}_1^1$；再从 $\boldsymbol{SS}^1$ 中取第二列向量 $\boldsymbol{S}_2^1=\boldsymbol{e}_2=(0,1)^{\mathrm{T}}$ 的方向为搜索方向，从 $\boldsymbol{X}_1^1$ 出发，沿着 $\boldsymbol{S}_2^1=\boldsymbol{e}_2$ 方向，进行一维优化，得到一维优化极值点 $\boldsymbol{X}_2^1$，其过程如图 3-6-2 所示。上述过程即是一轮坐标轮换法。

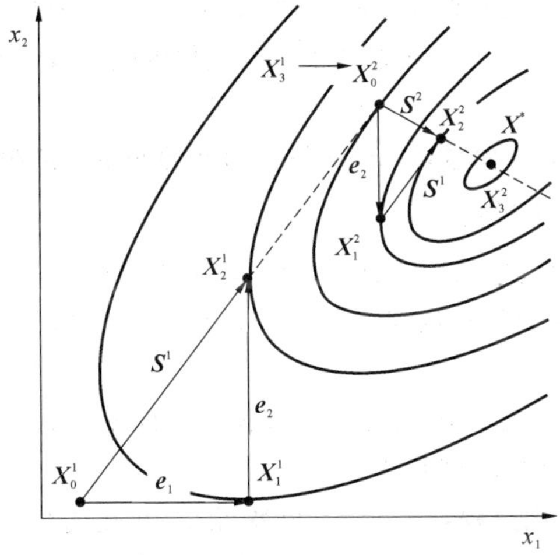

图 3-6-2　二维正定二次函数基本鲍威尔法原理

这一轮坐标轮换法的两次一维优化，均从搜索方向向量系中取搜索方向，目的是构造共轭向量 $\boldsymbol{S}^1$，是**辅助优化**。

用第一轮坐标轮换法的起点 $\boldsymbol{X}_0^1$ 及终点 $\boldsymbol{X}_2^1$，构造第一个共轭向量 $\boldsymbol{S}^1$：

$$\boldsymbol{S}^1=\boldsymbol{X}_2^1-\boldsymbol{X}_0^1 \tag{3-6-14}$$

2. 进行第一次一维共轭优化

从 $\boldsymbol{X}_0^1$ 点出发，沿共轭向量 $\boldsymbol{S}^1$ 方向，进行一维优化，得到一维优化极值点 $\boldsymbol{X}_3^1$。该一维优化没有从搜索方向向量系中取搜索方向，仅用共轭向量方向进行一维优化，是**共轭优化**，参见图 3-6-2，该一维共轭优化从 $\boldsymbol{X}_0^1$ 搜索到 $\boldsymbol{X}_3^1$（等值线的切点处）。

为进行迭代，将 $\boldsymbol{X}_3^1$ 置换下一轮起点：$\boldsymbol{X}_0^2 \leftarrow \boldsymbol{X}_3^1$。

3. 再用第二轮辅助优化，构造第二个共轭向量 $\boldsymbol{S}^2$

根据鲍威尔法原理，需要从另一个点出发，再沿着第一个共轭向量 $\boldsymbol{S}^1$ 方向，进行一次一维优化，找到另一个一维优化极值点，以构造第二个共轭向量。为此，必须将共轭向量 $\boldsymbol{S}^1$ 放置于搜索方向向量系中，以便从中取出第二轮辅助优化的搜索方向。

其过程为：① 在当前搜索方向向量系 $\boldsymbol{SS}^1$ 中，参见式(3-6-13)，去掉第一列向量 $\boldsymbol{S}_1^1=(1,0)^{\mathrm{T}}$；② 将第二列向量 $\boldsymbol{S}_2^1=(0,1)^{\mathrm{T}}$ 向前移动，成为第一列向量；③ 将构造的第一个共轭向量 $\boldsymbol{S}^1$ 置于最后一列位置。更新后的搜索方向向量系 $\boldsymbol{SS}^2$ 为

$$\boldsymbol{SS}^2=(\boldsymbol{S}_1^2,\boldsymbol{S}_2^2)=(\boldsymbol{S}_2^1,\boldsymbol{S}_2^2)=(\boldsymbol{e}_2,\boldsymbol{S}^1) \tag{3-6-15}$$

该过程称为**更新搜索方向向量系**。

在第二轮辅助优化中，从更新的搜索方向向量系 $\boldsymbol{SS}^2$ 中，先取第一列向量 $\boldsymbol{S}_1^2=\boldsymbol{e}_2=(0,1)^{\mathrm{T}}$ 方向为搜索方向，从第二轮起点 $\boldsymbol{X}_0^2$ 出发，沿着 $\boldsymbol{S}_1^2=\boldsymbol{e}_2$ 方向，进行一维优化，得到一维优化极值点 $\boldsymbol{X}_1^2$；再从 $\boldsymbol{SS}^2$ 中取第二列向量 $\boldsymbol{S}_2^2=\boldsymbol{S}^1$ 的方向为搜索方向，从 $\boldsymbol{X}_1^2$ 点出发，沿着 $\boldsymbol{S}_2^2=\boldsymbol{S}^1$ 方向，进行一维优化，得到一维优化极值点 $\boldsymbol{X}_2^2$，参见图 3-6-2。

这一轮辅助优化中，虽然也沿着共轭向量 $\boldsymbol{S}^1$ 方向进行了一维优化(从 $\boldsymbol{X}_1^2$ 到 $\boldsymbol{X}_2^2$)，但其搜索方向从搜索方向向量系 $\boldsymbol{SS}^2$ 中取出，目的是构造第二个共轭向量 $\boldsymbol{S}^2$，所以仍然是辅助优化。从搜索方向向量系中取搜索方向的一维优化，都是**辅助优化**。

根据鲍威尔法构造共轭向量原理(参见图 3-6-1)，这一轮辅助优化后，已经分别从两个不同的起点 $\boldsymbol{X}_0^1$ 及 $\boldsymbol{X}_1^2$ 出发，沿着相同的向量 $\boldsymbol{S}^1$ 方向，进行了一维优化，得到了两个一维优化极值点 $\boldsymbol{X}_0^2$ 及 $\boldsymbol{X}_2^2$，根据式(3-6-11)，用这两个一维优化极值点 $\boldsymbol{X}_0^2$ 及 $\boldsymbol{X}_2^2$ 构造的向量 $\boldsymbol{S}^2$ 为

$$\boldsymbol{S}^2=\boldsymbol{X}_2^2-\boldsymbol{X}_0^2 \tag{3-6-16}$$

$\boldsymbol{S}^2$ 与向量 $\boldsymbol{S}^1$ 是一对共轭向量，即 $\boldsymbol{S}^2$ 是这一对共轭向量中的第二个共轭向量。

4. 进行第二次一维共轭优化

从 $\boldsymbol{X}_0^2$ 点出发，沿新构造的第二个共轭向量 $\boldsymbol{S}^2$ 方向，进行一维共轭优化，得到一维共轭优化极值点 $\boldsymbol{X}_3^2$。该一维优化没有从搜索方向向量系中取方向，仅用共轭向量方向进行一维优化，是一维共轭优化。

由共轭向量性质(3)，二维正定二次目标函数最多经过两次一维共轭优化，就一定会找到目标函数的最优点 $\boldsymbol{X}^*$，即 $\boldsymbol{X}_3^2$ 就是 $\boldsymbol{X}^*$。

提取其中两次共轭优化过程：① 从 $\boldsymbol{X}_0^1$ 出发，沿着共轭向量 $\boldsymbol{S}^1$ 方向，进行一维共轭优化，得到极值点 $\boldsymbol{X}_3^1$(即 $\boldsymbol{X}_0^2$)；② 从 $\boldsymbol{X}_0^2$ 出发，沿着共轭向量 $\boldsymbol{S}^2$ 方向，进行一维共轭优化，得到极值点 $\boldsymbol{X}_3^2$，即为 $\boldsymbol{X}^*$。

对于二维正定二次目标函数，基本鲍威尔法有如下两个重要步骤：① 需要通过两轮辅助优化，构造出一对(两个)共轭向量 $\boldsymbol{S}^1$ 与 $\boldsymbol{S}^2$；② 为了实现“沿同一共轭方向进行两次一维优化”，必须将共轭向量 $\boldsymbol{S}^1$ 放入搜索方向向量系中，因而需要对搜索方向向量系进行更新。

基本鲍威尔法中多次用到一维优化，但这些一维优化的目的不同。辅助优化中的一维优化，是为了构造共轭向量；共轭优化中的一维优化，是为了寻找目标函数的最优点。

将二维正定二次函数推广到 n 维正定二次函数时，第一步构造一个 $n\times n$ 的单位矩阵，作为第一轮搜索方向向量系；从初始点出发，依次从搜索方向向量系中取列向量，用列向量方向作为辅助优化中的搜索方向，进行一维优化。如此重复，经过 n 次一维优

化，得到第 n 个一维优化极值点；用这一轮辅助优化的起点及终点，构造第一个共轭向量；用第一个共轭向量进行一维共轭优化，找到第一个共轭优化的极值点。为继续迭代，将共轭优化极值点置换为下一轮的起点。第二步，更新搜索方向向量系。再从新起点开始，用新的搜索方向向量系进行搜索，如此反复，经过 n 轮计算构造出 n 个共轭向量。由共轭向量性质，从第一个共轭向量开始，最多进行 n 次一维共轭优化，一定能搜索到目标函数的最优点。鲍威尔法本质上仍然是一种共轭向量法，具有有限步收敛的性质，是二次收敛算法。

在数值计算法中，对于 n 维正定二次函数，共轭性质可能会因为数据舍入误差及计算误差累积而遭到破坏，即经过 n 轮一维共轭优化后，搜索到的极小点仍然偏离目标函数极小点较远，不满足计算精度要求。可用**循环迭代法**改善搜索结果：将第 n 轮一维共轭优化最优点置换为新的初始点，用最后一轮的搜索方向向量系(共轭向量系)，重新进行基本鲍威尔法搜索。实践表明，循环迭代法会明显改善计算结果。

当目标函数是 n 维高次函数时，将二次收敛算法用于非二次目标函数，也有较好的计算效果，但不能保证其在有限次(最多 n 次)一维共轭优化中，搜索到目标函数最优点。这种情况下，可以用循环迭代法继续搜索。如此反复，当搜索到目标函数极值点附近时，高次函数在极值点附近具有较好的二次函数形态，于是，在近似的二次函数形态下，利用鲍威尔法仍然可以搜索到高次函数极值点的近似最优点。

3.6.3　基本鲍威尔法算法

对 n 维二次目标函数，已知初始点函数坐标 $\boldsymbol{X}^{(0)}$、计算精度 ε。由于鲍威尔法中用到的循环较多，用“环”包含“轮”，“轮”包含“维”的方式，表示它们之间的隶属关系。

1. 构造初始搜索方向向量系

用两个计数循环进行嵌套，按格式 $\boldsymbol{S}(i,j)=\boldsymbol{1}(i=j)$，$(i,j=1,2,\cdots,n)$ 构造一个 n 阶单位矩阵 $\boldsymbol{SS}^1=(\boldsymbol{S}_1^1,\boldsymbol{S}_2^1,\cdots,\boldsymbol{S}_n^1)=(\boldsymbol{e}_1,\boldsymbol{e}_2,\cdots,\boldsymbol{e}_n)$，作为初始搜索方向向量系。该单位矩阵由 n 维坐标的各单位向量 $\boldsymbol{e}_i$ 按列组合而成。

2. 判断初始点是否满足精度要求，是否进行基本鲍威尔法搜索(环次)

(1) 计算 $\boldsymbol{X}^{(0)}$ 点梯度：$m=\|-\nabla f(\boldsymbol{X}^{(0)})\|$。

(2) 若 $m=\|-\nabla f(\boldsymbol{X}^{(0)})\|>\varepsilon$，则不满足精度要求，进入循环，进行一环基本鲍威尔法搜索。

若 $m=\|-\nabla f(\boldsymbol{X}^{(0)})\|<\varepsilon$，则满足精度要求，退出循环，终止基本鲍威尔法搜索。

3. 进行第 k 轮($k=1,2,\cdots,n$)计算(轮次)

(1) 在第 k 轮中进行一轮 n 维辅助优化(维次)。

设起点为 $\boldsymbol{X}_0^k$，$\boldsymbol{X}_0^k\leftarrow\boldsymbol{X}^{(0)}$，本轮第 i 维辅助优化中的一维优化为

$$\boldsymbol{X}_i^k=\boldsymbol{X}_{i-1}^k+\alpha\cdot\boldsymbol{S}_i^k\quad(k=1,2,\cdots,n;i=1,2,\cdots,n)\tag{3-6-17}$$

仅第一轮($k=1$)时，$\boldsymbol{S}_i^1=\boldsymbol{e}_i$，后续轮次中，$\boldsymbol{S}_i^k$ 从更新的搜索方向向量系中取向量，可能是某单位向量 $\boldsymbol{e}_i$，也可能是某共轭向量 $\boldsymbol{S}^k$。

(2) 构造第 k 个共轭向量 $\boldsymbol{S}^k$。

完成该轮 n 维辅助优化，用该轮辅助优化起点 $\boldsymbol{X}_0^k$ 及终点 $\boldsymbol{X}_n^k$，构造该轮共轭向量 $\boldsymbol{S}^k$：

$$\boldsymbol{S}^k=\boldsymbol{X}_n^k-\boldsymbol{X}_0^k\quad(k=1,2,\cdots,n)\tag{3-6-18}$$

4. 进行第 k 次一维共轭优化

$$\boldsymbol{X}_{n+1}^{k} = \boldsymbol{X}_{0}^{k} + \alpha \cdot \boldsymbol{S}^{k} \quad (k = 1,2,\cdots,n) \tag{3-6-19}$$

将 $\boldsymbol{X}_{n+1}^{k}$ 置换为新一轮起点：$\boldsymbol{X}^{(0)} \leftarrow \boldsymbol{X}_{n+1}^{k}$。

5. 更新搜索方向向量系

从第 k 轮搜索方向向量系 $\boldsymbol{SS}^{k}=(\boldsymbol{S}_{1}^{k},\boldsymbol{S}_{2}^{k},\cdots,\boldsymbol{S}_{n}^{k})(k=1,2,\cdots,n)$ 中，去掉第一列搜索方向向量 $\boldsymbol{S}_{1}^{k}$，从第二列搜索方向向量 $\boldsymbol{S}_{2}^{k}$ 开始，将 $\boldsymbol{SS}^{k}$ 中剩余的 $n-1$ 个列向量，逐列依次向前移动一列，记新搜索方向向量系 $\boldsymbol{SS}^{k+1}$ 中各分量为

$$\boldsymbol{SS}^{k+1} = (\boldsymbol{S}_{1}^{k+1},\boldsymbol{S}_{2}^{k+1},\cdots,\boldsymbol{S}_{n-1}^{k+1},\boldsymbol{S}_{n}^{k+1})$$

更新时，$\boldsymbol{SS}^{k}$ 与 $\boldsymbol{SS}^{k+1}$ 两个向量系中，各分量的移动格式为

$$\boldsymbol{S}_{i}^{k+1} \leftarrow \boldsymbol{S}_{i+1}^{k} \quad (i = 1,2,\cdots,n-1) \tag{3-6-20}$$

于是，新搜索方向向量系 $\boldsymbol{SS}^{k+1}$ 中，前 $n-1$ 个列向量为 $\boldsymbol{SS}^{k+1}=(\boldsymbol{S}_{1}^{k+1},\boldsymbol{S}_{2}^{k+1},\cdots,\boldsymbol{S}_{n-1}^{k+1},\quad)$，第 n 列示意性保留一个空格。

最后用新构造的共轭向量 $\boldsymbol{S}^{k}$ 填补 $\boldsymbol{SS}^{k+1}$ 最后一列：$\boldsymbol{S}_{n}^{k+1} \leftarrow \boldsymbol{S}^{k}$。

完成更新后，新搜索方向向量系 $\boldsymbol{SS}^{k+1}$ 与原搜索方向向量系 $\boldsymbol{SS}^{k}$ 中分量的关系为

$$\boldsymbol{SS}^{k+1} = (\boldsymbol{S}_{1}^{k+1},\boldsymbol{S}_{2}^{k+1},\cdots,\boldsymbol{S}_{n-1}^{k+1},\boldsymbol{S}_{n}^{k+1}) = (\boldsymbol{S}_{2}^{k},\boldsymbol{S}_{3}^{k},\cdots,\boldsymbol{S}_{n}^{k},\boldsymbol{S}^{k})$$

$\boldsymbol{SS}^{k+1}$ 前 $n-1$ 个列向量均为 $\boldsymbol{SS}^{k}$ 中向前移动的向量，仅第 n 列向量是新构造的共轭向量。

当循环轮次 k 增加时，不断将新构成的共轭向量，逐步添加到搜索方向向量系中。直到 $k=n$ 时，完成 n 次辅助优化，构造出 n 个共轭向量，并全部添加到搜索方向向量系中，此时的搜索方向向量系里全部都是共轭向量。

6. 检查第 k 步结果

(1) $k<n$，表示 n 轮共轭向量没有构造完，需要返回到步骤 3，继续进行后续的 $n-k$ 轮循环，构造其余的共轭向量。

(2) $k=n$，表示经过 n 轮计算，已经构造了 n 个共轭向量，并进行了 n 次一维共轭优化，得到极值点 $\boldsymbol{X}_{n+1}^{n}$。同时，已经将 $\boldsymbol{X}_{n+1}^{n}$ 置换为新一环起点：$\boldsymbol{X}^{(0)} \leftarrow \boldsymbol{X}_{n+1}^{n}$。更新后的搜索方向向量系是一组共轭向量 $\boldsymbol{SS}^{n}=(\boldsymbol{S}^{1},\boldsymbol{S}^{2},\cdots,\boldsymbol{S}^{n})$。

计算 $\boldsymbol{X}^{(0)}=\boldsymbol{X}_{n+1}^{n}$ 点梯度 $m=\|-\nabla f(\boldsymbol{X}^{(0)})\|$，以检查计算精度是否满足要求。

7. 由当型循环尾部，返回步骤 2，检查是否满足精度要求，以进行下一环搜索

$m=\|-\nabla f(\boldsymbol{X}^{(0)})\|>\varepsilon$，表示不满足计算精度要求，需要从新起点 $\boldsymbol{X}^{(0)}$ 出发，用更新的搜索方向向量系 $\boldsymbol{SS}^{1}=(\boldsymbol{S}^{1},\boldsymbol{S}^{2},\cdots,\boldsymbol{S}^{n})$ 再次进行新的一环搜索。特别是对于高次函数，经过 n 轮共轭优化，可能还搜索不到目标函数最优点，需要经过多环循环。

如此反复，经过多环循环，搜索将逼近目标函数极值点 $\boldsymbol{X}^{*}$，直到

$$m = \|-\nabla f(\boldsymbol{X}^{(0)})\| < \varepsilon$$

退出循环搜索，将最优点 $\boldsymbol{X}^{(0)}=\boldsymbol{X}_{n+1}^{n}$ 作为目标函数极值点 $\boldsymbol{X}^{*}$ 的近似值输出。

梯度法、坐标轮换法、随机方向法等只能获得“近似最佳”的搜索方向。基本鲍威尔法是边搜索边构造共轭向量的方法，该方法能逐步“算出”实际最佳搜索方向，使其指向目标函数极值点 $\boldsymbol{X}^{*}$，由此可见鲍威尔法在优化理论上的意义。

3.6.4　基本鲍威尔法子程序流程图及重要语句

1. 基本鲍威尔法子程序流程图

图 3-6-3 是基本鲍威尔法子程序 N-S 流程图，主要分四块：① 生成一个 n 阶单位矩阵，作为初始搜索方向向量系；② 辅助优化；③ 生成共轭向量，进行一维共轭优化（用 X_plus 表示共轭优化极值点 $\boldsymbol{X}_{n+1}^{k+1}$）；④ 更新搜索方向向量系。

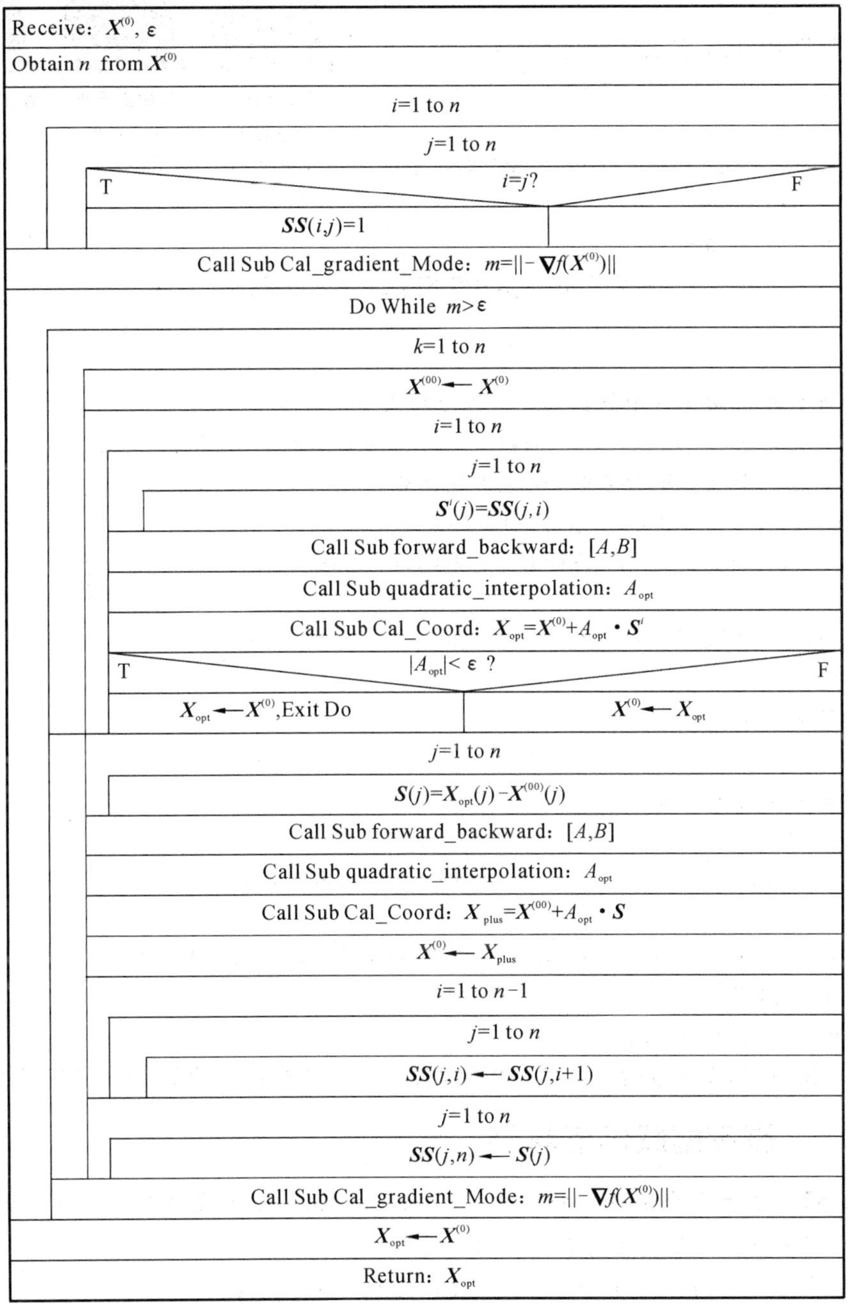

图 3-6-3　基本鲍威尔法子程序流程图

需要注意的是,在辅助优化结束处,安排了一个退出 Do…Loop 循环的条件判断语句。其原因是,当搜索到目标函数极值点后,再进行一维优化时,必将出现最优步长因子为零的情况。一旦最优步长因子为零,在进退法程序中,程序将出现“数值溢出”错误。安排该退出条件可避免进退法程序崩溃。

采用最优步长法和追赶步长法的基本鲍威尔法程序可扫描二维码查看。

基本鲍威尔法-最优步长法完整程序　　基本鲍威尔法-最优步长法简化程序　　基本鲍威尔法-追赶步长法程序

2. 基本鲍威尔法子程序重要语句

1) 生成单位矩阵

定义数组时,系统将数组自动清零:

```
ss(i,j)= 0
For i= 1 To n: For j= 1 To n
  If i= j Then ss(i,j)= 1  '生成单位矩阵 ss(),作为初始搜索方向向量系
Next j: Next i
```

2) 直到型循环结构

```
Do while m> epx  ' 梯度的模 m> epx,精度不满足要求,进入循环
……
Loop
```

3) 从搜索方向向量系中取出第 i 列作为搜索方向向量

```
For j= 1 To n: si(j)= ss(j,i): Next j '从 ss()中取出第 i 列向量作为搜索方向
```

4) 防止最优步长因子为零时,进退法数值溢出

```
If Abs(Aopt) <  epx Then  '步长极小时终止搜索
  xopt= x0 : Exit Do '目的:理论上防止降维,程序中进退法步长溢出
Else
  x0= xopt '辅助优化各维极值点 xopt()转存为下一维搜索起点
End If
```

5) 构造共轭向量

```
For j= 1 To n: s(j)= xopt(j)- x00(j): Next i  '构造共轭向量
```

6) 更新搜索方向向量系

```
For i= 1 To n- 1
  For j= 1 To n: ss(j,i)= ss(j,i+ 1): Next j  '去掉第 1 列,i 列←i+ 1 列
Next i
For j= 1 To n: ss(j,n)= s(j): Next j  '共轭向量置于第 n 列,更新完成
```

7) 计数型循环

```
for k= 1 to n …… next k
```

对于 n 维变量,需要进行 n 次辅助优化,构造 n 个共轭向量,并进行 n 次共轭优化。

3.6.5 基本鲍威尔法算例

【例 3-5】 目标函数 $f(\boldsymbol{X})=x_1^2+2x_2^2-4x_1-2x_1x_2$,初始点 $\boldsymbol{X}^{(0)}=(1,0)^{\mathrm{T}}$,计算精度 $\varepsilon=0.01$,用基本鲍威尔法求无约束优化的最优解。

解 已知 $\boldsymbol{X}^{(0)}=(1,0)^{\mathrm{T}}$,$\varepsilon=0.01$。搜索过程参见图 3-6-4。

1. 构造初始搜索方向向量系

取两个坐标轴的单位向量 $\boldsymbol{e}_1=(1,0)^{\mathrm{T}}$ 及 $\boldsymbol{e}_2=(0,1)^{\mathrm{T}}$,按列组合成一个 2 阶的单位矩阵

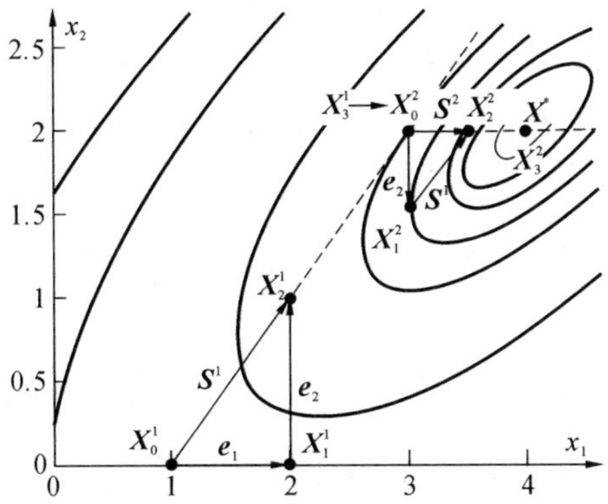

图 3-6-4　例 3-5 优化搜索过程

$\boldsymbol{SS}^1$,作为第一轮搜索方向向量系。

$$\boldsymbol{SS}^1 = (\boldsymbol{S}_1^1, \boldsymbol{S}_2^1) = (\boldsymbol{e}_1, \boldsymbol{e}_2) = \begin{pmatrix} 1 & 0 \\ 0 & 1 \end{pmatrix}$$

2. 判断初始点是否满足精度要求(环次)

(1) 计算 $\boldsymbol{X}^{(0)}$ 点负梯度:

$$g_1 = -2x_1 + 4 + 2x_2 = 2$$

$$g_2 = -4x_2 + 2x_1 = 2$$

(2) $m = \| -\nabla f(\boldsymbol{X}^{(0)}) \| = \sqrt{8} > \varepsilon$,不满足精度要求,进入循环,进行第一环基本鲍威尔法搜索。

用数值法计算,需要步骤2,若用解析法可省略此步。

3. 共进行 k 轮($k=1,2,\cdots,n$)计算(轮次)

1) 进行第一轮($k=1$)坐标轮换法的 n 维辅助优化(维次)

第一轮辅助优化第一维,取 $\boldsymbol{X}_0^1 \leftarrow \boldsymbol{X}^{(0)} = (1,0)^{\mathrm{T}}$,从 $\boldsymbol{X}_0^1$ 出发,取 $\boldsymbol{SS}^1$ 中的第一列向量 $\boldsymbol{S}_1^1 = \boldsymbol{e}_1 = (1,0)^{\mathrm{T}}$ 为搜索方向,进行一维优化。解析法求解如下:

$$\boldsymbol{X}_1^1 = \boldsymbol{X}_0^1 + \alpha^* \cdot \boldsymbol{e}_1 = \begin{pmatrix} 1 \\ 0 \end{pmatrix} + \alpha^* \begin{pmatrix} 1 \\ 0 \end{pmatrix} = \begin{pmatrix} 1+\alpha^* \\ 0 \end{pmatrix}$$

$$f(\boldsymbol{X}_1^1) = x_1^2 + 2x_2^2 - 4x_1 - 2x_1x_2 = (1+\alpha^*)^2 - 4(1+\alpha^*)$$

$$\frac{\mathrm{d}f(\boldsymbol{X}_1^1)}{\mathrm{d}\alpha^*} = 2(1+\alpha^*) - 4 = 0$$

故
$$\alpha^* = 1$$

$$\boldsymbol{X}_1^1 = (2,0)^{\mathrm{T}}$$

第一轮辅助优化第二维,再从 $\boldsymbol{X}_1^1$ 出发,沿着第二列向量 $\boldsymbol{S}_2^1 = \boldsymbol{e}_2 = (0,1)^{\mathrm{T}}$ 方向,进行一维优化。解析法求解如下:

$$\boldsymbol{X}_2^1 = \boldsymbol{X}_1^1 + \alpha^* \cdot \boldsymbol{e}_2 = \begin{pmatrix} 2 \\ 0 \end{pmatrix} + \alpha^* \begin{pmatrix} 0 \\ 1 \end{pmatrix} = \begin{pmatrix} 2 \\ \alpha^* \end{pmatrix}$$

$$f(\boldsymbol{X}_2^1) = 2^2 + 2(\alpha^*)^2 - 4 \cdot 2 - 2 \cdot 2 \cdot \alpha^*$$

$$\frac{\mathrm{d}f(\boldsymbol{X}_2^1)}{\mathrm{d}\alpha^*} = 4\alpha^* - 4 = 0$$

故
$$\alpha^* = 1$$

$$\boldsymbol{X}_2^1=(2,1)^{\mathrm{T}}$$

用数值法计算时，一维优化过程通过调用进退法、插值法及函数坐标计算子程序完成。

2) 构造第一个共轭向量 $\boldsymbol{S}^1$

完成第一轮的两维辅助优化，用辅助优化起点 $\boldsymbol{X}_0^1$ 及终点 $\boldsymbol{X}_2^1$，构造第一个共轭向量 $\boldsymbol{S}^1$：

$$\boldsymbol{S}^1=\boldsymbol{X}_2^1-\boldsymbol{X}_0^1=\begin{pmatrix}2\\1\end{pmatrix}-\begin{pmatrix}1\\0\end{pmatrix}=\begin{pmatrix}1\\1\end{pmatrix}$$

4. 进行第一次一维共轭优化

从本轮起点 $\boldsymbol{X}_0^1$ 出发，沿第一个共轭向量 $\boldsymbol{S}^1$ 方向，进行一维共轭优化。

$$\boldsymbol{X}_3^1=\boldsymbol{X}_0^1+\alpha^*\cdot\boldsymbol{S}^1=\begin{pmatrix}1\\0\end{pmatrix}+\alpha^*\begin{pmatrix}1\\1\end{pmatrix}=\begin{bmatrix}1+\alpha^*\\\alpha^*\end{bmatrix}$$

$$f(\boldsymbol{X}_3^1)=(1+\alpha^*)^2+2\alpha^{*2}-4(1+\alpha^*)-2(1+\alpha^*)\alpha^*$$

$$\frac{\mathrm{d}f(\boldsymbol{X}_3^1)}{\mathrm{d}\alpha^*}=2(1+\alpha^*)+4\alpha^*-4-2-4\alpha^*=0$$

故

$$\alpha^*=2$$

$$\boldsymbol{X}_3^1=(3,2)^{\mathrm{T}}$$

为继续进行迭代，需要将 $\boldsymbol{X}_3^1$ 置换为下一轮的起点：$\boldsymbol{X}_0^2\leftarrow\boldsymbol{X}_3^1$。

5. 更新搜索方向向量系

初始搜索方向向量系为

$$\boldsymbol{SS}^1=(\boldsymbol{S}_1^1,\boldsymbol{S}_2^1)=(\boldsymbol{e}_1,\boldsymbol{e}_2)=\begin{pmatrix}1&0\\0&1\end{pmatrix}$$

去掉 $\boldsymbol{SS}^1$ 第一列向量，将第二列向量向前移动，第二列空白，新搜索方向向量系为

$$\boldsymbol{SS}^2=(\boldsymbol{e}_2,\ )=\begin{pmatrix}0&\\1&\end{pmatrix}$$

再将刚构造的共轭向量续接到最后一列，更新完成的搜索方向向量系 $\boldsymbol{SS}^2$ 为

$$\boldsymbol{SS}^2=(\boldsymbol{S}_1^2,\boldsymbol{S}_2^2)=(\boldsymbol{e}_2,\boldsymbol{S}^1)=\begin{pmatrix}0&1\\1&1\end{pmatrix}$$

6. 检查是否需要进行第二轮($k=2$)计算

1) 因为 $k(=1)<n(=2)$，需要进行第二轮辅助优化

第二轮辅助优化第一维，从 $\boldsymbol{X}_0^2=(3,2)^{\mathrm{T}}$ 出发，取 $\boldsymbol{SS}^2$ 中的第一列向量 $\boldsymbol{S}_1^2=\boldsymbol{e}_2=(0,1)^{\mathrm{T}}$ 为搜索方向，进行一维优化。解析法求解如下：

$$\boldsymbol{X}_1^2=\boldsymbol{X}_0^2+\alpha^*\cdot\boldsymbol{e}_2=\begin{pmatrix}3\\2\end{pmatrix}+\alpha^*\begin{pmatrix}0\\1\end{pmatrix}=\begin{pmatrix}3\\2+\alpha^*\end{pmatrix}$$

$$f(\boldsymbol{X}_1^2)=3^2+2\cdot(2+\alpha^*)^2-4\cdot3-2\cdot3(2+\alpha^*)$$

$$\frac{\mathrm{d}f(\boldsymbol{X}_1^2)}{\mathrm{d}\alpha^*}=4(2+\alpha^*)-6=0$$

故

$$\alpha^*=-0.5$$

$$\boldsymbol{X}_1^2=(3,1.5)^{\mathrm{T}}$$

第二轮辅助优化第二维，从 $\boldsymbol{X}_1^2=(3,1.5)^{\mathrm{T}}$ 出发，取 $\boldsymbol{SS}^2$ 中的第二列向量 $\boldsymbol{S}_2^2=\boldsymbol{S}^1=(1,1)^{\mathrm{T}}$ 为搜索方向，进行一维优化。解析法求解如下：

$$\boldsymbol{X}_2^2=\boldsymbol{X}_1^2+\alpha^*\cdot\boldsymbol{S}^1=\begin{pmatrix}3\\1.5\end{pmatrix}+\alpha^*\begin{pmatrix}1\\1\end{pmatrix}=\begin{bmatrix}3+\alpha^*\\1.5+\alpha^*\end{bmatrix}$$

$$f(\boldsymbol{X}_2^2) = (3+\alpha^*)^2 + 2\cdot(1.5+\alpha^*)^2 - 4(3+\alpha^*) - 2\cdot(3+\alpha^*)(1.5+\alpha^*)$$

$$\frac{\mathrm{d}f(\boldsymbol{X}_2^2)}{\mathrm{d}\alpha^*} = 2(3+\alpha^*) + 4(1.5+\alpha^*) - 4 - 2((1.5+\alpha^*)+(3+\alpha^*)) = 0$$

故

$$\alpha^* = 0.5$$

$$\boldsymbol{X}_2^2 = (3.5, 2)^{\mathrm{T}}$$

2) 构造第二个共轭向量 $\boldsymbol{S}^2$

完成第二轮的两维辅助优化，用辅助优化起点 $\boldsymbol{X}_0^2$ 及终点 $\boldsymbol{X}_2^2$，构造第二个共轭向量 $\boldsymbol{S}^2$：

$$\boldsymbol{S}^2 = \boldsymbol{X}_2^2 - \boldsymbol{X}_0^2 = \begin{pmatrix}3.5\\2\end{pmatrix} - \begin{pmatrix}3\\2\end{pmatrix} = \begin{pmatrix}0.5\\0\end{pmatrix}$$

3) 进行第二次一维共轭优化

从本轮起点 $\boldsymbol{X}_0^2$ 出发，沿第二个共轭向量 $\boldsymbol{S}^2$ 方向，进行一维共轭优化。

$$\boldsymbol{X}_3^2 = \boldsymbol{X}_0^2 + \alpha^* \cdot \boldsymbol{S}^2 = \begin{pmatrix}3\\2\end{pmatrix} + \alpha^* \begin{pmatrix}0.5\\0\end{pmatrix} = \begin{pmatrix}3+0.5\alpha^*\\2\end{pmatrix}$$

$$f(\boldsymbol{X}_3^2) = (3+0.5\alpha^*)^2 + 2\cdot 2^2 - 4(3+0.5\alpha^*) - 2\cdot(3+0.5\alpha^*)\cdot 2$$

$$\frac{\mathrm{d}f(\boldsymbol{X}_3^2)}{\mathrm{d}\alpha^*} = (3+0.5\alpha^*) - 2 - 2 = 0$$

故

$$\alpha^* = 2$$

$$\boldsymbol{X}_3^2 = (4, 2)^{\mathrm{T}}$$

由共轭向量性质(3)可知，最多进行两次一维共轭优化即可搜索到目标函数最优点 $\boldsymbol{X}^*$：

$$\boldsymbol{X}^* = \boldsymbol{X}_3^2 = (4,2)^{\mathrm{T}},\ f(\boldsymbol{X}^*) = -8$$

将整个搜索过程中关键的两次一维共轭优化过程提取如下：① 从 $\boldsymbol{X}_0^1=(1,0)^{\mathrm{T}}$ 出发，沿着第一个共轭向量 $\boldsymbol{S}^1$ 方向，搜索到一维共轭优化极值点 $\boldsymbol{X}_3^1=\boldsymbol{X}_0^2=(3,2)^{\mathrm{T}}$；② 再从 $\boldsymbol{X}_0^2=(3,2)^{\mathrm{T}}$ 出发，沿着第二个共轭向量 $\boldsymbol{S}^2$ 方向，搜索到一维共轭优化极值点 $\boldsymbol{X}_3^2=(4,2)^{\mathrm{T}}$。

但用数值法计算时，搜索到 $\boldsymbol{X}_3^2$ 后，为进行下一轮迭代计算，还需要将 $\boldsymbol{X}_3^2$ 置换为下一环起点 $\boldsymbol{X}^{(0)}$，即 $\boldsymbol{X}^{(0)} \leftarrow \boldsymbol{X}_3^2=(4,2)^{\mathrm{T}}$，并更新搜索方向向量系：

$$\boldsymbol{SS}^3 = (\boldsymbol{S}_1^3, \boldsymbol{S}_2^3) = (\boldsymbol{S}^1, \boldsymbol{S}^2) = \begin{pmatrix}1 & 0.5\\1 & 0\end{pmatrix}$$

计算 $\boldsymbol{X}^{(0)}=\boldsymbol{X}_3^2$ 处负梯度的模，由于 $\boldsymbol{X}^{(0)}$ 是极值点，必定有 $m=\|\nabla f(\boldsymbol{X}^{(0)})\|=0$。

7. 返回步骤 2，进行第 2 环计算

重新执行步骤 2，检查负梯度的模 $m=0<\varepsilon$，满足精度要求，终止循环并退出。将 $\boldsymbol{X}^{(0)}=\boldsymbol{X}_3^2=(4,2)^{\mathrm{T}}$ 作为目标函数最优点 $\boldsymbol{X}^*$ 输出。

基本鲍威尔法中，可能会在某一维共轭优化中搜索到目标函数最优点，使后续搜索中最优步长因子 $\alpha^*=0$。程序中，由于 $\alpha^*=0$，进退法程序会出现“数值溢出”错误，造成程序崩溃。为解决该问题，使基本鲍威尔法程序能运行，在图 3-6-3 流程图中，需增加一个判断条件：当 $|\alpha^*|<\varepsilon$ 时，执行 Exit Do，退出当型循环，不再调用进退法及插值法子程序，避免程序崩溃。搜索结束，将 $\boldsymbol{X}^{(0)}$ 作为目标函数最优点 $\boldsymbol{X}^*$ 返回主程序。

3.6.6 改进鲍威尔法

在基本鲍威尔法中，要求搜索方向向量系中各向量线性无关。如果在某一维优化中，出现最优步长因子 $\alpha^*=0$ 的情况，那么该搜索方向将消失，下一轮就无法构成 n 个线性无关的搜索方向向量，最多只有 $n-1$ 个独立的方向向量，这种现象称为"降维"。一旦出现"降维"，搜索将只能在降低的 $n-1$ 维空间进行，无法找到正确的 n 维目标函数最优点，基本鲍威尔法失效。

基本鲍威尔法产生降维的一个主要原因是，在更新搜索方向向量系时，无论这个搜索方向向量是否表现较差，都会被一律去掉。改进的鲍威尔法提出：首先，应判断搜索方向向量系是否需要替换；其次，如果需要替换，则应当从搜索方向向量系中找出并剔除"最差"的向量，然后再用构造的共轭向量进行替换。

1. 改进鲍威尔法更新搜索方向向量系方法

改进鲍尔威法与基本鲍威尔法相同之处不再重复，下面重点介绍改进鲍威尔法更新搜索方向向量系。

(1) 第 k 轮，从 $\boldsymbol{X}_0^k$ 出发，进行 n 维辅助优化，得到一组一维极值点：$\boldsymbol{X}_1^k,\boldsymbol{X}_2^k,\cdots,\boldsymbol{X}_n^k$。

仍然用本次辅助优化的起点及终点构造共轭向量：$\boldsymbol{S}^k=\boldsymbol{X}_n^k-\boldsymbol{X}_0^k$。

由辅助优化的起点 $\boldsymbol{X}_0^k$，沿共轭向量 $\boldsymbol{S}^k$ 方向，构造关于 $\boldsymbol{X}_n^k$ 点对称的反射点 $\boldsymbol{X}_{\mathrm{R}}^k$：

$$\boldsymbol{X}_{\mathrm{R}}^k=\boldsymbol{X}_n^k+(\boldsymbol{X}_n^k-\boldsymbol{X}_0^k)=2\boldsymbol{X}_n^k-\boldsymbol{X}_0^k \tag{3-6-21}$$

$\boldsymbol{X}_0^k$、$\boldsymbol{X}_n^k$、$\boldsymbol{X}_{\mathrm{R}}^k$ 三点在一条直线上，$\boldsymbol{X}_0^k$ 与 $\boldsymbol{X}_{\mathrm{R}}^k$ 到 $\boldsymbol{X}_n^k$ 的距离相同。

三点处的函数值分别记为

$$f_1=f(\boldsymbol{X}_0^k)\ ,f_2=f(\boldsymbol{X}_n^k),f_3=f(\boldsymbol{X}_{\mathrm{R}}^k) \tag{3-6-22}$$

从 $\boldsymbol{X}_0^k,\boldsymbol{X}_1^k,\boldsymbol{X}_2^k,\cdots,\boldsymbol{X}_n^k$ 中，逐对计算两个相邻的一维极值点上函数值的差值：

$$\Delta_i=f(\boldsymbol{X}_{i-1}^k)-f(\boldsymbol{X}_i^k)\ (i=1,2,\cdots,n) \tag{3-6-23}$$

由于 $f(\boldsymbol{X}_{i-1}^k)>f(\boldsymbol{X}_i^k)$，必有 $\Delta_i>0$。从 Δ_i 中选出差值最大的一项 Δ_m：

$$\Delta_m=\max_{1\leqslant i\leqslant n}\Delta_i=f(\boldsymbol{X}_{m-1}^k)-f(\boldsymbol{X}_m^k) \tag{3-6-24}$$

(2) 判断是否更新向量系及确定更新向量系方法。

改进鲍威尔法设立了两条判别准则：

$$f_3<f_1 \tag{3-6-25}$$

$$(f_1-2f_2+f_3)(f_1-f_2-\Delta_m)^2<0.5\Delta_m(f_1-f_3)^2 \tag{3-6-26}$$

若其中任一条件不成立，则不必更新搜索方向向量系。取函数值 f_2、f_3 中较小者对应的函数坐标 $\boldsymbol{X}_n^k$、$\boldsymbol{X}_{\mathrm{R}}^k$ 为起点，用原搜索方向向量系进行下一轮优化搜索。

若两条件全部成立，则需要更新搜索方向向量系。更新的方法分为两步：① 在原搜索方向向量系中，Δ_m 对应的第 m 列向量之前的列向量均保留不变，仅去掉第 m 列向量(向量系中"最差"的方向向量)，从第 $m+1$ 列向量开始，将后续列向量依次顺序向前逐列移动，直到最后一列为止；② 将构造的共轭向量 $\boldsymbol{S}^k$ 填补到最后第 n 列处。更新计算格式：

$$\boldsymbol{SS}(j,i)\leftarrow\boldsymbol{SS}(j,i+1)\quad(m\leqslant i\leqslant n-1,j=1,\cdots,n) \tag{3-6-27}$$

$$\boldsymbol{SS}(j,n)\leftarrow\boldsymbol{S}^k(j)\quad(j=1,2,\cdots,n) \tag{3-6-28}$$

2. 改进鲍威尔法子程序流程图

图 3-6-5 为改进鲍威尔法子程序的 N-S 流程图，注意对比基本鲍威尔法与改进鲍威尔法的异同。完整的改进鲍威尔法-最优步长法程序、改进鲍威尔法-追赶步长法程序可扫描二维码查看。

改进鲍威尔法-最优步长法程序

改进鲍威尔法-追赶步长法程序

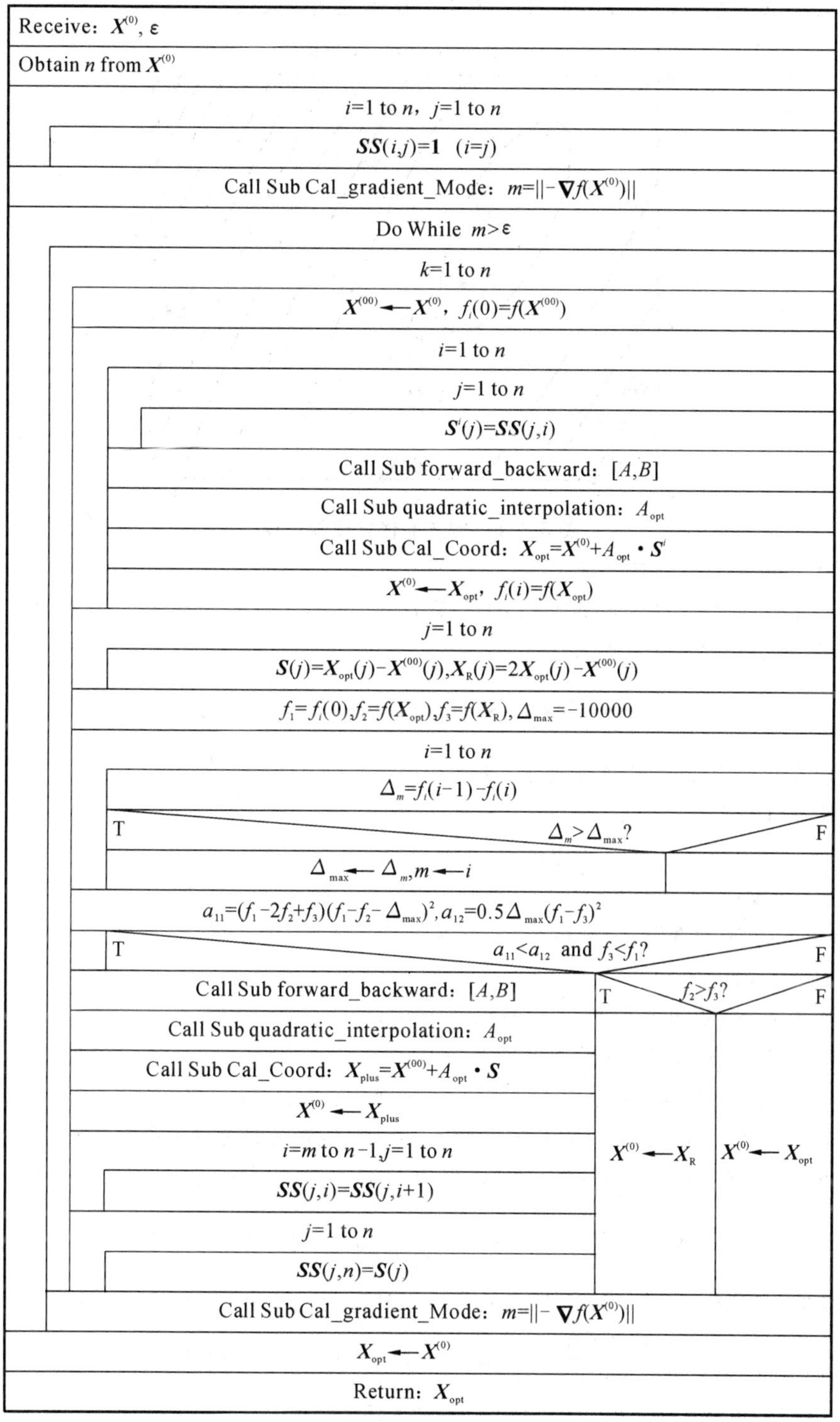

图 3-6-5　改进鲍威尔法子程序流程图

3.6.7　改进鲍威尔法算例

【例 3-6】　目标函数 $f(\boldsymbol{X})=10(x_1+x_2-5)^2+(x_1-x_2)^2$，取 $\boldsymbol{X}^{(0)}=(1,0)^{\mathrm{T}}$，$\varepsilon=0.01$，用改进鲍威尔法求最优解。

解　已知 $\boldsymbol{X}^{(0)}=(1,0)^{\mathrm{T}}$，$\varepsilon=0.01$。搜索过程参见图 3-6-6。

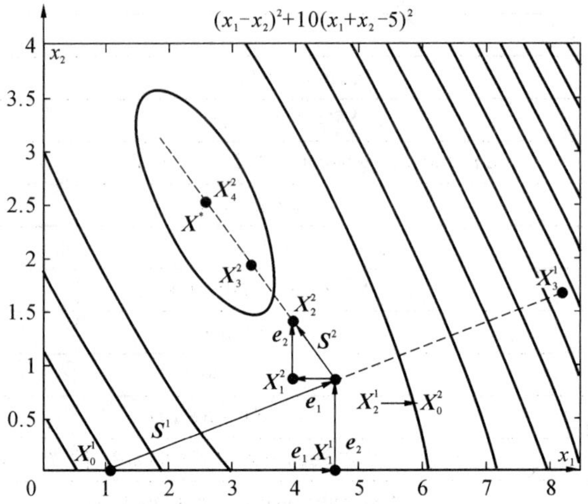

图 3-6-6　例 3-6 优化搜索过程

1. 构造初始搜索方向向量系

取两个坐标轴的单位向量 $\boldsymbol{e}_1=(1,0)^{\mathrm{T}}$ 及 $\boldsymbol{e}_2=(0,1)^{\mathrm{T}}$，按列组合成一个 2 阶的单位矩阵 $\boldsymbol{SS}^1$，作为第一轮搜索方向向量系。

$$\boldsymbol{SS}^1=(\boldsymbol{S}_1^1,\boldsymbol{S}_2^1)=(\boldsymbol{e}_1,\boldsymbol{e}_2)=\begin{pmatrix}1&0\\0&1\end{pmatrix}$$

2. 判断初始点是否满足精度要求(环次)

(1) 计算 $\boldsymbol{X}^{(0)}$ 点负梯度：

$$g_1=-20(x_1+x_2-5)-2(x_1-x_2)=78$$

$$g_2=-20(x_1+x_2-5)+2(x_1-x_2)=82$$

(2) $m=\|-\boldsymbol{\nabla} f(\boldsymbol{X}^{(0)})\|=113>\varepsilon$，不满足精度要求，进入循环，进行第一环改进鲍威尔法搜索。

用数值法计算，需要步骤 2，用解析法可省略此步。

3. 共进行 $k=2$ 轮计算(轮次)

1) 进行第一轮($k=1$)坐标轮换法的 n 维辅助优化(维次)

第一轮辅助优化第一维，取 $\boldsymbol{X}_0^1\leftarrow\boldsymbol{X}^{(0)}=(1,0)^{\mathrm{T}}$，初始点函数值 $f_1(0)=f(\boldsymbol{X}_0^1)=161$。从 $\boldsymbol{X}_0^1$ 出发，取 $\boldsymbol{SS}^1$ 中的第一列向量 $\boldsymbol{S}_1^1=\boldsymbol{e}_1=(1,0)^{\mathrm{T}}$ 为搜索方向，进行一维优化。解析法求解如下：

$$\boldsymbol{X}_1^1=\boldsymbol{X}_0^1+\alpha^*\cdot\boldsymbol{e}_1=\begin{pmatrix}1\\0\end{pmatrix}+\alpha^*\begin{pmatrix}1\\0\end{pmatrix}=\begin{pmatrix}1+\alpha^*\\0\end{pmatrix}$$

$$f(\boldsymbol{X}_1^1)=10(x_1+x_2-5)^2+(x_1-x_2)^2=10(1+\alpha^*-5)^2+(1+\alpha^*)^2$$

$$\frac{\mathrm{d}f(\boldsymbol{X}_1^1)}{\mathrm{d}\alpha^*}=20(\alpha^*-4)+2(1+\alpha^*)=0$$

故
$$\alpha^*=3.5455$$

$$\boldsymbol{X}_1^1=(4.5455,0)^{\mathrm{T}},f_1(1)=f(\boldsymbol{X}_1^1)=22.7$$

第一轮辅助优化第二维，从 $\boldsymbol{X}_1^1$ 出发，沿着第二列向量 $\boldsymbol{S}_2^1=\boldsymbol{e}_2=(0,1)^{\mathrm{T}}$ 方向，进行一维优化。解析法求解如下：

$$\boldsymbol{X}_2^1=\boldsymbol{X}_1^1+\alpha^*\cdot\boldsymbol{e}_2=\begin{pmatrix}4.5455\\0\end{pmatrix}+\alpha^*\begin{pmatrix}0\\1\end{pmatrix}=\begin{pmatrix}4.5455\\\alpha^*\end{pmatrix}$$

$$f(\boldsymbol{X}_2^1) = 10(4.5455 + \alpha^* - 5)^2 + (4.5455 - \alpha^*)^2$$

$$\frac{\mathrm{d}f(\boldsymbol{X}_2^1)}{\mathrm{d}\alpha^*} = 20(\alpha^* - 0.4545) - 2(4.5455 - \alpha^*) = 0$$

故

$$\alpha^* = 0.8264$$

$$\boldsymbol{X}_2^1 = (4.5455, 0.8264)^{\mathrm{T}}, f_1(2) = f(\boldsymbol{X}_2^1) = 15.2$$

用数值法计算时，一维优化过程通过调用进退法、插值法及函数坐标计算子程序完成。

2）构造第一个共轭向量 $\boldsymbol{S}^1$

完成第一轮的两维辅助优化，用辅助优化起点 $\boldsymbol{X}_0^1$ 及终点 $\boldsymbol{X}_2^1$ 构造第一个共轭向量 $\boldsymbol{S}^1$：

$$\boldsymbol{S}^1 = \boldsymbol{X}_2^1 - \boldsymbol{X}_0^1 = \begin{pmatrix} 4.5455 \\ 0.8264 \end{pmatrix} - \begin{pmatrix} 1 \\ 0 \end{pmatrix} = \begin{pmatrix} 3.5455 \\ 0.8264 \end{pmatrix}$$

反射点坐标为

$$\boldsymbol{X}_{\mathrm{R}}^1 = 2\boldsymbol{X}_2^1 - \boldsymbol{X}_0^1 = 2\begin{pmatrix} 4.5455 \\ 0.8264 \end{pmatrix} - \begin{pmatrix} 1 \\ 0 \end{pmatrix} = \begin{pmatrix} 8.0909 \\ 1.6528 \end{pmatrix}, f_1(3) = f(\boldsymbol{X}_{\mathrm{R}}^1) = 266$$

共轭向量 $\boldsymbol{S}^1$ 方向上辅助优化起点、终点及反射点处函数值为

$$f_0 = f_1(0) = f(\boldsymbol{X}_0^1) = 161, f_2 = f_1(2) = f(\boldsymbol{X}_2^1) = 15.2, f_3 = f_1(3) = f(\boldsymbol{X}_{\mathrm{R}}^1) = 266$$

3）用鲍威尔法判别准则

（1）判断是否需要更新搜索方向向量系。

逐对计算两个相邻的一维极值点上函数值的差值 Δ_i：

$$\Delta_1 = f_1(0) - f_1(1) = 161 - 22.7 = 138.3$$

$$\Delta_2 = f_1(1) - f_1(2) = 22.7 - 15.2 = 7.5$$

函数值的最大差值为

$$\Delta_m = \Delta_1 = 138.3, m = 1$$

鲍威尔法判别准则1：由于 $f_3 = 266 > f_0 (= 161)$，不满足鲍威尔判别准则1，不必更新搜索方向向量系。不必再判断鲍威尔判别准则2及计算一维共轭优化。

（2）确定下一轮搜索起点。

计算结果 $f_3 = 266 > f_2$，f_2、f_3 中函数值小的是 f_2，取 f_2 的坐标 $\boldsymbol{X}_2^1$ 为下一轮起点：$\boldsymbol{X}_0^2 \leftarrow \boldsymbol{X}_2^1 = (4.5455, 0.8264)^{\mathrm{T}}$。从两个函数值中选最小处开始后续优化最有利。

4）检查是否需要进行第二轮（$k=2$）计算

（1）因为 $k(=1) < n(=2)$，需要进行第二轮辅助优化。

为了保持迭代格式一致，将搜索方向向量系 $\boldsymbol{SS}^1$ 记为 $\boldsymbol{SS}^2$，内容不变。

第二轮辅助优化第一维，从 $\boldsymbol{X}_0^2 = (4.5455, 0.8264)^{\mathrm{T}}$ 出发（该点处函数值 $f_2(0) = f(\boldsymbol{X}_0^2) = 15.2$），取 $\boldsymbol{SS}^2$ 中的第一列向量 $\boldsymbol{S}_1^2 = \boldsymbol{e}_1 = (1,0)^{\mathrm{T}}$ 为搜索方向，进行一维优化。解析法求解如下：

$$\boldsymbol{X}_1^2 = \boldsymbol{X}_0^2 + \alpha^* \cdot \boldsymbol{e}_1 = \begin{pmatrix} 4.5455 \\ 0.8264 \end{pmatrix} + \alpha^* \begin{pmatrix} 1 \\ 0 \end{pmatrix} = \begin{pmatrix} 4.5455 + \alpha^* \\ 0.8264 \end{pmatrix}$$

$$f(\boldsymbol{X}_1^2) = 10(4.5455 + \alpha^* + 0.8264 - 5)^2 + (4.5455 + \alpha^* - 0.8264)^2$$

$$\frac{\mathrm{d}f(\boldsymbol{X}_1^2)}{\mathrm{d}\alpha^*} = 20(\alpha^* + 0.3719) + 2(3.7191 + \alpha^*) = 0$$

故

$$\alpha^* = -0.6762$$

$$\boldsymbol{X}_1^2 = (3.8693, 0.8264)^{\mathrm{T}}, f_2(1) = f(\boldsymbol{X}_1^2) = 10.2$$

第二轮辅助优化第二维，从 $\boldsymbol{X}_1^2$ 出发，取 $\boldsymbol{SS}^2$ 的第二列向量 $\boldsymbol{S}_2^2=\boldsymbol{e}_2=(0,1)^{\mathrm{T}}$ 为搜索方向，进行一维优化。解析法求解如下：

$$\boldsymbol{X}_2^2=\boldsymbol{X}_1^2+\alpha^*\cdot\boldsymbol{e}_2=\begin{pmatrix}3.8693\\0.8264\end{pmatrix}+\alpha^*\begin{pmatrix}0\\1\end{pmatrix}=\begin{pmatrix}3.8693\\0.8264+\alpha^*\end{pmatrix}$$

$$f(\boldsymbol{X}_2^2)=10\,(3.8693+0.8264+\alpha^*-5)^2+(3.8693-0.8264-\alpha^*)^2$$

$$\frac{\mathrm{d}f(\boldsymbol{X}_2^2)}{\mathrm{d}\alpha^*}=20(\alpha^*-0.3043)-2(3.0429-\alpha^*)=0$$

故

$$\alpha^*=0.5532$$

$$\boldsymbol{X}_2^2=(3.8693,1.3797)^{\mathrm{T}},\ f_2(2)=f(\boldsymbol{X}_2^2)=6.8$$

(2) 构造第二个共轭向量 $\boldsymbol{S}^2$。

完成第二轮的两维辅助优化，用辅助优化起点 $\boldsymbol{X}_0^2$ 及终点 $\boldsymbol{X}_2^2$ 构造第二个共轭向量 $\boldsymbol{S}^2$：

$$\boldsymbol{S}^2=\boldsymbol{X}_2^2-\boldsymbol{X}_0^2=\begin{pmatrix}3.8693\\1.3797\end{pmatrix}-\begin{pmatrix}4.5455\\0.8264\end{pmatrix}=\begin{pmatrix}-0.6762\\0.5532\end{pmatrix}$$

反射点坐标为

$$\boldsymbol{X}_{\mathrm{R}}^2=2\boldsymbol{X}_2^2-\boldsymbol{X}_0^2=2\begin{pmatrix}3.8693\\1.3797\end{pmatrix}-\begin{pmatrix}4.5455\\0.8264\end{pmatrix}=\begin{pmatrix}3.1931\\1.9329\end{pmatrix},f_2(3)=f(\boldsymbol{X}_{\mathrm{R}}^2)=1.74$$

共轭向量 $\boldsymbol{S}^2$ 方向线上辅助优化起点、终点及反射点处函数值为

$$f_0=f_2(0)=f(\boldsymbol{X}_0^2)=15.2,f_2=f_2(2)=f(\boldsymbol{X}_2^2)=6.8,f_3=f_2(3)=f(\boldsymbol{X}_{\mathrm{R}}^2)=1.74$$

5) 用鲍威尔法判别准则

(1) 判断是否需要更新搜索方向向量系。

逐对计算两个相邻一维极值点上函数值的差值 Δ_i：

$$\Delta_1=f_2(0)-f_2(1)=15.2-10.2=5.0$$

$$\Delta_2=f_2(1)-f_2(2)=10.2-6.8=3.4$$

函数值的最大差值为

$$\Delta_m=\Delta_1=5.0295,m=1$$

鲍威尔法判别准则1：由于 $f_3=1.74<f_0(=15.2)$，满足鲍威尔判别准则1。

鲍威尔法判别准则2：

$$\begin{aligned}a_{11}&=(f_0+f_3-2f_2)(f_0-f_2-\Delta_m)^2\\&=(15.2+1.74-2\cdot6.8)\cdot(15.2-6.8-5.0295)^2=37.94\end{aligned}$$

$$a_{12}=0.5\Delta_m\,(f_0-f_3)^2=0.5\cdot5.0295\cdot(15.2-1.74)^2=455.6$$

$a_{11}<a_{12}$，满足鲍威尔判别准则2。

两个准则均满足，需要更新搜索方向向量系。

(2) 进行第二次一维共轭优化。

从 $\boldsymbol{X}_0^2=(4.5455,0.8264)^{\mathrm{T}}$ 出发，沿共轭向量 $\boldsymbol{S}^2$ 方向，进行一维共轭优化：

$$\boldsymbol{X}_{\mathrm{plus}}^2=\boldsymbol{X}_0^2+\alpha^*\cdot\boldsymbol{S}^2=\begin{pmatrix}4.5455\\0.8264\end{pmatrix}+\alpha^*\begin{pmatrix}-0.6762\\0.5532\end{pmatrix}=\begin{bmatrix}4.5455-0.6762\alpha^*\\0.8264+0.5532\alpha^*\end{bmatrix}$$

$$f(\boldsymbol{X}_{\mathrm{plus}}^2)=10\,(0.3719-0.123\alpha^*)^2+(3.7191-1.2294\alpha^*)^2$$

$$\frac{\mathrm{d}f(\boldsymbol{X}_{\mathrm{plus}}^2)}{\mathrm{d}\alpha^*}=-20(0.3719-0.123\alpha^*)\cdot0.123-2(3.7191-1.2294\alpha^*)\cdot1.2294=0$$

故

$$\alpha^*=3.02499=3.025$$

$$\boldsymbol{X}_{\text{plus}}^2=\begin{pmatrix}4.5455-0.6762\alpha^*\\0.8264+0.5532\alpha^*\end{pmatrix}=\begin{pmatrix}2.5000\\2.4998\end{pmatrix}\approx\begin{pmatrix}2.5\\2.5\end{pmatrix},f(\boldsymbol{X}_{\text{plus}}^2)=0$$

该目标函数解析法最优点 $\boldsymbol{X}^*=(2.5,2.5)^{\mathrm{T}}$，用改进鲍威尔法进行两轮搜索，没有更新搜索方向向量系，仅进行一次一维共轭优化，搜索到目标函数最优点，过程参见图 3-6-6。

若用数值法，则需要检查是否满足精度条件，计算过程如下。

如果进行迭代计算，需要进行如下步骤：

① 将 $\boldsymbol{X}_{\text{plus}}^2$ 置换为下一环起点：$\boldsymbol{X}^{(0)}\leftarrow\boldsymbol{X}_{\text{plus}}^2=(2.5,2.5)^{\mathrm{T}}$。

② 更新搜索方向向量系(新的搜索方向向量系记为 $\boldsymbol{SS}^3$)。

从原搜索方向向量系 $\boldsymbol{SS}^2$ 中，去掉 $m=1$ 列搜索方向向量，将后续列向量前移，再将新构造的共轭向量 $\boldsymbol{S}^2$ 填补到最后一列。更新后的搜索方向向量系 $\boldsymbol{SS}^3$ 为

$$\boldsymbol{SS}^3=(\boldsymbol{S}_1^3,\boldsymbol{S}_2^3)=(\boldsymbol{e}_2,\boldsymbol{S}^2)==\begin{pmatrix}0&-0.6762\\1&0.5532\end{pmatrix}$$

③ 计算 $\boldsymbol{X}^{(0)}=\boldsymbol{X}_{\text{plus}}^2=(2.5,2.5)^{\mathrm{T}}$ 点处负梯度的模：

$$g_1=-20(x_1+x_2-5)-2(x_1-x_2)=0$$
$$g_2=-20(x_1+x_2-5)+2(x_1-x_2)=0$$
$$m=\|-\nabla f(\boldsymbol{X}_0^3)\|=0<\varepsilon$$

因为 $\boldsymbol{X}^{(0)}=\boldsymbol{X}_{\text{plus}}^2=(2.5,2.5)^{\mathrm{T}}$ 是目标函数极值点，负梯度的模必定是零。

4. 返回步骤 2，进行第 2 环计算

重新执行步骤 2，检查负梯度的模：$m=0<\varepsilon$，满足计算精度要求，终止循环并退出。

将 $\boldsymbol{X}^{(0)}=\boldsymbol{X}_{\text{plus}}^2=(2.5,2.5)^{\mathrm{T}}$ 作为目标函数最优点 $\boldsymbol{X}^*$ 输出：

$$\boldsymbol{X}^*=\boldsymbol{X}_4^2=(2.5,2.5)^{\mathrm{T}},f(\boldsymbol{X}^*)=0.0$$

下面不再列出基本鲍威尔法及改进鲍威尔法部分的追赶步长法流程图及程序。

3.7 单纯形法

单纯形法

单纯形法是无约束优化中的一种直接法，也是后续约束优化中复合形法的基础。与前面提到的几种无约束优化方法相比，单纯形法最大的区别在于其一维优化的形式发生了变化：① 最佳搜索方向是根据统计规律估计出的；② 最优步长也是通过估算得出的，并未使用最优步长法。因此，单纯形法是一种用统计规律进行一维优化的方法。

3.7.1 单纯形概念

在 n 维空间中，具有 $k=n+1$ 个顶点的多边形或多面体，称为**单纯形**。

单纯形是 n 维空间中最简单的多边形/多面体。如二维空间($n=2$)中，单纯形是平面三角形($k=3$)，如图 3-7-1 所示。三角形是平面上最简单的多边形，任何大于三个顶点的其他平面多边形，都可以分解为若干个三角形之和。同理，三维空间中，具有四个顶点的四面体是最简单的多面体。更高维数的空间中，单纯形

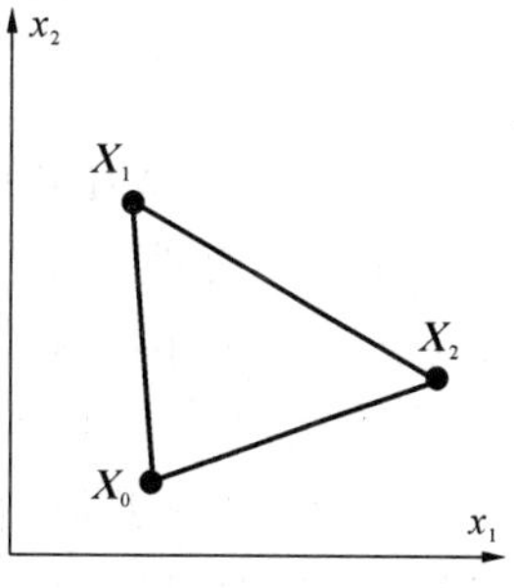

图 3-7-1　二维空间单纯形

是超几何多面体，无法用几何图形描述。

单纯形的 k 个顶点坐标记为 $\boldsymbol{X}_i(i=0,1,2,\cdots,n)$，构造一个单纯形的条件是：由任一顶点 $\boldsymbol{X}_i$ 指向其余顶点 $\boldsymbol{X}_j$ 的 n 个向量 $\boldsymbol{X}_j-\boldsymbol{X}_i(i\neq j)$ 必须是线性无关的。

3.7.2　单纯形法基本原理

在一个 n 维空间中，首先选定一组 $k=n+1$ 个初始点，用 k 个初始点为顶点，构造一个初始单纯形。计算单纯形每个顶点对应的函数值，并从中选出函数值最大的顶点作为“最差顶点”。然后，从单纯形中去掉最差顶点后，得到用剩余的 n 个顶点构成的一个子几何图形，并计算子几何图形的形心。根据统计规律的估计，通常从最差顶点指向该形心点的方向是目标函数值均衡下降较快的方向，因此单纯形法选择该方向为“最佳搜索方向”。沿着最佳搜索方向，通过反射、收缩等几种试探方法，找到反射点、收缩点等试探点作为“最优步长”点。然后依次比较这些试探点，选出函数值最小的点作为“最佳点”，用“最佳点”替换初始单纯形中的最差顶点，从而更新并构造出一个新单纯形。新单纯形每个顶点的函数值小于或等于初始单纯形各顶点的函数值，随着函数值的下降，新单纯形逐步向目标函数最优点靠近。重复这样的过程，不断更新和构造新单纯形，逐步逼近目标函数最优点。最终，在满足计算精度的要求下，选择单纯形上函数值最小的顶点坐标作为目标函数最优点的近似值输出。

3.7.3　单纯形基本搜索方法

下面介绍常用的三种搜索方法以及与搜索相关的概念。

1. 确定单纯形法的“最佳搜索方向”

1）将单纯形各顶点函数值排序

在 n 维空间中，取 $k=n+1$ 个初始点，用 k 个初始点为顶点，构造一个多边形/多面体，作为初始单纯形，各顶点坐标记为 $\boldsymbol{X}_i(i=0,1,2,\cdots,n)$，计算各顶点目标函数值 $f(\boldsymbol{X}_i)$。如图 3-7-1 所示，对各顶点目标函数值按大小排序，有：$f(\boldsymbol{X}_0)>f(\boldsymbol{X}_1)>f(\boldsymbol{X}_2)$。

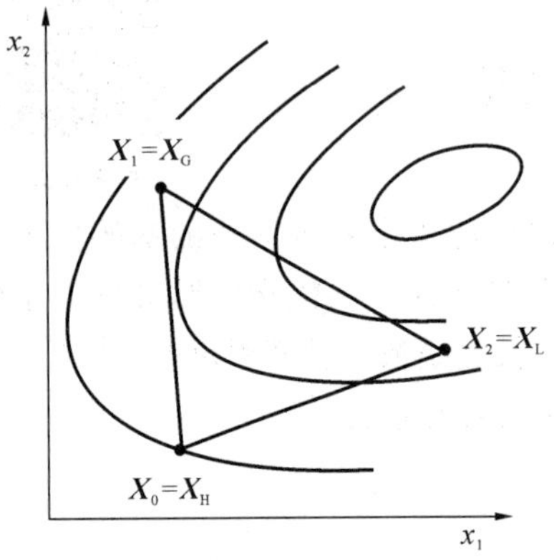

图 3-7-2　单纯形函数值

从排序的函数值中，找出最差顶点（函数值最大的坐标点 $\boldsymbol{X}_H=\boldsymbol{X}_0$）、次差顶点（函数值仅小于最差顶点的坐标点 $\boldsymbol{X}_G=\boldsymbol{X}_1$）及最好顶点（函数值最小的坐标点 $\boldsymbol{X}_L=\boldsymbol{X}_2$），如图 3-7-2 所示。从该图的等值线上，可知各顶点函数值的大小关系。

2）确定几何中心

去掉最差顶点 $\boldsymbol{X}_H$，还剩余 n 个顶点，用这 n 个顶点构造一个子几何图形，并计算该子几何图形的几何中心——形心 $\boldsymbol{X}_C$。在二维空间中，该几何中心是某直线的中心 $\boldsymbol{X}_C$（见图3-7-3）。在三维空间中，该几何中心是某平面三角形的形心。

3）确定单纯形法的“最佳搜索方向”

形心 $\boldsymbol{X}_C$ 是子几何图形的几何中心，形心处的函数值是子几何图形各顶点函数值的“近似均值”。根据统计，由最差顶点 $\boldsymbol{X}_H$ 指向形心 $\boldsymbol{X}_C$ 的方向是目标函数“均衡”下降较快的方向，单纯形法取该方向为“最佳搜索方向”。对于二维函数，如图 3-7-4 所示，该“最佳搜索方

向"用向量 $\boldsymbol{S}$ 方向表示，向量 $\boldsymbol{S}$ 计算公式为

$$\boldsymbol{S}=\boldsymbol{X}_C-\boldsymbol{X}_H \tag{3-7-1}$$

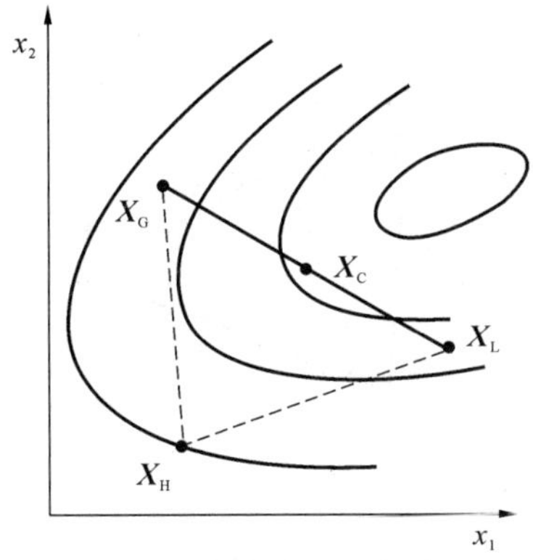

图 3-7-3　几何中心

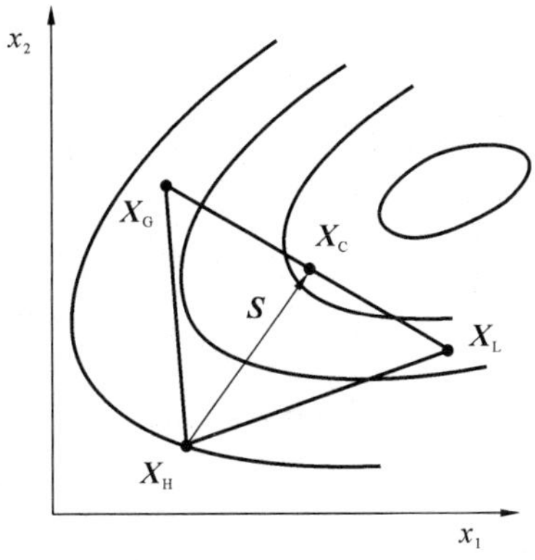

图 3-7-4　搜索方向

2. 搜索方法

1）反射

反射是沿着"最佳搜索方向"，确定一种可能的"最优步长"的估算方法。

取"最佳搜索方向"$\boldsymbol{S}$ 为反射方向，计算最差顶点 $\boldsymbol{X}_H$ 关于形心 $\boldsymbol{X}_C$ 的对称点 $\boldsymbol{X}_R$，称 $\boldsymbol{X}_R$ 为 $\boldsymbol{X}_H$ 关于 $\boldsymbol{X}_C$ 的**对称反射点**，如图 3-7-5 所示。因为对称，$\boldsymbol{X}_C$ 到 $\boldsymbol{X}_H$ 和 $\boldsymbol{X}_R$ 的距离相等。

按统计规律，反射点 $\boldsymbol{X}_R$ 是一个比较好的近似"最优点"。用一维优化概念类似表述为：从 $\boldsymbol{X}_H$ 出发，沿着"最佳搜索方向"$\boldsymbol{S}$，取 $\boldsymbol{X}_H$ 到 $\boldsymbol{X}_R$ 的长度为"最优步长值"（最优步长因子 $\alpha^*=2$）。一维优化"最优点"$\boldsymbol{X}_R$ 的计算公式可写成：

$$\boldsymbol{X}_R=\boldsymbol{X}_H+2\cdot\boldsymbol{S}=\boldsymbol{X}_H+2(\boldsymbol{X}_C-\boldsymbol{X}_H) \tag{3-7-2}$$

反射是单纯形法中确定"最优点"的一种近似估算方法。

式(3-7-2)可改写为更易于计算的公式：

$$\boldsymbol{X}_R=2\boldsymbol{X}_C-\boldsymbol{X}_H \tag{3-7-3}$$

式(3-7-3)表明，反射点计算公式中已包含搜索方向，所以不必计算搜索方向 $\boldsymbol{S}$。若将反射点视为从 $\boldsymbol{X}_C$ 点出发，则式(3-7-2)还可写为 $\boldsymbol{X}_R=\boldsymbol{X}_C+(\boldsymbol{X}_C-\boldsymbol{X}_H)=\boldsymbol{X}_C+1\cdot\boldsymbol{S}$。

2）收缩

收缩也是沿着"最佳搜索方向"，确定一种可能的"最优步长"的估算方法。

反射点是一个估算的、可能的一维最优点，但可能存在反射过强、反射点距离实际一维最优点过远的情况，此时可试着缩小步长，找到更好的"最优点"。如图 3-7-6 所示，将反射点 $\boldsymbol{X}_R$ 与形心点 $\boldsymbol{X}_C$ 的中点 $\boldsymbol{X}_S$，称为**对折收缩点**。

用一维优化概念类似表述为：从 $\boldsymbol{X}_H$ 出发，沿着"最佳搜索方向"$\boldsymbol{S}$，取 $\boldsymbol{X}_H$ 到 $\boldsymbol{X}_S$ 的长度为最优步长值（最优步长因子 $\alpha^*=1.5$）。一维优化"最优点"$\boldsymbol{X}_S$ 的计算公式为

$$\boldsymbol{X}_S=\boldsymbol{X}_H+1.5\cdot\boldsymbol{S}=\boldsymbol{X}_H+1.5\cdot(\boldsymbol{X}_C-\boldsymbol{X}_H) \tag{3-7-4}$$

式(3-7-4)可改写为更易于计算的公式：

$$\boldsymbol{X}_S=1.5\boldsymbol{X}_C-0.5\boldsymbol{X}_H$$

收缩也是一种估算方法。

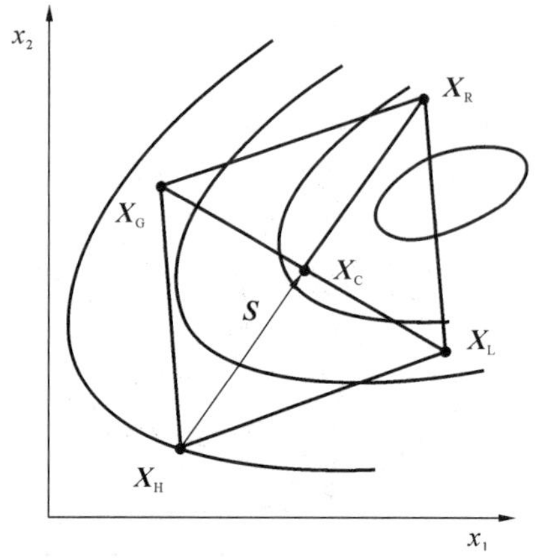

图 3-7-5　对称反射点

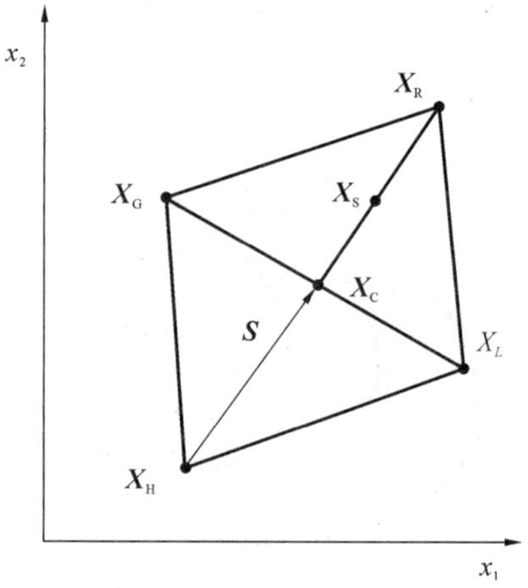

图 3-7-6　对折收缩点

从反射及收缩的本质看，单纯形法不是"搜索"最优步长，而是"指定"最优步长。在指定的反射点及收缩点上比较函数值，将函数值小的坐标点作为"最优点"，对应的步长就是最优步长。

3）压缩

如果利用反射与收缩都未能找到目标函数值有效下降的试探点，则很有可能是当前"最佳搜索方向"$\boldsymbol{S}$ 不好，这时需要尝试改变"最佳搜索方向"。单纯形中，最好顶点 $\boldsymbol{X}_{\mathrm{L}}$ 处的函数值最小，更好的搜索方向应该向 $\boldsymbol{X}_{\mathrm{L}}$ 移动。单纯形法中，用压缩来实现该设想。

保持当前单纯形中最好顶点 $\boldsymbol{X}_{\mathrm{L}}$ 坐标不变，其余的 n 个顶点坐标，均沿着单纯形中各自的边长，向 $\boldsymbol{X}_{\mathrm{L}}$ 移动一半的距离，如图 3-7-7 所示。在该单纯形中，$\boldsymbol{X}_0$ 压缩到 $\boldsymbol{X}'_0$，$\boldsymbol{X}_1$ 压缩到 $\boldsymbol{X}'_1$。

各压缩点的计算公式为

$$\boldsymbol{X}'_i = \boldsymbol{X}_{\mathrm{L}} + 0.5(\boldsymbol{X}_i - \boldsymbol{X}_{\mathrm{L}}) = 0.5(\boldsymbol{X}_i + \boldsymbol{X}_{\mathrm{L}}) \quad (i = 0,1,2,\cdots,n) \tag{3-7-5}$$

其中，当 $\boldsymbol{X}_i = \boldsymbol{X}_{\mathrm{L}}$ 时，压缩点仍然是原来的 $\boldsymbol{X}_{\mathrm{L}}$。

经过压缩，用新的压缩点构成缩小一半的新单纯形，如图 3-7-8 所示。

在压缩后的新单纯形上，示意性画出新的反射方向 $\boldsymbol{S}'$。相对于原单纯形上的 $\boldsymbol{S}$，$\boldsymbol{S}'$ 向函数值更小的 $\boldsymbol{X}_{\mathrm{L}}$ 位置移动，$\boldsymbol{S}'$ 的方向会更接近目标函数的最优点，如图 3-7-9 所示。

在单纯形法中，还有一些其他搜索方法（如扩张法），为简单起见，不再介绍。

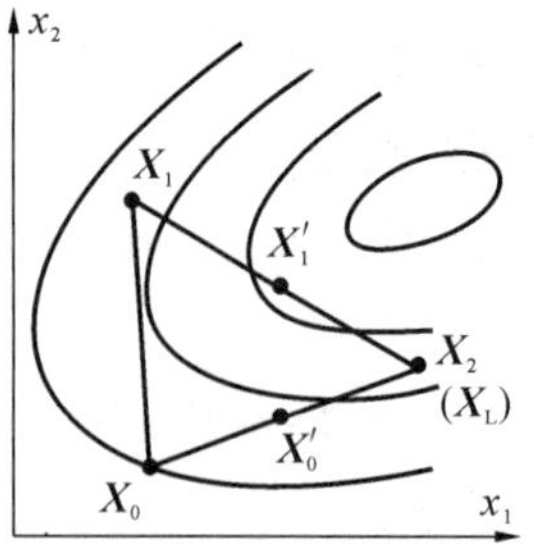

图 3-7-7　压缩点

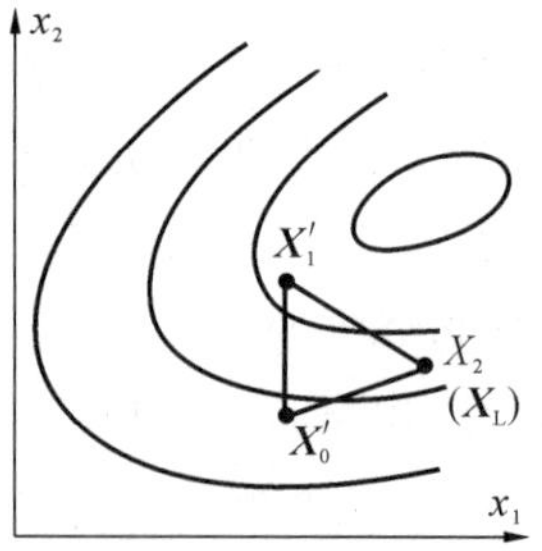

图 3-7-8　压缩的新单纯形

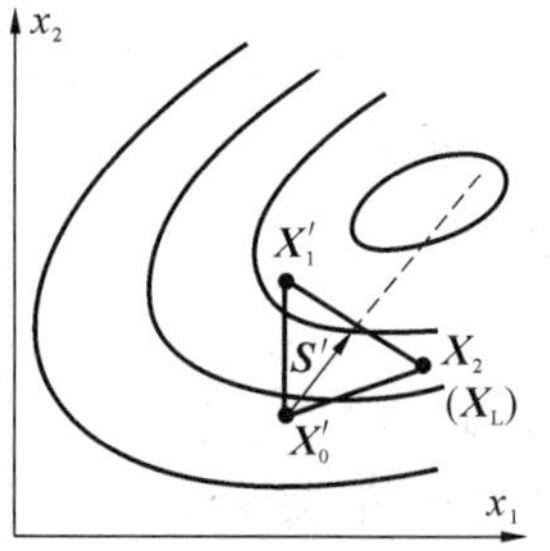

图 3-7-9　新单纯形反射方向

3.7.4　基本单纯形法算法

本小节仅介绍只有反射、收缩及压缩三种基本搜索方法的单纯形算法。

1. 计算初始值

1）构造初始单纯形

对于 n 维空间目标函数，取 $k=n+1$ 个初始点为顶点，构造一个初始单纯形，各顶点坐标记为 $\boldsymbol{X}_i(i=0,1,2,\cdots,n)$，计算各顶点的函数值：

$$f_i = f(\boldsymbol{X}_i) \quad (i = 0,1,2,\cdots,n) \tag{3-7-6}$$

2）按函数值大小排序，选出最好顶点 $\boldsymbol{X}_{\mathrm{L}}$、最差顶点 $\boldsymbol{X}_{\mathrm{H}}$ 及次差顶点 $\boldsymbol{X}_{\mathrm{G}}$

$$\begin{aligned} f(\boldsymbol{X}_{\mathrm{L}}) &= \min(f_i) \quad (i = 0,1,2,\cdots,n) \\ f(\boldsymbol{X}_{\mathrm{H}}) &= \max(f_i) \quad (i = 0,1,2,\cdots,n) \\ f(\boldsymbol{X}_{\mathrm{G}}) &= \max(f_i) \quad (i = 0,1,2,\cdots,n;\boldsymbol{X}_i \neq \boldsymbol{X}_{\mathrm{H}}) \end{aligned} \tag{3-7-7}$$

2. 计算几何中心

单纯形共有 $n+1$ 个顶点，去掉最差顶点 $\boldsymbol{X}_{\mathrm{H}}$ 后，用剩余的 n 个顶点构造一个子几何图形，计算子几何图形的几何中心——形心 $\boldsymbol{X}_{\mathrm{C}}$。

对于二维目标函数($n=2$)，单纯形是平面三角形(顶点数 $k=n+1=3$)，如图 3-7-2 所示。去掉最差顶点 $\boldsymbol{X}_0=\boldsymbol{X}_{\mathrm{H}}$ 后，剩余的两个点只能构成一条直线，直线的几何中心即是该直线的中点，故其几何中心 $\boldsymbol{X}_{\mathrm{C}}$ 的计算式为

$$\boldsymbol{X}_{\mathrm{C}} = \frac{(\boldsymbol{X}_1 + \boldsymbol{X}_2)}{2} = \frac{1}{2}\sum_{i=1}^{n}\boldsymbol{X}_i \quad (\boldsymbol{X}_i \neq \boldsymbol{X}_{\mathrm{H}}) \tag{3-7-8}$$

对于三维目标函数($n=3$)，单纯形是空间四面体(顶点数 $k=n+1=4$)。去掉最差顶点 $\boldsymbol{X}_{\mathrm{H}}$ 后，剩余的三个顶点构成一个平面三角形，几何中心是平面三角形的形心：

$$\boldsymbol{X}_{\mathrm{C}} = \frac{(\boldsymbol{X}_1 + \boldsymbol{X}_2 + \boldsymbol{X}_3)}{3} = \frac{1}{3}\sum_{i=1}^{n}\boldsymbol{X}_i \quad (\boldsymbol{X}_i \neq \boldsymbol{X}_{\mathrm{H}}) \tag{3-7-9}$$

将其进行推广，对于 n 维目标函数，其单纯形是有 $n+1$ 个顶点的多边形/多面体。去掉最差顶点 $\boldsymbol{X}_{\mathrm{H}}$ 后，剩余的 n 个顶点构成一个超几何多面体，几何中心 $\boldsymbol{X}_{\mathrm{C}}$ 的计算式为

$$\boldsymbol{X}_{\mathrm{C}} = \frac{1}{n}\sum_{i=1}^{n}\boldsymbol{X}_i \quad (\boldsymbol{X}_i \neq \boldsymbol{X}_{\mathrm{H}}) \tag{3-7-10}$$

3. 确定反射点

用式(3-7-3)计算反射点：

$$\boldsymbol{X}_{\mathrm{R}} = 2\boldsymbol{X}_{\mathrm{C}} - \boldsymbol{X}_{\mathrm{H}}$$

及反射点处函数值 $f(\boldsymbol{X}_{\mathrm{R}})$。

4. 构造新的单纯形

将反射点 $\boldsymbol{X}_{\mathrm{R}}$ 处的函数值，与次差点 $\boldsymbol{X}_{\mathrm{G}}$ 处的函数值进行比较，构造新单纯形，基本方法如下。

1）首先试用反射法构造新单纯形

(1) 如果 $f(\boldsymbol{X}_{\mathrm{R}})<f(\boldsymbol{X}_{\mathrm{G}})$，则表示反射点函数值显著下降，可用反射点构造新单纯形。即用反射点 $\boldsymbol{X}_{\mathrm{R}}$ 替换初始单纯形中的最差顶点 $\boldsymbol{X}_{\mathrm{H}}$：$\boldsymbol{X}_{\mathrm{H}} \leftarrow \boldsymbol{X}_{\mathrm{R}}$，构成一个新单纯形。

用反射点替换最差顶点构造新单纯形的方法称为**反射法**。

再转到步骤 5，检查是否满足计算精度要求。

(2) 如果 $f(\boldsymbol{X}_{\mathrm{G}})<f(\boldsymbol{X}_{\mathrm{R}})$，则表示反射点函数值较大，需要试用收缩法。

2）其次试用收缩法构造新单纯形

（1）用式(3-7-4)计算对折收缩点：

$$\boldsymbol{X}_S = 1.5\boldsymbol{X}_C - 0.5\boldsymbol{X}_H$$

（2）如果 $f(\boldsymbol{X}_S) < f(\boldsymbol{X}_G)$，则表示收缩点处函数值显著下降，可用收缩点构造新单纯形。即用收缩点 $\boldsymbol{X}_S$ 替换初始单纯形中的最差顶点 $\boldsymbol{X}_H$：$\boldsymbol{X}_H \leftarrow \boldsymbol{X}_S$，构成一个新单纯形。

用收缩点替换最差顶点构造新单纯形的方法称为**收缩法**。

再转到步骤 5，检查是否满足计算精度要求。

如果 $f(\boldsymbol{X}_S) > f(\boldsymbol{X}_G)$，则表示收缩点处函数值也较大。在反射、收缩均无显著效果的条件下，改用压缩法。

3）最后试用压缩法构造新单纯形

压缩即保持原单纯形的最好顶点 $\boldsymbol{X}_L$ 不动，将其余 n 个顶点的坐标都向最好顶点 $\boldsymbol{X}_L$ 移动一半的距离，构成一个压缩了一半的新单纯形。

用式(3-7-5)计算新压缩点坐标：

$$\boldsymbol{X}_i = 0.5(\boldsymbol{X}_i + \boldsymbol{X}_L) \quad (i = 0,1,2,\cdots,n)$$

用压缩点构造新单纯形的方法称为**压缩法**。

再转到步骤 5，检查是否满足计算精度要求。

用上述三种方法之一，最终可构造出一个向目标函数最优点移动的新单纯形。

5. 检查是否满足计算精度要求

（1）对新的单纯形各顶点重新排序。

（2）计算新单纯形各顶点函数值与最好顶点函数值 $f(\boldsymbol{X}_L)$ 差值平方根的均值：

$$\beta = \frac{1}{n+1}\sqrt{\sum_{i=1}^{n}(f(\boldsymbol{X}_i) - f(\boldsymbol{X}_L))^2} \quad (i = 0,1,2,\cdots,n) \tag{3-7-11}$$

（3）若 $\beta > \varepsilon$，则表示不满足计算精度要求，转到步骤 2，在新单纯形上再次进行搜索。如此反复，新单纯形将不断逼近目标函数最优点，直到 $\beta < \varepsilon$ 时终止循环搜索。

6. 结果输出

将单纯形上的最好顶点 $\boldsymbol{X}_L$ 作为目标函数最优点的近似值输出。

单纯形法算法中存在许多分支情况，这可能会导致理解总体算法结构时产生混淆。它的基本原理可以总结如下：首先判断是否可以应用反射法，如果不行再判断是否可以应用收缩法，如果两者都不可行，则使用压缩法。

如果引入其他更多的搜索方法（例如扩张法），算法的分支情况将更加复杂，从而导致程序结构变得十分复杂。因此，单纯形法只使用反射、收缩和压缩三种方法的目的在于简化算法，以便更清晰地理解单纯形法的基本结构。

3.7.5 基本单纯形法子程序流程图及重要语句

单纯形法程序

1. 单纯形法子程序流程图

与基本单纯形法算法一致，这里仅用对称反射、折半收缩、折半压缩三种基本方法。单纯形法子程序流程如图 3-7-10 所示。基本单纯形法程序可扫描二维码查看。

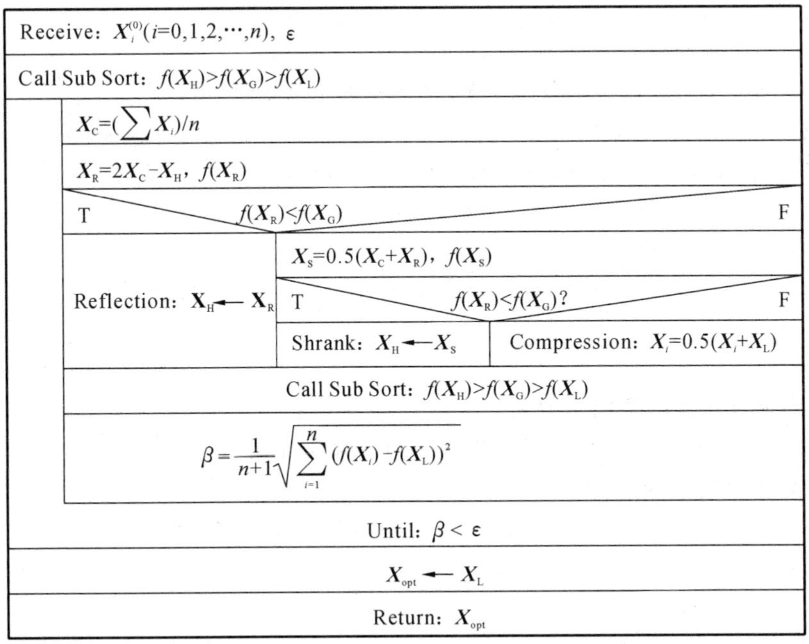

图 3-7-10　单纯形法子程序流程图

2. 单纯形法子程序重要语句

1）用数组索引方式读入初始点

在单纯形法主程序中，由于需要从文本框中读入的初始点数据较多，因此用文本框数组索引方式顺序读入初始点的值。

```
For i= 1 To n+ 1
  For j= 1 To n '用数组索引(index)法读入顶点坐标
    k= k+ 1  '数组索引 index 值
    x0(j,i)= Val(Text1(k).Text)  '取初始单纯形顶点坐标
  Next j
Next i
```

计算各顶点函数值语句为

```
For i= 1 To n+ 1: result(i)= fx(x(1,i),x(2,i)): Next i '各顶点函数值
```

2）排序用子程序

调用排序子程序语句为

```
Call Sort(x,n,result,H,L,G) '调用排序子程序,返回序号 H,L,G
```

排序子程序为

```
Private Sub Sort(x! (),n,result! (),H,L,G) ' 排序子程序
For i= 1 To n+ 1
result(i)= fx(x(1,i),x(2,i)) '单纯形各顶点函数值
Next i
H= worstnumber(result) '调用子函数查找最差顶点标记序号
L= bestnumber(result) '调用子函数查找最好顶点标记序号
G= gnumber(result,n,H) '调用子函数查找次差顶点标记序号
End Sub
```

其中：

(1) 选出最差顶点的调用函数为

```
H= worstnumber(result)  '调用寻找最差顶点子函数,记录最差顶点序号
```

确定最差顶点的子函数为

```
Private Functionworstnumber% (result! ())  '寻找最差顶点子函数
worstnumber= 1: Max= result(1) '预设最大值
For i= 2 To UBound(result)
  If result(i) >  Max Then Max= result(i): worstnumber= i '找到最差顶点序号
Next i
End Function
```

(2) 选出最好顶点的调用函数为

```
L= bestnumber(result)  '调用寻找最好顶点子函数,记录最好顶点序号
```

确定最好顶点的子函数为

```
Private Functionbestnumber% (result! ()) '寻找最好顶点子函数
bestnumber= 1: Min= result(1) '预设最小值
For i= 2 To UBound(result)
  If result(i) <  Min Then Min= result(i): bestnumber= i '找到最好顶点序号
Next i
End Function
```

(3) 选出次差顶点的调用函数为

```
g= gnumber(result,n,H) '调用寻找次差顶点子函数,记录次差顶点序号
```

确定次差顶点的子函数为

```
Private Functiongnumber% (result! (),n,h) '寻找次差顶点子函数
gnumber= 1: Max= -10000  '预设一个大值
For i= 1 To UBound(result)
  If i < >  H Then '避开最差顶点
If result(i) > =  Max Then Max= result(i): gnumber= i '找到次差顶点序号
End If
Next i
End Function
```

3) 计算几何中心

```
For i= 1 To n
        xc(i)= 0  '几何中心坐标清零
    For j= 1 To n+ 1
          If j < > H Then: xc(i)= xc(i)+ x(i,j)  '去掉最坏点,计算各点坐标之和
    Next j
        xc(i)= xc(i)/n  '几何中心坐标
    Next i
```

4) 计算反射点

```
For i= 1 To n: xr(i)= 2 * xc(i)- x(i,H): Next i  '对称反射点坐标
```

反射点函数值为

```
fr= fx(xr(1),xr(2))  '反射点函数值
```

5）比较函数值并构造新单纯形

```
If fr <  result(G) Then    '若反射点函数值< 次差顶点函数值
  For i= 1 To n: x(i,H)= xr(i): Next i '用反射法:反射点替换最差顶点
Else      '否则,若反射点函数值> 次差顶点函数值,需要收缩
  For i= 1 To n: xs(i)= 0.5 * (xc(i)+ xr(i)): Next i '对折收缩点坐标
  fs= fx(xs(1),xs(2)) '收缩点函数值
  If fs <  result(G) Then    '如果收缩点函数值< 次差顶点函数值
    For i= 1 To n: x(i,H)= xs(i): Next i '用收缩法:收缩点替换最差顶点
  Else '反射及收缩均不适用,向最好顶点压缩
    For i= 1 To n
      For j= 1 To n+1
        x(i,j) = (x(i,j)+ x(i,L))/2 '全部顶点向最好顶点对折压缩
      Next j
    Next i
  End If
End If     '总可以找到较优点替换最差顶点,构造新单纯形
```

3.7.6 单纯形法算例

【例 3-7】 二维目标函数 $f(\boldsymbol{X})=x_1^2+x_2^2-x_1x_2-10x_1-4x_2+60$，取三个初始点 $\boldsymbol{X}_0^0=(2,2)^{\mathrm{T}}$，$\boldsymbol{X}_0^1=(5,4)^{\mathrm{T}}$，$\boldsymbol{X}_0^2=(4,5)^{\mathrm{T}}$，精度 $\varepsilon=0.5$。用单纯形法求最优点 $\boldsymbol{X}^*$。

解 单纯形法计算步骤较多，通常需要多轮搜索。

1. 第一轮

1）计算初始值

（1）构造初始单纯形。

初始点：

$$\boldsymbol{X}_0^0=(2,2)^{\mathrm{T}},\boldsymbol{X}_0^1=(5,4)^{\mathrm{T}},\boldsymbol{X}_0^2=(4,5)^{\mathrm{T}}$$

对应函数值：

$$f_0=f(\boldsymbol{X}_0^0)=36,f_1=f(\boldsymbol{X}_0^1)=15,f_2=f(\boldsymbol{X}_0^2)=21$$

（2）函数值排序，找出最差、次差及最好顶点。

比较函数值，有

$$f_0>f_2>f_1$$

即：

$$\boldsymbol{X}_0^0=\boldsymbol{X}_{\mathrm{H}}=(2,2)^{\mathrm{T}},\boldsymbol{X}_0^2=\boldsymbol{X}_{\mathrm{G}}=(4,5)^{\mathrm{T}},\boldsymbol{X}_0^1=\boldsymbol{X}_{\mathrm{L}}=(5,4)^{\mathrm{T}}$$

对应有

$$f(\boldsymbol{X}_{\mathrm{L}})=15,f(\boldsymbol{X}_{\mathrm{G}})=21,f(\boldsymbol{X}_{\mathrm{H}})=36$$

2）计算几何中心

去掉最差顶点后，只有两个点组成直线，直线的几何中心为

$$\boldsymbol{X}_{\mathrm{C}}=\frac{(\boldsymbol{X}_0^1+\boldsymbol{X}_0^2)}{2}=\frac{1}{2}\left(\begin{pmatrix}5\\4\end{pmatrix}+\begin{pmatrix}4\\5\end{pmatrix}\right)=\begin{pmatrix}4.5\\4.5\end{pmatrix}$$

3）确定对称反射点

$$\boldsymbol{X}_{\mathrm{R}}=2\boldsymbol{X}_{\mathrm{C}}-\boldsymbol{X}_{\mathrm{H}}=2\begin{pmatrix}4.5\\4.5\end{pmatrix}-\begin{pmatrix}2\\2\end{pmatrix}=\begin{pmatrix}7\\7\end{pmatrix}$$

及反射点处函数值 $f(\boldsymbol{X}_R)=11$，上述过程如图 3-7-11(a)所示。

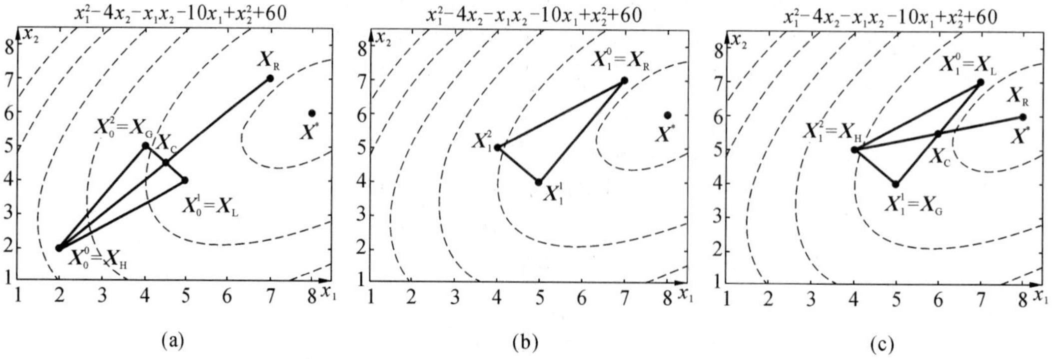

图 3-7-11　单纯形法算例搜索过程

(a) 计算几何中心和反射点　(b) 构造新单纯形　(c) 计算几何中心和反射点

4）构造新的单纯形

由于 $f(\boldsymbol{X}_R)=11<f(\boldsymbol{X}_G)(=21)$，可用反射法构造新单纯形：$\boldsymbol{X}_H \leftarrow \boldsymbol{X}_R$。

新单纯形中，各顶点坐标：$\boldsymbol{X}_1^0=\boldsymbol{X}_R=(7,7)^T$，$\boldsymbol{X}_1^1=(5,4)^T$，$\boldsymbol{X}_1^2=(4,5)^T$。

上述过程如图 3-7-11(b)所示。

转到步骤 5)，检查是否满足计算精度要求。

5）检查是否满足计算精度要求

(1) 对新单纯形重新排序：

$$f_0=f(\boldsymbol{X}_1^0)=f(\boldsymbol{X}_R)=11,f_1=f(\boldsymbol{X}_1^1)=15,f_2=f(\boldsymbol{X}_1^2)=21$$

比较函数值，有

$$f_2>f_1>f_0$$

重新排序后：

$$\boldsymbol{X}_L=(7,7)^T,\boldsymbol{X}_G=(5,4)^T,\boldsymbol{X}_H=(4,5)^T$$

(2) 计算各顶点函数值与最好顶点函数值差值平方根均值：

$$\beta=\frac{1}{n+1}\sqrt{\sum_{i=1}^{n}(f(\boldsymbol{X}_i)-f(\boldsymbol{X}_L))^2}=\frac{1}{3}\sqrt{(11-15)^2+(21-11)^2}=3.6>\varepsilon=0.5$$

其中，当 $\boldsymbol{X}_i=\boldsymbol{X}_L$ 时，$f(\boldsymbol{X}_i)-f(\boldsymbol{X}_L)=0$，不必计入。

可见不满足精度要求，需要重新计算新单纯形的几何中心，继续循环搜索。

进入第二轮，下述重复步骤中，简化合并了一些过程。

2. 第二轮

1）计算几何中心

引用新单纯形中已经找出的最差、次差及最好顶点和函数值：

$$\boldsymbol{X}_L=(7,7)^T,\boldsymbol{X}_G=(5,4)^T,\boldsymbol{X}_H=(4,5)^T$$

$$f(\boldsymbol{X}_L)=11,f(\boldsymbol{X}_G)=15,f(\boldsymbol{X}_H)=21$$

2）计算几何中心

几何中心为

$$\boldsymbol{X}_C=\frac{(\boldsymbol{X}_1^0+\boldsymbol{X}_1^1)}{2}=\frac{1}{2}\begin{pmatrix}7+5\\7+4\end{pmatrix}=\begin{pmatrix}6\\5.5\end{pmatrix}$$

3）计算对称反射点

对称反射点为

$$\boldsymbol{X}_R = 2\boldsymbol{X}_C - \boldsymbol{X}_H = 2\begin{pmatrix}6\\5.5\end{pmatrix} - \begin{pmatrix}4\\5\end{pmatrix} = \begin{pmatrix}8\\6\end{pmatrix}$$

反射点处函数值为 $f(\boldsymbol{X}_R)=8$。

上述过程如图 3-7-11(c)所示，搜索到的反射点正好是目标函数的极值点。

4）构造新的单纯形

由于 $f(\boldsymbol{X}_R)=8<f(\boldsymbol{X}_G)(=15)$，故仍可用反射法构造新单纯形：$\boldsymbol{X}_H \leftarrow \boldsymbol{X}_R$。

在新单纯形中，各顶点坐标：$\boldsymbol{X}_2^0=(7,7)^T$，$\boldsymbol{X}_2^1=(5,4)^T$，$\boldsymbol{X}_2^2=\boldsymbol{X}_R=(8,6)^T$。

5）检查是否满足计算精度要求

对新单纯形重新排序：

$$f_0 = f(\boldsymbol{X}_2^0) = 11, f_1 = f(\boldsymbol{X}_2^1) = 15, f_2 = f(\boldsymbol{X}_2^2) = f(\boldsymbol{X}_R) = 8$$

比较函数值，有

$$f_1 > f_0 > f_2$$

重新排序后：

$$\boldsymbol{X}_L = (8,6)^T, \boldsymbol{X}_G = (7,7)^T, \boldsymbol{X}_H = (5,4)^T$$

$$\beta = \frac{1}{3}\sqrt{(11-8)^2+(15-8)^2} = 2.5 > \varepsilon = 0.5$$

不满足精度要求，需要重新计算新单纯形的几何中心，继续循环搜索。

共经过 5 轮搜索，其搜索过程中的重要数据全部列于表 3-7-1 中。

到第 5 轮结束时，$\beta=0.3<\varepsilon(=0.5)$，满足计算精度要求，终止循环搜索。将新单纯形最好顶点 $\boldsymbol{X}_L=(8,6)^T$ 作为目标函数最优点 $\boldsymbol{X}^*$ 输出：$\boldsymbol{X}^*=\boldsymbol{X}_L=(8,6)^T$。

表 3-7-1　单纯形法计算过程

轮次	$\boldsymbol{X}_L$	$\boldsymbol{X}_G$	$\boldsymbol{X}_H$	f_L	f_G	f_H	$\boldsymbol{X}_C$	$\boldsymbol{X}_R$	f_R	$\boldsymbol{X}_S$	f_S	方式	β
1	$\begin{pmatrix}5\\4\end{pmatrix}$	$\begin{pmatrix}4\\5\end{pmatrix}$	$\begin{pmatrix}2\\2\end{pmatrix}$	15	21	36	$\begin{pmatrix}4.5\\4.5\end{pmatrix}$	$\begin{pmatrix}7\\7\end{pmatrix}$	11			R	3.6
2	$\begin{pmatrix}7\\7\end{pmatrix}$	$\begin{pmatrix}5\\4\end{pmatrix}$	$\begin{pmatrix}4\\5\end{pmatrix}$	11	15	21	$\begin{pmatrix}6\\5.5\end{pmatrix}$	$\begin{pmatrix}8\\6\end{pmatrix}$	8			R	2.5
3	$\begin{pmatrix}8\\6\end{pmatrix}$	$\begin{pmatrix}7\\7\end{pmatrix}$	$\begin{pmatrix}5\\4\end{pmatrix}$	8	11	15	$\begin{pmatrix}7.5\\6.5\end{pmatrix}$	$\begin{pmatrix}10\\9\end{pmatrix}$	15	$\begin{pmatrix}8.8\\7.8\end{pmatrix}$	10	S	1.3
4	$\begin{pmatrix}8\\6\end{pmatrix}$	$\begin{pmatrix}8.8\\7.8\end{pmatrix}$	$\begin{pmatrix}7\\7\end{pmatrix}$	8	10	11	$\begin{pmatrix}8.4\\6.9\end{pmatrix}$	$\begin{pmatrix}9.8\\6.8\end{pmatrix}$	10.3	$\begin{pmatrix}9.1\\6.8\end{pmatrix}$	8.9	S	0.8
5	$\begin{pmatrix}8\\6\end{pmatrix}$	$\begin{pmatrix}9.1\\6.8\end{pmatrix}$	$\begin{pmatrix}8.8\\7.8\end{pmatrix}$	8	8.9	10	$\begin{pmatrix}8.5\\6.4\end{pmatrix}$	$\begin{pmatrix}8.3\\5.1\end{pmatrix}$	9.3	$\begin{pmatrix}8.4\\5.7\end{pmatrix}$	8.4	S	0.3

第 1～2 轮中，由于 $f(\boldsymbol{X}_R)<f(\boldsymbol{X}_G)$，用反射法（方式：R），不必计算收缩点 $\boldsymbol{X}_S$。

第 3～5 轮中，由于 $f(\boldsymbol{X}_R)>f(\boldsymbol{X}_G)$ 且 $f(\boldsymbol{X}_S)<f(\boldsymbol{X}_G)$，用收缩法（方式：S）。

第 5 轮搜索后，$\beta=0.3<\varepsilon(=0.5)$，满足计算精度要求，终止循环搜索，$f(\boldsymbol{X}^*)=8$。

从计算过程看，实际上第 2 轮搜索到的反射点坐标，已经是目标函数的最优点 $\boldsymbol{X}^*$。

在该例题的单纯形优化方法中，只使用了反射法及收缩法，没有用到压缩法。

本 章 小 结

1. 本章知识脉络图

无约束优化方法知识脉络如图 3-8-1 所示。

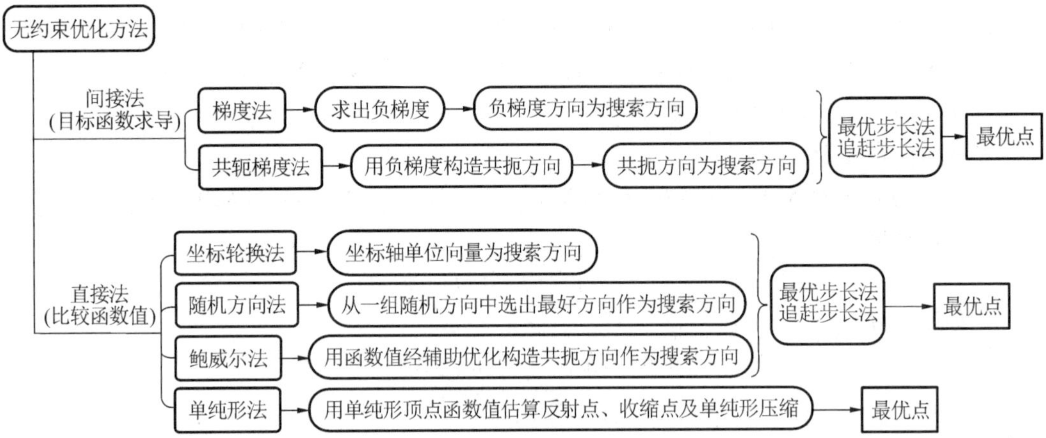

图 3-8-1　无约束优化方法知识脉络

2. 本章内容回顾

无约束优化在优化方法中的位置　无约束优化在整个优化方法中，具有承前启后的作用。首先，形象地说，一维优化方法仅解决了如何确定“投篮距离”的问题，而无约束优化则解决了如何确定“投篮方向”的问题；其次，它又是后续约束优化的基础，约束优化才是解决工程问题的实用优化方法。

无约束优化的目的　无约束优化是在理想条件(设计变量定义于整个实数空间)下，研究如何寻找或构造“最佳”搜索方向的问题。

无约束优化方法的类别　一般将无约束优化方法分为直接法及间接法。间接法是指需利用目标函数导数，从而确定出“最佳”搜索方向的一类优化方法。直接法是指直接比较函数值，从而确定出“最佳”搜索方向的一类优化方法。

注意，无约束优化方法的知识结构图在各种理论方法下，以确定出某种“最佳”搜索方向为目标。

其中，单纯形法没有说明“最佳”搜索方向。该方法实际是以从初始点指向反射点的方向为“最佳”搜索方向。

习　　题

3-1　目标函数 $f(\boldsymbol{X})=x_1^2+25x_2^2$，取 $\boldsymbol{X}^{(0)}=(3,3)^{\mathrm{T}}$，$\varepsilon=0.1$，用梯度法求最优解。

3-2　目标函数 $f(\boldsymbol{X})=(x_1-4)^2+(x_2-6)^2+(x_3-5)^2$，取 $\boldsymbol{X}^{(0)}=(0,0,0)^{\mathrm{T}}$，$\varepsilon=0.1$，用梯度法求最优解。

3-3　目标函数 $f(\boldsymbol{X})=x_1^2+x_2^2-x_1x_2-10x_1-4x_2+60$，取 $\boldsymbol{X}^{(0)}=(0,0)^{\mathrm{T}}$，$\varepsilon=0.1$，写出用梯度法求最优解的前二轮过程。

3-4　目标函数 $f(\boldsymbol{X})=x_1^2+x_2^2-x_1x_2-10x_1-4x_2+60$，取 $\boldsymbol{X}^{(0)}=(0,0)^{\mathrm{T}}$，$\varepsilon=0.01$，用共轭梯度法求最优解。

3-5　目标函数 $f(\boldsymbol{X})=x_1^2+25x_2^2$，取 $\boldsymbol{X}^{(0)}=(3,3)^{\mathrm{T}}$，$\varepsilon=0.01$，用坐标轮换法求最优解。

3-6　目标函数 $f(\boldsymbol{X})=x_1^2+x_2^2-x_1x_2-10x_1-4x_2+60$，取 $\boldsymbol{X}^{(0)}=(0,0)^{\mathrm{T}}$，$\varepsilon=0.01$，写出用坐标轮换法求最优解的前二轮过程。

3-7　目标函数 $f(\boldsymbol{X})=x_1^2+2x_2^2-4x_1-2x_1x_2$，取 $\boldsymbol{X}^{(0)}=(0,0)^{\mathrm{T}}$，初始步长因子 $\alpha_0=1.5$，计算精度 $\varepsilon=0.01$，产生随机数的个数 $k=50$，用随机方向法求最优解。设第一轮从 $k=50$ 个随机数中，找到最小函数值 $F_{\mathrm{L}}=\min(f(\boldsymbol{X}_j))=-4.4605$，对应的随机单位向量 $\boldsymbol{e}^{\mathrm{L}}=(0.8929,0.4502)^{\mathrm{T}}$。写出第一轮的计算过程。

3-8　目标函数 $f(\boldsymbol{X})=x_1^2+2x_2^2-4x_1-2x_1x_2$，取 $\boldsymbol{X}^{(0)}=(0,0)^{\mathrm{T}}$，$\varepsilon=0.01$，用基本鲍威尔法求最优解。

3-9　目标函数 $f(\boldsymbol{X})=x_1^2+x_2^2-x_1x_2-10x_1-4x_2+60$，取 $\boldsymbol{X}^{(0)}=(0,0)^{\mathrm{T}}$，$\varepsilon=0.01$，用基本鲍威尔法求最优解。

3-10　目标函数 $f(\boldsymbol{X})=x_1^2+x_2^2-x_1x_2-10x_1-4x_2+60$，取 $\boldsymbol{X}^{(0)}=(0,0)^{\mathrm{T}}$，$\varepsilon=0.01$，用改进鲍威尔法求最优解。

3-11　目标函数 $f(\boldsymbol{X})=x_1^2+2x_2^2-4x_1-2x_1x_2$，取初始点 $\boldsymbol{X}_0^0=(2,2)^{\mathrm{T}}$，$\boldsymbol{X}_0^1=(5,4)^{\mathrm{T}}$，$\boldsymbol{X}_0^2=(4,5)^{\mathrm{T}}$，计算精度 $\varepsilon=0.5$，用单纯形法求最优点。写出求最优解的前二轮过程。

第4章

约束优化设计——直接法

在无约束优化中，目标函数的设计变量定义于整个实数空间，没有任何限制。然而，在实际工程优化问题中，设计变量通常会受到一定的限制。例如杆件的长度必须为正，构件必须满足一定的强度和刚度条件等。对设计变量的限制性因素，称为**约束条件**。当目标函数中的设计变量具有约束条件的限制时，对目标函数进行的优化计算，称为**约束优化**。

4.1 约束优化方法概述

约束优化方法概述

具有 n 维设计变量 $\boldsymbol{X}=(x_1,x_2,\cdots,x_n)^{\mathrm{T}}$ 的约束优化设计模型为

$$\begin{aligned}&\min f(\boldsymbol{X})\\ \text{s. t.}\quad &h_i(\boldsymbol{X}) = h_i(x_1,x_2,\cdots,x_n) = 0 \quad (i=1,2,\cdots,p<n)\\ &g_j(\boldsymbol{X}) = g_j(x_1,x_2,\cdots,x_n) \leqslant 0 \quad (j=1,2,\cdots,q)\end{aligned} \tag{4-1-1}$$

其设计变量定义于可行域(含可行域内及可行域边界)，记为 $\boldsymbol{X}\in\boldsymbol{D}$。

在求解约束优化问题时，主要有直接法与间接法两种方法。

直接法的基本原理是，在寻找目标函数最优解的过程中，通过直接计算和比较函数值，使优化搜索逐步沿着函数值下降的方向进行(称搜索**适用**)；同时迭代点必须在可行域内(称搜索**可行**)。直接法通过一系列适用且可行的搜索，找到满足约束条件的最优解。

间接法的基本原理是，按照一定的规则将约束优化问题转化成无约束优化问题，然后利用各种无约束优化方法搜索出无约束优化最优解，用无约束优化的最优解“间接”逼近原约束优化的最优解。

本书只介绍直接法中的约束坐标轮换法、随机方向法及复合形法，间接法中最具有代表性的惩罚函数法。

约束优化所用的搜索方向，直接应用无约束优化中已经研究过的各种搜索方向，如坐标轮换法中各个坐标轴的方向、随机方向法中从一组随机方向中选出的最佳方向等。

约束优化所用的搜索步长法与约束优化的类型有关。约束优化直接法一般只能用加速步长法，约束优化间接法可以用最优步长法或加速步长法。

无约束优化中，设计变量定义于整个实数空间。无约束优化可以保证搜索到凸函数的一个单峰区间，因此可用最优步长法。而约束优化直接法中，设计变量仅定义于可行域上。在一定的可行域上，即使对于凸函数，约束优化也无法保证一定能找到一个单峰区间。如图4-1-1所示的约束优化问题，其可行域位于约束 $g_1(\boldsymbol{X})$、$g_2(\boldsymbol{X})$之间。沿着当前的搜索方向，目标函数在可行域内是一个单调函数，并不存在一个单峰区间。如果连单峰区间都无法确

定，则无法使用黄金分割法或二次插值法计算，所以约束优化直接法通常无法使用最优步长法，只能使用追赶步长法。

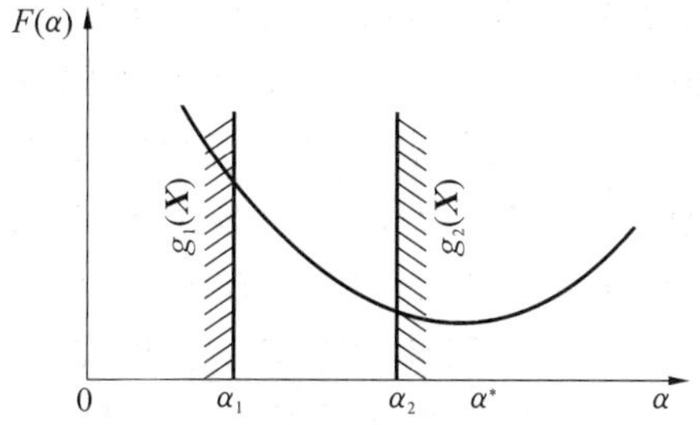

图 4-1-1　约束条件下的单调区间

约束优化间接法是将约束优化问题转化成无约束优化问题，无约束优化方法是可以使用最优步长法或追赶步长法进行搜索的。因而约束优化间接法既可以用最优步长法也可以用追赶步长法。

第 4 章介绍约束优化直接法，第 5 章介绍约束优化间接法。第 7 章介绍约束优化在简单问题中的应用。

4.2　约束坐标轮换法

约束坐标轮换法

约束坐标轮换法中，通过直接比较试探点函数值大小进行优化搜索。由于设计变量定义在可行域上，搜索试探点除了适用外，还必须可行（即试探点在可行域内）。一维优化搜索的两个基本要素是：① 搜索方向向量用各坐标轴的单位向量，② 搜索步长方法用追赶步长法。追赶步长法的一个优点在于：一旦搜索试探点处函数值上升（不适用），或者搜索试探点处的坐标超出了可行域（不可行），则可以立即停止追赶并“退回”一步，使搜索试探点仍然保持适用且可行的状态，然后更换搜索方向或缩小搜索步长继续进行优化。

4.2.1　约束坐标轮换法原理

为便于进行几何描述，以受约束的二维函数为例，图 4-2-1 中示意性地用虚线表示其等值线。

第一轮搜索中，从可行域 $\boldsymbol{D}$ 内初始点 $\boldsymbol{X}^{(0)}$ 出发，给定一个初始步长，用追赶步长法沿坐标轴 x_1 单位向量 $\boldsymbol{e}_1$ 正方向进行第一维的一维优化搜索，搜索到试探点 $\boldsymbol{X}_1^{(0)}$。由等值线几何性质可知，该试探点处函数值下降（适用），且在可行域内（可行）。可将初始步长加倍后继续沿着 $\boldsymbol{e}_1$ 正方向向前试探，如此反复，直至搜索到试探点 $\boldsymbol{X}_4^{(0)}$。从图中可观察到，虽然 $\boldsymbol{X}_4^{(0)}$ 点适用，但不可行，停止试探。退回一步，取上一步适用且

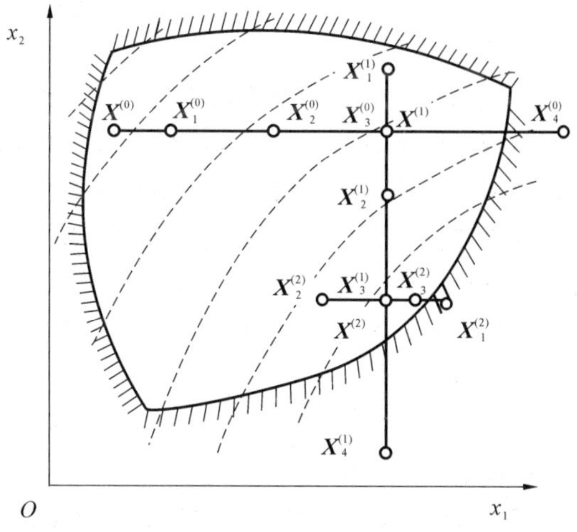

图 4-2-1　约束坐标轮换法原理

可行的 $\boldsymbol{X}_3^{(0)}$ 为第一维优化近似最优点，并设置 $\boldsymbol{X}_3^{(0)}$ 为下一维优化的初始点，即 $\boldsymbol{X}^{(1)} \leftarrow \boldsymbol{X}_3^{(0)}$，准备轮换坐标，沿 $\boldsymbol{e}_2$ 方向进行第一轮第二维的一维优化搜索。

第一轮第二维一维优化搜索，从 $\boldsymbol{X}^{(1)}$ 出发，用原初始步长，沿坐标轴 x_2 单位向量 $\boldsymbol{e}_2$ 正方向搜索到试探点 $\boldsymbol{X}_1^{(1)}$，由等值线几何性质可知，该试探点虽然可行但不适用，需要进行反向试探。第一个反向试探点 $\boldsymbol{X}_2^{(1)}$ 可行且适用，则可将初始步长加倍后继续沿 $\boldsymbol{e}_2$ 反方向搜索，如此反复，直至搜索到试探点 $\boldsymbol{X}_4^{(1)}$。$\boldsymbol{X}_4^{(1)}$ 点适用但不可行，停止试探。退回一步，取上一步适用且可行的 $\boldsymbol{X}_3^{(1)}$ 为第二维优化近似最优点，并设置 $\boldsymbol{X}_3^{(1)}$ 为下一维优化的初始点，即 $\boldsymbol{X}^{(2)} \leftarrow \boldsymbol{X}_3^{(1)}$。如此反复，通过多次坐标轮换法，搜索逼近某一边界，如图 4-2-1 所示的 $\boldsymbol{X}^{(2)}$。

从 $\boldsymbol{X}^{(2)}$ 点出发，沿单位向量 $\boldsymbol{e}_1$ 方向搜索到试探点 $\boldsymbol{X}_1^{(2)}$，$\boldsymbol{X}_1^{(2)}$ 虽然适用但不可行，需要进行反向试探。反向试探搜索到试探点 $\boldsymbol{X}_2^{(2)}$，$\boldsymbol{X}_2^{(2)}$ 虽然可行但不适用。当沿着 $\boldsymbol{e}_1$ 正向、反向试探均不成功时，$\boldsymbol{X}^{(2)}$ 点可能位于一个凹陷区的低点，周围都是高点。这时将初始步长因子减半，以更小的步长进行精细搜索，重新进行上述试探。如此反复，直到初始步长足够小，满足精度要求时，表示试探点已逼近最优点。将最后搜索到的最优点，作为目标函数最优点的近似值输出。

4.2.2 约束坐标轮换法算法

从可行域 $\boldsymbol{D}$ 内任选初始点 $\boldsymbol{X}^{(0)}$，取初始步长因子 α_0、计算精度 ε。

1. 计算初始点函数值

计算初始点函数值 $F_0 = f(\boldsymbol{X}^{(0)})$。

2. 进入直到型外循环

(1) 进入计数型循环，$j=1,2,\cdots,n$，进行 n 维坐标轮换。

每一维先将方向向量 $\boldsymbol{S}=(s(1),s(2),\cdots,s(n))^{\mathrm{T}}$ 清零，即 $\boldsymbol{S}=(0,0,\cdots,0)^{\mathrm{T}}$。再赋值，即 $s(j)=1$，构造出仅第 j 维分量为单位值，其余分量为零的列向量，将其作为搜索方向。

(2) 进行正向试探。

试探点：$$\boldsymbol{X}_1^{(0)} = \boldsymbol{X}^{(0)} + \alpha_0 \cdot \boldsymbol{S}(j)$$

试探点处函数值：$$F = f(\boldsymbol{X}_1^{(0)})$$

(3) 判断试探点是否适用及可行。

如果 $f(\boldsymbol{X}^{(0)}) > f(\boldsymbol{X}_1^{(0)})$ 且 $\boldsymbol{X}_1^{(0)} \in \boldsymbol{D}$，则表示试探点适用且可行，继续沿该方向进行追赶搜索。

$T \leftarrow \alpha_0$，进入一个直到型内循环，步长加倍，$T \leftarrow \beta \cdot T$（$\beta$ 是加倍系数，一般可取 1.3），设置原试探点处函数值，$F_0 \leftarrow F$，继续前进试探，如此反复，直到新试探点不适用或不可行，终止直到型内循环。将最后一个适用且可行的试探点作为当前一维优化的最优点 $\boldsymbol{X}_k^{(0)}$，并将最优点设置保留为下一维的起点：$\boldsymbol{X}^{(1)} \leftarrow \boldsymbol{X}_k^{(0)}$。转到步骤 2 的(1)处，继续本轮下一维搜索，直到 n 维坐标轮换完成，转到步骤 3。

(4) 如果 $f(\boldsymbol{X}^{(0)}) < f(\boldsymbol{X}_1^{(0)})$ 或 $\boldsymbol{X}_1^{(0)} \notin \boldsymbol{D}$，即正向试探点不适用或不可行，需要反向试探是否适用或可行。

试探点：$$\boldsymbol{X}_1^{(0)} = \boldsymbol{X}^{(0)} - \alpha_0 \cdot \boldsymbol{S}(j)$$

试探点处函数值：$$F = f(\boldsymbol{X}_1^{(0)})$$

① 如果 $f(\boldsymbol{X}^{(0)}) > f(\boldsymbol{X}_1^{(0)})$ 且 $\boldsymbol{X}_1^{(0)} \in \boldsymbol{D}$，则表示反向试探点适用且可行，继续沿该方向进行追赶搜索。

$T\leftarrow-\alpha_0$，进入一个直到型内循环，步长加倍 $T\leftarrow\beta\cdot T$，设置原试探点处函数值，$F_0\leftarrow F$，继续后退试探，如此反复，直到新试探点不适用或不可行，终止直到型内循环。将最后一个适用且可行的试探点作为当前一维优化的最优点 $\boldsymbol{X}_k^{(0)}$，并将最优点设置保留为下一维的起点：$\boldsymbol{X}^{(1)}\leftarrow\boldsymbol{X}_k^{(0)}$。转到步骤 2 的(1)处，继续本轮下一维搜索，直到 n 维坐标轮换完成，转到步骤 3。

② 如果反向试探后，$f(\boldsymbol{X}^{(0)})<f(\boldsymbol{X}_1^{(0)})$ 或 $\boldsymbol{X}_1^{(0)}\notin\boldsymbol{D}$，则表示正向及反向试探均不适用或不可行，需要将初始步长因子减半，即 $\alpha_0\leftarrow\alpha_0/2$。随后有两种方案：(a)以减半的初始步长因子转到步骤 2 的(1)处，继续本轮下一维搜索；(b)终止本轮下一维搜索，退出 n 维坐标轮换的计数型循环，以减半的初始步长因子转到步骤 2 外循环处，重新从第一维坐标开始进行下一轮坐标轮换法搜索，此法结构好但计算量略多。本书采用方法(b)并编制程序流程图及程序。

3. 检查是否满足精度要求

从步骤 2 的(3)或步骤 2 中(4)的①处终止 n 维坐标轮换后，可将 $\alpha_0<\varepsilon$ 作为满足精度要求的条件。

如果 $\alpha_0>\varepsilon$，则表示不满足精度要求，需要返回步骤 2 重新进行新一轮搜索。如此反复，随着 α_0 不断减半，直到 $\alpha_0<\varepsilon$，满足精度要求时，退出直到型外循环。将最后一个适用且可行的试探点作为最优点 $\boldsymbol{X}^*$ 的近似值输出。

4.2.3　约束坐标轮换法子程序流程图及重要语句

1. 约束坐标轮换法子程序流程图

约束坐标轮换法子程序 N-S 流程如图 4-2-2 所示。判断是否满足约束条件，需要调用一个子函数 gua(X)，返回的子函数值 gua(X)＝1 表示满足约束条件，gua(X)＝0 表示不满足约束条件。

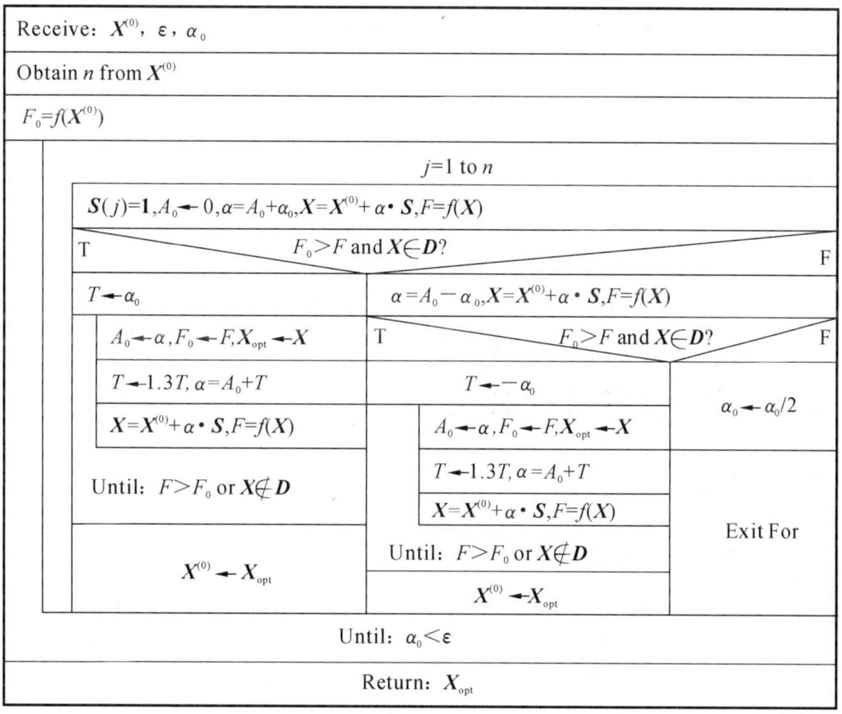

图 4-2-2　约束坐标轮换法子程序流程图

约束坐标轮换法完整程序可扫描二维码查看。

约束坐标轮换法程序

2. 约束坐标轮换法子程序重要语句

1）表示约束条件的子函数：

以如下某约束条件为例：

$$\text{s.t.}\quad x_1+x_2-3\leqslant 0$$
$$-x_1\leqslant 0$$
$$-x_2\leqslant 0$$

```
Private Function gua% (x! ( ))  '约束条件子函数
gua= 1 '先设定未超界,标记 gua = 1
If x(1) +  x(2) - 3 >  0 Then gua= 0  '超界则标记 gua= 0
If - x(1) >  0 Then gua= 0  '超界则标记 gua= 0
If - x(2) >  0 Then gua= 0  '超界则标记 gua= 0
End Function
```

进入约束条件子函数时，先令子函数值 gua=1，表示满足全部约束条件。当设计变量不满足任一约束条件时，表示试探点超出了可行域，令子函数值为零，返回调用程序。

2）是否适用及可行的分支判断结构

```
If gua(x)= 1 And f0 >  f Then '若正向试探点可行且适用,进行正向追赶
……
Else  '否则,需要反向试探
   If gua(x)= 1 And f0 >  f Then '若反向试探点可行且适用,进行反向追赶
   ……
   Else  '正、反向试探均不适用或不可行
     alph0= 0.5 *  alph0  '步长因子减半,
     Exit For '从 n 维坐标轮换的 For 循环退出,进行下一轮搜索
   End If
End If
```

3）用于追赶步长法的直到型内循环

```
Do  '正向追赶搜索循环
  A0= A: f0= f: xopt= x '设置进行追赶,xopt 是近似最优点
  T= 1.3 *  T: A= A0 +  T: k1= k1 +  1  '步长加倍(取 1.3)
  Call Cal_Coord(x0, s, A, x): f= fxval(x) '调用坐标计算子程序,计算函数值
Loop Until gua(x)= 0 Or f > f0 '直到试探点不可行或不适用,终止追赶循环
```

4.2.4 约束坐标轮换法算例

【例 4-1】 用坐标轮换法求约束优化问题。

$$\min f(\boldsymbol{X}) = x_1^2 + x_2^2 - x_1x_2 - 10x_1 - 4x_2 + 60$$

$$\text{s.t.}\quad g_1(\boldsymbol{X}) = -x_1 \leqslant 0$$
$$g_2(\boldsymbol{X}) = -x_2 \leqslant 0$$
$$g_3(\boldsymbol{X}) = x_1 - 6 \leqslant 0$$
$$g_4(\boldsymbol{X}) = x_2 - 6 \leqslant 0$$
$$g_5(\boldsymbol{X}) = x_1 + x_2 - 11 \leqslant 0$$

取初始点 $\boldsymbol{X}^{(0)}=(2,1)^{\mathrm{T}}$，初始步长因子 $\alpha_0=1$，精度 $\varepsilon=0.5$，可行域如图 4-2-3 所示。

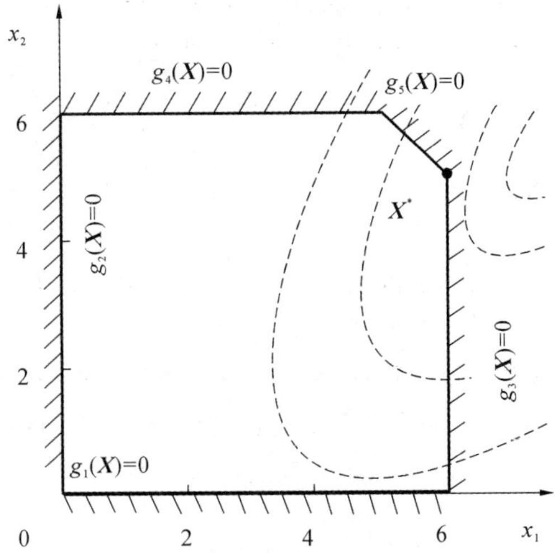

图 4-2-3　例 4-1 等值线及可行域

解　已知 $\boldsymbol{X}^{(0)}=(2,1)^{\mathrm{T}}$，$\alpha_0=1$，$\varepsilon=0.5$。轮换坐标法步骤较多，用多层序号表示运算过程，可参照表 4-2-1。

表 4-2-1　约束坐标轮换法算例数据

i	j	k	F_0	α_0	α	$\boldsymbol{X}^{(0)}$	$\boldsymbol{S}$	$\boldsymbol{X}$	F	$\boldsymbol{X}\in\boldsymbol{D}$
1	1	0	39	1	1	$(2,1)^{\mathrm{T}}$	$(1,0)^{\mathrm{T}}$	$(3,1)^{\mathrm{T}}$	33	Y
1	1	1	33	1	2.3	$(2,1)^{\mathrm{T}}$	$(1,0)^{\mathrm{T}}$	$(4.3,1)^{\mathrm{T}}$	28.19	Y
1	1	2	28.19	1	3.99	$(2,1)^{\mathrm{T}}$	$(1,0)^{\mathrm{T}}$	$(5.99,1)^{\mathrm{T}}$	26.99	Y
1	1	3	26.99	1	6.19	$(2,1)^{\mathrm{T}}$	$(1,0)^{\mathrm{T}}$	$(8.19,1)^{\mathrm{T}}$	33.99	N
1	2	0	26.99	1	1	$(5.99,1)^{\mathrm{T}}$	$(0,1)^{\mathrm{T}}$	$(5.99,2)^{\mathrm{T}}$	20.0	Y
1	2	1	20.0	1	2.3	$(5.99,1)^{\mathrm{T}}$	$(0,1)^{\mathrm{T}}$	$(5.99,3.3)^{\mathrm{T}}$	13.9	Y
1	2	2	13.9	1	3.99	$(5.99,1)^{\mathrm{T}}$	$(0,1)^{\mathrm{T}}$	$(5.99,4.99)^{\mathrm{T}}$	11.03	Y
1	2	3	11.03	1	6.19	$(5.99,1)^{\mathrm{T}}$	$(0,1)^{\mathrm{T}}$	$(5.99,7.19)^{\mathrm{T}}$	15.83	Y
2	1	0	11.03	1	1	$(5.99,4.99)^{\mathrm{T}}$	$(1,0)^{\mathrm{T}}$	$(6.99,4.99)^{\mathrm{T}}$	9.02	N
2	1	0	11.03	1	−1	$(5.99,4.99)^{\mathrm{T}}$	$(1,0)^{\mathrm{T}}$	$(4.99,4.99)^{\mathrm{T}}$	15.04	Y
3	1	0	11.03	0.5	0.5	$(5.99,4.99)^{\mathrm{T}}$	$(1,0)^{\mathrm{T}}$	$(6.49,4.99)^{\mathrm{T}}$	9.78	N
	1	0	11.03	−0.5	−0.5	$(5.99,4.99)^{\mathrm{T}}$	$(1,0)^{\mathrm{T}}$	$(5.49,4.99)^{\mathrm{T}}$	12.79	Y
			11.03	0.25	0.25	$(5.99,4.99)^{\mathrm{T}}$				Y

1. 第 1 轮搜索

1) 计算初始点函数值

初始点函数值为 $F_0=f(\boldsymbol{X}^{(0)})=39$。

2) 进入直到型外循环(开始第 1 轮计算 $i=1$)

(1) 进入计数型内循环，进行 n 维坐标轮换。

(2) 沿着第 1 维($j=1$)方向进行一维优化。

① 搜索方向向量为 $\boldsymbol{S}=\boldsymbol{e}_1=(1,0)^{\mathrm{T}}$，$A_0=0$，步长坐标 $\alpha=A_0+\alpha_0=1$ 处，第 1 轮第 1 维尚无追赶($i=1,\ j=1,\ k=0$)，试探点函数坐标及函数值为

$$\boldsymbol{X}=\boldsymbol{X}^{(0)}+\alpha\cdot\boldsymbol{S}=\begin{pmatrix}2\\1\end{pmatrix}+1\cdot\begin{pmatrix}1\\0\end{pmatrix}=\begin{pmatrix}3\\1\end{pmatrix}$$

$$F=f(\boldsymbol{X})=3^2+1^2-3\cdot1-10\cdot3-4\cdot1+60=33$$

② 检查是否适用且可行。

约束条件可由图 4-2-3 判断，试探点 $\boldsymbol{X}$ 可行(记 $\boldsymbol{X}\in\boldsymbol{D}$)，且 $F_0>F$ 适用，进行正向追赶。

$T\leftarrow\alpha_0=1$，进入直到型内循环进行正向追赶。

第一次追赶($k=1$)，设置保留：$A_0\leftarrow\alpha=1$，$F_0\leftarrow F=33$，$\boldsymbol{X}_{\mathrm{opt}}\leftarrow\boldsymbol{X}=(3,1)^{\mathrm{T}}$。步长变量加倍：$T=1.3T=1.3$。进行第 1 轮第 1 维第 1 次正向追赶($i=1,\ j=1,\ k=1$)。

步长坐标 $\alpha=A_0+T=2.3$ 处，试探点函数坐标及函数值为

$$\boldsymbol{X}=\boldsymbol{X}^{(0)}+\alpha\cdot\boldsymbol{S}=\begin{pmatrix}2\\1\end{pmatrix}+2.3\cdot\begin{pmatrix}1\\0\end{pmatrix}=\begin{pmatrix}4.3\\1\end{pmatrix}$$

$$F=f(\boldsymbol{X})=4.3^2+1^2-4.3\cdot1-10\cdot4.3-4\cdot1+60=28.19$$

检查约束条件，试探点 $\boldsymbol{X}$ 可行($\boldsymbol{X}\in\boldsymbol{D}$)，且 $F_0>F$ 适用，继续进行正向追赶。

第二次追赶($k=2$)，设置保留：$A_0\leftarrow\alpha=2.3$，$F_0\leftarrow F=28.19$，$\boldsymbol{X}_{\mathrm{opt}}\leftarrow\boldsymbol{X}=(4.3,1)^{\mathrm{T}}$。步长变量加倍：$T=1.3T=1.69$。进行第 1 轮第 1 维第 2 次正向追赶($i=1,\ j=1,\ k=2$)。

步长坐标 $\alpha=A_0+T=2.3+1.69=3.99$ 处，试探点函数坐标及函数值为

$$\boldsymbol{X}=\boldsymbol{X}^{(0)}+\alpha\cdot\boldsymbol{S}=\begin{pmatrix}2\\1\end{pmatrix}+3.99\cdot\begin{pmatrix}1\\0\end{pmatrix}=\begin{pmatrix}5.99\\1\end{pmatrix}$$

$$F=f(\boldsymbol{X})=5.99^2+1^2-5.99\cdot1-10\cdot5.99-4\cdot1+60=26.99$$

检查约束条件，试探点 $\boldsymbol{X}$ 可行($\boldsymbol{X}\in\boldsymbol{D}$)，且 $F_0>F$ 适用，继续进行正向追赶。

第三次追赶($k=3$)，设置保留：$A_0\leftarrow\alpha=3.99$，$F_0\leftarrow F=26.99$，$\boldsymbol{X}_{\mathrm{opt}}\leftarrow\boldsymbol{X}=(5.99,1)^{\mathrm{T}}$。步长变量加倍：$T=1.3T=2.20$。进行第 1 轮第 1 维第 3 次正向追赶($i=1,\ j=1,\ k=3$)。

步长坐标 $\alpha=A_0+T=3.99+2.20=6.19$ 处，试探点函数坐标及函数值为

$$\boldsymbol{X}=\boldsymbol{X}^{(0)}+\alpha\cdot\boldsymbol{S}=\begin{pmatrix}2\\1\end{pmatrix}+6.19\cdot\begin{pmatrix}1\\0\end{pmatrix}=\begin{pmatrix}8.19\\1\end{pmatrix}$$

$$F=f(\boldsymbol{X})=8.19^2+1^2-8.19\cdot1-10\cdot8.19-4\cdot1+60=33.99$$

检查约束条件，试探点 $\boldsymbol{X}$ 不可行($x_1=8.19>6$，记 $\boldsymbol{X}\notin\boldsymbol{D}$)，且 $F_0<F$ 不适用，停止追赶。

设置适用且可行的 $\boldsymbol{X}_{\mathrm{opt}}$：$\boldsymbol{X}_0\leftarrow\boldsymbol{X}_{\mathrm{opt}}=(5.99,1)^{\mathrm{T}}$，以及 $F_0\leftarrow F=26.99$，将其作为下一维起点。

(3) 进行第 1 轮第 2 维搜索。

① 搜索方向向量为 $\boldsymbol{S}=\boldsymbol{e}_2=(0,1)^{\mathrm{T}}$，初始值 $\boldsymbol{X}^{(0)}=(5.99,1)^{\mathrm{T}}$，$F_0=26.99$。$A_0=0$，步长坐标 $\alpha=A_0+\alpha_0=1$ 处，第 1 轮第 2 维尚无追赶($i=1,\ j=2,\ k=0$)，试探点函数坐标及函数值为

$$\boldsymbol{X}=\boldsymbol{X}^{(0)}+\alpha\cdot\boldsymbol{S}=\begin{pmatrix}5.99\\1\end{pmatrix}+1\cdot\begin{pmatrix}0\\1\end{pmatrix}=\begin{pmatrix}5.99\\2\end{pmatrix}$$

$$\begin{aligned}f(\boldsymbol{X})&=x_1^2+x_2^2-x_1x_2-10x_1-4x_2+60\\&=5.99^2+2^2-5.99\cdot2-10\cdot5.99-4\cdot2+60=20.0\end{aligned}$$

② 检查是否适用且可行。

约束条件可由图 4-2-3 判断，试探点 $\boldsymbol{X}$ 可行($\boldsymbol{X}\in\boldsymbol{D}$)，且 $F_0>F$ 适用，进行正向追赶。

进行第 1 轮第 2 维第 1 次正向追赶($i=1$, $j=2$, $k=1$)、第 2 次追赶($k=2$)及第 3 次追赶($k=3$)的数据见表 4-2-1。第三次追赶后，试探点可行但不适用，结束本轮两维坐标方向上的一维优化。设置适用且可行的 $\boldsymbol{X}_{\mathrm{opt}}$：$\boldsymbol{X}_0\leftarrow\boldsymbol{X}_{\mathrm{opt}}=(5.99,4.99)^{\mathrm{T}}$，以及 $F_0\leftarrow F=11.03$，将其作为下一轮起点。

3) 检查是否满足精度要求

因 $\alpha_0=1>\varepsilon(=0.5)$，不满足精度要求，继续进行第 2 轮搜索。

2. 第 2 轮搜索

第 2 轮搜索中，用初始步长因子 $\alpha_0=1$ 沿着第一维坐标轴正向搜索，试探点不可行。沿着坐标轴反向搜索，试探点不适用。即正、反向试探均不成功，需要将步长因子减半 $\alpha_0\leftarrow1/2=0.5$，结束两维坐标方向上的一维优化，继续将 $\boldsymbol{X}_0\leftarrow\boldsymbol{X}_{\mathrm{opt}}=(5.99,4.99)^{\mathrm{T}}$ 及 $F_0\leftarrow F=11.03$ 作为下一轮起点。仍然检查是否满足精度要求，由于 $\alpha_0=\varepsilon=0.5$，不满足精度要求，继续进行第 3 轮搜索。上述计算过程参见表 4-2-1。

3. 第 3 轮搜索

第 3 轮搜索中，用减半的初始步长因子 $\alpha_0=0.5$ 沿着第一维坐标轴正向搜索，试探点不可行。沿着坐标轴反向搜索，试探点不适用。即正、反向试探均不成功，需要继续将步长因子减半 $\alpha_0\leftarrow0.5/2=0.25$，结束两维坐标方向上的一维优化，继续将 $\boldsymbol{X}_0\leftarrow\boldsymbol{X}_{\mathrm{opt}}=(5.99,4.99)^{\mathrm{T}}$ 及 $F_0\leftarrow F=11.03$ 作为下一轮起点。仍然检查是否满足精度要求，由于 $\alpha_0=0.25<\varepsilon(=0.5)$，满足精度要求，退出外循环。将 $\boldsymbol{X}_{\mathrm{opt}}$ 作为最优点输出。图 4-2-4 所示为用坐标序列点示意性地表示搜索过程。

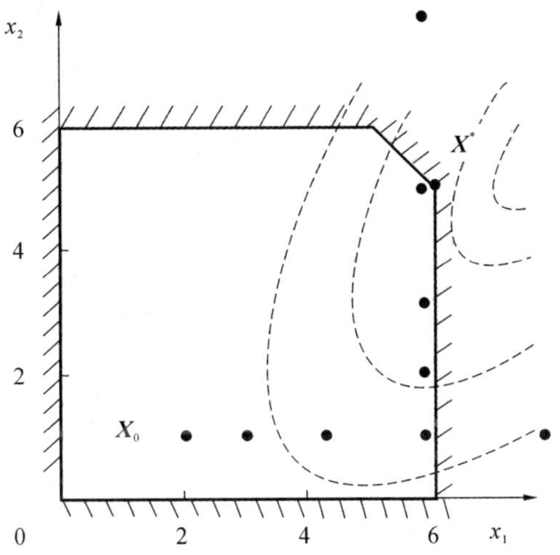

图 4-2-4　例 4-1 第一轮两维方向搜索示意图

最优解：

$\boldsymbol{X}^*=\boldsymbol{X}_{\mathrm{opt}}=(5.99,4.99)^{\mathrm{T}}, f(\boldsymbol{X}^*)=11.03$

目标函数解析解：

$$\boldsymbol{X}^*=(6,5)^{\mathrm{T}}, f(\boldsymbol{X}^*)=11$$

可用相对值来比较优化效果。给定初始点 $\boldsymbol{X}_0$ 对应一个可行的初始设计方案，初始方案的函数值为 $f(\boldsymbol{X}_0)$，最优点对应最优方案的函数值为 $f(\boldsymbol{X}^*)$。两者的差值为

$$\Delta f=f(\boldsymbol{X}_0)-f(\boldsymbol{X}^*) \tag{4-2-1}$$

优化效果用相对值衡量：

$$\Delta E=\frac{\Delta f}{|f(\boldsymbol{X}_0)|}\times100\% \tag{4-2-2}$$

相对于一个确定的初始方案，函数值 $f(\boldsymbol{X}_0)$ 不变，ΔE 越大，优化效果越好。

用约束优化坐标轮换法，对人字架进行优化的一个算例见第 7.1 节。

4.3　约束随机方向法

约束随机方向法

约束随机方向法是一种直接法，它在无约束随机方向法的基础上，除了要求试探点适用外，还需要考虑试探点是否可行。该方法的原理易于理解，程序设计简单，可以相对灵活地适应约束边界条件。尽管其结果具有一定的随机性，但可以进行多次试算，并从中选择最佳的结果。约束随机方向法是约束优化中常用的一种方法。在约束随机方向法中，必须使用追赶步长法来确定搜索步长。

4.3.1　约束随机方向法原理

以受约束的二维设计变量的目标函数为例，其等值线示意如图 4-3-1 所示。

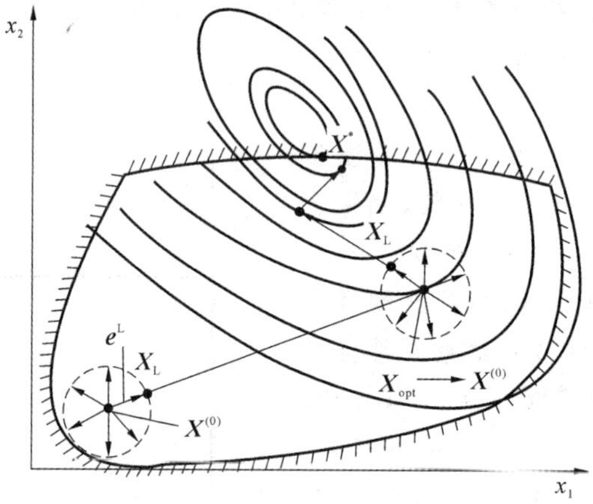

图 4-3-1　约束随机方向法原理

在可行域 $\boldsymbol{D}$ 内任选初始点 $\boldsymbol{X}^{(0)}$，计算初始点函数值 $f(\boldsymbol{X}^{(0)})$，在 $\boldsymbol{X}^{(0)}$ 为圆心的单位圆上，随机生成 k 个点，由 $\boldsymbol{X}^{(0)}$ 分别指向 k 个随机点的向量，即构成 k 个随机单位向量 $\boldsymbol{e}^j\,(j=1,2,\cdots,k)$。分别沿着 k 个随机单位向量方向，用相同的初始步长因子 α_0 进行试探，在以 $\boldsymbol{X}^{(0)}$ 为圆心、α_0 为半径的圆周上，得到 k 个随机方向的试探点 $\boldsymbol{X}_j\,(j=1,2,\cdots,k)$，从中选出可行且函数值最小的试探点函数坐标 $\boldsymbol{X}_L$，计算该点函数值 $f(\boldsymbol{X}_L)$，从 $\boldsymbol{X}^{(0)}$ 指向 $\boldsymbol{X}_L$ 的方向记为 $\boldsymbol{e}^L$，如图 4-3-1 所示。保留 $\boldsymbol{X}_L$ 点处的数据：$f(\boldsymbol{X}_L)\leftarrow\min(f(\boldsymbol{X}_j))$，$\boldsymbol{X}_L\leftarrow\boldsymbol{X}_j$，$\boldsymbol{e}^L\leftarrow\boldsymbol{e}^j$。

(1) 如果 $f(\boldsymbol{X}^{(0)})>f(\boldsymbol{X}_L)$ 且 $\boldsymbol{X}_L\in\boldsymbol{D}$，即 $\boldsymbol{X}_L$ 适用且可行，从 $\boldsymbol{X}^{(0)}$ 指向 $\boldsymbol{X}_L$ 的方向 $\boldsymbol{e}^L$ 就是 k 个随机点中可行的函数值下降最大的方向，将其作为 k 个随机方向中"最佳"的搜索方向。

从 $\boldsymbol{X}^{(0)}$ 出发，沿着最佳随机搜索方向 $\boldsymbol{e}^L$，用追赶步长法反复进行试探搜索，若试探点适用且可行，则沿着该方向继续进行试探搜索，直到试探点不适用或不可行为止，将最后一个适用且可行的函数坐标点作为该方向上的最优点 $\boldsymbol{X}_{opt}$，并将最优点 $\boldsymbol{X}_{opt}$ 设置为下一轮的起点：$\boldsymbol{X}^{(0)}\leftarrow\boldsymbol{X}_{opt}$，完成该方向上一轮一维优化。

(2) 如果 $f(\boldsymbol{X}^{(0)})<f(\boldsymbol{X}_L)$ 或 $\boldsymbol{X}_L\notin\boldsymbol{D}$，即 $\boldsymbol{X}_L$ 不适用或不可行，此时需将初始步长因子 α_0 减半。重新生成 k 个点，重复上述计算，直到从中找出"最佳"随机搜索方向为止。

检查 $\boldsymbol{X}_{opt}$ 点是否满足精度要求，若 $\boldsymbol{X}_{opt}$ 点不满足精度要求，应从新的初始点 $\boldsymbol{X}^{(0)}$ 开始，重复上述过程。如此反复，直至逼近满足约束条件且函数值最小点 $\boldsymbol{X}^*$。当搜索到适用且可行

的 $\boldsymbol{X}_{\text{opt}}$ 并且其满足精度要求时，终止搜索，将 $\boldsymbol{X}_{\text{opt}}$ 作为满足约束条件的目标函数最优点 $\boldsymbol{X}^*$ 的近似值输出。二维函数约束随机方向法搜索示意如图 4-3-1 所示。

4.3.2　约束随机方向法算法

已知初始点 $\boldsymbol{X}^{(0)}$、初始步长 t_0、计算精度 ε、最大随机个数 k。

(1) 计算初始点函数值 $F_0=f(\boldsymbol{X}^{(0)})$。

(2) 进入直到型循环，进行随机方向法搜索。

保留初始点：$\boldsymbol{X}^{(00)} \leftarrow \boldsymbol{X}^{(0)}$。

设置一个大数作为函数值比较基数：$F_{\text{L}}=10000$。

(3) 进入计数型循环(k 次)，找出最佳随机搜索方向。

① 调用生成随机单位向量子程序，每次产生一个 n 维随机单位向量 $\boldsymbol{e}^j$。

② 进行一维优化。

从 $\boldsymbol{X}^{(0)}$ 点开始，以 $\boldsymbol{e}^j$ 为搜索方向，α_0 为初始步长因子，计算 k 个试探点函数坐标 $\boldsymbol{X}_j$：

$$\boldsymbol{X}_j = \boldsymbol{X}^{(0)} + \alpha_0 \boldsymbol{e}^j \quad (j = 1,2,\cdots,k)$$

③ 从 k 个试探点中，选出函数值最小且可行的函数坐标 $\boldsymbol{X}_{\text{L}}$：

$$F_{\text{L}} = f(\boldsymbol{X}_{\text{L}}) = \min(f(\boldsymbol{X}_j)) \quad (j = 1,2,\cdots,k)$$

及对应的随机单位向量 $\boldsymbol{e}^{\text{L}}$，作为搜索方向。

(4) 检查是否可进行试探搜索。

① 如果 $f(\boldsymbol{X}^{(0)})>F_{\text{L}}$ 且 $\boldsymbol{X}_{\text{L}}\in \boldsymbol{D}$，则沿着 $\boldsymbol{e}^{\text{L}}$ 方向，用追赶步长法反复试探搜索，直到试探点不可行或不适用为止，将最后一个可行且适用的试探点作为一维优化最优点 $\boldsymbol{X}_{\text{opt}}$ 保留。

将 $\boldsymbol{X}_{\text{opt}}$ 设置为 $\boldsymbol{X}^{(0)}$：$\boldsymbol{X}^{(0)} \leftarrow \boldsymbol{X}_{\text{opt}}$。将其作为下一轮起点，同时设置保留函数值：$F_0 \leftarrow f(\boldsymbol{X}_{\text{opt}})$。转到步骤(5)。

② 如果 $f(\boldsymbol{X}^{(0)})<F_{\text{L}}$ 或 $\boldsymbol{X}_{\text{L}}\notin \boldsymbol{D}$，则试探点不适用或不可行。需要将初始步长因子减半，即 $\alpha_0 \leftarrow \alpha_0/2$，转到步骤(5)。

(5) 检查 $\boldsymbol{X}_{\text{opt}}$ 点是否满足计算精度要求。

若 $\alpha_0>\varepsilon$，则表示计算精度不够，需要转到步骤(2)进行下一轮随机搜索。如此反复，α_0 不断减半直到 $\alpha_0<\varepsilon$ 满足计算精度要求时，终止外循环。

(6) 将 $\boldsymbol{X}_{\text{opt}}$ 作为满足约束条件的目标函数最优点 $\boldsymbol{X}^*$ 的近似值输出。

4.3.3　约束随机方向法子程序流程图及重要语句

1. 约束随机方向法子程序流程图

约束随机方向法子程序流程图如图 4-3-2 所示，约束随机方向法完整程序可扫描二维码查看。

约束随机方向法程序

2. 约束随机方向法子程序重要语句

1) 选出 k 个随机点中最小函数值及坐标点

```
FL= 10000      '先置一个大数作为函数值比较基数
For j= 1 To k   '生成 k 个随机方向，从中选择"最佳"方向
   Call Random(ej)   '调用随机函数，产生随机方向 ej()
   Call Cal_Coord(x0, ej, alph0, xj): fj= fxval(xj) '调用坐标计算子程序，返回试探点
```

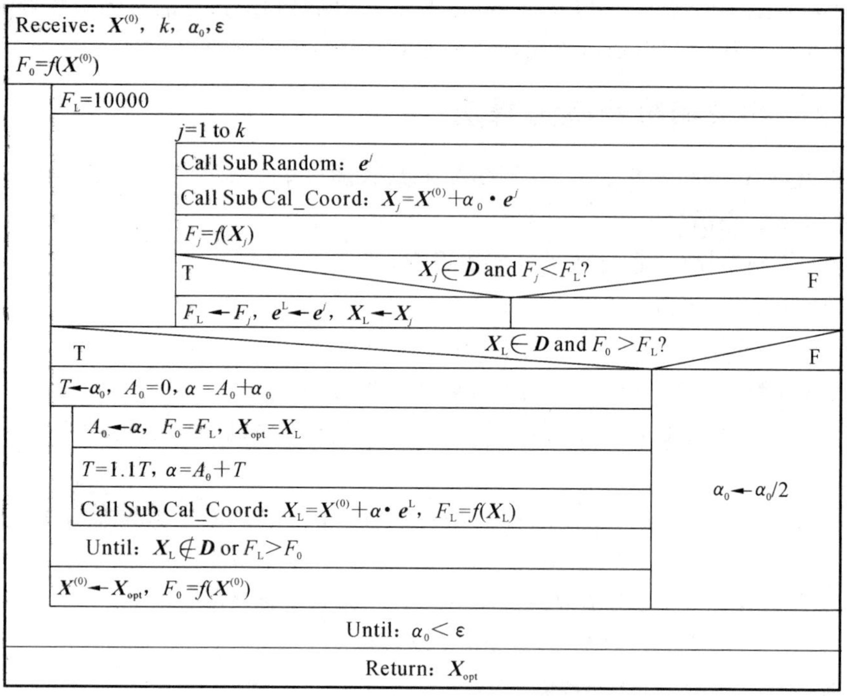

图 4-3-2　约束随机方向法子程序流程图

```
    If gua(xj)= 1 And FL > fj Then '若试探点可行且小于比较基数
      FL= fj: el= ej: xl= xj '选出最小函数值及对应随机单位向量
    End If
Next j  '从中选出最小函数值,对应最佳单位向量方向
```

2）沿最佳方向试探及追赶(简化追赶步长法嵌入)

```
If gua(xl)= 1 And f0 > fl Then '若试探点可行且适用
    T= alph0: A0= 0: A= A0 + alph0 '初始步长设置为变量步长,计算步长
    Do     '追赶循环
      A0= A: f0= fl: xopt= xl '设置进行追赶,xopt 是近似最优点
      T= 1.1 * T: A= A0 + T '步长加速
      Call Cal_Coord(x0, el, A, xl): fl= fxval(xl) '调用坐标计算子程序,返回试探点函数值
   Loop Until gua(xl)= 0 Or fl > f0  '试探点不可行或不适用时退出追赶循环
   x0= xopt: f0= fxval(x0)  '设置下一轮初始点
Else  '否则,试探点不可行或不适用
    alph0= 0.5 * alph0 '步长因子减半,进行下一轮搜索
End If
```

4.3.4　约束随机方向法算例

【例 4-2】　试用随机方向法计算例 4-1。

$$\min f(\boldsymbol{X}) = x_1^2 + x_2^2 - x_1x_2 - 10x_1 - 4x_2 + 60$$

$$\begin{aligned}
\text{s.t.}\quad & g_1(\boldsymbol{X}) = -x_1 \leqslant 0 \\
& g_2(\boldsymbol{X}) = -x_2 \leqslant 0 \\
& g_3(\boldsymbol{X}) = x_1 - 6 \leqslant 0 \\
& g_4(\boldsymbol{X}) = x_2 - 6 \leqslant 0 \\
& g_5(\boldsymbol{X}) = x_1 + x_2 - 11 \leqslant 0
\end{aligned}$$

初始点 $\boldsymbol{X}^{(0)}=(0,0)^{\mathrm{T}}$，初始步长因子 $\alpha_0=1.2$，计算精度 $\varepsilon=0.01$，可行域如图 4-3-3(a)所示。

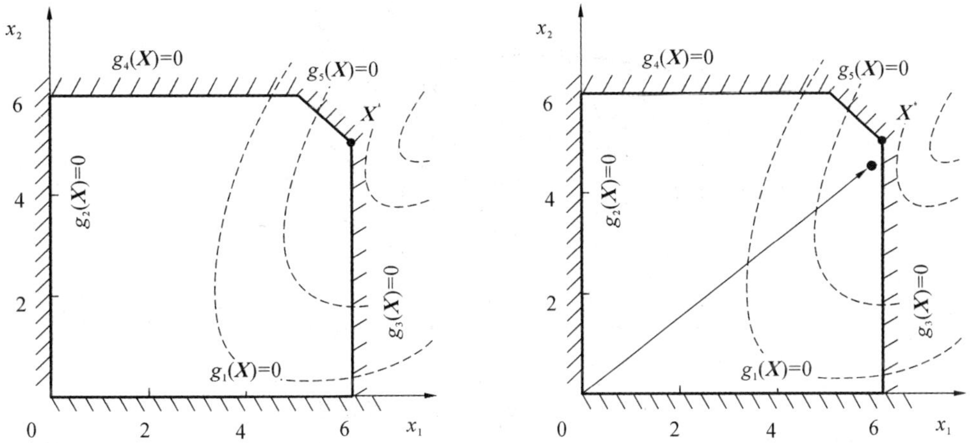

(a)　(b)

图 4-3-3　例 4-2 等值线及可行域

(a) 几何关系　(b) 第一次搜索结果示意

采用程序计算，经过 15 轮随机搜索，最优解为 $\boldsymbol{X}^*=(6.000,4.988)^{\mathrm{T}}$，$f(\boldsymbol{X}^*)=11.001$。

由于随机性，计算结果只要在解析解的附近，有所偏差均属正常。因此，用约束随机方向法时，一般需要多运算几次，从中选择最优的数据。

对于本例，从起点 $\boldsymbol{X}^{(0)}=(0,0)^{\mathrm{T}}$ 出发，某次程序计算中，第一轮随机搜索到的最优点函数值 $f(\boldsymbol{X}_1)=11.70$，$\boldsymbol{X}_1=(5.875,4.376)^{\mathrm{T}}$，参见图 4-3-3(b)，可见选择出的最佳随机方向比较好。最理想的搜索方向是从 $\boldsymbol{X}^{(0)}=(0,0)^{\mathrm{T}}$ 指向 $\boldsymbol{X}^*=(6.0,5.0)^{\mathrm{T}}$。

由于第一轮已经搜索到目标函数最优点附近，且接近约束边界，从第二轮开始，初始步长因子开始减半。第三轮时，搜索到 $\boldsymbol{X}_3=(5.974,4.968)^{\mathrm{T}}$，已经非常接近目标函数最优点。

4.4 复合形法

复合形法

复合形法是在单纯形法的基础上发展而来的，单纯形法主要用于无约束优化问题，复合形法则用于处理约束优化问题。相比于单纯形法，复合形法的构造更加灵活，以适应较为复杂的约束边界条件。复合形法对目标函数和约束函数的数学性质没有特别要求，因此在约束优化领域得到了广泛的应用。

4.4.1　复合形法概念

在 n 维空间中，当 k 取 $n+1\leqslant k\leqslant 2n$ 时，构造的具有 k 个顶点且位于可行域内的多边形或多面体，称为**复合形**，复合形各顶点坐标记为 $\boldsymbol{X}_i(i=1,2,\cdots,k)$。图 4-4-1 是二维空间中 $k=4$的复合形。就其几何形态而言，最简单的复合形($k=n+1$)是单纯形。

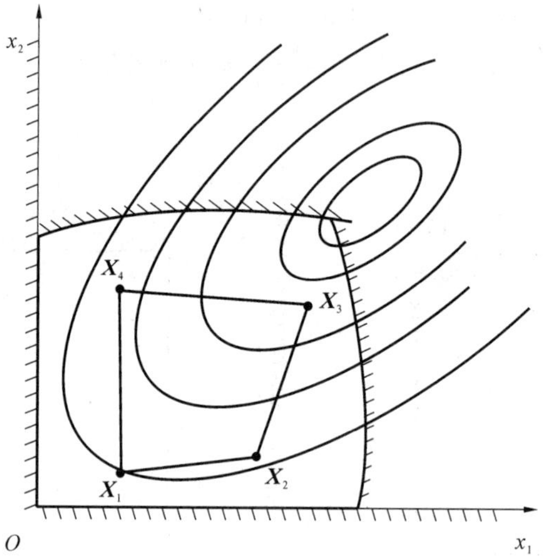

图 4-4-1　二维空间四顶点复合形

与单纯形优化法相比，复合形优化法在两个方面有所变化。首先，复合形有更多的顶点，从而能够更灵活地构造多边形或多面体形状，以适应复杂的约束边界条件；其次，在搜索过程中，试探点(如反射点等)必须位于可行域内。

4.4.2　复合形法基本原理

在 n 维空间的可行域内构造一个具有 k 个顶点的多边形或多面体，将其作为初始复合形。计算各顶点的目标函数值，并对各函数值排序。根据统计规律估算出一个近似的一维"最佳搜索方向"。沿着该方向进行一维试探，在特定试探点处实现"一维搜索"。特定试探点必须同时适用(函数值显著下降)和可行(在可行域内)。比较试探点，选取可行且适用的最佳搜索方法。用试探得到的可行"最佳点"替换初始复合形中函数值最大的顶点，从而更新并构造一个可行的新复合形。新复合形各顶点函数值必定等于或小于原复合形各顶点函数值，表示复合形得到优化，已经向目标函数的最优点移动。将新复合形设置为初始复合形，如此反复进行，不断更新并构造可行的新复合形，使复合形逐步逼近目标函数的最优点。在满足计算精度要求时，将复合形上函数值最小的顶点坐标作为目标函数最优点的近似值输出。

4.4.3　复合形法常用搜索方法

一般复合形法的搜索方法除了反射法、压缩法外，还有扩张法、增强收缩法等。

1. 确定复合形法"最佳搜索方向"

1) 排序

对于 n 维目标函数，在可行域内，取 $k(n+1\leqslant k\leqslant 2n)$个顶点构造一个多边形或多面体作为初始复合形，各顶点坐标记为 $\boldsymbol{X}_i(i=1,2,\cdots,k)$，计算出各顶点处目标函数值 $f(\boldsymbol{X}_i)$。

对于二维空间，取 $k=4$，复合形如图 4-4-1 所示。由等值线可判断各顶点函数值大小并排序：$f(\boldsymbol{X}_1)>f(\boldsymbol{X}_2)>f(\boldsymbol{X}_4)>f(\boldsymbol{X}_3)$，记最差顶点 $\boldsymbol{X}_1=\boldsymbol{X}_H$，次差顶点 $\boldsymbol{X}_2=\boldsymbol{X}_G$，最好顶点 $\boldsymbol{X}_3=\boldsymbol{X}_L$，如图 4-4-2 所示。

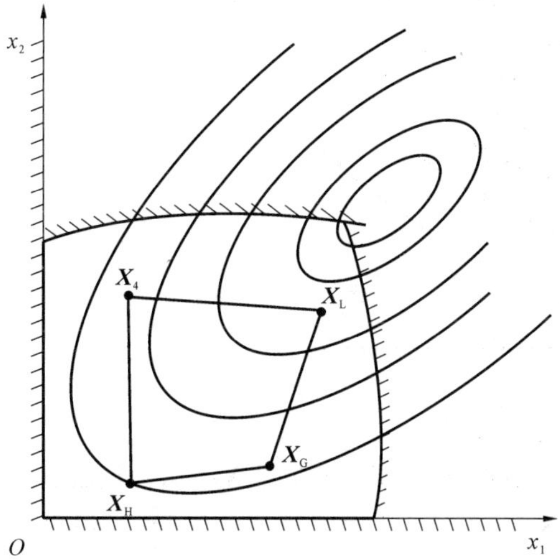

图 4-4-2　排序后坐标

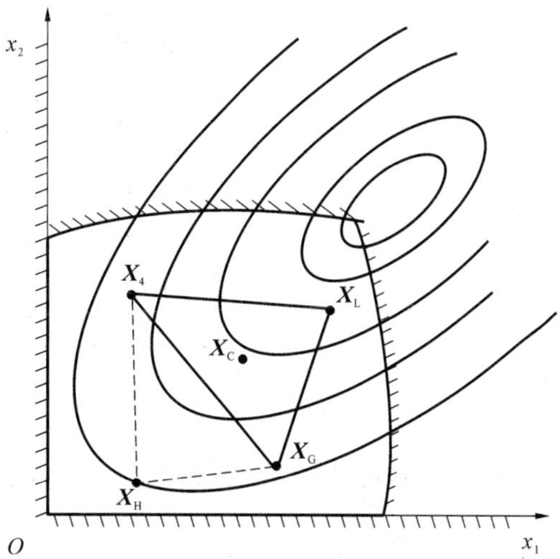

图 4-4-3　计算形心

2）计算几何中心

去掉最差顶点 $\boldsymbol{X}_H$，用 $k-1$ 个顶点构造一个子几何图形，计算该子几何图形的形心 $\boldsymbol{X}_C$：

$$\boldsymbol{X}_C=\frac{1}{k-1}\sum_{i=1}^{k-1}\boldsymbol{X}_i\quad(\boldsymbol{X}_i\neq\boldsymbol{X}_H)$$

对于图 4-4-3 所示的复合形，子几何图形是由 $\boldsymbol{X}_L$、$\boldsymbol{X}_G$ 和 $\boldsymbol{X}_4$ 三个顶点构成的平面三角形。假定可行域为凸集，当复合形各顶点均在可行域内时，可保证形心坐标 $\boldsymbol{X}_C$ 也在可行域内。实际问题中，当可行域为非凸集时，形心坐标 $\boldsymbol{X}_C$ 可能是非可行点。

3）确定复合形法的“最佳搜索方向”

如图 4-4-4 所示，构造一个由最差顶点 $\boldsymbol{X}_H$ 指向形心坐标 $\boldsymbol{X}_C$ 的向量 $\boldsymbol{S}$：

$$\boldsymbol{S}=\boldsymbol{X}_C-\boldsymbol{X}_H$$

将向量 $\boldsymbol{S}$ 的方向作为“最佳搜索方向”。根据统计规律，从最差点指向形心的方向一般是函数值下降较快的方向。沿着该方向，常用的搜索方法有反射法、扩张法、增强收缩法等。

2. 搜索方法

1）反射法

为了更灵活地寻找反射点，在复合形法反射计算中，设置一个反射系数 α。

反射法的几何关系示意如图 4-4-5 所示，复合形法反射点 $\boldsymbol{X}_R$ 的计算公式为

$$\boldsymbol{X}_R=\boldsymbol{X}_C+\alpha(\boldsymbol{X}_C-\boldsymbol{X}_H)=\boldsymbol{X}_C+\alpha\cdot\boldsymbol{S}\tag{4-4-1}$$

式中：α 为反射系数，一般常取 $\alpha=1.3\sim2$。

如果反射点不可行或不适用，则可减小反射系数，使反射点可行且适用。

2）扩张法

如果反射点的函数值显著下降，则沿着 $\boldsymbol{S}$ 方向继续向前试探，检查是否能使函数值进一步下降，以获得更好的搜索效果。**扩张法**的试探点位于反射点前方。

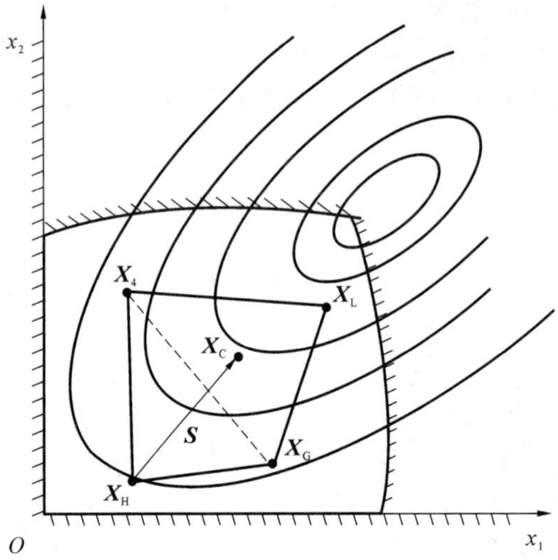

图 4-4-4　搜索方向

扩张法的几何关系示意如图 4-4-6 所示，从反射点 $\boldsymbol{X}_R$ 出发，扩张点 $\boldsymbol{X}_E$ 的计算公式为

$$\boldsymbol{X}_E = \boldsymbol{X}_R + \gamma(\boldsymbol{X}_R - \boldsymbol{X}_C) \tag{4-4-2}$$

式中：γ 为扩张系数，一般取 $\gamma=1$。

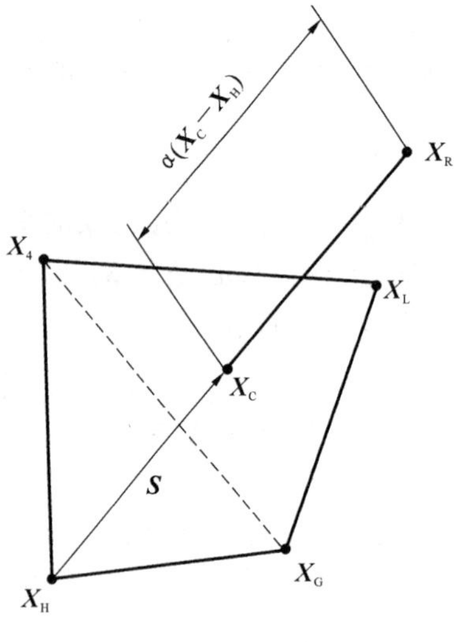

图 4-4-5　反射

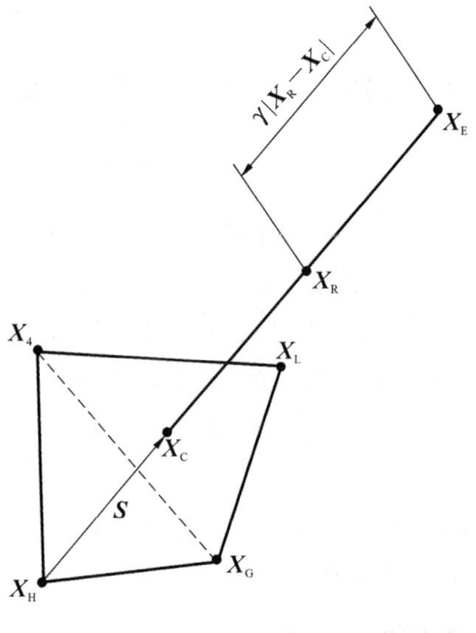

图 4-4-6　扩张

3）增强收缩法

如果在形心坐标 $\boldsymbol{X}_C$ 以外找不到较好的反射点，则可以尝试在反方向上寻找。试探在 $\boldsymbol{S}$ 方向上 $\boldsymbol{X}_C$ 以内（靠近 $\boldsymbol{X}_H$ 一侧），试探点函数值能否有效下降，类似于单纯形法中的收缩。为了与单纯形法中的收缩有所区别，鉴于该点位于 $\boldsymbol{X}_C$ 以内，具有更强的收缩效果，称其为"增强收缩"。增强收缩法的试探点记为 $\boldsymbol{X}_S$，试探点位于子几何图形形心 $\boldsymbol{X}_C$ 及最差顶点 $\boldsymbol{X}_H$ 之间，其几何关系示意如图 4-4-7 所示，增强收缩点 $\boldsymbol{X}_S$ 的计算公式为

$$\boldsymbol{X}_S = \boldsymbol{X}_H + \beta(\boldsymbol{X}_C - \boldsymbol{X}_H) \tag{4-4-3}$$

式中：β 称为增强收缩系数，一般 $0<\beta<1$，常取 $\beta=0.7$。

反射法、扩张法、增强收缩法，本质上是沿着向量 $\boldsymbol{S}$ 的"最佳搜索方向"，在特定试探点上

代替一维优化方法，获得类似一维优化最优点的几种方法。

4）压缩法

压缩法原理与单纯形法中压缩法的原理相同，其几何关系如图 4-4-8 所示，对折压缩下新压缩点的计算公式为

$$\boldsymbol{X}_i = \boldsymbol{X}_L + 0.5(\boldsymbol{X}_i - \boldsymbol{X}_L) = 0.5(\boldsymbol{X}_i + \boldsymbol{X}_L) \quad (i = 1,2,\cdots,k) \tag{4-4-4}$$

其中，当 $\boldsymbol{X}_i = \boldsymbol{X}_L$ 时，最好顶点的新压缩点仍然是原来的 $\boldsymbol{X}_L$。

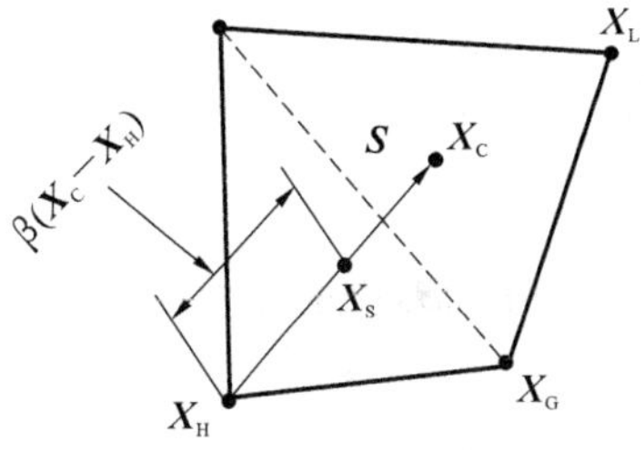

图 4-4-7　增强收缩

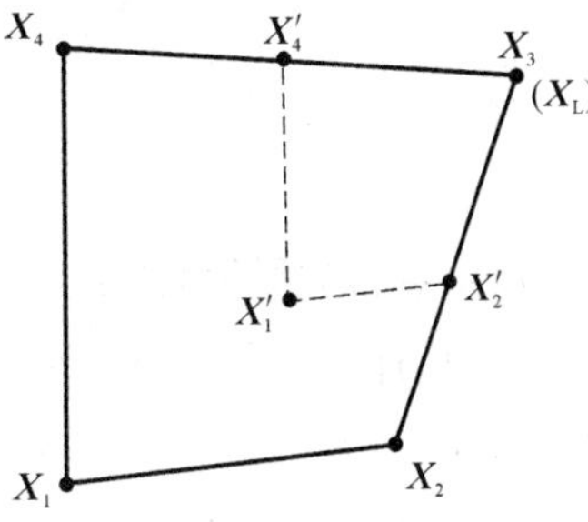

图 4-4-8　压缩

通过以上多种搜索方法组合，总可以找到一个更好的试探点，替换原复合形的最差顶点，构造一个新的复合形，使新的复合形在可行域内向最优点移动。

反射系数 α 可以调整，增加了搜索的灵活性。$\alpha=1$ 对应单纯形法中的对称反射；$0<\alpha<1$ 对应单纯形法中的收缩，$\alpha=0.5$ 对应单纯形法中的对折收缩。当反射系数不断减小但 $\alpha>0$时，反射点向形心 $\boldsymbol{X}_C$ 处移动。由此可知，在复合形法中设置反射系数，可以使反射点在更宽的范围上调整变化。

下面比较复合形法中反射、扩张及增强收缩的关系。比较图 4-4-5 与图 4-4-6 可知，只要反射系数 $\alpha>1$，反射就可以转变成扩张。另外，比较图 4-4-5 与图 4-4-7、式(4-4-1)与式(4-4-3)可知，当取 $\alpha=\beta-1$ 时，式(4-4-1)就是式(4-4-3)，反射可以转变成增强收缩。可见，复合形法中的反射系数具有多重含义，反射是复合形法中非常重要的方法。

复合形法中还有旋转法等其他方法，但由于使用较少，本章不再介绍。复合形法中，使用的搜索方法越多，可以越灵活地寻找到更好的试探点，但同时也会增加程序设计的复杂程度，降低计算的可靠性和效率。因此，虽然在理论上复合形法可以采用多种搜索方法，但实际上有些搜索方法使用较少。在实际工程优化中，应根据具体问题的特点，选择合适的组合搜索方法。

4.4.4　基本复合形法算法

为了理解复合形法的基本原理，本小节介绍仅使用反射法的基本复合形算法。

1. 计算初始值

(1) 构造初始复合形。

对于一般 n 维空间目标函数，以 $k=n+2$ 个顶点为例，在可行域内构造一个初始复合形，各顶点坐标记为 $\boldsymbol{X}_i(i=1,2,\cdots,k)$，计算各顶点的函数值：

$$f_i = f(\boldsymbol{X}_i) \quad (i = 1,2,\cdots,k)$$

(2) 对函数值排序，选出最好顶点 $\boldsymbol{X}_L$、最差顶点 $\boldsymbol{X}_H$ 及次差顶点 $\boldsymbol{X}_G$：

$$f(\boldsymbol{X}_L) = \min(f_i) \quad (i = 1,2,\cdots,k)$$

$$f(\boldsymbol{X}_{\mathrm{H}}) = \max(f_i) \quad (i = 1,2,\cdots,k)$$
$$f(\boldsymbol{X}_{\mathrm{G}}) = \max(f_i) \quad (i = 1,2,\cdots,k;\boldsymbol{X}_i \neq \boldsymbol{X}_{\mathrm{H}})$$

2. 计算几何中心(外循环起点)

去掉最差顶点 $\boldsymbol{X}_{\mathrm{H}}$ 后,还剩 $k-1$ 个顶点。由 $k-1$ 个顶点构造一个子几何图形,计算子几何图形的形心 $\boldsymbol{X}_{\mathrm{C}}$:

$$\boldsymbol{X}_{\mathrm{C}} = \frac{1}{k-1}\sum_{i=1}^{k-1}\boldsymbol{X}_i \quad (\boldsymbol{X}_i \neq \boldsymbol{X}_{\mathrm{H}})$$

确定反射方向:

$$\boldsymbol{S} = \boldsymbol{X}_{\mathrm{C}} - \boldsymbol{X}_{\mathrm{H}}$$

3. 确定反射点(内循环起点)

用式(4-4-1)计算反射点 $\boldsymbol{X}_{\mathrm{R}}=\boldsymbol{X}_{\mathrm{C}}+\alpha(\boldsymbol{X}_{\mathrm{C}}-\boldsymbol{X}_{\mathrm{H}})=\boldsymbol{X}_{\mathrm{C}}+\alpha\cdot\boldsymbol{S}$,反射点处函数值为 $f(\boldsymbol{X}_{\mathrm{R}})$。反射系数常取 $\alpha=1.3\sim2$。

4. 判断是否可用反射法

(1) 如果反射点可行且适用($\boldsymbol{X}_{\mathrm{R}}\in\boldsymbol{D}$ 且 $f(\boldsymbol{X}_{\mathrm{R}})<f(\boldsymbol{X}_{\mathrm{G}})$),则用反射点 $\boldsymbol{X}_{\mathrm{R}}$ 替换原复合形中的最差顶点 $\boldsymbol{X}_{\mathrm{H}}$:$\boldsymbol{X}_{\mathrm{H}}\leftarrow\boldsymbol{X}_{\mathrm{R}}$,构成一个新复合形。

退出内循环,转到步骤 5。

(2) 如果反射点不可行或不适用($\boldsymbol{X}_{\mathrm{R}}\notin\boldsymbol{D}$ 或 $f(\boldsymbol{X}_{\mathrm{R}})>f(\boldsymbol{X}_{\mathrm{G}})$),则将反射系数减半:$\alpha\leftarrow0.5\alpha$,可使反射点更近一点。检查内循环终止条件:

① 当 $\alpha>\lambda$ 时,不满足内循环终止条件,转到步骤 3,重新试探更近一些的反射点。其中 λ 为给定的一个很小的限定值。

重复上述过程,反射系数将不断减半。

② 当 $\alpha<\lambda$ 时,反射系数足够小,无法找到更好的反射点,结束反射,退出内循环。

5. 各顶点重新排序

对新的复合形各顶点重新排序,找出最好顶点及函数值 $f_{\mathrm{L}}=\min(f(\boldsymbol{X}_i))$

6. 检查是否满足计算精度要求

计算新复合形各顶点函数值与最好顶点函数值差值平方根均值:

$$\beta = \frac{1}{k}\sqrt{\sum_{i=1}^{k}(f_i - f_{\mathrm{L}})^2} \quad (i = 1,2,\cdots,k)$$

$\beta>\varepsilon$,表示不满足计算精度要求,转到步骤 2 再次进行外循环搜索。如此反复,复合形将不断逼近目标函数最优点,直到满足计算精度要求 $\beta<\varepsilon$ 为止,终止循环搜索。

7. 结果输出

将最终复合形上的最好顶点 $\boldsymbol{X}_{\mathrm{L}}$,作为满足约束的目标函数最优点的近似值输出。

4.4.5　基本复合形法子程序流程图及重要语句

基本复合形法程序

1. 基本复合形法子程序流程图

为了与基本复合形法算法一致,只有反射的基本复合形法子程序流程如图 4-4-9 所示,其中需要调用排序子程序 Sort(X)。默认用 $n+2$ 个顶点构造复合形。基本复合形法的完整程序可扫描二维码查看。

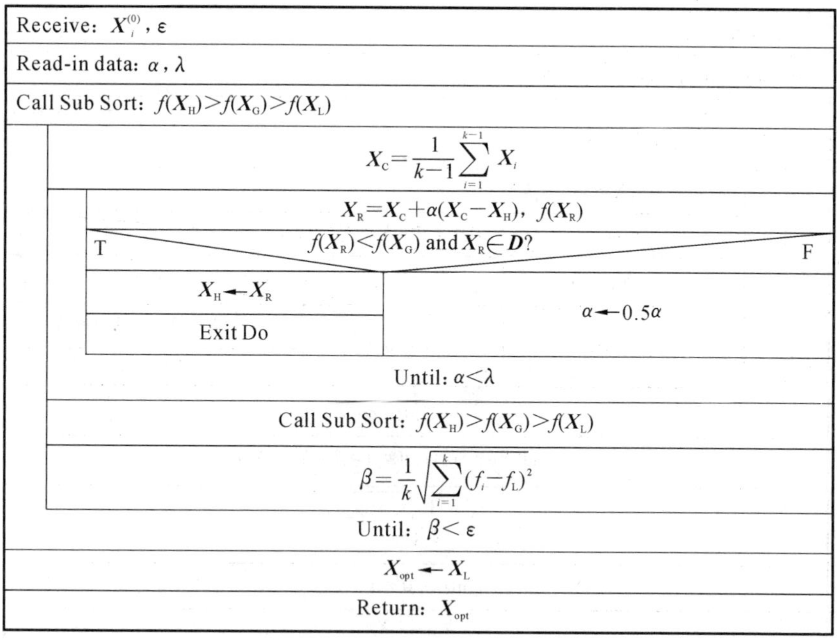

图 4-4-9　基本复合形法子程序流程图

2. 基本复合形法子程序重要语句

与单纯形法中相同的程序内容这里不再重复写出。

重要的内循环语句如下：

```
Do
    For i= 1 To n
      xr(i)= xc(i) +  alph *  (xc(i) -  x(i, h)) '反射点
    Next i
    fr= fx(xr(1), xr(2)) '反射点函数值
    If gua(xr)= 1 And fr<  result(G) Then '若反射点可行且适用
      For i= 1 To n: x(i, h)= xr(i): Next i '反射点替换最差顶点
      alph= Val(Text7.Text)  '恢复初始反射系数
      Exit Do  '退出内循环
  Else  '否则,反射点不可行或不适用,减小反射系数
      alph= 0.5 *  alph '反射系数减半
  End If
Loop Until alph <  Lamd   '反射系数太小则退出反射,Lamd 指 λ
```

复合形法-反射压缩程序

3. 具有反射及压缩组合的复合形法子程序流程图

具有反射及压缩组合的复合形法子程序流程如图 4-4-10 所示,其完整程序可扫描二维码查看。

对于图 4-4-10,如果在"$\alpha \leftarrow 0.5\alpha$"语句下面,设置一个判断语句,若 α 很小,则表示反射点已经缩减到形心 $\boldsymbol{X}_C$ 附近,此时将反射系数改为负值 $\alpha \leftarrow -\alpha$,直接用式(4-4-3),即可插入增强收缩法。显然,这将使程序结构更加复杂。

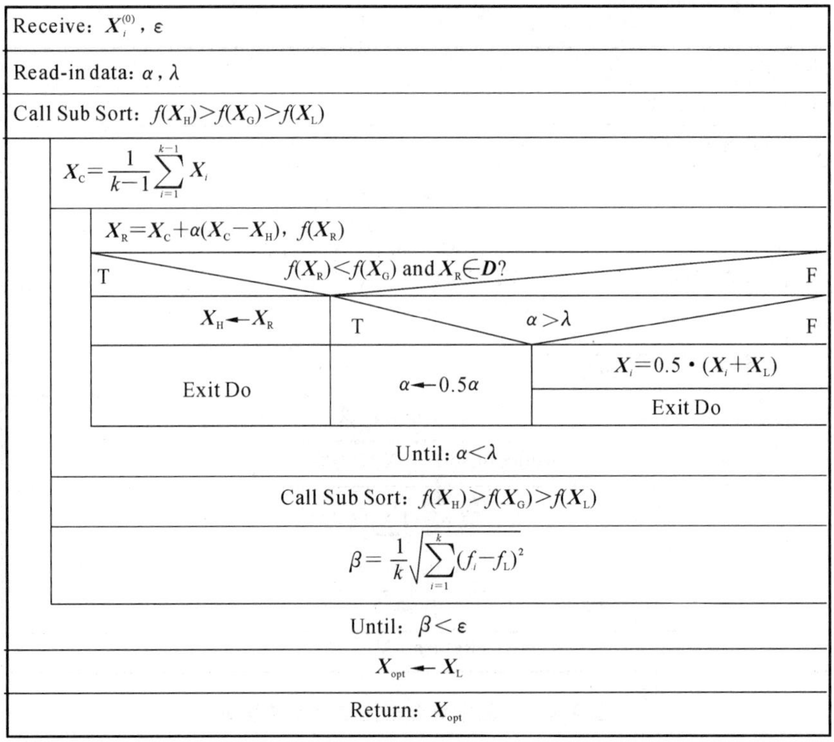

图 4-4-10　复合形法(含反射及压缩)子程序流程图

4.4.6　复合形法算例

【例 4-3】 用基本复合形法求约束优化问题。

$$\min f(\boldsymbol{X}) = x_1^2 + x_2^2 - x_1x_2 - 10x_1 - 4x_2 + 60$$

$$\begin{aligned} \text{s.t.}\quad & g_1(\boldsymbol{X}) = -x_1 \leqslant 0 \\ & g_2(\boldsymbol{X}) = -x_2 \leqslant 0 \\ & g_3(\boldsymbol{X}) = x_1 - 6 \leqslant 0 \\ & g_4(\boldsymbol{X}) = x_2 - 6 \leqslant 0 \\ & g_5(\boldsymbol{X}) = x_1 + x_2 - 11 \leqslant 0 \end{aligned}$$

在可行域内取 4 个初始点：$\boldsymbol{X}_0^1=(1,2)^{\mathrm T}$，$\boldsymbol{X}_0^2=(2,1)^{\mathrm T}$，$\boldsymbol{X}_0^3=(2,2)^{\mathrm T}$，$\boldsymbol{X}_0^4=(1,1)^{\mathrm T}$。计算精度 $\varepsilon=0.01$，可行域如图 4-4-11 所示。取反射系数 $\alpha=2.0$，反射系数极限 $\lambda=0.1$。

解　1. 第一轮

1) 计算初始值

(1) 构造初始复合形：在可行域内选 $k=n+2=4$ 个顶点，构造初始复合形，各顶点坐标($\boldsymbol{X}_0^k$：下标 0 表示第一轮)为

$$\boldsymbol{X}_0^1 = (1,2)^{\mathrm T},\boldsymbol{X}_0^2 = (2,1)^{\mathrm T},\boldsymbol{X}_0^3 = (2,2)^{\mathrm T},\boldsymbol{X}_0^4 = (1,1)^{\mathrm T}$$

各顶点的函数值为

$$f_4 = f(\boldsymbol{X}_0^4) = 47,f_1 = f(\boldsymbol{X}_0^1) = 45,f_2 = f(\boldsymbol{X}_0^2) = 39,f_3 = f(\boldsymbol{X}_0^3) = 36$$

(2) 对函数值排序，找出最差、次差及最好顶点：$f(\boldsymbol{X}_{\mathrm H})=47$，$f(\boldsymbol{X}_{\mathrm G})=45$，$f(\boldsymbol{X}_{\mathrm L})=36$ 及 $\boldsymbol{X}_{\mathrm H}=\boldsymbol{X}_0^4=(1,1)^{\mathrm T}$，$\boldsymbol{X}_{\mathrm G}=\boldsymbol{X}_0^1=(1,2)^{\mathrm T}$，$\boldsymbol{X}_{\mathrm L}=\boldsymbol{X}_0^3=(2,2)^{\mathrm T}$，如图 4-4-12(a)所示。

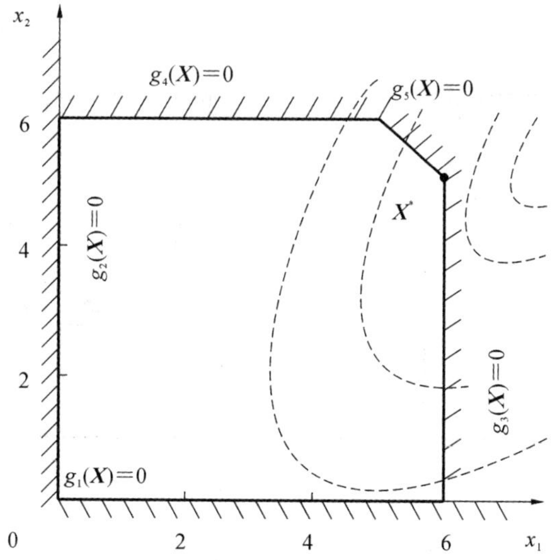

图 4-4-11　例 4-3 等值线及可行域图

2）计算几何中心（外循环起点）

去掉最差顶点 $\boldsymbol{X}_H=\boldsymbol{X}_0^4$ 后，计算由其余三个顶点组成的三角形形心：

$$\boldsymbol{X}_C=\frac{1}{k-1}\sum_{i=1}^{k-1}\boldsymbol{X}_i=\frac{(\boldsymbol{X}_0^1+\boldsymbol{X}_0^2+\boldsymbol{X}_0^3)}{3}=\frac{1}{3}\left(\begin{pmatrix}1\\2\end{pmatrix}+\begin{pmatrix}2\\1\end{pmatrix}+\begin{pmatrix}2\\2\end{pmatrix}\right)=\begin{pmatrix}1.6667\\1.6667\end{pmatrix}$$

该形心在可行域内，如图 4-4-12(a)所示。

确定搜索方向：

$$\boldsymbol{S}=\boldsymbol{X}_C-\boldsymbol{X}_H=\begin{pmatrix}1.6667\\1.6667\end{pmatrix}-\begin{pmatrix}1\\1\end{pmatrix}=\begin{pmatrix}0.6667\\0.6667\end{pmatrix}$$

3）确定反射点（内循环起点）

初始复合形离约束边界较远，反射系数取得略大：$\alpha=2.0$。

$$\boldsymbol{X}_R=\boldsymbol{X}_C+\alpha(\boldsymbol{X}_C-\boldsymbol{X}_H)=\boldsymbol{X}_C+\alpha\cdot\boldsymbol{S}=\begin{pmatrix}1.6667\\1.6667\end{pmatrix}+2\cdot\begin{pmatrix}0.6667\\0.6667\end{pmatrix}=\begin{pmatrix}3.0\\3.0\end{pmatrix}$$

反射点如图 4-4-12(a)所示，反射点处函数值 $f(\boldsymbol{X}_R)=27$。反射点处函数值下降很快。

4）判断是否可用反射法

检查反射点是否可行且适用：$\boldsymbol{X}_R\in\boldsymbol{D}$，且 $f(\boldsymbol{X}_R)=27<f(\boldsymbol{X}_G)$，反射点可行且适用，可用反射法。

用反射点 $\boldsymbol{X}_R$ 替代最差点 $\boldsymbol{X}_H$，即 $\boldsymbol{X}_1^4=\boldsymbol{X}_H\leftarrow\boldsymbol{X}_R$，构成新复合形（顶点坐标为 $\boldsymbol{X}_1^k$，下标 1 表示第二轮），如图 4-4-12(b)所示。

$\boldsymbol{X}_1^4=\boldsymbol{X}_H=\boldsymbol{X}_R=(3.0,3.0)^T$，$f_4=f(\boldsymbol{X}_1^4)=27$，退出内循环。

5）对新的复合形各顶点重新排序

$$f_1=f(\boldsymbol{X}_1^1)=45,f_2=f(\boldsymbol{X}_1^2)=39,f_3=f(\boldsymbol{X}_1^3)=36,f_4=f(\boldsymbol{X}_1^4)=27$$

$$f(\boldsymbol{X}_H)=45,f(\boldsymbol{X}_G)=39,f(\boldsymbol{X}_L)=27$$

$$\boldsymbol{X}_H=\boldsymbol{X}_1^1=(1,2)^T,\boldsymbol{X}_G=\boldsymbol{X}_1^2=(2,1)^T,\boldsymbol{X}_L=\boldsymbol{X}_1^4=(3.0,3.0)^T$$

6）计算新复合形各顶点函数值与最好顶点函数值差值平方根均值

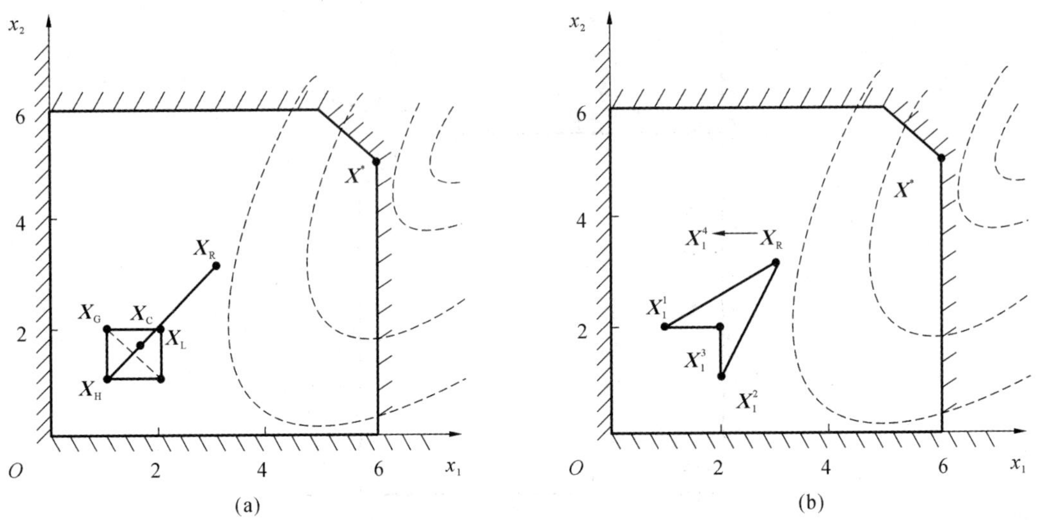

图 4-4-12　例 4-3 第一轮过程

(a) 计算 $\boldsymbol{X}_{\mathrm{C}}$、$\boldsymbol{X}_{\mathrm{R}}$　(b) 构造新复合形

$$\beta = \frac{1}{k}\sqrt{\sum_{i=1}^{k}(f_i - f_{\mathrm{L}})^2}$$

$$= \frac{1}{4}\sqrt{(45-27)^2+(39-27)^2+(36-27)^2} = 5.86 > \varepsilon$$

7）判断是否满足精度要求

由于 $\beta=5.86>\varepsilon$，不满足精度要求，转到外循环处重新计算几何中心。

2. 第二轮（简化步骤及序号）

引用上一轮已经排序的结果 $f(\boldsymbol{X}_{\mathrm{H}})=45$，$f(\boldsymbol{X}_{\mathrm{G}})=39$，$f(\boldsymbol{X}_{\mathrm{L}})=27$ 及已经排序的函数坐标 $\boldsymbol{X}_{\mathrm{H}}=(1,2)^{\mathrm{T}}$，$\boldsymbol{X}_{\mathrm{G}}=(2,1)^{\mathrm{T}}$，$\boldsymbol{X}_{\mathrm{L}}=(3.0,3.0)^{\mathrm{T}}$，反射系数仍然是 $\alpha=2.0$。为了对比，下面仍然从计算几何中心的步骤序号 2）开始。

2）计算几何中心（外循环起点）

去掉最差顶点 $\boldsymbol{X}_{\mathrm{H}}=\boldsymbol{X}_1^1$ 后，计算由其余三个顶点组成的平面三角形形心，如图 4-4-13(a)所示。

$$\boldsymbol{X}_{\mathrm{C}} = \frac{1}{k-1}\sum_{i=1}^{k-1}\boldsymbol{X}_i = \frac{1}{3}\left(\begin{pmatrix}2\\1\end{pmatrix}+\begin{pmatrix}2\\2\end{pmatrix}+\begin{pmatrix}3.0\\3.0\end{pmatrix}\right) = \begin{pmatrix}2.3333\\2.0\end{pmatrix}$$

3）确定反射点（内循环起点）

$$\boldsymbol{X}_{\mathrm{R}} = \boldsymbol{X}_{\mathrm{C}} + \alpha(\boldsymbol{X}_{\mathrm{C}} - \boldsymbol{X}_{\mathrm{H}}) = \begin{pmatrix}2.3333\\2.0\end{pmatrix} + 2.0\cdot\begin{pmatrix}1.3333\\0\end{pmatrix} = \begin{pmatrix}5.0\\2.0\end{pmatrix}$$

反射点处函数值 $f(\boldsymbol{X}_{\mathrm{R}})=21$。

4）判断是否可用反射法

$\boldsymbol{X}_{\mathrm{R}}\in\boldsymbol{D}$ 且 $f(\boldsymbol{X}_{\mathrm{R}})=21<f(\boldsymbol{X}_{\mathrm{G}})(=39)$，反射点可行且适用，可用反射法。

用反射点 $\boldsymbol{X}_{\mathrm{R}}$ 替代最差点 $\boldsymbol{X}_{\mathrm{H}}$，即 $\boldsymbol{X}_2^1=\boldsymbol{X}_{\mathrm{H}}\leftarrow\boldsymbol{X}_{\mathrm{R}}$，构成新复合形（顶点坐标为 $\boldsymbol{X}_2^k$，下标 2 表示第三轮），如图 4-4-13(b)所示。

$\boldsymbol{X}_2^1=\boldsymbol{X}_{\mathrm{H}}\leftarrow\boldsymbol{X}_{\mathrm{R}}=(5,2)^{\mathrm{T}}$，$f_1=f(\boldsymbol{X}_2^1)=21$，退出内循环。

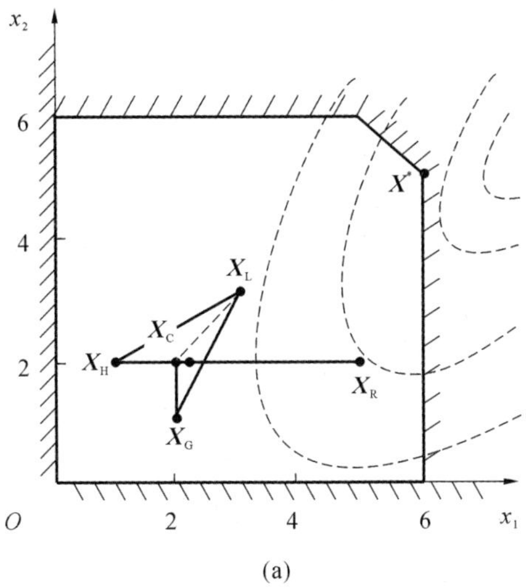

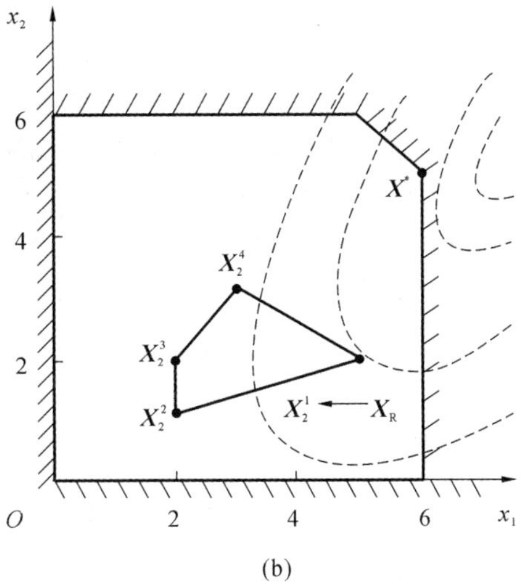

图 4-4-13　例 4-3 第二轮过程

(a) 计算 $\boldsymbol{X}_C$、$\boldsymbol{X}_R$　(b) 构造新复合形

5) 对新的复合形各顶点重新排序

$$f_2=f(\boldsymbol{X}_2^2)=39,f_3=f(\boldsymbol{X}_2^3)=36,f_4=f(\boldsymbol{X}_2^4)=27,f_1=f(\boldsymbol{X}_2^1)=21$$

$$f(\boldsymbol{X}_H)=39,f(\boldsymbol{X}_G)=36,f(\boldsymbol{X}_L)=21$$

$$\boldsymbol{X}_2^2=\boldsymbol{X}_H=(2,1)^T,\boldsymbol{X}_2^3=\boldsymbol{X}_G=(2,2)^T,\boldsymbol{X}_2^1=\boldsymbol{X}_L=(5,2)^T$$

6) 计算新复合形各顶点函数值与最好顶点函数值差值平方根均值

$$\beta=\frac{1}{k}\sqrt{\sum_{i=1}^{k}(f_i-f_L)^2}$$

$$=\frac{1}{4}\sqrt{(39-21)^2+(36-21)^2+(27-21)^2}=6.05>\varepsilon$$

不满足精度要求，需要转到外循环处重新计算几何中心。

如此反复搜索，第三轮过程从略，对于第四轮，新的复合形各顶点排序后，计算过程如下。

3. 第四轮

引用上一轮计算出的新复合形各顶点及函数值：

$$f_3=f(\boldsymbol{X}_3^3)=36,f_4=f(\boldsymbol{X}_3^4)=27,f_1=f(\boldsymbol{X}_3^1)=21,f_2=f(\boldsymbol{X}_3^2)=11$$

$$\boldsymbol{X}_3^3=\boldsymbol{X}_H=(2,2)^T,\boldsymbol{X}_3^4=\boldsymbol{X}_G=(3,3)^T,\boldsymbol{X}_3^2=\boldsymbol{X}_L=(6,5)^T,\boldsymbol{X}_3^1=(5,2)^T$$

为了对比，下面仍然从步骤序号 2)开始。

2) 计算几何中心(外循环起点)

去掉最差顶点 $\boldsymbol{X}_H=\boldsymbol{X}_3^3$ 后，计算由其余三点组成的三角形形心：

$$\boldsymbol{X}_C=\frac{1}{3}\left(\begin{pmatrix}5.0\\2.0\end{pmatrix}+\begin{pmatrix}6.0\\5.0\end{pmatrix}+\begin{pmatrix}3.0\\3.0\end{pmatrix}\right)=\begin{pmatrix}4.6667\\3.3333\end{pmatrix}$$

3) 确定反射点(内循环起点)

$$\boldsymbol{X}_R=\boldsymbol{X}_C+\alpha(\boldsymbol{X}_C-\boldsymbol{X}_H)=\begin{pmatrix}4.6667\\3.3333\end{pmatrix}+2.0\cdot\begin{pmatrix}2.6667\\1.3333\end{pmatrix}=\begin{pmatrix}10.0\\6.0\end{pmatrix}$$

反射点处函数值 $f(\boldsymbol{X}_R)=12$。

4）判断是否可用反射法

(1) 检查反射点是否可行且适用。

由于 $\boldsymbol{X}_R=(10,6)^T\notin\boldsymbol{D}$，反射点不在可行域内，不可用反射法。

将反射系数减半，即 $\alpha\leftarrow0.51\cdot\alpha$，$\alpha\leftarrow0.51\cdot2=1.02$，试图将反射点退回到可行域内。

(2) 检查内循环反射计算精度是否足够。

由 $\alpha=1.02>\lambda$，不满足计算精度要求，需要用减半的反射系数 $\alpha=1.02$ 继续寻找更好的反射点。

经过 3 次反射系数减半，$\alpha=0.2653>\lambda$，需要重新计算反射点。

为了对比，下面仍然从计算反射点的步骤 3)开始。

3）确定反射点(内循环起点)

$$\boldsymbol{X}_R=\boldsymbol{X}_C+\alpha(\boldsymbol{X}_C-\boldsymbol{X}_H)=\begin{pmatrix}4.6667\\3.3333\end{pmatrix}+0.2653\cdot\begin{pmatrix}2.6667\\1.3333\end{pmatrix}=\begin{pmatrix}5.3741\\3.6871\end{pmatrix}$$

反射点处函数值 $f(\boldsymbol{X}_R)=14.17$。

4）判断是否可用反射法

$\boldsymbol{X}_R\in\boldsymbol{D}$ 且 $f(\boldsymbol{X}_R)=14.17<f(\boldsymbol{X}_G)$，反射点可行且适用，可用反射法。

用反射点 $\boldsymbol{X}_R$ 替代最差点 $\boldsymbol{X}_H$，即 $\boldsymbol{X}_4^3=\boldsymbol{X}_H\leftarrow\boldsymbol{X}_R$，构成新复合形(顶点坐标为 $\boldsymbol{X}_4^k$，下标 4 表示第五轮)。

$$\boldsymbol{X}_4^3=\boldsymbol{X}_H\leftarrow\boldsymbol{X}_R=(5.3741,3.6871)^T,f_3=f(\boldsymbol{X}_4^3)=14.17$$

退出内循环。

5）对新的复合形各顶点重新排序

$$f_4=f(\boldsymbol{X}_4^4)=27,f_1=f(\boldsymbol{X}_4^1)=21,f_3=f(\boldsymbol{X}_4^3)=14.17,f_2=f(\boldsymbol{X}_4^2)=11$$

$$\boldsymbol{X}_4^4=\boldsymbol{X}_H=(3,3)^T,\boldsymbol{X}_4^1=\boldsymbol{X}_G=(5,2)^T,\boldsymbol{X}_4^2=(6,5)^T,\boldsymbol{X}_4^3=\boldsymbol{X}_L=(5.3741,3.6871)^T$$

6）计算新复合形各顶点函数值与最好顶点函数值差值平方根均值

$$\beta=\frac{1}{4}\sqrt{(21-11)^2+(14.17-11)^2+(27-11)^2}=4.78>\varepsilon$$

不满足精度要求，需要转到外循环起点处，重新计算几何中心。

经过 14 轮循环搜索，最终找到最优点及最优值：$\boldsymbol{X}_{opt}=(6,5)^T$，$f(\boldsymbol{X}_{opt})=11.0000$。

该例题最优点解析解为

$$\boldsymbol{X}^*=(6,5)^T,f(\boldsymbol{X}^*)=11.00$$

本例仅使用反射搜索，需要注意反射系数 α 减半计算的过程。

本例程序计算中，反射系数减半实际上为 $\alpha\leftarrow0.51\cdot\alpha$，该例中用 $0.5\cdot\alpha$ 易死机。用 $0.51\cdot\alpha$ 时，搜索过程是一个不断“反射”的过程；而用 $0.5\cdot\alpha$ 时，搜索过程实际上是一个不断“收缩”的过程。本例是按照仅有反射的基本复合形算法进行计算的，仅用反射方法进行复合形搜索时，优化结果受初始复合形位置及反射系数影响较大，数据选择不当会造成计算误差较大，可以改用反射-压缩的复合形法进行搜索。

对于具有反射及压缩两种方法的复合形法，其计算过程较为复杂，这里不再举例说明。作为对比，取反射系数 $\alpha=2.0$ 时，共搜索了 12 轮，其中反射 5 轮、压缩 7 轮，总搜索轮次略少，搜索出的最优解与解析解一样。

本章小结

1. 本章知识脉络图

直接约束优化方法知识脉络如图 4-5-1 所示。

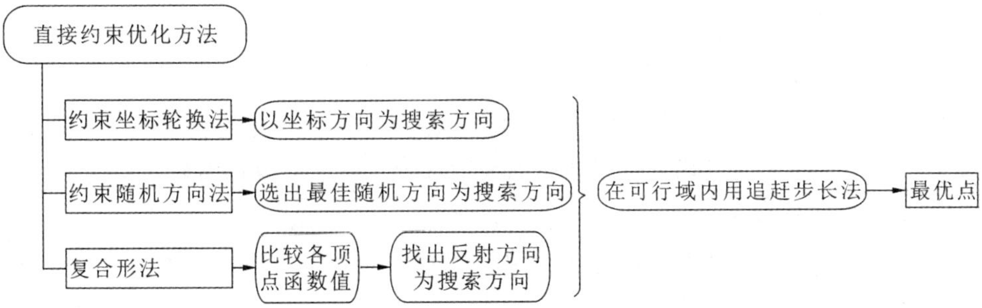

图 4-5-1　直接约束优化方法知识脉络图

2. 内容回顾

约束坐标轮换法　在初始点处，轮流以设计变量坐标的单位向量方向为“最佳”搜索方向，在可行域内用追赶步长法逐步试探，经过多轮搜索，直到找出满足精度要求的最优解。

约束随机方向法　在初始点处，从生成的一组随机方向中选出最佳方向为搜索方向，在可行域内用追赶步长法逐步试探，经过多轮随机搜索，直到找出满足精度要求的最优解。

复合形法　根据选定的复合形顶点处函数值，确定位于可行域内的反射点及反射方向，将反射方向作为搜索方向，在搜索方向上依次计算反射点、收缩点各点处函数值，只要某函数值比最差点函数值小，即用该点函数坐标替换最差点，重新构造复合形；如果不满足上述条件，则用压缩法将原复合形压缩。在新复合形上，再重复上述过程。经过多轮搜索，直到找出满足精度要求的最优解。

习　　题

4-1　已知约束优化：

$$\min f(\boldsymbol{X}) = 4x_1 - x_2^2 - 12$$

$$\text{s.t.}\quad g_1(\boldsymbol{X}) = x_1^2 + x_2^2 - 25 \leqslant 0$$

$$g_2(\boldsymbol{X}) = -x_1 \leqslant 0$$

$$g_3(\boldsymbol{X}) = -x_2 \leqslant 0$$

取初始点 $\boldsymbol{X}_0 = (2,2)^{\mathrm{T}}$，初始步长因子 $\alpha_0 = 2$，精度 $\varepsilon_0 = 0.5$。

(1) 画出可行域；

(2) 用约束坐标轮换法，计算前两轮迭代过程。

4-2　已知约束优化：

$$\min f(\boldsymbol{X}) = x_1 + x_2$$

$$\text{s.t.}\quad g_1(\boldsymbol{X}) = x_1^2 - x_2 \leqslant 0$$

$$g_2(\boldsymbol{X}) = -x_1 \leqslant 0$$

取初始点 $\boldsymbol{X}_0=(1,1)^{\mathrm{T}}$，初始步长因子 $\alpha_0=2$，精度 $\varepsilon_0=0.5$。

(1) 画出可行域；

(2) 用约束坐标轮换法，计算前两轮迭代过程。

4-3　已知约束优化：

$$\min f(\boldsymbol{X})=4x_1-x_2^2-12$$

$$\text{s. t.}\quad g_1(\boldsymbol{X})=x_1^2+x_2^2-25\leqslant 0$$

$$g_2(\boldsymbol{X})=-x_1\leqslant 0$$

$$g_3(\boldsymbol{X})=-x_2\leqslant 0$$

取 $\boldsymbol{X}_1^0=(2,1)^{\mathrm{T}}$，$\boldsymbol{X}_2^0=(4,1)^{\mathrm{T}}$，$\boldsymbol{X}_3^0=(3,3)^{\mathrm{T}}$，$\boldsymbol{X}_4^0=(1,1)^{\mathrm{T}}$ 为复合形的初始顶点，取反射系数 $\alpha_0=2$，精度 $\varepsilon_0=0.5$，仅用复合形法中的反射法及压缩法计算前两轮迭代过程。

4-4　已知约束优化：

$$\min f(\boldsymbol{X})=x_1^2+x_2^2-x_1x_2-10x_1-4x_2+60$$

$$\text{s. t.}\quad g_1(\boldsymbol{X})=-x_1\leqslant 0$$

$$g_2(\boldsymbol{X})=-x_2\leqslant 0$$

$$g_3(\boldsymbol{X})=x_1-6\leqslant 0$$

$$g_4(\boldsymbol{X})=x_2-6\leqslant 0$$

$$g_1(X)=x_1^2+x_2^2-11\leqslant 0$$

取 $\boldsymbol{X}_1^0=(2,1)^{\mathrm{T}}$，$\boldsymbol{X}_2^0=(4,2)^{\mathrm{T}}$，$\boldsymbol{X}_3^0=(3,3)^{\mathrm{T}}$，$\boldsymbol{X}_4^0=(1,2)^{\mathrm{T}}$ 为复合形的初始顶点，取反射系数 $\alpha_0=2$，精度 $\varepsilon_0=0.5$，仅用复合形法中的反射法及压缩法计算前两轮迭代过程。

第5章

约束优化设计——间接法

相对于约束优化方法，无约束优化方法的理论研究更成熟。那么，能否将约束优化问题转化成无约束优化问题进行求解？惩罚函数法就是这种设想的成果。惩罚函数法的基本原理是，按照一定规则将约束条件整合到原目标函数中，构成一个含有约束条件的新函数，将其作为目标函数，称为**惩罚函数**。由于约束条件已经包含在惩罚函数中，优化数学模型在形式上已经没有了约束条件，从而将原本约束优化问题转化为无约束优化问题。再利用第3章各种无约束优化方法，求得惩罚函数的最优解，“间接”地获得原约束优化问题的最优解。

显然，这种转化必须遵守原约束条件，同时惩罚函数的最优解必须收敛于原约束优化的最优解。理论上经过无穷次迭代，这两种优化解法的解趋于相同；实际上经过有限次迭代，两种优化解法的解逐渐逼近且满足一定的精度要求，惩罚函数法才具备实际意义。

将约束优化问题转化成无约束优化问题求解的方法，称为约束优化设计的间接法。间接法中包含多种方法，惩罚函数法只是其中最常用的一种方法。

5.1 惩罚函数法概述

惩罚函数法概述

首先通过一个实例，说明惩罚函数法的基本思想。为简单起见，选择只有一个设计变量、一个约束条件的约束优化问题：

$$
\begin{aligned}
&\min f(x) = x^2 \\
&\text{s.t.}\quad g(x) = x + 1 \leqslant 0
\end{aligned}
\tag{5-1-1}
$$

约束优化模型如图5-1-1所示，试探点在可行域$(-\infty,-1]$内时，满足约束条件的目标函数部分用实线表示；试探点在非可行域$(-1,+\infty)$内时，不满足约束条件的目标函数部分用点画线表示。图中可见约束优化最优点$x^* = -1$。

现在，试着将该约束优化问题转化成一个无约束优化问题。基本设想是将约束条件整合到目标函数中，构造一个新的目标函数，新函数形式上是一个“没有约束”的无约束目标函数，称为惩罚函数。经过足够多次迭代搜索后，要求惩罚函数最优点非常逼近原约束优化的最优点x^*。

若不考虑约束条件，图5-1-1中目标函数$f(x)=x^2$的最优点为$\bar{x}^*=0$，但是，无约束目标函数最优点$\bar{x}^*$与实际的约束目标函数最优点x^*相差较远。

现在，将目标函数分成两部分讨论。当设计变量x在可行域$(-\infty,-1]$内时，因为试探点遵守约束规则，这一部分目标函数不必变化。对应图形上，目标函数的实线部分保持$f(x)=x^2$不变；当设计变量x在非可行域$(-1,+\infty)$内时，因为试探点未遵守约束规则，为此对目标函数$f(x)=x^2$对应函数部分（点画线部分）施加一个“惩罚”：增加一个适量的正值。由于函数值增大，虚线部分被“向上拉起”。为区别起见，在图 5-1-2 中，将被拉起的曲线用虚线表示。由于被“向上拉起”，整个曲线（实线及被拉起的虚线）不再是原目标函数曲线$f(x)=x^2$，记这个曲线的函数为新目标函数 $\varphi(x)$。从图 5-1-2 中可以看出：新目标函数 $\varphi(x)$曲线的最优点$\bar{x}^*$ 已经向约束最优点 x^* 移动。

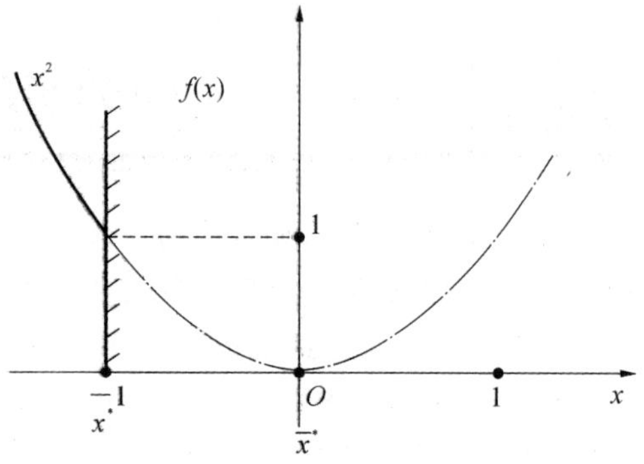

图 5-1-1　惩罚函数法示例

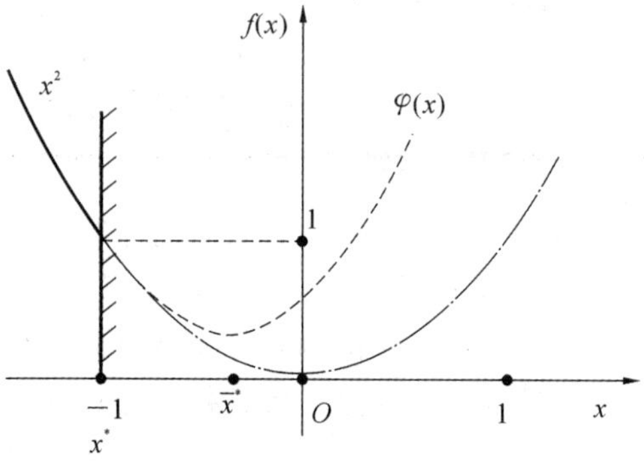

图 5-1-2　增加惩罚后函数曲线

将“惩罚”设为正值是一个非常重要的概念。在非可行域上，因为增加的是正值，新目标函数值必定大于或等于原目标函数值：$\varphi(x)\geqslant f(x)(x\notin D)$。因为正常的优化搜索是向函数值减小的方向进行的，向函数值增大的方向搜索是不利的。在非可行域上，人为地给目标函数增加一个正值，就是增加了不利因素，相当于施加了一个“惩罚”，从而迫使搜索点向可行域移动。只有经过无限次搜索后，才有 $\varphi(x)=f(x)$，其意义是新目标函数的最优解收敛于原约束优化问题的最优解，符合惩罚函数法的基本设想。

为了表示“多次”向上拉起，设置一个参数 r。当逐次增加适量的正值时，参数 r 同时逐次变化，使虚线部分逐次“向上拉起”，$\bar{x}^*$ 逐步向 x^* 移动。其含义是，受到足够“惩罚”的新目标函数的最优点$\bar{x}^*$，将逼近原约束条件下目标函数的最优点 x^*。

将上述想法用数学方式表述如下。

首先将约束函数 $g(x)=x+1$ 按一定规则整合到原目标函数 $f(x)=x^2$ 中，构造出一个新目标函数 $\varphi(x,r)$：

$$\varphi(x,r)=\begin{cases}x^2 & x+1\leqslant 0\\ x^2+r(x+1)^2 & x+1>0\end{cases}\tag{5-1-2}$$

称新目标函数 $\varphi(x,r)$为**惩罚函数**。

对比式(5-1-1)，惩罚函数形式上没有“约束”，对惩罚函数进行优化，类似于无约束优化。

惩罚函数的特点：

(1) 惩罚函数 $\varphi(x,r)$是一个分段函数，在可行域内及可行域外函数形式不同。

(2) 惩罚函数与坐标 x 及参数 $r(>0)$均有关，r 通常取一组离散的常数。

惩罚函数与坐标 x 及参数 r 的关系用图 5-1-3 说明。仅对式(5-1-2)进行两次迭代，r 取递增序列值。

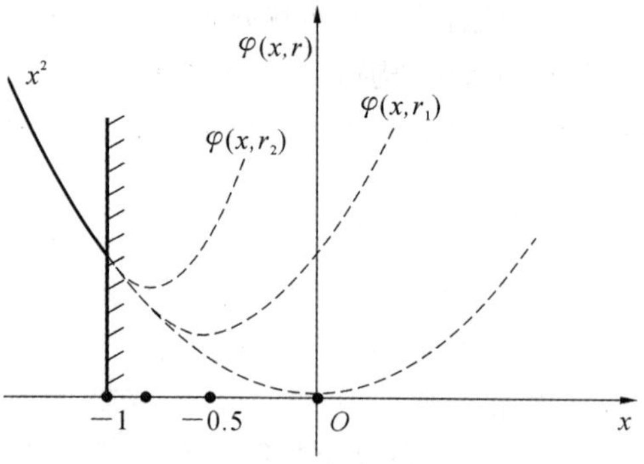

图 5-1-3　不同 r 的惩罚函数曲线

$k=1$ 时，取 $r_1=1$，惩罚函数 $\varphi(x,r)$是图

5-1-3 中的 $\varphi(x,r_1)$ 曲线。

$k=2$ 时，取 $r_2=5$，惩罚函数 $\varphi(x,r)$ 是图 5-1-3 中的 $\varphi(x,r_2)$ 曲线。

当 r 为确定值（如 $r_1=1$）时，惩罚函数 $\varphi(x,r)$ 仅是坐标 x 的函数。而当 r 取一组离散的参数（如 $r_1=1$、$r_2=5$）时，惩罚函数 $\varphi(x,r)$ 是参数 r 的一族函数，如函数 $\varphi(x,r_1)$ 和 $\varphi(x,r_2)$。

为了求出不同 r 值对应的最优点，对式（5-1-2）中 $x+1>0$ 部分的惩罚函数求极值：

$$\frac{\mathrm{d}\varphi(x,r)}{\mathrm{d}x} = 2x + 2r(x+1) = 0 \tag{5-1-3}$$

$$\overline{x}^* = -\frac{r}{1+r} \tag{5-1-4}$$

由式（5-1-4），随着迭代次数 k 增加，参数 r 递增，$\varphi(x,r)$ 最优点 $\overline{x}^*$ 向约束优化最优点 $x^*=-1$ 逼近。

当 $r\rightarrow+\infty$ 时，$\varphi(x,r)$ 的最优点 $\overline{x}^*\rightarrow-1$，与约束优化最优点 $x^*=-1$ 相同。

其意义是，极限条件下，经过无穷次迭代，约束优化的最优点与无约束优化的最优点趋于同一点。

参数 r 的几何意义可由图 5-1-3 理解。取 $r_1=1$，$\varphi(x,r_1)$ 的最优点 $\overline{x}^*=-0.5$；取 $r_2=5$，$\varphi(x,r_2)$ 的最优点 $\overline{x}^*=-0.83$。随着参数 r 递增，最优点 $\overline{x}^*$ 逐步逼近解析解 $x^*=-1$，惩罚函数 $\varphi(x,r_1)$ 在 $(-1,+\infty)$ 区间上的函数曲线被“拉起”得越高。

对于本例，在间断点 $x=-1$ 处，惩罚函数连续且一阶可导，惩罚函数曲线在间断点处连续且光滑。

基于上述对惩罚函数的初步认识，下面对惩罚函数的相关概念进行定义。

对于一般约束优化问题：

$$\begin{aligned} &\min f(\boldsymbol{X}) \\ \text{s.t.}\quad & g_i(\boldsymbol{X}) = g_i(x_1,x_2,\cdots,x_n) \leqslant 0 \quad (i=1,2,\cdots,p) \\ & h_j(\boldsymbol{X}) = h_j(x_1,x_2,\cdots,x_n) = 0 \quad (j=1,2,\cdots,q<n) \end{aligned} \tag{5-1-5}$$

（1）根据式（5-1-5）中的不等式约束 $g_i(\boldsymbol{X})$ 及等式约束 $h_j(\boldsymbol{X})$ 函数，分别构造出：

$$P(\boldsymbol{X}) = \sum_{i=1}^{p} G(g_i(\boldsymbol{X})) \tag{5-1-6}$$

$$Q(\boldsymbol{X}) = \sum_{j=1}^{q} H(h_j(\boldsymbol{X})) \tag{5-1-7}$$

函数 $G(g_i(\boldsymbol{X}))$ 和 $H(h_j(\boldsymbol{X}))$ 分别是用约束函数 $g_i(\boldsymbol{X})$ 及 $h_j(\boldsymbol{X})$ 以某种形式构造的**泛函数**。通俗地说，泛函数是一种所谓“函数的函数”。即泛函数 $P(\boldsymbol{X})$ 和 $Q(\boldsymbol{X})$ 分别是约束函数 $g_i(\boldsymbol{X})$ 和 $h_j(\boldsymbol{X})$ 的某种映射关系。为保证“惩罚”作用，泛函数规定为非负，如式（5-1-1）中，约束函数为 $g(x)=x+1$，为保证泛函数非负，可取 $P(\boldsymbol{X})=(x+1)^2$。

（2）对泛函数进行加权处理，取 $r_1^{(k)}$、$r_2^{(k)}$ 为加权因子，称为**罚因子**，规定其为正实数。k 是惩罚函数法经过迭代的次数。如对于式（5-1-4），其进行了 $k=2$ 次迭代计算，分别取了 $r=1$、5，计算对应的最优点 $\overline{x}^*$。

（3）用罚因子与泛函数的乘积构成**惩罚项**：$r_1^{(k)}P(\boldsymbol{X})$ 和 $r_2^{(k)}Q(\boldsymbol{X})$。如式（5-1-2）中，惩罚项为 $r_1^{(k)}P(\boldsymbol{X})=r(x+1)^2$。

（4）将惩罚项整合到原目标函数中构成新函数 $\varphi(\boldsymbol{X},r_1^{(k)},r_2^{(k)})$：

$$\varphi(\boldsymbol{X},r_1^{(k)},r_2^{(k)}) = f(\boldsymbol{X}) + r_1^{(k)}P(\boldsymbol{X}) + r_2^{(k)}Q(\boldsymbol{X}) \quad (k=1,2,\cdots) \tag{5-1-8}$$

称 $\varphi(\boldsymbol{X},r_1^{(k)},r_2^{(k)})$为**惩罚函数**(简称**罚函数**)。

在构造惩罚函数的过程中,罚因子及惩罚项的概念对理解惩罚函数法原理非常重要。

(1) 罚因子仅与迭代序列数 k 有关,与试探点函数坐标 $\boldsymbol{X}$ 无关。

罚因子(加权因子)本质上是一个比例因子,表示对泛函数值取多大的比例来构成惩罚项。如对于式(5-1-4),两次迭代计算中,分别取泛函数的 1 倍及 5 倍作为惩罚项,取的罚因子越大,函数曲线被“拉起”得越高。

因为罚因子为正实数,泛函数为非负数,所以惩罚项一定非负。

(2) 惩罚项与可行域密切相关。观察式(5-1-2),其中惩罚项为 $r(x+1)^2(\geqslant 0)$。当试探点在可行域内($(x+1)\leqslant 0$)时,$\varphi(x,r)=x^2$,因为试探点遵守约束规则,视惩罚项$r(x+1)^2=0$,即相对于原目标函数 $f(x)=x^2$ 没有施加任何惩罚。当试探点在非可行域内($(x+1)>0$)时,$\varphi(x,r)=x^2+r(x+1)^2$,因为试探点未遵守约束规则,惩罚项 $r(x+1)^2>0$,即相对于原目标函数 $f(x)=x^2$ 施加了一个惩罚值 $r(x+1)^2$。由于 $r(x+1)^2>0$,几何上是将原目标函数 $f(x)=x^2$ 非可行域部分的函数曲线“向上拉”。

为什么将增加惩罚项称为施加“惩罚”呢?根据优化原理,对于优化搜索,函数值的下降是有利的,而函数值的上升是不利的。因此,当试探点不遵守约束规则或试图不遵守约束规则时,惩罚函数通过增加惩罚项而增大函数值,以表征搜索已经处于不利状态,需要受到惩罚加以纠正。

惩罚函数有如下两个基本特性:

(1) $\varphi(\boldsymbol{X},r_1^{(k)},r_2^{(k)})\geqslant f(\boldsymbol{X})$,这是惩罚项非负导致的。

(2) 随着迭代次数增加,惩罚项必须逐渐减小,使惩罚函数 $\varphi(\boldsymbol{X},r_1^{(k)},r_2^{(k)})$最优点逐渐逼近原约束条件下的目标函数 $f(\boldsymbol{X})$最优点。极限条件下($k\to\infty$),上述数学表述为

$$\lim_{k\to\infty} r_1^{(k)} P(\boldsymbol{X}) = \lim_{k\to\infty} r_1^{(k)} \sum_{i=1}^{p} G(g_i(\boldsymbol{X})) = 0 \tag{5-1-9}$$

$$\lim_{k\to\infty} r_2^{(k)} Q(\boldsymbol{X}) = \lim_{k\to\infty} r_2^{(k)} \sum_{j=1}^{q} H(h_j(\boldsymbol{X})) = 0 \tag{5-1-10}$$

$$\lim_{k\to\infty} \left| \varphi(\boldsymbol{X}^*(r^{(k)}),r_1^{(k)},r_2^{(k)}) - f(\boldsymbol{X}^*(r^{(k)})) \right| = 0 \tag{5-1-11}$$

即惩罚函数的最优解收敛于原约束优化问题的最优解,保证两者具有一致解。

惩罚函数法计算过程中,按照一定规则,迭代序列数 k 每增加一次,就调整一次罚因子 $r_1^{(k)}$、$r_2^{(k)}$ 值,对惩罚函数作一次对应的无约束优化计算,得到一个对应 $r_1^{(k)}$、$r_2^{(k)}$ 的惩罚函数最优点 $\boldsymbol{X}^*(r^{(k)})$。在这个过程中,惩罚项逐渐减小。

如此重复,经过一系列调整,产生一系列罚因子 $r_1^{(k)}$、$r_2^{(k)}$,对应得到一系列无约束惩罚函数最优点,记一组最优点序列为$\{\boldsymbol{X}^*(r^{(k)}),(k=1,2,\cdots)\}$。当迭代次数趋于无穷($k\to\infty$)时,惩罚项应趋于零,该最优点序列将无限逼近原约束优化最优点 $\boldsymbol{X}^*$。因此,惩罚函数法又称序列无约束极小化技术(sequential unconstrained minimization technique,SUMT)。

根据惩罚项在可行域内还是在可行域外起惩罚作用,惩罚函数法可分为内点惩罚函数法、外点惩罚函数法及混合惩罚函数法三种,分别简称为内点法、外点法及混合法。

5.2 外点惩罚函数法

外点法

惩罚项仅在可行域外起惩罚作用的惩罚函数法被称为**外点惩罚函数法**,简称**外点法**。

在惩罚函数法中，外点法的优点是：① 概念和算法最简单。② 外点法的初始点既可以选在可行域内，也可以选在可行域外。搜索过程中，试探点既可以在可行域内，也可以在可行域外。区别在于，试探点在可行域内时，惩罚项没有惩罚作用，只有当试探点在可行域外时，惩罚项才有惩罚作用。大多数情况下试探点在可行域外，并从可行域外逼近约束边界上的最优点。③ 外点法既适用于具有等式约束的优化问题，也适用于具有不等式约束的优化问题。外点法的缺点是：由于试探点一般从可行域外逐步逼近某约束边界上的最优点，所以最终搜索到的最优点一般在可行域外*，是一个不可行设计点。虽然外点法的最优点是一个不可行设计点，但它仍然提供了一个重要的设计参考点。另外，如果约束是一个重要的性能约束（如强度约束、运动构件的干涉约束），则需要采用专门方法（增加约束裕量）进行处理，以使最优点成为可行点。

* **说明**：优化问题的最优点也可能在约束边界上，按照 $g_i(\boldsymbol{X})\leqslant 0$ 的约束条件，$g_i(\boldsymbol{X})=0$ 的边界属于可行域。

5.2.1　外点法基本原理

为了简化分析并分散难点，先研究仅有不等式约束的外点法，再研究仅有等式约束的外点法，最后研究同时具有不等式约束及等式约束的外点法。

1. 仅有不等式约束的外点法

仅有不等式约束的优化模型：

$$\begin{aligned} &\min f(\boldsymbol{X}) \\ \text{s.t.}\quad & g_i(\boldsymbol{X}) = g_i(x_1, x_2, \cdots, x_n) \leqslant 0 \ (i = 1, 2, \cdots, p) \end{aligned} \tag{5-2-1}$$

1）构造外点法泛函数

$$P(\boldsymbol{X}) = \sum_{i=1}^{p} (\max[0, g_i(\boldsymbol{X})])^2 \tag{5-2-2}$$

每一个不等式约束函数对应一个泛函数分项，泛函数综合了全部约束的作用。

其中，$\max[0,g_i(\boldsymbol{X})]$的含义是，对于第 i 个约束 $g_i(\boldsymbol{X})$，取 0 与 $g_i(\boldsymbol{X})$两者中数值大的一项。具体来说，当试探点函数坐标 $\boldsymbol{X}$ 在可行域内时，因其满足约束条件 $g_i(\boldsymbol{X})<0$，约束函数 $g_i(\boldsymbol{X})$为负，应取数值大的 0，表示没有惩罚作用；当试探点函数坐标 $\boldsymbol{X}$ 在可行域外时，因其不满足约束条件，即 $g_i(\boldsymbol{X})>0$，约束函数 $g_i(\boldsymbol{X})$为正，应取数值大的 $g_i(\boldsymbol{X})$，表示将产生惩罚作用；当试探点函数坐标 $\boldsymbol{X}$ 在约束边界上时，满足约束条件 $g_i(\boldsymbol{X})=0$，取 0，表示没有惩罚作用。

由于泛函数 $P(\boldsymbol{X})$是平方项之和的函数，泛函数在全域内一定为非负。

根据以上分析，$\max[0,g_i(\boldsymbol{X})]$也可改写为

$$\max[0, g_i(\boldsymbol{X})] = \begin{cases} g_i(\boldsymbol{X}) & g_i(\boldsymbol{X}) > 0 \\ 0 & g_i(\boldsymbol{X}) \leqslant 0 \end{cases} \tag{5-2-3}$$

因为编程语言中都有绝对值函数，为编程方便，$\max[0,g_i(\boldsymbol{X})]$也可用绝对值表示：

$$\max[0, g_i(\boldsymbol{X})] = \frac{g_i(\boldsymbol{X}) + |\ g_i(\boldsymbol{X})\ |}{2} \tag{5-2-4}$$

2）构造外点法惩罚项

取正实数 $r^{(k)}$ 为罚因子，罚因子 $r^{(k)}$ 仅与迭代次数 k 有关，与试探点函数坐标 $\boldsymbol{X}$ 无关。

用罚因子与泛函数的乘积构造外点法惩罚项 $r^{(k)}P(\boldsymbol{X})$，罚因子与泛函数均为非负，惩罚项在全域内为非负。

3）构造外点法惩罚函数

用取和的方式，将含有约束条件的惩罚项 $r^{(k)}P(\boldsymbol{X})$ 整合到原目标函数 $f(\boldsymbol{X})$ 中，构造外点法惩罚函数：

$$\varphi(\boldsymbol{X},r^{(k)}) = f(\boldsymbol{X}) + r^{(k)}P(\boldsymbol{X}) = f(\boldsymbol{X}) + r^{(k)}\sum_{i=1}^{p}(g_i(\boldsymbol{X}))^2 \tag{5-2-5}$$

利用式(5-2-3)，外点法惩罚函数也可以改写为

$$\varphi(\boldsymbol{X},r^{(k)}) = \begin{cases} f(\boldsymbol{X}) + r^{(k)}\sum\limits_{i=1}^{p}(g_i(\boldsymbol{X}))^2 & g_i(\boldsymbol{X}) > 0 \\ f(\boldsymbol{X}) & g_i(\boldsymbol{X}) \leqslant 0 \end{cases} \tag{5-2-6}$$

构造出惩罚函数后，按一定的变化规律确定出一系列罚因子，每给定一个罚因子值，对惩罚函数进行一次无约束优化，求出该罚因子对应的惩罚函数最优点。经过一系列计算，获得一个最优点序列，该最优点序列将逐渐逼近原约束优化最优点，从而间接获得原约束优化最优点的近似值。

有些书中将式(5-2-1)中约束条件用 $g_i(\boldsymbol{X}) \geqslant 0$ 表示，则式(5-2-2)中 $\max[0,g_i(\boldsymbol{X})]$应改为 $\min[0,g_i(\boldsymbol{X})]$。其原理与式(5-2-2)相同，即不论约束条件如何表示，只要试探点在可行域内，泛函数分项应取零；试探点在可行域外，泛函数分项应取正值，以保证试探点仅在可行域外时，惩罚项为正，具有惩罚作用。

为了深入理解外点法原理，需要分析外点法各项在优化中的意义和作用，各项具体分析如下。

1）外点法泛函数 $P(\boldsymbol{X})$的作用

为简单起见，假设式(5-2-2)只有一个约束，表示为 $g_1(\boldsymbol{X}) \leqslant 0$。

当试探点在可行域外时，不满足约束条件，则 $P(\boldsymbol{X})=(g_1(\boldsymbol{X}))^2>0$，泛函数可能具有惩罚作用。试探点在可行域外且离边界越远，约束函数 $g_1(\boldsymbol{X})$值越大，泛函数值越大；离边界越近，约束函数 $g_1(\boldsymbol{X})$的值越小，泛函数值越小。

2）外点法惩罚项 $r^{(k)}P(\boldsymbol{X})$的作用

惩罚项 $r^{(k)}P(\boldsymbol{X})$具有的惩罚程度，不仅与泛函数 $P(\boldsymbol{X})$值有关，还与罚因子 $r^{(k)}$ 值有关。只有泛函数和罚因子均为非负时，惩罚项才具有确定的惩罚作用。对于外点法，重点分析试探点在可行域外的情况。

假设罚因子是一个常数，试探点在可行域外且远离约束边界时，泛函数 $P(\boldsymbol{X})$值较大，惩罚项 $r^{(k)}P(\boldsymbol{X})$及惩罚函数 $\varphi(\boldsymbol{X},r^{(k)})$值较大，惩罚作用也较大；试探点在可行域外且离约束边界较近时，泛函数 $P(\boldsymbol{X})$值较小，惩罚项 $r^{(k)}P(\boldsymbol{X})$及惩罚函数 $\varphi(\boldsymbol{X},r^{(k)})$值较小，惩罚作用也较小。试探点在约束边界上时，泛函数 $P(\boldsymbol{X})=0$，不存在惩罚作用。当罚因子是一组逐渐增大的数值序列时，在可行域外同一个函数坐标点处，泛函数 $P(\boldsymbol{X})$值不变，惩罚项 $r^{(k)}P(\boldsymbol{X})$值及惩罚函数 $\varphi(\boldsymbol{X},r^{(k)})$值分别是逐渐增大的两组序列值。同时，由优化原理可知，优化搜索应当沿着惩罚函数 $\varphi(\boldsymbol{X},r^{(k)})$值下降的方向进行。即在惩罚作用下，试探点从可行域外远离约束边界处向约束边界移动，从可行域外逐步逼近约束边界上的最优点。

3）外点法罚因子的变化规律

前面假设罚因子 $r^{(k)}$ 为常数，实际上罚因子 $r^{(k)}$ 应当是按一定规律变化的。

现在分析当试探点从可行域外向约束边界逼近时，罚因子应当具有的变化规律。

当试探点从可行域外向约束边界逼近时，式(5-2-6)中的惩罚函数可表示为

$$\varphi(\boldsymbol{X},r^{(k)}) = f(\boldsymbol{X}) + r^{(k)} P(\boldsymbol{X}) \quad (g_1(\boldsymbol{X}) > 0) \tag{5-2-7}$$

将泛函数 $P(\boldsymbol{X})$分离出：

$$P(\boldsymbol{X}) = \frac{1}{r^{(k)}}[\varphi(\boldsymbol{X},r^{(k)}) - f(\boldsymbol{X})] \tag{5-2-8}$$

式(5-2-8)表示，泛函数 $P(\boldsymbol{X})$与罚因子 $r^{(k)}$ 成反比。当试探点从可行域外向约束边界移动时，泛函数 $P(\boldsymbol{X})$的值是逐渐减小的，由反比关系，罚因子 $r^{(k)}$ 的值应逐渐增大。

所以，外点法中罚因子应当是一个递增序列：

$$0 < r^{(0)} < r^{(1)} < r^{(2)} < \cdots \quad 且\ k \to \infty, r^{(k)} \to \infty \tag{5-2-9}$$

为此，可设置一个递增系数 $C>1$，使：

$$r^{(k+1)} = C \cdot r^{(k)} \quad (k = 0,1,2,\cdots) \tag{5-2-10}$$

随着迭代次数 k 增加，罚因子逐步递增。递增系数一般可取 $C=5\sim10$。

4) 外点法罚因子与泛函数的变化关系

试探点逐渐向约束边界移动过程中，泛函数 $P(\boldsymbol{X})$值减小，但随着迭代次数增加，由式(5-2-9)可知罚因子 $r^{(k)}$ 值增大。惩罚项 $r^{(k)}P(\boldsymbol{X})$中，一个量增大，一个量减小，它们相互之间要达到什么样的协调程度，才能使惩罚项 $r^{(k)}P(\boldsymbol{X})$逐步稳定地减小，即 $r^{(0)}P(\boldsymbol{X}) > r^{(1)}P(\boldsymbol{X}) > r^{(2)}P(\boldsymbol{X}) > \cdots > r^{(k)}P(\boldsymbol{X}) > r^{(k+1)}P(\boldsymbol{X}) > \cdots$？且经过无穷次迭代后，满足条件式(5-1-9)，即 $k\to\infty$时 $r^{(k)}P(\boldsymbol{X})\to0$，使惩罚函数最优点无限逼近约束优化最优点。

假设仅有一个约束，试探点在可行域外，将惩罚项 $r^{(k)}P(\boldsymbol{X})$改写为

$$r^{(k)}P(\boldsymbol{X}) = \frac{P(\boldsymbol{X})}{(1/r^{(k)})} = \frac{[g_1(\boldsymbol{X})]^2}{(1/r^{(k)})} \tag{5-2-11}$$

随着迭代次数增加，$r^{(k)}$ 递增，分母 $1/r^{(k)}$ 将减小($r^{(k)}$ 与试探点函数坐标位置无关)；随着迭代次数增加，试探点逐步向约束边界移动，分子 $P(\boldsymbol{X})$将减小。根据式(5-2-11)，它的分子分母都在减小。但只要分子 $P(\boldsymbol{X})$减小的速度大于分母$(1/r^{(k)})$减小的速度，比值 $r^{(k)}P(\boldsymbol{X})$即惩罚项就会逐渐减小。

极限情况下，经过无穷次迭代，$P(\boldsymbol{X})$及 $1/r^{(k)}$ 都趋近无穷小。对于两个无穷小数的比值，只要分子趋于零的速度大于分母趋于零的速度，比值的极限将趋于零，即只要 $P(\boldsymbol{X})$趋于零的速度比 $1/r^{(k)}$ 快，就有 $r^{(k)}P(\boldsymbol{X})\to0$。数学语言表述为当 $P(\boldsymbol{X})$是比 $1/r^{(k)}$ 高阶的无穷小量时，极限 $r^{(k)}P(\boldsymbol{X})\to0$。基于该原理，在数值法求解外点惩罚函数法中，如果惩罚函数不收敛或收敛较慢，可以取较小的递增系数 C，减小罚因子递增速度，使罚因子倒数$(1/r^{(k)})$趋于零较慢，以改善收敛性。

最终，惩罚项极限值：

$$\lim_{k\to\infty} r^{(k)}P(\boldsymbol{X}) = 0$$

从而使惩罚函数最优值无限趋近约束目标函数最优值：

$$\lim_{k\to\infty} |\ \varphi(\boldsymbol{X}^*(r^{(k)}),r^{(k)}) - f(\boldsymbol{X}^*(r^{(k)}))\ | = 0$$

即惩罚函数从可行域外逼近约束边界上的最优解，同时也无限逼近约束条件下原目标函数 $f(\boldsymbol{X})$的最优解。

罚因子本质上是一个比例因子，它决定泛函数的值在惩罚项中所占的比例。当试探点从可行域外向约束边界移动时，泛函数 $P(\boldsymbol{X})$的值逐渐减小，如果罚因子 $r^{(k)}$ 也是逐渐减小

的，那么惩罚项 $r^{(k)}P(\boldsymbol{X})$ 将快速减小，迅速失去“惩罚”作用，试探点将失去向约束边界移动的能力。当泛函数 $P(\boldsymbol{X})$ 的值逐渐减小时，只有罚因子 $r^{(k)}$ 逐渐适当增大，才可以保证惩罚项 $r^{(k)}P(\boldsymbol{X})$ 保持一定的“惩罚”作用，迫使试探点具有向约束边界移动的能力。只要罚因子 $r^{(k)}$ 合适，就可以保持 $r^{(k)}P(\boldsymbol{X})$ 的总趋势仍然是逐步减小的。

2. 仅有等式约束的外点法

仅有等式约束的优化模型如下：

$$\begin{aligned}&\min f(\boldsymbol{X})\\ \text{s.t.}\quad & h_j(\boldsymbol{X}) = h_j(x_1, x_2, \cdots, x_n) = 0 \ (j = 1,2,\cdots,m)\end{aligned} \tag{5-2-12}$$

等式约束条件 $h_j(\boldsymbol{X})=0$，几何上是一条曲线或一张曲面/超曲面。当试探点满足某等式约束条件 $h_j(\boldsymbol{X})=0$ 时，其位于该约束曲线或约束曲面上；当试探点不满足某等式约束条件 $h_j(\boldsymbol{X})\neq 0$ 时，其在该约束曲线或约束曲面之外，是一个外点。

外点法仅有等式约束的泛函数可构造为

$$Q(\boldsymbol{X}) = \sum_{j=1}^{m} (h_j(\boldsymbol{X}))^2 \tag{5-2-13}$$

一个等式约束函数对应一个泛函数分项。当试探点满足某一等式约束条件时，该分项为零；试探点不满足某一等式约束条件时，该分项为正值。等式约束的泛函数 $Q(\boldsymbol{X})$ 是非负的。

取正实数的罚因子与泛函数的乘积构造惩罚项 $r^{(k)}Q(\boldsymbol{X})$，惩罚项在全域内为非负。

仅有等式约束的外点法惩罚函数构造为

$$\varphi(\boldsymbol{X}, r^{(k)}) = f(\boldsymbol{X}) + r^{(k)}Q(\boldsymbol{X}) = f(\boldsymbol{X}) + r^{(k)}\sum_{j=1}^{m} (h_j(\boldsymbol{X}))^2 \tag{5-2-14}$$

罚因子 $r^{(k)}$ 是一个递增序列。

为简单起见，仍然假设只有一个等式约束。如式(5-2-13)，当试探点 $\boldsymbol{X}$ 满足等式约束条件($h_j(\boldsymbol{X})=0$)时，试探点位于该约束曲线或约束曲面上，$Q(\boldsymbol{X})=0$，惩罚项 $r^{(k)}Q(\boldsymbol{X})=0$，表示没有惩罚作用；当试探点不满足等式约束条件($h_j(\boldsymbol{X})\neq 0$)时，试探点不在该约束曲线或约束曲面上，$Q(\boldsymbol{X})=(h_j(\boldsymbol{X}))^2>0$，惩罚项 $r^{(k)}Q(\boldsymbol{X})>0$，表示具有惩罚作用。仅有等式约束时，优化搜索的试探点从约束曲线或曲面的外点逐步逼近约束曲线或曲面上的最优点。

3. 同时具有不等式约束及等式约束的外点法

同时具有不等式约束及等式约束的优化模型如下：

$$\begin{aligned}&\min f(\boldsymbol{X})\\ \text{s.t.}\quad & g_i(\boldsymbol{X}) = g_i(x_1, x_2, \cdots, x_n) \leqslant 0 \ (i = 1,2,\cdots,p)\\ & h_j(\boldsymbol{X}) = h_j(x_1, x_2, \cdots, x_n) = 0 \ (j = 1,2,\cdots,q < n)\end{aligned} \tag{5-2-15}$$

外点法的泛函数可构造为

$$P(\boldsymbol{X}) + Q(\boldsymbol{X}) = \sum_{i=1}^{p} (\max[0, g_i(\boldsymbol{X})])^2 + \sum_{j=1}^{m} (h_j(\boldsymbol{X}))^2 \tag{5-2-16}$$

其中，$P(\boldsymbol{X})$ 是不等式约束的泛函数，$Q(\boldsymbol{X})$ 是等式约束的泛函数。

同时具有不等式约束及等式约束的外点法惩罚函数构造为

$$\varphi(\boldsymbol{X}, r^{(k)}) = f(\boldsymbol{X}) + r^{(k)}\left\{\sum_{i=1}^{p} (\max[0, g_i(\boldsymbol{X})])^2 + \sum_{j=1}^{q} (h_j(\boldsymbol{X}))^2\right\} \tag{5-2-17}$$

同时具有不等式约束及等式约束的外点法问题，将在混合惩罚函数法中详细讨论。

5.2.2 解析法算例

【例 5-1】 用外点法求约束优化问题：

$$\min f(x)=x$$

$$\text{s.t.}\quad g(x)=1-x\leqslant 0$$

解 这是仅有一个不等式约束的一元函数优化问题。如图 5-2-1 所示，将目标函数 $f(x)=x$ 的直线分成两部分，满足约束条件的部分用实线表示，不满足约束条件的部分用虚线表示，可看出最优解为 $x^*=1, f(x^*)=1$。

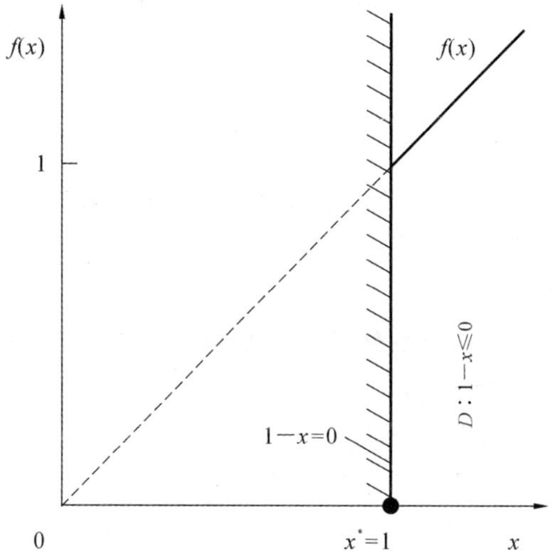

图 5-2-1 例 5-1 约束优化问题

1. 构造外点法泛函数及惩罚项

根据不等式约束条件 $g(x)=1-x\leqslant 0$，用式(5-2-3)形式构造泛函数及惩罚项：

$$P(\boldsymbol{X})=\begin{cases}(1-x)^2 & x<1\\0 & x\geqslant 1\end{cases}$$

$$r^{(k)}P(\boldsymbol{X})=\begin{cases}r^{(k)}(1-x)^2 & x<1\\0 & x\geqslant 1\end{cases}$$

2. 构造外点法惩罚函数

$$\varphi(x,r^{(k)})=\begin{cases}x+r^{(k)}(1-x)^2 & x<1\\x & x\geqslant 1\end{cases}$$

3. 用解析法求惩罚函数最优点

$$\frac{\mathrm{d}\varphi}{\mathrm{d}x}=\begin{cases}1-2r^{(k)}(1-x) & x<1\\1 & x\geqslant 1\end{cases}$$

外点法只需考虑可行域外($x<1$ 区间)惩罚函数的极值点。

令 $\frac{\mathrm{d}\varphi}{\mathrm{d}x}=1-2r^{(k)}(1-x)=0$，可解得极值点 $\overline{x}^*(r^{(k)})$：

$$\overline{x}^*(r^{(k)})=1-\frac{1}{2r^{(k)}}$$

因为最优点是罚因子 $r^{(k)}$ 的函数，故记为 $\overline{x}^*(r^{(k)})$。

在可行域外($x<1$)，最优点处泛函数及惩罚项分别表示为

$$P(\overline{x}^*)=(1-\overline{x}^*)^2=\left(\frac{1}{2r^{(k)}}\right)^2$$

$$r^{(k)}P(\overline{x}^*)=\frac{1}{4r^{(k)}}$$

因 $r^{(k)}$ 为正实数，所以 $P(\overline{x}^*)>0$，$r^{(k)}P(\overline{x}^*)>0$；随着迭代次数增加，外点法罚因子 $r^{(k)}$ 递增，泛函数 $P(\overline{x}^*)$ 减小，惩罚项 $r^{(k)}P(\overline{x}^*)$ 减小；当 $k\to\infty$，$r^{(k)}\to+\infty$ 时，$P(\overline{x}^*)\to 0$，$r^{(k)}P(\overline{x}^*)=1/(4r^{(k)})\to 0$。迭代过程变化规律均符合外点法原理。

目标函数的极值：

$$f(\overline{x}^*(r^{(k)}))=\overline{x}^*(r^{(k)})=1-\frac{1}{2r^{(k)}}$$

惩罚函数的极值：

$$\varphi(\overline{x}^*(r^{(k)}),r^{(k)})=f(\overline{x}^*(r^{(k)}))+r^{(k)}P(\overline{x}^*)=1-\frac{1}{4r^{(k)}}$$

每给定一个罚因子值，可求得一个近似最优点 $\overline{x}^*(r^{(k)})$，取罚因子 $r^{(k)}$ 为递增序列时，可以列出对应的近似**最优解序列**。

4. 外点法惩罚函数最优解序列

取初始罚因子 $r^{(0)}=0.5$，递增系数 $C=2$，表 5-2-1 中列出了随罚因子变化的最优解序列（表 5-2-1 中 $\overline{x}^*(r^{(k)})$ 简记为 $\overline{x}^*$）。

表 5-2-1 的变化规律具有如下意义：

(1) 随着罚因子 $r^{(k)}$ 递增，最优点序列 $\overline{x}^*(r^{(k)})$ 从可行域外一侧逐步逼近原约束优化最优点 $x^*=1$。由于最优点序列在可行域外，所以应有 $\overline{x}^*(r^{(k)})<1$。极限情况下，$k\to\infty$，$r^{(k)}\to\infty$，$\overline{x}^*(r^{(k)})\to x^*=1$，惩罚函数最优点无限逼近原约束优化最优点。

表 5-2-1　一元函数外点法最优解序列

k	$r^{(k)}$	$\overline{x}^*$	$f(\overline{x}^*)$	$\varphi(\overline{x}^*,r^{(k)})$	$P(\overline{x}^*)$	$r^{(k)}P(\overline{x}^*)$
0	0.5	0	0	0.500	1	0.500
1	1	0.500	0.500	0.750	0.2500	0.2500
2	2	0.750	0.750	0.875	0.0625	0.1250
3	4	0.875	0.875	0.938	0.0156	0.0625
4	8	0.938	0.938	0.969	0.0039	0.0313
⋮	⋮	⋮	⋮	⋮	⋮	⋮
$\to\infty$	$\to\infty$	$\to 1$	$\to 1$	$\to 1$	$\to 0$	$\to 0$

(2) 惩罚函数值大于或等于目标函数值，即 $\varphi(\overline{x}^*(r^{(k)}),r^{(k)})\geqslant f(\overline{x}^*(r^{(k)}))$。随着 k 增加，惩罚函数逼近原目标函数，极限情况下：$k\to\infty$，$\varphi(\overline{x}^*(r^{(k)}),r^{(k)})\to f(\overline{x}^*(r^{(k)}))\to f(x^*)$，惩罚函数值无限逼近约束优化目标函数值。

(3) $\overline{x}^*(r^{(k)})$ 逼近约束优化最优点的过程中，泛函数 $P(\overline{x}^*(r^{(k)}))$ 快速减小，但由于罚因子 $r^{(k)}$ 在增大，具有一定的补偿作用，因此惩罚项 $r^{(k)}P(\overline{x}^*(r^{(k)}))$ 并没有快速减小，而是保持一个稳定减小的正值，即保持一定的惩罚作用，从而迫使试探点向约束边界逼近。但试探点在逼近约束边界的过程中，惩罚项总趋势是减小的，惩罚作用会越来越弱。极限情况下，$k\to\infty, r^{(k)}\to\infty, r^{(k)}P(\overline{x}^*(r^{(k)}))\to 0, \varphi(\overline{x}^*(r^{(k)}), r^{(k)})\to f(\overline{x}^*(r^{(k)}))\to f(x^*)$，当试探点无限逼近约束边界时，惩罚作用完全消失。

5. 外点惩罚函数法的几何意义

分别取 $r^{(0)}=0.5, r^{(1)}=1$ 及 $r^{(2)}=2$，进行三次迭代，对应画出三条惩罚函数曲线，如图 5-2-2(a)(b)(c)所示。

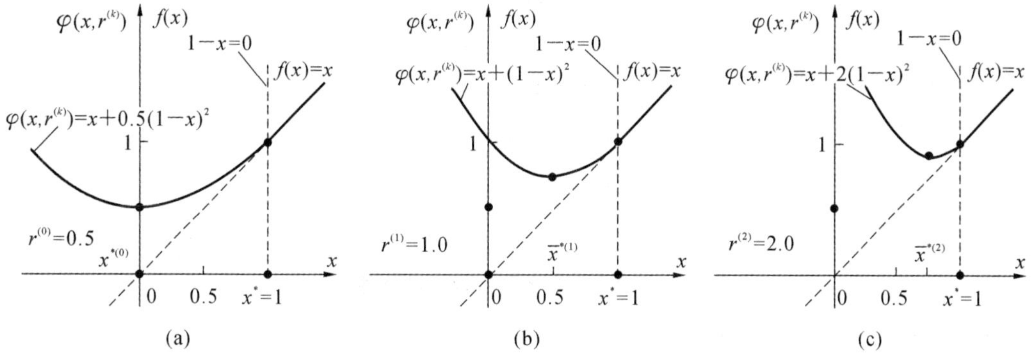

图 5-2-2　惩罚函数曲线序列

(a) $r^{(0)}=0.5$　(b) $r^{(1)}=1$　(c) $r^{(2)}=2$

惩罚函数曲线几何特征如下：

(1) 试探点在可行域内$(1-x\leqslant 0)$时，惩罚函数恒为 $\varphi(x(r^{(k)}), r^{(k)})=f(x)=x$，即不论罚因子为何值，可行域内的惩罚函数都是同一条直线。

(2) 试探点在可行域外$(1-x>0)$时，惩罚函数为 $\varphi(x, r^{(k)})=x+r^{(k)}(1-x)^2$，由于增加了惩罚项 $r^{(k)}P(x^*)=r^{(k)}(1-x)^2\geqslant 0$，惩罚函数值比目标函数值大，几何上相当于将 $f(x)=x$ 直线的虚线部分“向上拉”，使 $f(x)=x$ 直线的虚线部分由直线变成曲线。由惩罚函数表达式可知，可行域外的惩罚函数曲线是抛物线。从几何上看，图 5-2-2(a)中，靠近约束边界处惩罚作用小，虚线被“拉起”得少；离约束边界越远惩罚作用越大，虚线被“拉起”得越多，成为一条抛物线。比较图 5-2-2(a)(b)(c)，随着迭代次数增加，$r^{(k)}$ 增大，虚线被“拉起”得越高，曲线逐渐陡峭。对于不同的罚因子 $r^{(k)}$，抛物线的形状、顶点位置不同。同时，抛物线的顶点(惩罚函数的最优点序列$\overline{x}^*(r^{(k)})$)逐渐向约束优化最优点 $x^*=1$ 逼近。极限情况下，$k\to\infty, r^{(k)}\to\infty, \overline{x}^*(r^{(k)})\to x^*=1$，即无约束优化的最优点$\overline{x}^*(r^{(k)})$无限逼近约束优化的最优点 $x^*=1$。

(3) 在边界$(1-x=0)$上，无论罚因子等于多少，$r^{(k)}P(x^*)=0$，由惩罚函数 $\varphi(x(r^{(k)}), r^{(k)})$表达式可知，两个分段函数在分段点 $x=1$ 处是相同的，因而惩罚函数在分段点处连续且一阶可导，三条惩罚函数曲线在分段点处都是连续且光滑的。

从几何上看，外点法是将图 5-2-1 中原目标函数 $f(x)=x$ 为直线的约束优化问题，转化成图 5-2-2(a)(b)(c)等一系列惩罚函数为抛物线的无约束优化问题进行求解，只要找到抛物线顶点对应的坐标就得到无约束优化最优点。而且从图 5-2-2 中可以看出，无论初始点取在可行域内还是可行域外，在无约束优化搜索中，最终都会搜索到抛物线的顶点作为最优点。所以，对于外点法，初始点选在可行域内和可行域外，都是可以的。

为了观察惩罚函数最优点的变化规律，将图 5-2-2 三张图合并成图 5-2-3。由图 5-2-3 可以观察到：惩罚函数 $\varphi(x, r^{(k)})$最优点$\overline{x}^*(r^{(k)})$序列沿着直线 $\varphi(\overline{x}^*, r^{(k)})=(1+\overline{x}^*)/2$，从

可行域外一侧逐步逼近约束优化最优点 x^*。

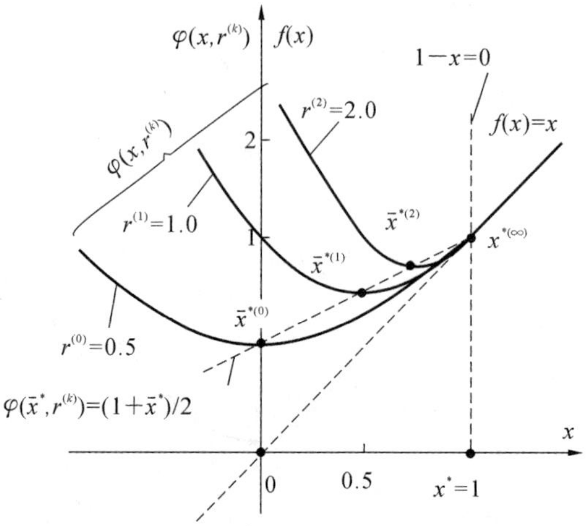

图 5-2-3　惩罚函数曲线综合图

【例 5-2】 用外点法求约束优化问题：

$$\min f(\boldsymbol{X}) = x_1^2 + x_2^2$$

$$\text{s. t.}\quad g(\boldsymbol{X}) = 1 - x_1 \leqslant 0$$

解　这是仅有一个不等式约束的多元函数优化问题。如图 5-2-4 所示，将目标函数 $f(\boldsymbol{X}) = x_1^2 + x_2^2$ 用等值线表示于坐标平面 x_1Ox_2 上。等值线分成两部分，满足约束条件的部分用实线表示，不满足约束条件的部分用虚线表示，可看出最优解为 $\boldsymbol{X}^* = (1,0)^{\mathrm{T}}$，$f(\boldsymbol{X}^*) = 1$。

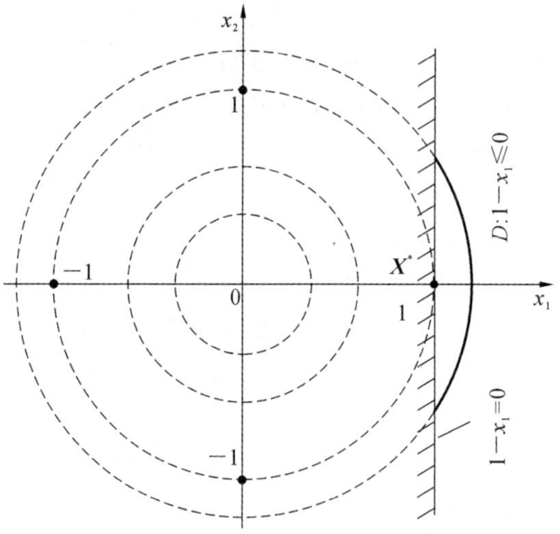

图 5-2-4　例 5-2 目标函数等值线图

1. 构造外点法泛函数及惩罚项

根据不等式约束条件 $g(\boldsymbol{X}) = 1 - x_1 \leqslant 0$，用式(5-2-3)形式构造泛函数及惩罚项：

$$P(\boldsymbol{X}) = \begin{cases} (1 - x_1)^2 & x_1 < 1 \\ 0 & x_1 \geqslant 1 \end{cases}$$

$$r^{(k)} P(\boldsymbol{X}) = \begin{cases} r^{(k)} (1 - x_1)^2 & x_1 < 1 \\ 0 & x_1 \geqslant 1 \end{cases}$$

2. 构造外点法惩罚函数

$$\varphi(\boldsymbol{X},r^{(k)})=\begin{cases}x_1^2+x_2^2+r^{(k)}(1-x_1)^2 & x_1<1\\ x_1^2+x_2^2 & x_1\geqslant 1\end{cases}$$

3. 用解析法求惩罚函数最优点

外点法只需考虑可行域外($x_1<1$ 区间)惩罚函数的极值点：

$$\frac{\mathrm{d}\varphi}{\mathrm{d}x_1}=2x_1-2r^{(k)}(1-x_1)=0\quad(x_1<1)$$

$$\frac{\mathrm{d}\varphi}{\mathrm{d}x_2}=2x_2=0$$

可解得极值点$\overline{\boldsymbol{X}}^*(r^{(k)})=(\overline{x}_1^*(r^{(k)}),0)^{\mathrm{T}}$，其中：

$$\overline{x}_1^*(r^{(k)})=\frac{r^{(k)}}{1+r^{(k)}},\quad \overline{x}_2^*(r^{(k)})=0$$

最优点：

$$\overline{\boldsymbol{X}}^*(r^{(k)})=\left(\frac{r^{(k)}}{1+r^{(k)}},0\right)^{\mathrm{T}}$$

显然$\overline{\boldsymbol{X}}^*(r^{(k)})$在可行域外($x_1<1$)。将最优点分别代入泛函数及惩罚项可得：

$$P(\overline{\boldsymbol{X}}^*)=(1-\overline{x}_1^*)^2=\left(\frac{1}{1+r^{(k)}}\right)^2$$

$$r^{(k)}P(\overline{\boldsymbol{X}}^*)=r^{(k)}(1-\overline{x}_1^*)^2=r^{(k)}\left(\frac{1}{1+r^{(k)}}\right)^2$$

目标函数极值：

$$f(\overline{\boldsymbol{X}}^*(r^{(k)}))=(\overline{x}_1^*)^2+(\overline{x}_2^*)^2=\left(\frac{r^{(k)}}{1+r^{(k)}}\right)^2$$

惩罚函数极值：

$$\varphi(\overline{\boldsymbol{X}}^*(r^{(k)}),r^{(k)})=f(\overline{\boldsymbol{X}}^*(r^{(k)}))+r^{(k)}P(\overline{\boldsymbol{X}}^*)=\frac{r^{(k)}}{1+r^{(k)}}$$

每给定一个罚因子值，可求得一个近似最优点$\overline{\boldsymbol{X}}^*(r^{(k)})$，取罚因子 $r^{(k)}$ 为递增序列时，可以列出对应的近似**最优解序列**。

4. 外点法惩罚函数的解序列

取初始罚因子 $r^{(0)}=1$，递增系数 $C=10$，表 5-2-2 中列出了随罚因子变化的最优解序列值(表 5-2-2 中$\overline{\boldsymbol{X}}^*(r^{(k)})$简记为$\overline{\boldsymbol{X}}^*$)。

表 5-2-2　二元函数外点法最优解序列

k	$r^{(k)}$	$\overline{\boldsymbol{X}}^*$	$f(\overline{\boldsymbol{X}}^*)$	$\varphi(\overline{\boldsymbol{X}}^*,r^{(k)})$	$P(\overline{\boldsymbol{X}}^*)$	$r^{(k)}P(\overline{\boldsymbol{X}}^*)$
0	1	$(0.5000,0)^{\mathrm{T}}$	0.2500	0.5000	0.2500	0.2500
1	10	$(0.9091,0)^{\mathrm{T}}$	0.8264	0.9091	8.264×10^{-3}	8.264×10^{-2}
2	100	$(0.9901,0)^{\mathrm{T}}$	0.9803	0.9901	9.803×10^{-5}	9.803×10^{-3}
3	1000	$(0.9990,0)^{\mathrm{T}}$	0.9980	0.9990	9.980×10^{-7}	9.980×10^{-4}
4	10000	$(0.9999,0)^{\mathrm{T}}$	0.9998	0.9999	9.998×10^{-9}	9.998×10^{-5}
⋮	⋮	⋮	⋮	⋮	⋮	⋮
$\to\infty$	$\to\infty$	$\to(1,0)^{\mathrm{T}}$	$\to(1,0)^{\mathrm{T}}$	$\to1$	$\to0$	$\to0$

表 5-2-2 变化规律的意义，可参照表 5-2-1 的规律进行总结。

5. 外点法的几何意义

根据惩罚函数 $\varphi(\boldsymbol{X},r^{(k)})$ 表达式，画出指定罚因子对应的惩罚函数等值线图，满足约束条件的部分(圆)用实线表示，不满足约束条件的部分用虚线表示。图 5-2-5(a)(b)(c)分别是 $r^{(0)}=1$、$r^{(1)}=10$、$r^{(2)}=100$ 的惩罚函数等值线图，最优点分别是 $\overline{\boldsymbol{X}}^*(r^{(k)})=(0.5,0)^{\mathrm{T}}$、$\overline{\boldsymbol{X}}^*(r^{(k)})=(0.909,0)^{\mathrm{T}}$、$\overline{\boldsymbol{X}}^*(r^{(k)})=(0.99,0)^{\mathrm{T}}$。最优点序列的 $\overline{\boldsymbol{X}}^*(r^{(k)})=(0.99,0)^{\mathrm{T}}$ 时，最优点已经非常逼近约束优化最优点 $\boldsymbol{X}^*=(1,0)^{\mathrm{T}}$。可以看出惩罚函数最优点序列向约束优化最优点逼近。

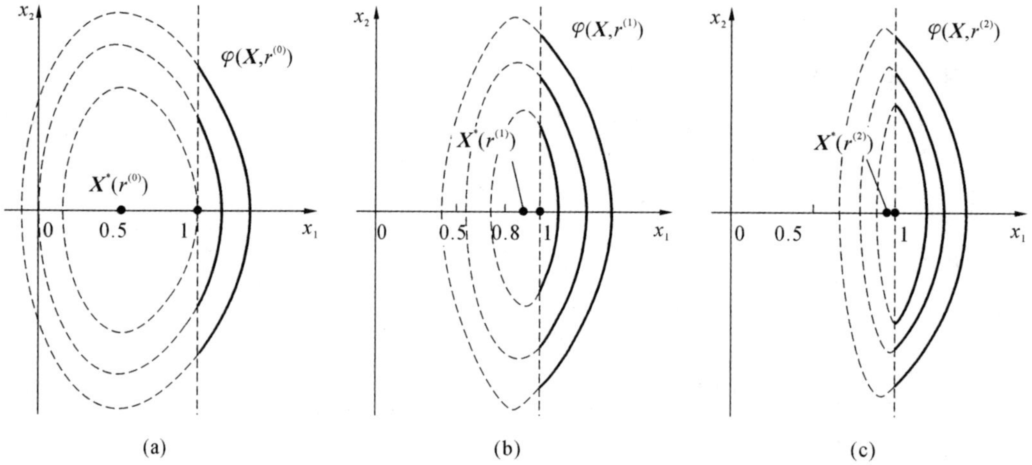

图 5-2-5　外点法惩罚函数收敛关系

(a) $r^{(0)}=1$　(b) $r^{(1)}=10$　(c) $r^{(2)}=100$

在上述两个例题中，为了画惩罚函数曲线图，目标函数及约束条件都取得非常简单。即使如此，随着罚因子增大，惩罚函数等值线虚线部分仍将趋于畸变(实线仍然是圆的一部分)，增加了画图的难度。

5.2.3　外点法使用中的问题

在使用外点法过程中，需要注意如下问题。

1. 初始点 $\boldsymbol{X}^{(0)}$ 的选择问题

由外点法惩罚项的性质可知，外点法的初始点 $\boldsymbol{X}^{(0)}$ 既可选在可行域内，也可选在可行域外。在实际工程问题中，当难以取得一个可行的初始点时，外点法比较灵活。

2. 初始罚因子 $r^{(0)}$ 的选择问题

外点法罚因子对惩罚函数法的影响较大，选择初始罚因子 $r^{(0)}$ 是一个较复杂的问题，有时甚至需要经过多次试选才能确定一个比较合适的值。

初始罚因子选择得过大，会使惩罚函数发生畸变，如图 5-2-5(c)所示，可能造成优化失败。如果初始罚因子选择得过小，则收敛速度较慢，需要经过更多次的迭代，才能收敛于约束条件下目标函数的最优点。

根据经验，一般推荐试取 $r^{(0)}=1$ 及 $C=10$，也常用如下方法选择初始罚因子：

$$r^{(0)}=\max\{r_i^{(0)}\}\quad(i=1,2,\cdots,p)\tag{5-2-18}$$

其中：

$$r_i^{(0)} = \frac{0.02}{p \cdot g_i(\boldsymbol{X}^{(0)}) \cdot f(\boldsymbol{X}^{(0)})} \quad (i = 1,2,\cdots,p) \tag{5-2-19}$$

3. 罚因子递增系数

用解析法求解时，参见例5-1、例5-2，外点法罚因子递增系数基本上不起决定性作用。

用数值法求解时，参见对式(5-2-11)的说明，为保证惩罚项 $r^{(k)}P(\boldsymbol{X}^*)$ 稳定减小，$P(\boldsymbol{X}^*)$ 必须保持比 $1/r^{(k)}$ 更小，使 $r^{(k)}P(\boldsymbol{X}^*)$ 具有稳定的收敛性，要求取较小的罚因子递增系数，罚因子递增系数可能会起一定的作用。

4. 约束边界处理问题

外点法求得的最优点，一般在约束边界的可行域外一侧，其最优解是不可行解。对于某些要求严格的不等式约束条件，如强度、刚度等性能约束，导致运动机构发生干涉的几何参数等，不允许取不可行解。为了解决此问题，一般采用增加约束裕量的方法。

该方法对部分要求严格满足的不等式约束条件进行微小改变：

$$g'_i(\boldsymbol{X}) = g_i(\boldsymbol{X}) + \delta_i \leqslant 0 \ (i = 1,2,\cdots,p) \tag{5-2-20}$$

式中：δ_i 被称为第 i 个不等式约束条件的**约束裕量**。一般约束裕量可取 $\delta_i = 10^{-4} \sim 10^{-3}$，数值计算法中，更实用的方法是取控制精度的一半。

约束裕量几何意义参见图5-2-6，将原约束边界 $g_i(\boldsymbol{X})=0$(实线)向可行域内移动一个约束裕量 δ_i 后，作为新的“约束边界”$g'_i(\boldsymbol{X})=0$(虚线)。在原约束边界中，最优点 $\boldsymbol{X}^*$ 在可行域外。在新“约束边界”中，试探点可以在 $g_i(\boldsymbol{X})=0$ 与 $g'_i(\boldsymbol{X})=0$ 之间，获得新最优点 $\boldsymbol{X}'^*$。由于新最优点 $\boldsymbol{X}'^*$ 在可行域内，从而成为一个可行解。

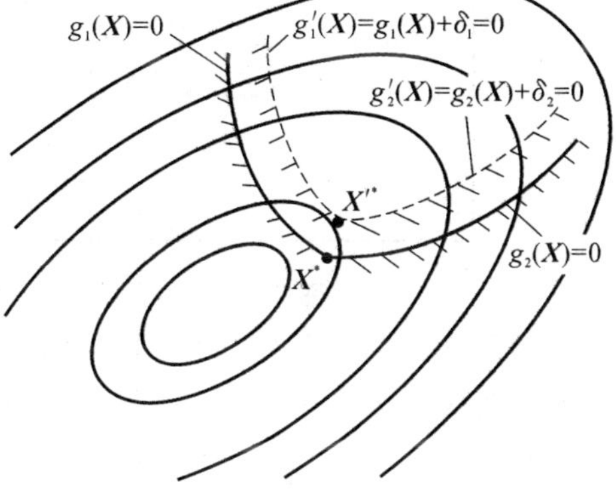

图5-2-6　增加约束裕量的边界

5.2.4　数值法计算

相对于解析法，数值法需要调用某种无约束优化方法，具体调用该无约束优化方法时，既可以用最优步长法，也可以用追赶步长法。数值法的计算步骤如下。

(1) 在离约束边界稍远处，取初始点 $\boldsymbol{X}^{(0)}$，取递增系数 C、计算精度 ε。

(2) 取初始罚因子 $r^{(0)}$(或用式(5-2-18)估算 $r^{(0)}$)。

(3) 用约束条件构造外点法泛函数、惩罚项及惩罚函数。

(4) 将初始罚因子 $r^{(0)}$ 转置为变量罚因子 r：$r \leftarrow r^{(0)}$。

(5) 进入直到型循环，开始外点法循环搜索。

① 保留初始点：$\boldsymbol{X}^{(00)} \leftarrow \boldsymbol{X}^{(0)}$。

② 将罚因子递增：$r^{(k+1)} = C \cdot r^{(k)}$。

③ 调用某种无约束优化方法，求出当前罚因子下的惩罚函数最优点 $\overline{\boldsymbol{X}}^*(r^{(k)})$。

④ 将当前最优点 $\overline{\boldsymbol{X}}^*(r^{(k)})$ 转置为下一维/轮的起点：$\boldsymbol{X}^{(0)} \leftarrow \overline{\boldsymbol{X}}^*(r^{(k)})$。

⑤ 检查是否满足无约束优化方法的精度要求，若不满足，转到步骤(5)的③处继续进行无约束优化方法搜索，直到满足无约束优化方法的精度要求为止，退出该无约束优化方法搜索。

⑥ 计算初始点与最优点距离：$X_m = \sqrt{\sum (\boldsymbol{X}^{(0)} - \boldsymbol{X}^{(00)})^2}$ 。

(6) 检查最优点是否满足计算精度要求。

当 $\boldsymbol{X}_m > \varepsilon$ 时，不满足计算精度要求，转到步骤(5)处，从新的起点处重新进行外点法优化搜索，直到 $\boldsymbol{X}_m < \varepsilon$，满足计算精度要求为止，退出直到型循环，终止外点法搜索。

(7) 将 $\overline{\boldsymbol{X}}^*(r^{(k)})$ 作为目标函数最优点 $\boldsymbol{X}^*$ 的近似值输出。

5.2.5 外点法子程序流程图及重要语句

1. 外点法子程序流程图

以调用无约束坐标轮换法为例，外点法子程序流程如图 5-2-7 所示。

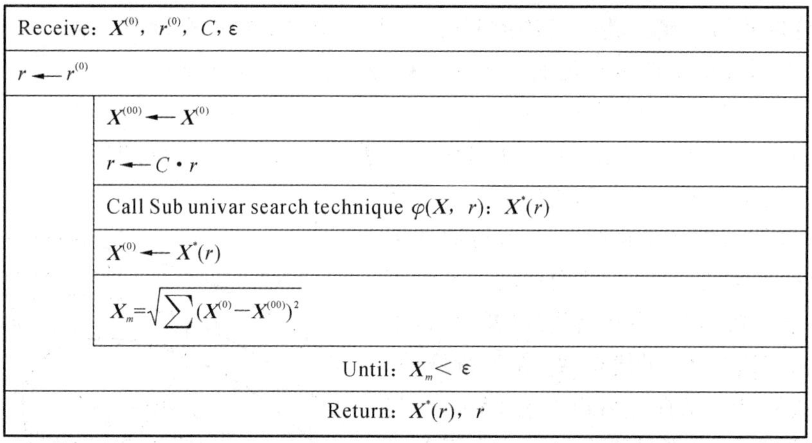

图 5-2-7　调用无约束坐标轮换法的外点法子程序流程图

该流程图以调用无约束坐标轮换法(univar_search_technique)为例，也可以调用第 3 章中任意一种无约束优化方法，既可以用最优步长法，也可以用追赶步长法。

以最优步长法为例，配合不同的无约束优化方法，可编写各种外点法程序。其中基本程序主要表述最基本的算法过程，程序简洁，易于理解，建议先看基本程序。扩展程序在基本程序的基础上，增加了输出中间过程数据的功能，便于分析观察中间步骤，更好地理解搜索过程，但输出格式语句略微复杂。调用无约束坐标轮换法、无约束随机方向法和无约束鲍威尔法的基本程序、扩展程序可扫描二维码查看。当无约束优化改用追赶步长法时，相关程序也可扫描二维码查看。

编写程序时要特别注意，惩罚函数法中，以惩罚函数作为无约束优化中的“目标函数”，因而，程序中调用的函数，应当是惩罚函数，而不是原优化问题中的目标函数，实参及形参表中，必须同时传递罚因子。

外点法程序

2. 外点法程序的重要语句

以调用无约束坐标轮换法配合最优步长法的外点法为例，为说明具体的程序语句，设目标函数为 $f(\boldsymbol{X}) = x_1^2 + x_2^2$，约束条件为 $g(\boldsymbol{X}) = 1 - x_1 \leqslant 0$。

1) 主程序

主程序中调用外点惩罚函数法语句为

```
Call SUMT_UST_E(x0, r0, C, epx, r, xopt)
```

其中，r0、r 为初始罚因子及最优点罚因子，C 为罚因子递增系数。

2）外点惩罚函数法子程序

子程序名及形参表为

```
Private Sub SUMT_UST_E(x0!（），r0，C，epx，r，xopt!（））
```

通过形参表接收 x0，r0，C，epx，返回 r，xopt。

外点惩罚函数法子程序的部分关键语句如下：

```
r= r0   '初始罚因子转置变量罚因子
Do '外点惩罚函数法循环搜索
  x00= x0 '保留初始点
  r= C *  r   '外点法中罚因子递增
  Call univar_search_technique(x0，epx，r，xopt）'调用无约束坐标轮换法
  x0= xopt '转置最优点为初始点
  xm= 0
  For i= 1 To n: xm= xm + （x0(i) -  x00(i)) ^ 2: Next i '计算初始点与最优点距离
  xm= Sqr(xm) '计算初始点与最优点距离
Loop Until xm <  epx '最优点处是否满足控制精度
```

变量罚因子 r 最后对应最优点罚因子。

3）坐标轮换法子程序中重要语句

坐标轮换法子程序名及形参表为

```
Private Sub Univar_Search_Technique(x0!（），epx，r，xopt!（））'无约束坐标轮换法
```

坐标轮换法子程序中重要的语句如下：

```
Do '坐标轮换法循环搜索
  For i= 1 To n   '坐标轮换法搜索维次
   ReDim s(n)   '搜索方向重定义即清零
   s(i)= 1       '取当前维坐标的单位向量为搜索方向
   Call forward_backward(x0，s，r，A，B）'调用进退法子程序
   Call quadratic_interpolation(x0，s，r，A，B，epx，Aopt）'调用插值法子程序
   Call Cal_Coord(x0，s，Aopt，xopt）'调用函数坐标计算子程序
   x0= xopt '本轮最优点转置为下一维/轮初始点
  Next i
Loop Until Abs(Aopt) <  epx '当最优步长< 控制精度时终止循环
```

4）进退法子程序中重要语句

与解析法相比，程序计算中，有两个方法可以减小搜索步长。

（1）用递增的罚因子倒数作为初始步长，越接近约束边界，初始步长越小。

```
t0 = 1/ r   '* * * 关键 1，用罚因子倒数作为初始步长，每轮收缩，越接近边界初始步长越小* * *
A0= 0: A1= t0 '初始值
T= t0
```

之前的进退法中，初始步长 t_0 是一个常量。随着初始点逐步接近约束边界，取为常数的初始步长也将出现“相对变长”的现象，试探点不易寻找到约束边界上的最优点。一个改进的方法是，取罚因子倒数作为初始步长。外点法中每一轮罚因子是逐步递增的，所以每一轮的初始步长是一个递减的变量。随着迭代进行，当初始点逐渐接近约束边界时，递增的罚因子使得初始步长不断缩小，有利于寻找边界上的最优点。

(2) 用递增的罚因子倒数作为步长增量。

```
T= T+ t0 '* * 关键 2,取消步长加倍,用小步长增量,防止试探点越过约束边界
```

之前的进退法中,是用步长加倍($T=2T$)的方式来改变步长增量的,步长增量容易快速累积成一个较大值。当初始点接近约束边界时,采用较大的步长增量不易寻找到约束边界上的最优点。一个改进的方法是,取消步长加倍的搜索方式,将递减的罚因子倒数作为较小的步长增量,用更精细的步长进行搜索,有利于寻找边界上的最优点。

5) 二次插值法子程序中重要语句

在二次插值法子程序中,需要计算插值函数 $p(\alpha)$的极值点 α_P。

为了防止 c_2 太小,出现数值溢出错误,设置如下语句:

```
If Abs(c2) >  0.0000001 Then   '如果 c2 不是太小
  Ap= 0.5 * (A1 +  A3 -  c1 / c2) '按公式计算极值点
Else  '如果 c2 太小
  Ap= 0.5 * (A1 +  A3)  '取中点代替极值点
End If
```

5.2.6 数值法算例

【例 5-3】 用数值法求外点惩罚函数法的约束优化问题:

$$\min f(\boldsymbol{X}) = x_1^2 + x_2^2$$

$$\text{s.t.}\quad g_1(\boldsymbol{X}) = 1 - x_1 \leqslant 0$$

解 参见图 5-2-4,需要进行多轮搜索,每一轮都需要调用坐标轮换法。

1. 第一轮外点法

(1) 取可行点 $\boldsymbol{X}^{(0)}=(2,1)^{\mathrm{T}}$ 为初始点,初始罚因子 $r^{(0)}=1$,递增系数 $C=5$,计算精度 $\varepsilon=0.001$。

(2) 用约束条件构造外点法的泛函数、惩罚项及惩罚函数:

$$P(\boldsymbol{X}) = \begin{cases} (1-x_1)^2 & x_1 < 1 \\ 0 & x_1 \geqslant 1 \end{cases}$$

$$r^{(k)} P(\boldsymbol{X}) = \begin{cases} r^{(k)}(1-x_1)^2 & x_1 < 1 \\ 0 & x_1 \geqslant 1 \end{cases}$$

$$\varphi(\boldsymbol{X}, r^{(k)}) = \begin{cases} x_1^2 + x_2^2 + r^{(k)}(1-x_1)^2 & x_1 < 1 \\ x_1^2 + x_2^2 & x_1 \geqslant 1 \end{cases}$$

(3) 计算初始点(可行点)处目标函数值、泛函数、惩罚项及惩罚函数值:

$f(\boldsymbol{X}^{(0)}) = 2^2 + 1^2 = 5, P(\boldsymbol{X}^{(0)}) = 0, r^{(0)} P(\boldsymbol{X}^{(0)}) = 0, \varphi(\boldsymbol{X}^{(0)}, r^{(0)}) = f(\boldsymbol{X}^{(0)}) = 5$

(4) 将初始罚因子转置为变量罚因子:$r \leftarrow r^{(0)}=1$。

(5) 进行直到型循环,开始第一轮外点法搜索。

① 保留初始点:$\boldsymbol{X}^{(00)} \leftarrow \boldsymbol{X}^{(0)}=(2,1)^{\mathrm{T}}$。

② 将罚因子递增,$r^{(k+1)}=C\cdot r^{(k)}$,当 $k=0$ 时,$r^{(1)}=C\cdot r^{(0)}=5\cdot 1=5$。

③ 调用无约束坐标轮换法,求 $r^{(1)}=5$ 时 $\varphi(\boldsymbol{X},r^{(1)})$的无约束优化最优点$\overline{\boldsymbol{X}}^*(r^{(1)})$。

(a) 进行第一轮外点法第一轮坐标轮换法的第一维搜索。

以初始点 $\boldsymbol{X}^{(0)}=(2,1)^{\mathrm{T}}$ 为起点,先取第一维坐标的单位向量 $\boldsymbol{e}_1=(1,0)^{\mathrm{T}}$ 的方向为搜索方向,调用进退法子程序,搜索出单峰区间$[A,B]=[-1.6,-0.6]$。

调用二次插值法子程序,获得单峰区间内的最优点步长因子 $A_{opt}=-1.1$。

调用函数坐标计算子程序,得到第一维的一维优化最优点函数坐标 $\overline{\boldsymbol{X}}_1(r^{(1)})$:

$$\overline{\boldsymbol{X}}_1(r^{(1)}) = \boldsymbol{X}^{(0)} + A_{opt}\cdot \boldsymbol{e}_1 = \begin{pmatrix}2\\1\end{pmatrix} - 1.1\cdot\begin{pmatrix}1\\0\end{pmatrix} = \begin{pmatrix}0.9\\1\end{pmatrix}$$

最优点在可行域外。

第一维的一维优化最优点处目标函数值及惩罚函数值为

$$f(\overline{\boldsymbol{X}}_1(r^{(1)})) = x_1^2 + x_2^2 = 0.9^2 + 1^2 = 1.81$$

$$\varphi(\overline{\boldsymbol{X}}_1(r^{(1)}), r^{(1)}) = f(\overline{\boldsymbol{X}}_1(r^{(1)})) + r^{(1)}P(\overline{\boldsymbol{X}}_1(r^{(1)})) = 1.81 + 5\cdot 0.01 = 1.86$$

将一维优化最优点转置保留:$\boldsymbol{X}^{(0)} \leftarrow \overline{\boldsymbol{X}}_1(r^{(1)}) = (0.9, 1)^{\mathrm{T}}$,将其作为下一维的一维优化起点。

(b) 进行第一轮外点法第一轮坐标轮换法的第二维搜索。

起点为 $\boldsymbol{X}^{(0)}=(0.9,1)^{\mathrm{T}}$,再取第二维坐标的单位向量 $\boldsymbol{e}_2=(0,1)^{\mathrm{T}}$ 的方向为搜索方向,调用进退法子程序,搜索出单峰区间 $[A,B]=[-1.6,-0.6]$。

调用二次插值法子程序,获得单峰区间内的最优点步长因子 $A_{opt}=-1$。

调用函数坐标计算子程序,得到第二维的一维优化最优点函数坐标 $\overline{\boldsymbol{X}}_2(r^{(1)})$:

$$\overline{\boldsymbol{X}}_2(r^{(1)}) = \boldsymbol{X}^{(0)} + A_{opt}\cdot \boldsymbol{e}_2 = \begin{pmatrix}0.9\\1\end{pmatrix} - 1\cdot\begin{pmatrix}0\\1\end{pmatrix} = \begin{pmatrix}0.9\\0\end{pmatrix}$$

最优点仍然在可行域外。

第二维的一维优化最优点处目标函数值及惩罚函数值为

$$f(\overline{\boldsymbol{X}}_2(r^{(1)})) = 0.9^2 = 0.81$$

$$\varphi(\overline{\boldsymbol{X}}_2(r^{(1)}), r^{(1)}) = f(\overline{\boldsymbol{X}}_2(r^{(1)})) + r^{(1)}P(\overline{\boldsymbol{X}}_2(r^{(1)})) = 0.81 + 5\cdot 0.01 = 0.86$$

将一维优化最优点转置保留:$\boldsymbol{X}^{(0)} \leftarrow \overline{\boldsymbol{X}}_2(r^{(1)}) = (0.9, 0)^{\mathrm{T}}$,将其作为下一轮的起点。

完成本轮两维坐标轮换优化。

(c) 检查是否满足坐标轮换法计算精度要求。

用最优步长是否小于计算精度来判断是否满足坐标轮换法要求。

由于 $|A_{opt}|=1>\varepsilon(=0.001)$,不满足坐标轮换法计算精度要求,不退出坐标轮换法子程序。转到步骤(5)的③处,继续进行第一轮外点法第二轮坐标轮换法搜索。注意到当前仍然在坐标轮换法子程序内。

2. 第一轮外点法第二轮坐标轮换法(为便于比较,计算步骤序号仍然从步骤(5)的③处开始)

③ 在坐标轮换法中,继续用 $r^{(1)}=5$ 计算 $\varphi(\boldsymbol{X},r^{(1)})$ 的无约束优化最优点 $\overline{\boldsymbol{X}}^*(r^{(1)})$。

(a) 进行第一轮外点法中第二轮坐标轮换法的第一维搜索。

以 $\boldsymbol{X}^{(0)}=(0.9,0)^{\mathrm{T}}$ 为起点,取第一维坐标的单位向量 $\boldsymbol{e}_1=(1,0)^{\mathrm{T}}$ 的方向为搜索方向,调用进退法子程序,搜索出单峰区间 $[A,B]=[-0.2,0.2]$。

调用二次插值法子程序,获得单峰区间内的最优点步长因子 $A_{opt}=-0.0667$。

调用函数坐标计算子程序,得到第一维的一维优化最优点函数坐标 $\overline{\boldsymbol{X}}_1(r^{(1)})$:

$$\overline{\boldsymbol{X}}_1(r^{(1)}) = \boldsymbol{X}^{(0)} + A_{opt}\cdot \boldsymbol{e}_1 = \begin{pmatrix}0.9\\0\end{pmatrix} - 0.0667\begin{pmatrix}1\\0\end{pmatrix} = \begin{pmatrix}0.8333\\0\end{pmatrix}$$

最优点仍然在可行域外。

第一维的一维优化最优点处目标函数值及惩罚函数值为

$$f(\overline{\boldsymbol{X}}_1(r^{(1)}))=0.8333^2=0.6944$$

$$\varphi(\overline{\boldsymbol{X}}_1(r^{(1)}),r^{(1)})=f(\overline{\boldsymbol{X}}_1(r^{(1)}))+r^{(1)}P(\overline{\boldsymbol{X}}_1(r^{(1)}))=0.6944+5\cdot0.0278=0.8333$$

将一维优化最优点转置保留：$\boldsymbol{X}^{(0)}\leftarrow\overline{\boldsymbol{X}}_1(r^{(1)})=(0.8333,0)^{\mathrm{T}}$，将其作为下一维的一维优化起点。

(b) 进行第一轮外点法中第二轮坐标轮换法的第二维搜索。

起点为 $\boldsymbol{X}^{(0)}=(0.8333,0)^{\mathrm{T}}$，取第二维坐标的单位向量 $\boldsymbol{e}_2=(0,1)^{\mathrm{T}}$ 方向为搜索方向，调用进退法子程序，搜索出单峰区间$[A,B]=[-0.2,0.2]$。

调用二次插值法子程序，获得单峰区间内的最优点步长因子 $A_{\mathrm{opt}}=0$。

调用函数坐标计算子程序，得到第二维的一维优化最优点函数坐标$\overline{\boldsymbol{X}}_2(r^{(1)})$：

$$\overline{\boldsymbol{X}}_2(r^{(1)})=\boldsymbol{X}^{(0)}+A_{\mathrm{opt}}\cdot\boldsymbol{e}_2=\begin{pmatrix}0.8333\\0\end{pmatrix}+0\cdot\begin{pmatrix}0\\1\end{pmatrix}=\begin{pmatrix}0.8333\\0\end{pmatrix}$$

最优点仍然在可行域外。

第二维的一维优化最优点处目标函数值及惩罚函数值为

$$f(\overline{\boldsymbol{X}}_2(r^{(1)}))=0.8333^2=0.6944$$

$$\varphi(\overline{\boldsymbol{X}}_2(r^{(1)}),r^{(1)})=f(\overline{\boldsymbol{X}}_2(r^{(1)}))+r^{(1)}P(\overline{\boldsymbol{X}}_2(r^{(1)}))=0.6944+5\cdot0.0278=0.8333$$

将一维优化最优点转置保留：$\boldsymbol{X}^{(0)}\leftarrow\boldsymbol{X}_2(r^{(1)})=(0.8333,0)^{\mathrm{T}}$，将其作为下一轮的起点。

完成本轮两维坐标轮换优化。

(c) 检查是否满足坐标轮换法计算精度要求。

由于$|A_{\mathrm{opt}}|=0<\varepsilon(=0.001)$，满足坐标轮换法计算精度要求，退出无约束坐标轮换法。

④ 将当前最优点$\overline{\boldsymbol{X}}^*(r^{(k)})$转置为下一轮的起点：$\boldsymbol{X}^{(0)}\leftarrow\overline{\boldsymbol{X}}_2(r^{(1)})=(0.8333,0)^{\mathrm{T}}$。

⑤ 计算初始点与最优点距离：

$$X_m=\sqrt{\sum(\boldsymbol{X}^{(0)}-\boldsymbol{X}^{(00)})^2}=\sqrt{(2-0.8333)^2+(1-0)^2}=1.54$$

(6) 检查是否满足外点法计算精度要求。

因为 $X_m=1.547>\varepsilon(=0.001)$，不满足外点法计算精度要求，需要转到步骤(5)处，进行第二轮外点法搜索。

3. 第二轮外点法搜索(为便于比较，计算步骤序号仍然从步骤(5)处开始)

(5)继续进行直到型循环，开始第二轮外点法搜索。

① 保留初始点：$\boldsymbol{X}^{(00)}\leftarrow\boldsymbol{X}^{(0)}=(0.8333,0)^{\mathrm{T}}$。

② 将罚因子递增，$r^{(k+1)}=C\cdot r^{(k)}$，当 $k=1$ 时，$r^{(2)}=C\cdot r^{(1)}=5\cdot5=25$。

③ 调用坐标轮换法，求 $r^{(2)}=25$ 时 $\varphi(\boldsymbol{X},r^{(1)})$的无约束优化最优点$\overline{\boldsymbol{X}}^*(r^{(1)})$。

后续计算过程与前述计算过程类似，不再重复，全部计算过程的数据见表 5-2-3。

表 5-2-3 外点法数值解法最优解序列

k	$r^{(k)}$	$\overline{\boldsymbol{X}}^*$	$f(\overline{\boldsymbol{X}}^*)$	$\varphi(\overline{\boldsymbol{X}}^*,r^{(k)})$	$P(\overline{\boldsymbol{X}}^*)$	$r^{(k)}P(\overline{\boldsymbol{X}}^*)$
0-0-0	1	$(2.0000,1)^{\mathrm{T}}$	5	5	0	0
1-1-1	5	$(0.9000,1)^{\mathrm{T}}$	1.81	1.86	0.01	0.05
1-1-2	5	$(0.9000,0)^{\mathrm{T}}$	0.81	0.86	0.01	0.05

续表

k	$r^{(k)}$	$\overline{\boldsymbol{X}}^*$	$f(\overline{\boldsymbol{X}}^*)$	$\varphi(\overline{\boldsymbol{X}}^*, r^{(k)})$	$P(\overline{\boldsymbol{X}}^*)$	$r^{(k)}P(\overline{\boldsymbol{X}}^*)$
1-2-1	5	$(0.8333,0)^T$	0.6944	0.8333	0.0278	0.1389
1-2-2	5	$(0.8333,0)^T$	0.6944	0.8333	0.0278	0.1389
2-1-1	25	$(0.9615,0)^T$	0.9246	0.9615	0.0015	0.0370
2-1-2	25	$(0.9615,0)^T$	0.9246	0.9615	0.0015	0.0370
3-1-1	125	$(0.9935,0)^T$	0.9870	0.9923	0.0000	0.0053
3-1-2	125	$(0.9935,0)^T$	0.9870	0.9923	0.0000	0.0053
4-1-1	625	$(0.9984,0)^T$	0.9968	0.9984	0.0000	0.0016
4-4-2	625	$(0.9984,0)^T$	0.9968	0.9984	0.0000	0.0016
5-1-1	3125	$(0.9997,0)^T$	0.9994	0.9997	0.0000	0.0003
5-1-2	3125	$(0.9997,0)^T$	0.9994	0.9997	0.0000	0.0003
6-1-1	15625	$(0.9999,0)^T$	0.99988	0.99994	0.0000	0.0001
6-1-2	15625	$(0.9999,0)^T$	0.99988	0.99994	0.0000	0.0001

表 5-2-3 中，序号“1-2-1”的含义：第一个序号“1”表示第一轮外点法；第二个序号“2”表示第二轮坐标轮换法；第三个序号“1”表示坐标轮换法中的第一维搜索。即序列号 k 为“1-2-1”时表示：当前进行第一轮外点法第二轮坐标轮换法的第一维搜索。

经过六轮外点法计算，最终搜索到近似最优点 $\overline{\boldsymbol{X}}^*(r^{(k)})=(0.99994,-0.00006)^T$，$f(\overline{\boldsymbol{X}}^*(r^{(k)}))=0.99988$，$\varphi(\overline{\boldsymbol{X}}^*(r^{(k)}),(r^{(k)}))=0.99994$，已经非常逼近其约束精确解 $\boldsymbol{X}^*=(1,0)^T$，$f(\boldsymbol{X}^*)=1$。由于采用外点法，$\overline{\boldsymbol{X}}^*(r^{(k)})$ 从可行域外远点逐步逼近约束边界上的精确解，且是一个非可行点。

随着罚因子递增，惩罚函数最优点、泛函数及惩罚项的变化规律均符合外点法特点：仅选取的初始点 $\boldsymbol{X}^{(0)}=(2,1)^T$ 在可行域内，一维优化最优点 $\overline{\boldsymbol{X}}^*(r^{(k)})$ 全部在可行域外，$\varphi(\boldsymbol{X}^*, r^{(k)})\geqslant f(\boldsymbol{X}^*(r^{(k)}))$，且随着罚因子递增，$\varphi(\boldsymbol{X}^*, r^{(k)})\rightarrow f(\boldsymbol{X}^*(r^{(k)}))$。

数值法只能在限定的计算精度下，进行有限次循环计算，本例进行 6 轮外点法数值计算后，终止搜索。最后将 $\overline{\boldsymbol{X}}^*(r^{(k)})=(0.99994,-0.00006)^T$ 作为约束优化最优点 $\boldsymbol{X}^*=(1,0)^T$ 的近似值输出。

5.3　内点惩罚函数法

内点法

惩罚项仅在可行域内起惩罚作用的惩罚函数法被称为内点惩罚函数法，简称内点法。内点法的特点是：① 初始点必须选定在可行域内，搜索过程中试探点也必须在可行域内；② 如果试探点超出了可行域，要进行相应的调整，算法上较外点法略为复杂；③ 内点法仅适用于具有不等式约束的优化问题，具有等式约束的优化问题则不适用。内点法的优点是：初始点及试探点始终在可行域内，内点法的最优解一定是可行解。

5.3.1 内点法基本原理

仅有不等式约束的优化模型为

$$\begin{aligned}&\min f(\boldsymbol{X})\\ \text{s.t.}\quad & g_i(\boldsymbol{X}) = g_i(x_1, x_2, \cdots, x_n) \leqslant 0 \ (i = 1,2,\cdots,p)\end{aligned} \tag{5-3-1}$$

1. 构造约束条件的泛函数

$$P(\boldsymbol{X}) = -\sum_{i=1}^{p} \frac{1}{g_i(\boldsymbol{X})} \tag{5-3-2}$$

或

$$P(\boldsymbol{X}) = -\sum_{i=1}^{p} \ln \frac{1}{g_i(\boldsymbol{X})} \tag{5-3-3}$$

每一个不等式约束函数对应一个泛函数分项，这样的泛函数综合了全部约束的作用，可作为进一步构造内点法惩罚项的基础函数。为了使泛函数能够成为惩罚项的基础函数，泛函数必须为非负。试探点函数坐标 $\boldsymbol{X}$ 在可行域内时，满足约束条件 $g_i(\boldsymbol{X})<0$，为保证泛函数 $P(\boldsymbol{X})$非负，必须带一个负号。试探点在可行域内且离约束边界较远时，泛函数 $P(\boldsymbol{X})$值较小，而离约束边界较近时，泛函数 $P(\boldsymbol{X})$值较大。由式(5-3-2)或式(5-3-2)可知，与外点法不同，内点法的试探点不能位于约束边界上，即内点法在约束边界上不存在泛函数。而且，如果试探点越过约束边界，进入可行域外($g_i(\boldsymbol{X})>0$)，则由式(5-3-2)或式(5-3-2)可知，泛函数 $P(\boldsymbol{X})$将为负，违背泛函数必须为非负的规定，所以内点法在可行域外不存在泛函数。

2. 构造内点法惩罚项

取正实数 $r^{(k)}$ 为罚因子，罚因子 $r^{(k)}$ 仅与迭代次数 k 有关，与试探点函数坐标 $\boldsymbol{X}$ 无关。

用罚因子与泛函数的乘积构造内点法的惩罚项：$r^{(k)}P(\boldsymbol{X})$。罚因子与泛函数均为非负，所以，惩罚项在可行域内一定为非负。对于内点法，只有试探点在可行域内时，惩罚项才起“惩罚”作用。一旦试探点越过约束边界，进入非可行域($g_i(\boldsymbol{X})>0$)，惩罚项 $r^{(k)}P(\boldsymbol{X})$将为负，无法起到“惩罚”作用，违背内点法规定。所以，一旦试探点越过约束边界进入非可行域，必须调整使试探点重回可行域内。

3. 构造内点法惩罚函数

取约束优化目标函数 $f(\boldsymbol{X})$与惩罚项 $r^{(k)}P(\boldsymbol{X})$之和，构造内点法惩罚函数：

$$\varphi(\boldsymbol{X}, r^{(k)}) = f(\boldsymbol{X}) + r^{(k)} \cdot P(\boldsymbol{X}) \tag{5-3-4}$$

或用式(5-3-2)、式(5-3-3)将惩罚函数写为

$$\varphi(\boldsymbol{X}, r^{(k)}) = f(\boldsymbol{X}) - r^{(k)} \sum_{i=1}^{p} \frac{1}{g_i(\boldsymbol{X})} \tag{5-3-5}$$

或

$$\varphi(\boldsymbol{X}, r^{(k)}) = f(\boldsymbol{X}) - r^{(k)} \sum_{i=1}^{p} \ln \frac{1}{g_i(\boldsymbol{X})} \tag{5-3-6}$$

构造出惩罚函数后，按一定的变化规律确定出一系列罚因子，每给定一个罚因子值，对惩罚函数进行一次无约束优化，求出该罚因子对应的惩罚函数最优点。其最优点序列将逐渐逼近原约束优化最优点，从而间接获得原约束优化最优点的近似值。

有些优化教材中，将式(5-3-1)中约束条件用 $g_i(\boldsymbol{X})\geqslant 0$ 表示，则式(5-3-2)、式(5-3-3)中均应去掉负号。其原理与式(5-3-2)相同，即试探点在可行域内时，泛函数各分项应取正值。

特别需要注意，仅当试探点在可行域内时，内点法的惩罚项才起“惩罚”作用。

为了深入理解内点法原理，需要分析内点法各项在优化中的意义和作用，各项分析如下。

1. 内点法泛函数 $P(\boldsymbol{X})$ 的意义

以式(5-3-2)为例，为简单起见，假设只有一个约束，表示为 $g_1(\boldsymbol{X})\leqslant 0$。

由于试探点 $\boldsymbol{X}$ 只能在可行域内，试探点满足约束条件 $g_1(\boldsymbol{X})<0$，约束函数 $g_1(\boldsymbol{X})$ 值为负。所以，式(5-3-2)必须带一个负号，才能使泛函数 $P(\boldsymbol{X})$ 为非负。

当试探点远离约束边界时，约束函数的绝对值 $|g_1(\boldsymbol{X})|$ 较大，泛函数 $P(\boldsymbol{X})$ 的值较小；当试探点接近约束边界时，约束函数的绝对值 $|g_1(\boldsymbol{X})|$ 较小，泛函数 $P(\boldsymbol{X})$ 的值较大。即试探点从可行域内向约束边界移动时，泛函数值为正且增大。随着试探点无限逼近约束边界，$g_1(\boldsymbol{X})\rightarrow 0^-$（负无穷小），泛函数值趋于正无穷大。如同在可行域约束边界内侧处，筑有一道逐渐增高的“数值墙”，在约束边界上，该墙“无限高”，形如防止试探点越过约束边界的障碍。所以，内点法的泛函数也称为“**障碍项**”，内点法也称为“**障碍法**”。

由泛函数的构造方法可知，试探点不允许位于约束边界($g_i(\boldsymbol{X})=0$)上，否则泛函数趋于无穷大且无意义，造成内点法失效。因此，内点法只能从可行域一侧搜索到无限逼近约束边界的惩罚函数最优点，不能真正搜索到位于约束边界上的最优点。

当试探点从可行域内逐步向约束边界移动时，泛函数为正值且快速增大，这将造成惩罚函数值增大。由优化原理可知，对于优化搜索，函数值下降是有利的，函数值上升是不利的。所以，试探点在向约束边界移动并试图越过约束边界时，泛函数增大造成惩罚函数增大，造成搜索处于不利状态，表征其受到惩罚，从而防止试探点越过约束边界。

2. 惩罚项 $r^{(k)}P(\boldsymbol{X})$ 的意义

当试探点从可行域内向约束边界移动时，泛函数 $P(\boldsymbol{X})$ 值增大，起到“阻碍”作用，防止试探点越过约束边界。这样固然会防止试探点越过约束边界，但同时也“阻碍”了试探点逼近约束边界。由于很多约束优化最优点恰好位于约束边界上，这样，如果只有泛函数起“阻碍”作用，则内点法将无法搜索到约束边界上最优点的近似最优点。

惩罚项 $r^{(k)}P(\boldsymbol{X})$ 具有的惩罚程度，不仅与泛函数 $P(\boldsymbol{X})$ 值有关，还与罚因子 $r^{(k)}$ 值有关，与外点法类似，先假设罚因子为一个常数，试探点在可行域内且远离约束边界时，泛函数 $P(\boldsymbol{X})$ 较小，惩罚项 $r^{(k)}P(\boldsymbol{X})$ 及惩罚函数值 $\varphi(\boldsymbol{X},r^{(k)})$ 也较小；当试探点在可行域内且离约束边界较近时，泛函数 $P(\boldsymbol{X})$ 较大，惩罚项 $r^{(k)}P(\boldsymbol{X})$ 及惩罚函数值 $\varphi(\boldsymbol{X},r^{(k)})$ 也较大。由优化原理可知，向惩罚函数值增大的方向搜索是不利的，这就是惩罚项造成的“惩罚”作用。当罚因子为常数时，试探点向边界移动会使惩罚项增大，防止试探点越过约束边界。

3. 内点法罚因子的变化规律

前面假设罚因子 $r^{(k)}$ 为常数，实际罚因子 $r^{(k)}$ 应当是按一定规律变化的。

现在分析当试探点从可行域内向约束边界逼近时，内点法罚因子应当具有的变化规律。

取式(5-3-5)的惩罚函数进行研究，将式(5-3-5)改写为

$$P(\boldsymbol{X}) = \frac{1}{r^{(k)}}(\varphi(\boldsymbol{X}, r^{(k)}) - f(\boldsymbol{X})) \tag{5-3-7}$$

式(5-3-7)反映了泛函数 $P(\boldsymbol{X})$与罚因子 $r^{(k)}$ 的关系。当试探点从可行域内向约束边界移动时，惩罚函数将趋近目标函数，使$(\varphi(\boldsymbol{X}, r^{(k)}) - f(\boldsymbol{X}))$值减小。但当试探点趋近约束边界时，泛函数 $P(\boldsymbol{X})$的值为正且增大，由反比关系，罚因子 $r^{(k)}$ 的值必须逐渐减小。

所以，内点法的罚因子应当是一个递减序列：

$$r^{(0)} > r^{(1)} > r^{(2)} > \cdots \text{ 且 } k \to \infty, r^{(k)} \to 0 \tag{5-3-8}$$

为此，可设置一个递减系数 $C<1$，使

$$r^{(k+1)} = C \cdot r^{(k)} \quad (k = 0,1,2,\cdots) \tag{5-3-9}$$

实现罚因子逐步递减。递减系数一般可取 $C=0.1\sim0.5$。

4. 罚因子与泛函数的变化关系

试探点逐渐向约束边界移动过程中，罚因子 $r^{(k)}$ 减小，泛函数 $P(\boldsymbol{X})$增大。它们相互之间要达到什么样的协调程度，才能使惩罚项 $r^{(k)}P(\boldsymbol{X})$逐步稳定地减小？且经过无穷次迭代后，满足条件式(5-1-9)，即当 $k\to\infty$时 $r_1^{(k)}P(\boldsymbol{X})\to 0$，使惩罚函数最优点无限逼近约束优化最优点。

假设仅有一个约束，将内点法惩罚项 $r^{(k)}P(\boldsymbol{X})$改写为

$$r^{(k)}P(\boldsymbol{X}) = \frac{r^{(k)}}{-g_1(\boldsymbol{X})} \tag{5-3-10}$$

由于分子递减，分母 $-g_1(\boldsymbol{X})$为正且减小，根据式(5-3-10)，它是分子、分母都在减小的一个比值。但只要分子 $r^{(k)}$减小的速度大于分母 $-g_1(\boldsymbol{X})$减小的速度，比值 $r^{(k)}P(\boldsymbol{X})$即惩罚项就是逐渐减小的。

经过无穷次迭代，$r^{(k)}$及 $-g_1(\boldsymbol{X})$都趋近于无穷小。对于两个无穷小量的比值，只要分子趋于零的速度大于分母趋于零的速度，比值的极限将趋于零，即只要 $r^{(k)}$ 趋于零的速度比 $-g_1(\boldsymbol{X})$快，就会使 $r^{(k)}P(\boldsymbol{X})\to 0$。或者说 $r^{(k)}$ 是比 $-g_1(\boldsymbol{X})$高阶的无穷小量时，极限 $r^{(k)}P(\boldsymbol{X})\to 0$。基于该原理，在利用数值法求解内点惩罚函数法中，如果惩罚函数不收敛或收敛较慢，可以取较小的递增系数 C，增大罚因子递减速度，使罚因子 $r^{(k)}$ 趋于零的速度较快，以改善收敛性。

最终，惩罚项极限值：

$$\lim_{k\to\infty} r^{(k)}P(\boldsymbol{X}) = 0$$

从而使惩罚函数最优值无限趋近于目标函数最优值：

$$\lim_{k\to\infty} |\varphi(\boldsymbol{X}^*(r^{(k)}), r^{(k)}) - f(\boldsymbol{X}^*(r^{(k)}))| = 0$$

即惩罚函数 $\varphi(\boldsymbol{X}, r^{(k)})$从可行域内逼近约束边界上的最优解，同时也无限逼近约束条件下目标函数 $f(\boldsymbol{X})$的最优解。

罚因子本质上是一个比例因子，它决定泛函数的值在惩罚项中所占的比例。当试探点在可行域内向约束边界移动时，泛函数 $P(\boldsymbol{X})$的值逐渐增大，但只要逐次取的罚因子 $r^{(k)}$快速减小，且只要罚因子减小的速度比泛函数增大的速度更快，$r^{(k)}P(\boldsymbol{X})$的总趋势仍然是逐步减小的。

5.3.2 解析法算例

【例 5-4】 用内点法求约束优化问题：

$$\min f(x) = x$$
$$\text{s.t.}\quad g(x) = 1 - x \leqslant 0$$

解　这是仅有一个不等式约束的一元函数优化问题。如图 5-3-1 所示，内点法不允许试探点在可行域外，所以，目标函数 $f(x)=x$ 满足约束条件的实线部分才有用，可看出最优解为 $x^*=1, f(x^*)=1$。

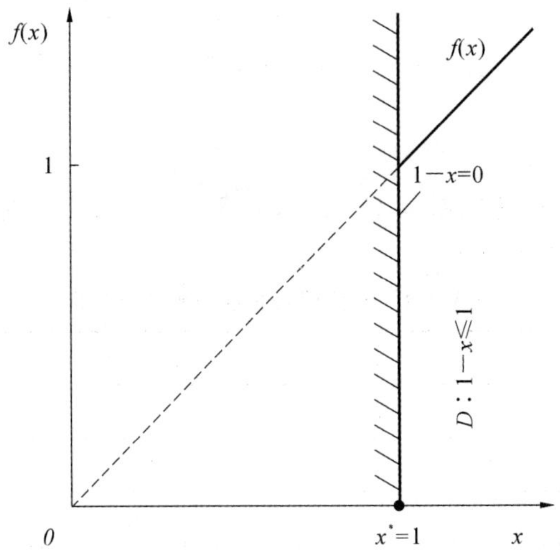

图 5-3-1　例 5-4 内点法

1. 构造内点法泛函数及惩罚项

根据不等式约束条件 $g(x)=1-x\leqslant 0$，用式(5-3-2)形式构造泛函数及惩罚项：

$$P(x) = -\sum_{i=1}^{p} \frac{1}{g_i(x)} = -\frac{1}{1-x} \quad (x > 1)$$

$$r^{(k)} P(x) = -\frac{r^{(k)}}{1-x}$$

2. 构造内点法惩罚函数

$$\varphi(x, r^{(k)}) = f(x) + r^{(k)} P(x) = x - \frac{r^{(k)}}{1-x} \quad (x > 1)$$

3. 用解析法求惩罚函数的极值点(注意 $r^{(k)}$ 仅与迭代的轮次有关，与 x 无关)

令
$$\frac{d\varphi}{dx} = 1 - \frac{r^{(k)}}{(1-x)^2} = 0$$

解出最优点：
$$x^* = 1 \pm \sqrt{r^{(k)}}$$

由约束条件 $x \geqslant 1$，需去掉不满足约束条件的解 $x^*=1-\sqrt{r^{(k)}}$。最优点 $\overline{x}^*$ 为

$$\overline{x}^*(r^{(k)}) = 1 + \sqrt{r^{(k)}}$$

最优点 $\overline{x}^*$ 是罚因子 $r^{(k)}$ 的函数，记为 $\overline{x}^*(r^{(k)})$，且可判断出最优点在可行域内。

在可行域内($x>1$)，最优点处泛函数及惩罚项分别为

$$P(\overline{x}^*) = \frac{1}{\sqrt{r^{(k)}}}$$

$$r^{(k)} P(\overline{x}^*) = \sqrt{r^{(k)}}$$

因 $r^{(k)}$ 为正实数，所以 $P(\overline{x}^*)>0$，$r^{(k)}P(\overline{x}^*)>0$；随着迭代次数增加，内点法罚因子 $r^{(k)}$ 递减，试探点向约束边界移动，泛函数 $P(\overline{x}^*)$ 增大，惩罚项 $r^{(k)}P(\overline{x}^*)$ 减小；当 $k\to\infty$，$r^{(k)}\to 0$

时，$P(\overline{x}^*)\to+\infty, r^{(k)}P(\overline{x}^*)=\sqrt{r^{(k)}}\to 0$。迭代过程变化规律均符合内点法原理。

惩罚函数极值为

$$\varphi(\overline{x}^*(r^{(k)}),r^{(k)})=\overline{x}^*-\frac{r^{(k)}}{1-\overline{x}^*}=1+2\sqrt{r^{(k)}}$$

目标函数极值为

$$f(\overline{x}^*(r^{(k)}))=\overline{x}^*=1+\sqrt{r^{(k)}}$$

每给定一个罚因子值，可求得一个近似最优点$\overline{x}^*(r^{(k)})$，取罚因子 $r^{(k)}$ 为递减序列时，可以列出对应的近似最优解序列。

4. 内点法惩罚函数的最优解序列

取初始罚因子 $r^{(0)}=1$，递减系数 $C=0.1$，表 5-3-1 中列出了随罚因子变化的最优解序列(表 5-3-1 中$\overline{x}^*(r^{(k)})$简记为$\overline{x}^*$)。

表 5-3-1　一元函数内点法最优解序列

k	$r^{(k)}$	$\overline{x}^*$	$f(\overline{x}^*)$	$\varphi(\overline{x}^*,r^{(k)})$	$P(\overline{x}^*)$	$r^{(k)}P(\overline{x}^*)$
0	1	2	2	3	1	1
1	0.1	1.316	1.316	1.632	3.16	0.32
2	0.01	1.1	1.1	1.2	10	0.1
3	0.001	1.032	1.032	1.06	31	0.03
4	0.0001	1.01	1.01	1.02	100	0.01
5	0.00001	1.003	1.003	1.006	316	0.003
⋮	⋮	⋮	⋮	⋮	⋮	⋮
$\to\infty$	$\to 0$	$\to 1$	$\to 1$	$\to 1$	$\to\infty$	$\to 0$

表 5-3-1 的变化规律具有如下意义。

(1) 随着罚因子 $r^{(k)}$ 递减，最优点序列$\overline{x}^*(r^{(k)})$从可行域内一侧逐步逼近原约束优化最优点 $x^*=1$。由于最优点序列必须在可行域内(不含约束边界)，必定有$\overline{x}^*(r^{(k)})>1$。极限情况下，$k\to\infty, r^{(k)}\to 0, \overline{x}^*(r^{(k)})\to x^*=1$。惩罚函数最优点无限逼近原约束优化最优点。

(2) 最优点序列$\overline{x}^*(r^{(k)})$在可行域内，因为惩罚函数是目标函数加上一个非负的惩罚项，必定有 $\varphi(\overline{x}^*,r^{(k)})\geqslant f(\overline{x}^*(r^{(k)}))$。随着 k 增加，惩罚函数值逼近目标函数值。极限情况下，$k\to\infty, r^{(k)}P(\overline{x}^*(r^{(k)}))\to 0, \varphi(\overline{x}^*,r^{(k)})\to f(\overline{x}^*(r^{(k)}))$。

(3) 试探点逼近最优点$\overline{x}^*(r^{(k)})$过程中，泛函数 $P(\overline{x}^*(r^{(k)}))$快速增大，具有“障碍”作用。但由于 $r^{(k)}$ 同时递减，且 $r^{(k)}$ 趋于零的速度更快，惩罚项 $r^{(k)}P(\overline{x}^*(r^{(k)}))$总趋势稳定减小，惩罚作用会越来越弱。极限情况下，$k\to\infty, r^{(k)}\to 0, r^{(k)}P(\overline{x}^*(r^{(k)}))\to 0$，即当试探点无限逼近约束边界上最优点时，惩罚作用完全消失，$\varphi(\overline{x}^*,r^{(k)})\to f(\overline{x}^*(r^{(k)}))\to f(x^*)$。

5. 内点法的几何意义

分别取罚因子 $r^{(1)}=0.1$、$r^{(2)}=0.01$ 及 $r^{(2)}=0.001$，对应画出三条内点法惩罚函数曲线，如图 5-3-2(a)(b)(c)所示。

内点法惩罚函数曲线特征如下：

(1) 由于内点法的试探点必须在可行域内($1-x<0$)，惩罚函数 $\varphi(x,r^{(k)})=x-r^{(k)}/(1-x)$曲

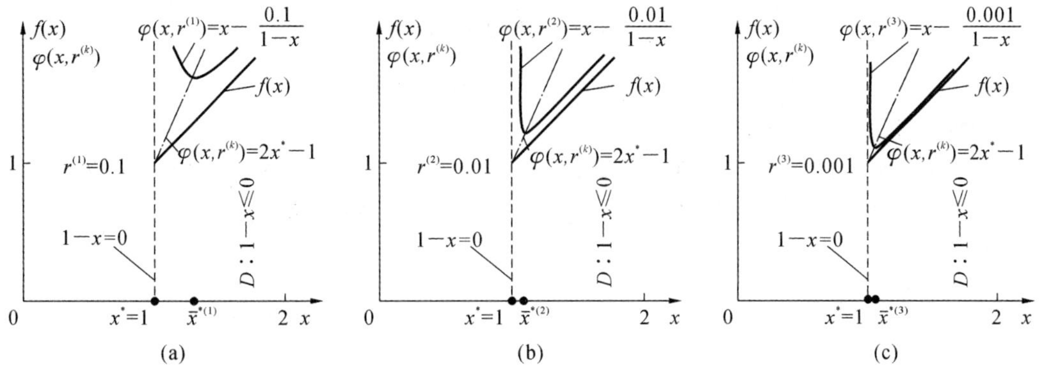

图 5-3-2　例 5-4 惩罚函数迭代序列

(a) $r^{(1)}=0.1$　(b) $r^{(2)}=0.01$　(c) $r^{(3)}=0.001$

线是偏心的双曲线中的一支。对于不同的罚因子 $r^{(k)}$，三条双曲线的形状不同，但三条双曲线均在 $f(x)=x$ 与 $x=1$ 两条直线之间。

(2) 随着罚因子 $r^{(k)}$ 递减，惩罚函数 $\varphi(x,r^{(k)})$ 最优点 $\overline{x}^*(r^{(k)})$ 逐步向约束优化最优点 $x^*=1$ 逼近。如果将图 5-3-2(a)(b)(c)合并成一张图，其最优点 $\overline{x}^*(r^{(k)})$ 序列沿着直线 $\varphi(\overline{x}^*,r^{(k)})=2\overline{x}^*-1$，从可行域内逐步逼近约束优化最优点 x^*。

(3) 内点法惩罚函数只存在于可行域内，可行域外及约束边界上不可能出现惩罚函数曲线。

【例 5-5】　用内点法求约束优化问题：

$$\min f(\boldsymbol{X}) = x_1^2 + x_2^2$$
$$\text{s.t.}\quad g(\boldsymbol{X}) = 1 - x_1 \leqslant 0$$

解　这是仅有一个不等式约束的多元函数优化问题。如图 5-3-3 所示，将目标函数 $f(\boldsymbol{X})=x_1^2+x_2^2$ 的等值线分成两部分，满足约束条件的部分用实线表示，不满足约束条件的部分用虚线表示，可看出最优解为 $\boldsymbol{X}^*=(1,0)^{\mathrm{T}}$，$f(\boldsymbol{X}^*)=1$。

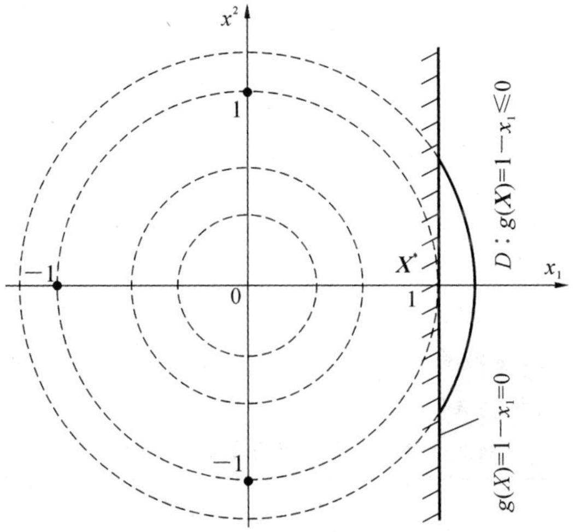

图 5-3-3　例 5-5 内点法

1. 构造内点法泛函数及惩罚项

由约束条件 $g(\boldsymbol{X})=1-x_1\leqslant 0$，用对数方式构造内点法的泛函数及惩罚项：

$$P(\boldsymbol{X}) = -\sum_{i=1}^{p}\ln(-g_i(\boldsymbol{X})) = -\ln(-(1-x_1))$$
$$r^{(k)}P(x) = -r^{(k)}\ln(x_1-1)$$

2. 构造内点法惩罚函数

$$\varphi(\boldsymbol{X},r^{(k)}) = f(\boldsymbol{X}) + r^{(k)}P(x) = (x_1^2+x_2^2) - r^{(k)}\ln(x_1-1)$$

3. 用解析法求惩罚函数的极值($r^{(k)}$仅与迭代的轮次有关，与 $\boldsymbol{X}$ 无关)

令

$$\frac{\mathrm{d}\varphi}{\mathrm{d}x_1} = 2x_1 - r^{(k)}\frac{1}{x_1-1} = 0$$

及

$$\frac{\mathrm{d}\varphi}{\mathrm{d}x_2} = 2x_2 = 0$$

解出最优点$\overline{\boldsymbol{X}}^*(r^{(k)})=(\overline{x}_1^*,\overline{x}_2^*)^{\mathrm{T}}$，其中，$\overline{x}_1^*(r^{(k)})=\dfrac{1\pm\sqrt{1+2r^{(k)}}}{2}$，$\overline{x}_2^*(r^{(k)})=0$。

舍去不满足约束条件的解 $\overline{x}_1^*(r^{(k)})=\dfrac{1-\sqrt{1+2r^{(k)}}}{2}$，得到最优点 $\overline{\boldsymbol{X}}^*(r^{(k)})=\left(\dfrac{1+\sqrt{1+2r^{(k)}}}{2},0\right)^{\mathrm{T}}$。显然，$\overline{\boldsymbol{X}}^*(r^{(k)})$一定在可行域内。

将最优点分别代入泛函数及惩罚项后可得

$$P(\overline{\boldsymbol{X}}^*(r^{(k)})) = -\ln\frac{\sqrt{1+2r^{(k)}}-1}{2}$$
$$r^{(k)}P(\overline{\boldsymbol{X}}^*(r^{(k)})) = -r^{(k)}\ln\frac{\sqrt{1+2r^{(k)}}-1}{2}$$

由 $r^{(k)}$ 非负可知，$P(\overline{\boldsymbol{X}}^*(r^{(k)}))>0$，$r^{(k)}P(\overline{\boldsymbol{X}}^*(r^{(k)}))>0$，符合内点法原理。

惩罚函数极值为

$$\varphi(\overline{\boldsymbol{X}}^*(r^{(k)}),r^{(k)}) = \left(\frac{1+\sqrt{1+2r^{(k)}}}{2}\right)^2 - r^{(k)}\ln\left(\frac{\sqrt{1+2r^{(k)}}-1}{2}\right)$$

目标函数极值为

$$f(\overline{\boldsymbol{X}}^*(r^{(k)})) = \left(\frac{1+\sqrt{1+2r^{(k)}}}{2}\right)^2$$

每给定一个罚因子值，可求得一个近似最优点 $\overline{\boldsymbol{X}}^*(r^{(k)})$，取罚因子 $r^{(k)}$ 为递减序列时，可以列出对应的近似最优解序列。

4. 内点惩罚函数法的最优解序列

取初始罚因子 $r^{(0)}=1$，递减系数 $C=0.1$，表 5-3-2 中列出了随罚因子变化的最优解序列(表 5-3-2 中$\overline{\boldsymbol{X}}^*(r^{(k)})$简记为$\overline{\boldsymbol{X}}^*$)。

表 5-3-2　二元函数内点法最优解序列

k	$r^{(k)}$	$\overline{\boldsymbol{X}}^*$	$f(\overline{\boldsymbol{X}}^*)$	$\varphi(\overline{\boldsymbol{X}}^*,r^{(k)})$	$P(\overline{\boldsymbol{X}}^*)$	$r^{(k)}P(\overline{\boldsymbol{X}}^*)$
0	1	$(1.366,0)^{\mathrm{T}}$	1.866	2.871	1.005	1.0051
1	0.1	$(1.048,0)^{\mathrm{T}}$	1.098	1.402	3.042	0.304
2	0.01	$(1.005,0)^{\mathrm{T}}$	1.010	1.063	5.303	0.053

续表

k	$r^{(k)}$	$\overline{\boldsymbol{X}}^*$	$f(\overline{\boldsymbol{X}}^*)$	$\varphi(\overline{\boldsymbol{X}}^*,r^{(k)})$	$P(\overline{\boldsymbol{X}}^*)$	$r^{(k)}P(\overline{\boldsymbol{X}}^*)$
3	0.001	$(1.001,0)^{\mathrm{T}}$	1.002	1.009	7.6	0.008
4	0.0001	$(1.000,0)^{\mathrm{T}}$	1.000	1.001	9.9	0.001
⋮	⋮	⋮	⋮	⋮	⋮	⋮
→∞	→0	$\to(1,0)^T$	→1	→1	→∞	→0

可参照表 5-3-1 的规律，总结表 5-3-2 的规律。

5. 内点惩罚函数法的几何意义

图 5-3-4(a)(b)中，圆心在坐标原点的圆是原目标函数等值线，约束边界 $g(\boldsymbol{X})=0$ 右侧近似半椭圆曲线，分别是 $r^{(0)}=1$、$r^{(1)}=0.1$ 对应的惩罚函数等值线。两等值线的最优点分别是$\overline{\boldsymbol{X}}^*(r^{(0)})=(1.366,0)^{\mathrm{T}}$、$\overline{\boldsymbol{X}}^*(r^{(1)})=(1.048,0)^{\mathrm{T}}$，表示惩罚函数对应的无约束优化最优点序列，从可行域内逐步向约束边界上的极限最优点 $\boldsymbol{X}^*=(1,0)^{\mathrm{T}}$ 逼近。由于精度所限，更小的 $r^{(k)}$ 对应的惩罚函数等值线难以画出。内点法惩罚函数等值线仅在可行域内。

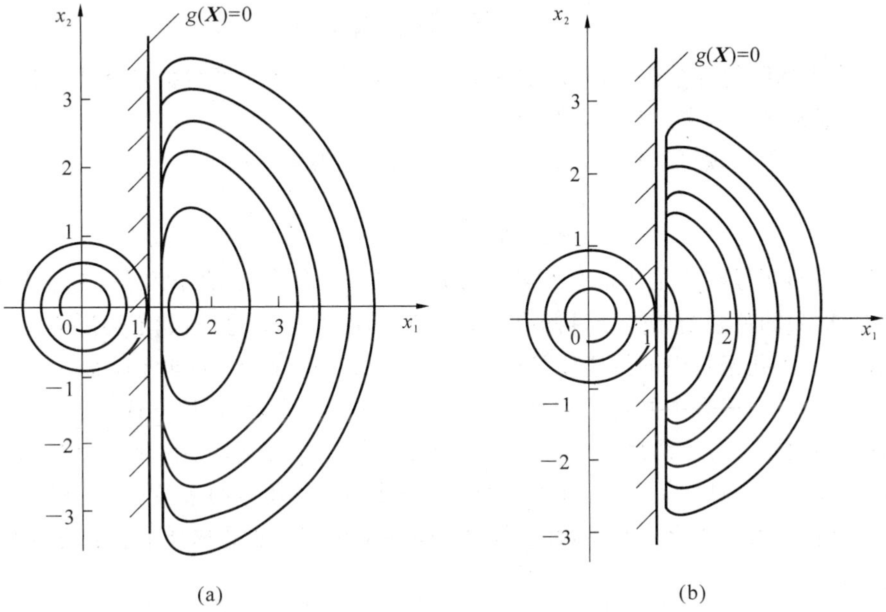

图 5-3-4　内点法惩罚函数收敛关系

(a) $r^{(0)}=1$　(b) $r^{(1)}=0.1$

以上两个算例具有较简单的约束条件，目的在于构造出相对简单的惩罚函数，便于从几何上说明内点法的意义。若约束条件复杂，将难以用几何图形表示。

5.3.3　内点法使用中的问题

虽然内点法的原理并不复杂，但在实际运用中，还有一些问题需要注意，尤其需要与外点法进行比较。

1. 初始点 $\boldsymbol{X}^{(0)}$ 的选择问题

内点法的初始点是一个严格的内点，应满足全部约束条件，且初始点不宜靠近任一边界，以免初始点泛函数值太大，以便使惩罚函数稳定收敛。当约束条件比较简单时，初始点容易找到。但对于约束条件比较复杂的工程问题，确定一个严格的初始内点并不容易。如果原设计有一个可行但并非最优的设计方案，可以取该方案的参数为初始点。另外，多找几个初始点进行试探，只要初始点的每一个泛函数分量都是非负的，说明初始点是内点。也可用随机方法加上约束条件，从生成的随机初始点中选择。

2. 初始罚因子 $r^{(0)}$ 的选择问题

初始罚因子对内点法寻找最优点的影响很大，选择初始罚因子 $r^{(0)}$ 是一个比较复杂的问题，有时甚至需要经过多次选择才能确定一个比较合适的值。

如果初始罚因子取得过大，一般会使惩罚项较大，造成收敛速度较慢，计算效率较低，需要经过多次迭代，才能收敛于原目标函数的最优点。如果初始罚因子选择得过小，易使惩罚函数的数学性质变坏，几何上表现为惩罚函数等值线畸变，可能造成优化失败。通常先取 $r^{(0)}=1$ 进行试探，根据试算结果，再进行调整。

一个比较常用的选择初始罚因子 $r^{(0)}$ 的估算公式为

$$r^{(0)} = \frac{p}{100}\left|\frac{f(\boldsymbol{X}^{(0)})}{\sum\limits_{i=1}^{p}\dfrac{1}{g_i(\boldsymbol{X}^{(0)})}}\right| \tag{5-3-11}$$

式中：p 是人为选取的百分比值，一般推荐 $p=10$，常取 1～50。当初始点 $\boldsymbol{X}^{(0)}$ 靠近一个约束边界或同时靠近多个约束边界时，建议取 $p=100$ 或更大。

式(5-3-11)的原理可以这样理解，将式(5-3-11)变换为

$$r^{(0)}\left|\sum_{i=1}^{p}\frac{1}{g_i(\boldsymbol{X}^{(0)})}\right| = \frac{p}{100}\left|f(\boldsymbol{X}^{(0)})\right| \tag{5-3-12}$$

式(5-3-12)等号左边是初始点惩罚项的值，如取 $p=10$，该式的含义是：初始点 $\boldsymbol{X}^{(0)}$ 处惩罚项 $r^{(0)}P(\boldsymbol{X}^{(0)})$ 的值是初始点处目标函数值 $f(\boldsymbol{X}^{(0)})$ 的 10%。这样，就不会因为初始点处的惩罚项值太大，惩罚函数中的惩罚项"淹没"了该点处的目标函数值；也不会因为初始点处的惩罚项值太小，惩罚函数中的惩罚项可以被忽略，失去了"惩罚"作用。这样选的初始点，有望得到较好的效果。解析法例 5-4、例 5-5 的初始罚因子是分别取 $p=50$、$p=25$ 选出的。

用式(5-3-11)估算初始罚因子时，它与目标函数 $f(\boldsymbol{X})$ 及各约束条件 $g_i(\boldsymbol{X})\leqslant 0$ 的数学性质相关。所以，实际优化过程中，往往需要经过多次试算，才能选择出较合适的初始罚因子 $r^{(0)}$。

3. 罚因子递减系数 C 的选择问题

用解析法求解时，递减系数 C 在迭代过程中不起决定性作用，常取 $C=0.1\sim0.5$。但在数值法（特别是用迭代法的程序）中，递减系数 C 是一个重要参数。当其他参数不变，不适宜的递减系数 C，可能无法使罚因子成为高阶无穷小量，以使惩罚函数收敛于约束边界附近，甚至有可能因搜索步长太大，试探点越过约束边界，使内点法失效。

4. 试探点越过约束边界的问题

编制内点法程序最容易出错之处是，试探点越过约束边界到了可行域外时，仍然用内点法规则进行优化搜索，从而违背了内点法原理。

一般产生该问题的原因是，用最优步长法进行无约束优化计算时，需要调用进退法子程序搜索出一个单峰区间。进退法子程序都是用固定格式的迭代公式生成一维搜索步长，当

初始点已经接近约束边界时，极有可能因为一维搜索步长过大，越过约束边界，使试探点在可行域外。试探点位于可行域外将违背内点法的定义及计算原理。比如在可行域外，必然有 $g_i(\boldsymbol{X})>0$，由式(5-3-2)可知，内点法的泛函数(障碍项)分项必定为负，即违反了所有泛函数分项应当为非负的基本规定。一旦搜索过程中违背了内点法原理，即使计算结果正确或接近正确结果，也是错误的。

保证试探点在可行域内的方法是，一旦泛函数某分项为负，可知试探点已越过该约束边界到可行域外，应舍去该试探点，退回到可行域内本次搜索的初始点处，重新进行搜索。

5. 试探点恰好在约束边界的问题

当初始点、初始罚因子及罚因子递减系数为某些特定组合时，某次搜索可能使试探点非常逼近，甚至恰好位于约束边界上。泛函数将非常大甚至趋于无穷大而无意义。在程序运行时，将出现“数值溢出”或“被零除”的错误。这时需要综合调整初始点、初始罚因子及罚因子递减系数组合，避免试探点位于约束边界上。

5.3.4　数值法计算步骤

内点法的数值计算方法与外点法类似，需要调用某种无约束优化方法，既可以用最优步长法，也可以用追赶步长法。数值法的计算步骤如下。

(1) 在可行域内稍远离约束边界处，取初始点 $\boldsymbol{X}^{(0)}$、递减系数 C、计算精度 ε。

(2) 取初始罚因子 $r^{(0)}$(或用式(5-3-11)估算 $r^{(0)}$)。

(3) 用约束条件构造内点法泛函数(障碍项)、惩罚项及惩罚函数。

(4) 将初始罚因子 $r^{(0)}$ 转置为变量罚因子 r：$r \leftarrow r^{(0)}$。

(5) 进入直到型循环，开始内点法循环搜索。

① 保留初始点：$\boldsymbol{X}^{(00)} \leftarrow \boldsymbol{X}^{(0)}$。

② 将罚因子递减：$r^{(k+1)}=C\cdot r^{(k)}$。

③ 调用某种无约束优化方法，求出当前罚因子下的惩罚函数最优点 $\overline{\boldsymbol{X}}^*(r^{(k)})$。

④ 将当前最优点 $\overline{\boldsymbol{X}}^*(r^{(k)})$保留为下一维/轮的起点：$\boldsymbol{X}^{(0)} \leftarrow \overline{\boldsymbol{X}}^*(r^{(k)})$。

⑤ 检查是否满足无约束优化方法的精度要求，若不满足，转到步骤(5)的③处继续进行无约束优化方法搜索，直到满足无约束优化方法的精度要求为止，退出该无约束优化方法搜索。

⑥ 计算初始点与最优点距离：$X_m=\sqrt{\sum(\boldsymbol{X}^{(0)}-\boldsymbol{X}^{(00)})^2}$。

(6) 检查最优点是否满足内点法计算精度要求。

当 $X_m>\varepsilon$ 时，不满足内点法计算精度要求，转到步骤(5)处，继续递减罚因子，从新的起点处重复进行下一轮内点法优化搜索，直到 $X_m<\varepsilon$ 满足计算精度要求为止，退出内点法优化搜索。

(7) 将 $\overline{\boldsymbol{X}}^*(r^{(k)})$作为目标函数最优点的近似值输出。

因为内点法的试探点必须在可行域内，程序设计时，在调用某种无约束优化方法时，必须设置条件语句，判断试探点是否越过约束边界。如果试探点越过约束边界，应舍去该试探点，回到最后一步的初始点，重新进行搜索；如果试探点没有越过约束边界且惩罚函数值下降，则将试探点转置保留为下一步的初始点，继续进行搜索。

当试探点逐步逼近约束边界时，为了避免试探点越过约束边界，在进退法程序中，采用了变步长方法。利用内点法的罚因子逐步减小的特点，将逐步减小的罚因子作为初始步长，越接近约束边界，初始步长越小，既减小了试探点越过约束边界的可能性，也可以进行更精细的搜索。

5.3.5　内点法子程序流程图及重要语句

1. 内点惩罚函数法子程序流程图

以调用无约束坐标轮换法为例，内点惩罚函数法子程序流程如图 5-3-5 所示。

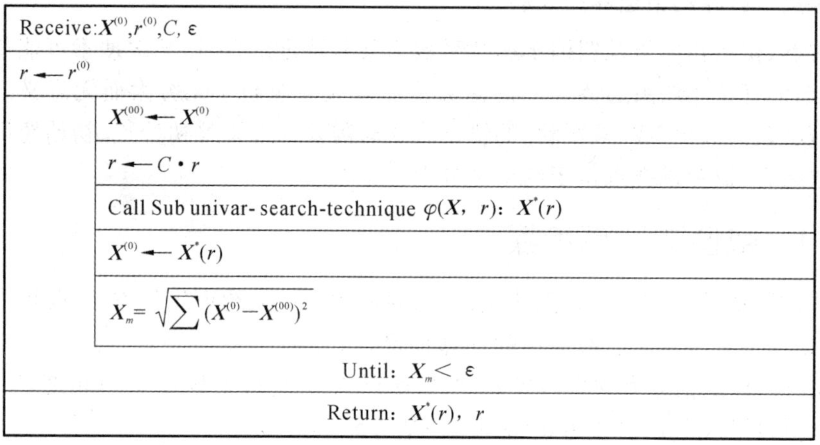

图 5-3-5　调用无约束坐标轮换法的内点法子程序流程图

该流程图以调用无约束坐标轮换法(univar_search_technique)为例，也可以调用第 3 章中任意一种无约束优化方法，既可以用最优步长法，也可以用追赶步长法。

内点法程序

以最优步长法为例，配合不同的无约束优化方法，可编写各种内点惩罚函数法程序，可扫描二维码查看。建议先看基本程序，再看对应的扩展程序。当无约束优化改用追赶步长法时，相关程序也可扫描二维码查看。

编写程序时要特别注意，惩罚函数法中，以惩罚函数作为无约束优化中的“目标函数”，因而，程序中调用的函数，应当是惩罚函数，而不是原优化问题中的目标函数，实参及形参表中，必须同时传递罚因子。

2. 内点惩罚函数法程序的重要语句

以调用无约束坐标轮换法配合最优步长法的内点惩罚函数法为例，为说明具体的程序语句，设目标函数为 $f(\boldsymbol{X}) = x_1^2 + x_2^2$，约束条件为 $g(\boldsymbol{X}) = 1 - x_1 \leqslant 0$。

1）主程序

主程序中调用内点惩罚函数法语句为

```
Call SUMT_UST_I(x0, r0, C, epx, r, xopt)
```

其中，r0、r 分别为初始罚因子和最优点罚因子，C 为罚因子递减系数。

2）内点惩罚函数法子程序

子程序名及形参表为

```
Private Sub SUMT_UST_I(x0! (), r0, C, epx, r, xopt! ())
```

通过形参表接收 x0，r0，C，epx，返回 r，xopt。

内点惩罚函数法子程序的部分关键语句如下：

```
r= r0   '初始罚因子转置变量罚因子
Do '内点惩罚函数法循环搜索
  x00= x0 '保留初始点
  r= C *  r   '内点法中罚因子递减
  Call univar_search_technique(x0, epx, r, xopt) '调用无约束坐标轮换法
  x0= xopt '转置最优点为初始点
  xm= 0
  For i= 1 To n: xm= xm + (x0(i) - x00(i)) ^ 2: Next i '计算初始点与最优点距离
  xm= Sqr(xm) '计算初始点与最优点距离
Loop Until xm <  epx '最优点处是否满足精度要求
```

变量罚因子 r 最后对应最优点罚因子。

3) 坐标轮换法子程序中重要语句

坐标轮换法子程序名及形参表为

```
Private Sub Univar_Search_Technique(x0! (), epx, r, xopt! ()) '无约束坐标轮换法
```

坐标轮换法子程序中重要的语句如下：

```
Do  '坐标轮换法循环搜索
  For i= 1 To n  '坐标轮换法搜索维次
    ReDim s(n)  '搜索方向重定义即清零
    s(i)= 1      '取当前维坐标的单位向量为搜索方向
    Call forward_backward(x0, s, r, A, B) '调用进退法子程序
    Call quadratic_interpolation(x0, s, r, A, B, epx, Aopt) '调用插值法子程序
    Call Cal_Coord(x0, s, Aopt, xopt) '调用函数坐标子计算
    Px= 1 / (xopt(1) - 1)  '计算试探点处泛函数
    If Px >  0 Then x0= xopt '泛函数为正,最优点才转置为下一维/轮初始点
  Next i
Loop Until Abs(Aopt) <  epx '直到最优步长< 控制精度时终止循环
```

注意其中重要语句 If Px>0 Then x0=xopt,其含义是,试探点处的泛函数值为正,表示试探点在可行域内,符合内点法原理,将该试探点转置为初始点,进行下一维/轮搜索。否则,试探点处的泛函数值为负,表示试探点在可行域外,不符合内点法原理,不能将该试探点转置为初始点,而是继续使用上一个初始点,进行下一维/轮搜索。该语句仅针对本例一个约束条件的情况,如果有多个约束边界,可以借用约束优化直接法中判断试探点是否在可行域外的方法进行条件判断。

4) 进退法子程序中的重要语句

(1) 用罚因子作为初始步长,越接近约束边界,初始步长越小:$t_0=r$。

(2) 用递减的罚因子作为步长增量:$T=T+t_0$。

5) 二次插值法子程序中重要语句

在二次插值法子程序中,也设置了防止 c_2 太小造成数值溢出的语句:

```
If Abs(c2) > 0.0000001 Then  Ap= 0.5* (A1+ A3- c1/c2) Else Ap= 0.5* (A1+ A3)
```

5.3.6　数值法算例

【例 5-6】　用数值法求内点惩罚函数法的约束优化问题:

$$\min f(\boldsymbol{X}) = x_1^2 + x_2^2$$
$$\text{s.t.}\quad g_1(\boldsymbol{X}) = 1 - x_1 \leqslant 0$$

解　参见图5-3-3，需要进行多轮搜索，每一轮都需要调用坐标轮换法。

1. 第一轮内点法

(1) 取可行点 $\boldsymbol{X}^{(0)}=(2.1,1)^{\mathrm{T}}$ 为初始点，罚因子递减系数 $C=0.1$，计算精度 $\varepsilon=0.001$。

(2) 用约束条件构造内点法的泛函数、惩罚项及惩罚函数：

$$P(\boldsymbol{X}) = -\frac{1}{g_1(\boldsymbol{X})} = -\frac{1}{1-x_1}$$

$$r^{(k)}P(\boldsymbol{X}) = -\frac{r^{(k)}}{1-x_1}$$

$$\varphi(\boldsymbol{X},r^{(k)}) = f(\boldsymbol{X}) + r^{(k)}P(\boldsymbol{X}) = (x_1^2+x_2^2) - \frac{r^{(k)}}{1-x_1}$$

(3) 计算初始点处目标函数值、泛函数、初始罚因子、惩罚项及惩罚函数值：

$$f(\boldsymbol{X}^{(0)}) = 2.1^2 + 1^2 = 5.41$$

按式(5-3-11)，取 $p=15$，计算初始罚因子：

$$r^{(0)} = \frac{p}{100}\left|\frac{f(\boldsymbol{X}^{(0)})}{\dfrac{1}{g_1(\boldsymbol{X}^{(0)})}}\right| = \frac{15}{100}\left|\frac{5.41}{1/(1-2.1)}\right| = 0.8927$$

取 $r^{(0)}=1$。

$$P(\boldsymbol{X}^{(0)}) = -\frac{1}{1-x_1} = -\frac{1}{1-2.1} = 0.9091$$

$$r^{(0)}P(\boldsymbol{X}^{(0)}) = -\frac{r^{(0)}}{1-x_1} = -\frac{1}{1-2.1} = 0.9091$$

$$\varphi(\boldsymbol{X}^{(0)},r^{(0)}) = f(\boldsymbol{X}^{(0)}) + r^{(0)}P(\boldsymbol{X}^{(0)}) = 5.41 - \frac{1}{1-2.1} = 6.3191$$

因为初始点 $\boldsymbol{X}^{(0)}$ 在可行域内，必定有 $P(\boldsymbol{X}^{(0)})>0$ 及 $r^{(0)}P(\boldsymbol{X}^{(0)})>0$。

(4) 将初始罚因子转置为变量罚因子：$r \leftarrow r^{(0)}=1$。

(5) 进行直到型循环，开始第一轮内点法循环搜索。

① 保留初始点：$\boldsymbol{X}^{(00)} \leftarrow \boldsymbol{X}^{(0)}=(2.1,1)^{\mathrm{T}}$。

② 罚因子递减，$r^{(k+1)}=C\cdot r^{(k)}$，当 $k=0$ 时，$r^{(1)}=C\cdot r^{(0)}=0.1\cdot 1=0.1$

③ 调用无约束坐标轮换法，求 $r^{(1)}=0.1$ 时 $\varphi(\boldsymbol{X},r^{(1)})$ 的无约束优化最优点 $\overline{\boldsymbol{X}}^*(r^{(1)})$。

(a) 进行第一轮内点法第一轮坐标轮换法第一维搜索。

以初始点 $\boldsymbol{X}^{(0)}=(2.1,1)^{\mathrm{T}}$ 为起点，取第一维坐标的单位向量 $\boldsymbol{e}_1=(1,0)^{\mathrm{T}}$ 的方向为搜索方向，调用进退法子程序，搜索出单峰区间 $[A,B]=[-1.5,-0.8]$。

调用二次插值法子程序，获得单峰区间内最优点步长因子 $A_{\mathrm{opt}}=-1.1129$。

调用函数坐标计算子程序，得到第一维的一维优化最优点函数坐标 $\overline{\boldsymbol{X}}_1^*(r^{(1)})$：

$$\overline{\boldsymbol{X}}_1^*(r^{(1)}) = \boldsymbol{X}^{(0)} + A_{\mathrm{opt}}\cdot\boldsymbol{e}_1 = \begin{pmatrix}2.1\\1\end{pmatrix} - 1.1129\cdot\begin{pmatrix}1\\0\end{pmatrix} = \begin{pmatrix}0.9871\\1\end{pmatrix}$$

检查最优点是否在可行域内。计算最优点处泛函数：

$$P(\overline{\boldsymbol{X}}_1^*(r^{(1)})) = -\frac{1}{1-\overline{x}_1^*} = -\frac{1}{1-0.9871} = -77.5194$$

泛函数为负，最优点在可行域外，舍去该最优点，仍以原起点 $\boldsymbol{X}^{(0)}=(2.1,1)^{\mathrm{T}}$ 为下一维的一维优化起点。

(b) 进行第一轮内点法第一轮坐标轮换法第二维搜索。

起点为 $\boldsymbol{X}^{(0)}=(2.1,1)^{\mathrm{T}}$，取第二维坐标的单位向量 $\boldsymbol{e}_2=(0,1)^{\mathrm{T}}$ 的方向为搜索方向，调用进退法子程序，搜索出单峰区间 $[A,B]=[-1.5,-0.8]$。

调用二次插值法子程序，获得单峰区间内最优点步长因子 $A_{\mathrm{opt}}=-1$。

调用函数坐标计算子程序，得到第二维的一维优化最优点函数坐标 $\overline{\boldsymbol{X}}_2^*(r^{(1)})$：

$$\overline{\boldsymbol{X}}_2^*(r^{(1)})=\boldsymbol{X}^{(0)}+A_{\mathrm{opt}}\cdot\boldsymbol{e}_2=\begin{pmatrix}2.1\\1\end{pmatrix}-1\cdot\begin{pmatrix}0\\1\end{pmatrix}=\begin{pmatrix}2.1\\0\end{pmatrix}$$

检查最优点是否在可行域内。计算最优点处泛函数：

$$P(\overline{\boldsymbol{X}}_2^*(r^{(1)}))=-\frac{1}{1-\overline{x}_1^*}=-\frac{1}{1-2.1}=0.9091$$

泛函数为正，最优点在可行域内。第二维的一维最优点处目标函数值及惩罚函数值为

$$f(\overline{\boldsymbol{X}}_2^*(r^{(1)}))=2.1^2=4.41$$

$$\varphi(\overline{\boldsymbol{X}}_2^*(r^{(1)}),r^{(1)})=f(\overline{\boldsymbol{X}}_2^*(r^{(1)}))+r^{(1)}P(\overline{\boldsymbol{X}}_2^*(r^{(1)}))=4.41+0.1\cdot0.9091=4.5009$$

将最优点 $\overline{\boldsymbol{X}}_2^*(r^{(1)})$ 转置保留为下一轮搜索初始点：$\boldsymbol{X}^{(0)}\leftarrow\overline{\boldsymbol{X}}_2^*(r^{(1)})=(2.1,0)^{\mathrm{T}}$。

第二维搜索结束，完成本轮两维坐标轮换优化。

(c) 检查是否满足坐标轮换法计算精度要求。

用最优步长是否小于计算精度来判断是否满足坐标轮换法要求。

由于 $|A_{\mathrm{opt}}|=1>\varepsilon(=0.001)$，不满足坐标轮换法计算精度要求，不退出坐标轮换法子程序，转到步骤(5)的③处，继续进行第一轮内点法第二轮坐标轮换法搜索。注意到当前仍然在坐标轮换法子程序内。

2. 第一轮内点法第二轮坐标轮换法（为便于比较，计算步骤序号仍然从步骤(5)的③处开始）

③ 在坐标轮换法中，继续用 $r^{(1)}=0.1$ 计算 $\varphi(\boldsymbol{X},r^{(1)})$ 的无约束优化最优点 $\overline{\boldsymbol{X}}^*(r^{(1)})$。

(a) 在第二轮坐标轮换法中，起点为 $\boldsymbol{X}^{(0)}=(2.1,0)^{\mathrm{T}}$，取第一维坐标的单位向量 $\boldsymbol{e}_1=(1,0)^{\mathrm{T}}$ 方向为搜索方向，调用进退法子程序，搜索出单峰区间 $[A,B]=[-1.5,-0.8]$。

调用二次插值法子程序，获得单峰区间上的最优点步长因子 $A_{\mathrm{opt}}=-1.1129$。

调用函数坐标计算子程序，得到第一维的一维优化最优点函数坐标 $\overline{\boldsymbol{X}}_1^*(r^{(1)})$：

$$\overline{\boldsymbol{X}}_1^*(r^{(1)})=\boldsymbol{X}^{(0)}+A_{\mathrm{opt}}\cdot\boldsymbol{e}_1=\begin{pmatrix}2.1\\0\end{pmatrix}-1.1129\cdot\begin{pmatrix}1\\0\end{pmatrix}=\begin{pmatrix}0.9871\\0\end{pmatrix}$$

检查最优点是否在可行域内。计算最优点处泛函数：

$$P(\overline{\boldsymbol{X}}_1^*(r^{(1)}))=-\frac{1}{1-\overline{x}_1^*}=-\frac{1}{1-0.9871}=-77.5194$$

泛函数为负，最优点在可行域外，舍去该最优点，仍以原起点 $\boldsymbol{X}^{(0)}=(2.1,0)^{\mathrm{T}}$ 为下一维的一维优化起点。

(b) 进行第一轮内点法第二轮坐标轮换法第二维搜索。

起点为 $\boldsymbol{X}^{(0)}=(2.1,0)^{\mathrm{T}}$，取第二维坐标的单位向量 $\boldsymbol{e}_2=(0,1)^{\mathrm{T}}$ 方向为搜索方向，调用进退法子程序，搜索出单峰区间 $[A,B]=[-0.1,0.1]$。

调用二次插值法子程序，获得单峰区间内的最优点步长因子 $A_{\mathrm{opt}}=0$。

调用函数坐标计算子程序，得到第二维的一维优化最优点函数坐标 $\overline{\boldsymbol{X}}_2^*(r^{(1)})$：

$$\overline{\boldsymbol{X}}_2^*(r^{(1)}) = \boldsymbol{X}^{(0)} + A_{\text{opt}} \cdot \boldsymbol{e}_2 = \begin{pmatrix} 2.1 \\ 0 \end{pmatrix} + 0 \cdot \begin{pmatrix} 0 \\ 1 \end{pmatrix} = \begin{pmatrix} 2.1 \\ 0 \end{pmatrix}$$

检查最优点是否在可行域内。计算最优点处泛函数：

$$P(\overline{\boldsymbol{X}}_2^*(r^{(1)})) = -\frac{1}{1-x_1} = -\frac{1}{1-2.1} = 0.9091$$

泛函数为正，最优点在可行域内。第二维的一维最优点处目标函数值及惩罚函数值为

$$f(\overline{\boldsymbol{X}}_2^*(r^{(1)})) = 2.1^2 = 4.41$$

$$\varphi(\overline{\boldsymbol{X}}_2^*(r^{(1)}), r^{(1)}) = f(\overline{\boldsymbol{X}}_2^*(r^{(1)})) + r^{(1)} P(\overline{\boldsymbol{X}}_2^*(r^{(1)})) = 4.41 + 0.1 \cdot 0.9091 = 4.5009$$

将最优点$\overline{\boldsymbol{X}}_2^*(r^{(1)})$转置保留为下一轮搜索初始点：$\boldsymbol{X}^{(0)} \leftarrow \overline{\boldsymbol{X}}_2^*(r^{(1)}) = (2.1, 0)^{\mathrm{T}}$。

第二维搜索结束，完成本轮两维坐标轮换优化。

(c) 检查是否满足坐标轮换法计算精度要求。

由于$|A_{\text{opt}}| = 0 < \varepsilon (= 0.001)$，满足坐标轮换法计算精度要求，退出无约束坐标轮换法。

④ 将当前最优点$\overline{\boldsymbol{X}}^*(r^{(k)})$转置为下一轮内点法的起点：$\boldsymbol{X}^{(0)} \leftarrow \overline{\boldsymbol{X}}_2^*(r^{(1)}) = (2.1, 0)^{\mathrm{T}}$。

⑤ 计算初始点与最优点距离：

$$X_m = \sqrt{\sum (\boldsymbol{X}^{(0)} - \boldsymbol{X}^{(00)})^2} = \sqrt{(2.1-2.1)^2 + (1-0)^2} = 1$$

(6) 检查是否满足内点法计算精度要求。

因为 $X_m = 1 > \varepsilon (= 0.001)$，不满足内点法计算精度要求，需要转到步骤(5)处，进行第二轮内点法搜索。

3. 第二轮内点法搜索(为便于比较，计算步骤序号仍然从步骤(5)处开始)

(5) 再次进行直到型循环，开始第二轮内点法计算。

① 保留初始点：$\boldsymbol{X}^{(00)} \leftarrow \boldsymbol{X}^{(0)} = (2.1, 0)^{\mathrm{T}}$。

② 罚因子递减，$r^{(k+1)} = C \cdot r^{(k)}$，当 $k=1$ 时，$r^{(2)} = C \cdot r^{(1)} = 0.1 \cdot 0.1 = 0.01$。

③ 调用无约束坐标轮换法，求惩罚函数 $\varphi(\boldsymbol{X}, r^{(2)})$的无约束优化最优点 $\boldsymbol{X}^*(r^{(2)})$。

(a)进行第二轮内点法第一轮坐标轮换法第一维搜索。

以初始点 $\boldsymbol{X}^{(0)} = (2.1, 0)^{\mathrm{T}}$ 为起点，取第一维坐标的单位向量 $\boldsymbol{e}_1 = (1, 0)^{\mathrm{T}}$ 方向为搜索方向，调用进退法子程序，搜索出单峰区间$[A, B] = [-1.09, -0.89]$。

调用二次插值法子程序，获得单峰区间内的最优点步长因子 $A_{\text{opt}} = -1.0239$。

调用函数坐标计算子程序，得到第一维的一维优化最优点函数坐标$\overline{\boldsymbol{X}}_1^*(r^{(2)})$：

$$\overline{\boldsymbol{X}}_1^*(r^{(2)}) = \boldsymbol{X}^{(0)} + A_{\text{opt}} \cdot \boldsymbol{e}_1 = \begin{pmatrix} 2.1 \\ 0 \end{pmatrix} - 1.0239 \cdot \begin{pmatrix} 1 \\ 0 \end{pmatrix} = \begin{pmatrix} 1.0761 \\ 0 \end{pmatrix}$$

检查最优点是否在可行域内。计算最优点处泛函数：

$$P(\overline{\boldsymbol{X}}_1^*(r^{(2)})) = -\frac{1}{1-\overline{x}_1^*} = -\frac{1}{1-1.0761} = 13.1406$$

泛函数为正，最优点在可行域内，第一维的一维最优点处目标函数值及惩罚函数值为

$$f(\overline{\boldsymbol{X}}_1^*(r^{(2)})) = 1.0761^2 = 1.1580$$

$$\varphi(\overline{\boldsymbol{X}}_1^*(r^{(2)}), r^{(2)}) = 1.1580 + 0.01 \cdot 13.1406 = 1.2894$$

将最优点转置保留为下一维初始点：$\boldsymbol{X}^{(0)} \leftarrow \overline{\boldsymbol{X}}_1^*(r^{(2)}) = (1.0761, 0)^{\mathrm{T}}$。

(b) 进行第二轮内点法第一轮坐标轮换法第二维搜索。

以初始点 $\boldsymbol{X}^{(0)} = (1.0761, 0)^{\mathrm{T}}$ 为起点，取第二维坐标的单位向量 $\boldsymbol{e}_2 = (0, 1)^{\mathrm{T}}$ 方向为搜

索方向。

后续计算过程与上一轮计算过程类似，不再重复，全部计算过程的数据见表5-3-3。

表 5-3-3 二元函数内点法数值法解序列

k	$r^{(k)}$	$\boldsymbol{X}^{(0)}$	$\overline{\boldsymbol{X}}^*$	$f(\overline{\boldsymbol{X}}^*)$	$\varphi(\overline{\boldsymbol{X}}^*)$	$P(\overline{\boldsymbol{X}}^*)$	$r^{(k)}P(\overline{\boldsymbol{X}}^*)$
0-0-0	1	$(2.1000,1)^T$	$(2.1000,1)^T$	5.41	6.3191	0.9	0.9
1-1-1	0.1	$(2.1000,1)^T$	$(0.9871,1)^T$	1.9743	−5.8	−77.3	−7.73
1-1-2	0.1	$(2.1000,1)^T$	$(2.1000,0)^T$	4.4100	4.5009	0.9	0.0909
1-2-1	0.1	$(2.1000,0)^T$	$(0.9871,0)^T$	0.9743	−6.8	−77.3	−7.73
1-2-2	0.1	$(2.1000,0)^T$	$(2.1000,0)^T$	4.4100	4.5009	0.9	0.0909
2-1-1	0.01	$(2.1000,0)^T$	$(1.0761,0)^T$	1.1581	1.2894	13.1	0.1313
2-1-2	0.01	$(1.0761,0)^T$	$(1.0761,0)^T$	1.1581	1.2894	13.1	0.1313
3-1-1	0.001	$(1.0761,0)^T$	$(1.0222,0)^T$	1.0449	1.0899	45.0	0.0450
3-1-2	0.001	$(1.0222,0)^T$	$(1.0222,0)^T$	1.0449	1.0899	45.0	0.0450
4-1-1	0.0001	$(1.0222,0)^T$	$(1.0071,0)^T$	1.0143	1.0283	140.4	0.0140
4-1-2	0.0001	$(1.0071,0)^T$	$(1.0071,0)^T$	1.0143	1.0283	140.4	0.0140
5-1-1	0.00001	$(1.0071,0)^T$	$(1.0022,0)^T$	1.0045	1.0089	445.9	0.0045
5-1-2	0.00001	$(1.0022,0)^T$	$(1.0022,0)^T$	1.0045	1.0089	445.9	0.0045
6-1-1	0.000001	$(1.0022,0)^T$	$(1.0007,0)^T$	1.0014	1.0028	1413.2	0.0014
6-1-2	0.000001	$(1.0007,0)^T$	$(1.0007,0)^T$	1.0014	1.0028	1413.2	0.0014
7-1-1	0.0000001	$(1.0007,0)^T$	$(1.0002,0)^T$	1.0005	1.0009	4450.2	0.0004
7-1-2	0.0000001	$(1.0002,0)^T$	$(1.0002,0)^T$	1.0005	1.0009	4450.2	0.0004

最后将 $\boldsymbol{X}^*(r^{(7)})=(1.0002,0)^T$ 作为约束优化最优点 $\boldsymbol{X}^*=(1,0)^T$ 的近似值输出。

表5-3-3中，序号 k 的含义与外点法中相同，如序号 k 为“1-2-1”表示：当前正在进行第一轮内点法第二轮坐标轮换法的第一维搜索。

从表5-3-3可以看出，随着罚因子递减，惩罚函数最优点 $\boldsymbol{X}^*(r^{(k)})$ 向约束优化最优点 $\boldsymbol{X}^*=(1,0)^T$ 逼近。约束条件决定了 $\boldsymbol{X}^*(r^{(k)})$ 只能从可行域内无限逼近 $\boldsymbol{X}^*=(1,0)^T$，由内点法原理可知，其中的坐标分量 x_1 必须满足 $x_1>1$，不能是 $x_1=1$。

同理，内点法只允许惩罚项在可行域内起惩罚作用，所以在可行域内必定有 $\varphi(\boldsymbol{X}^*,r^{(k)})\geq f(\boldsymbol{X}^*(r^{(k)}))$，且 $\varphi(\boldsymbol{X}^*,r^{(k)})$ 及 $f(\boldsymbol{X}^*(r^{(k)}))$ 将逐步逼近约束优化极值。

随着试探点从可行域内逼近约束边界，每一轮最优点处的泛函数（障碍项）$P(\boldsymbol{X}^*)$ 快速增大，但惩罚项 $r^{(k)}P(\boldsymbol{X}^*)$ 总趋势在稳定减小，且 $r^{(k)}P(\boldsymbol{X}^*)$ 将趋于零，使 $\varphi(\boldsymbol{X}^*,r^{(k)})\to f(\boldsymbol{X}^*(r^{(k)}))$。

数值法只能进行有限次循环计算，在给定精度下，本例共进行了7轮内点法搜索。内点法中，试探点只有在可行域内时才予以保留，试探点在可行域外时必须舍去，且重新将该起点作为下一维/轮的起点。

程序中设置的语句 If Px > 0 Then x0=xopt 非常重要。即试探点处泛函数为正，表示试探点在可行域内，符合内点法原理，将试探点作为“适用且可行”的最优点，转置为下一维/轮初始点。否则，试探点处泛函数为负（参见表 5-3-3 中序号为 $k=1\text{-}1\text{-}1$ 及 $k=1\text{-}2\text{-}1$ 的项），表示试探点已进入可行域外，违背内点法原理，该试探点不能作为“适用且可行”的最优点，不能转置为下一维/轮初始点，此时，应重新将该起点作为下一维/轮的起点。这是内点法中非常重要的原则，表 5-3-3 中的数据反映了这一过程。如果约束条件较多，则不宜直接用泛函数为正的条件，建议用约束优化直接法中判断试探点是否在可行域内的方法。

5.4 混合惩罚函数法

混合法

混合法是一种将内点法和外点法结合起来的优化方法。当优化问题同时具有不等式约束条件和等式约束条件时，对不等式约束用内点法原理构造泛函数，对等式约束用外点法原理构造泛函数。通过综合构造约束条件泛函数及惩罚函数，最终构造出既有内点法又有外点法特点的混合惩罚函数。对不等式约束使用内点法思想，通过内点和相应的惩罚项限制试探点只能在不等式约束的可行域内；对等式约束则使用外点法思想，通过外点和相应的惩罚项促使试探点到达等式约束的曲线或曲面上。这样可使得混合法能够处理同时存在不等式约束和等式约束的优化问题。

5.4.1 混合法基本原理

同时具有不等式及等式约束的优化模型为

$$\begin{aligned}&\min f(\boldsymbol{X})\\ \text{s.t.}\quad &g_i(\boldsymbol{X})=g_i(x_1,x_2,\cdots,x_n)\leqslant 0\quad(i=1,2,\cdots,p)\\ &h_j(\boldsymbol{X})=h_j(x_1,x_2,\cdots,x_n)=0\quad(j=1,2,\cdots,q<n)\end{aligned}\tag{5-4-1}$$

对于其中的不等式约束，用内点法原理构造泛函数：

$$P(\boldsymbol{X})=-\sum_{i=1}^{p}\frac{1}{g_i(\boldsymbol{X})}\tag{5-4-2}$$

或

$$P(\boldsymbol{X})=-\sum_{i=1}^{p}\ln(-g_i(\boldsymbol{X}))\tag{5-4-3}$$

对于其中的等式约束，用外点法原理构造泛函数：

$$Q(\boldsymbol{X})=\sum_{j=1}^{q}[h_j(\boldsymbol{X})]^2\tag{5-4-4}$$

用两个惩罚因子 $r_1^{(k)}$ 及 $r_2^{(k)}$ 分别构造混合法惩罚项：

$$-r_1^{(k)}\sum_{i=1}^{p}\frac{1}{g_i(\boldsymbol{X})}+r_2^{(k)}\sum_{j=1}^{q}[h_j(\boldsymbol{X})]^2\tag{5-4-5}$$

内点法对应不等式约束的罚因子 $r_1^{(k)}$ 是递减序列，外点法对应等式约束的罚因子 $r_2^{(k)}$ 是递增序列。

构造混合法惩罚函数：

$$\varphi(\boldsymbol{X},r^{(k)})=f(\boldsymbol{X})-r_1^{(k)}\sum_{i=1}^{p}\frac{1}{g_i(\boldsymbol{X})}+r_2^{(k)}\sum_{j=1}^{q}[h_j(\boldsymbol{X})]^2\tag{5-4-6}$$

或

$$\varphi(\boldsymbol{X},r^{(k)}) = f(\boldsymbol{X}) - r_1^{(k)}\sum_{i=1}^{p}\ln(-g_i(\boldsymbol{X})) + r_2^{(k)}\sum_{j=1}^{q}[h_j(\boldsymbol{X})]^2 \tag{5-4-7}$$

由于式(5-4-5)或式(5-4-6)需要选择两个罚因子，以及对应的两个递减、递增系数，可将罚因子 $r_2^{(k)}$ 用 $r_1^{(k)}$ 倒数的开方来代替，则可以将公式简化为只有一个罚因子和一个递减系数：

$$\varphi(\boldsymbol{X},r^{(k)}) = f(\boldsymbol{X}) - r^{(k)}\sum_{i=1}^{p}\frac{1}{g_i(\boldsymbol{X})} + \frac{1}{\sqrt{r^{(k)}}}\sum_{j=1}^{q}[h_j(\boldsymbol{X})]^2 \tag{5-4-8}$$

对于混合法惩罚函数，求解过程具有内点法特点，即初始点和试探点只能在可行域内，其罚因子 $r^{(k)}$ 的选择方法与内点法的选择方法相同；同时也有外点法特点，即初始点和试探点仍然在可行域内，但它们只是等式约束的“外点”，其几何意义是：初始点和试探点在可行域内，但不在等式约束面上。所以，混合法的最优解是一个可行解。

5.4.2　解析法算例

【例 5-7】 用混合法求约束优化问题：

$$\min f(\boldsymbol{X}) = x_1^2 + x_2^2$$
$$\text{s.t.}\quad g(\boldsymbol{X}) = 1 - x_1 \leqslant 0$$
$$h(\boldsymbol{X}) = x_1 - x_2 = 0$$

解　这是同时具有一个不等式约束和一个等式约束的多元函数优化问题。图 5-4-1 中画了一族目标函数 $f(\boldsymbol{X})=x_1^2+x_2^2$ 的等值线，两条约束直线 $1-x_1=0$、$x_1-x_2=0$。最优点需要在不等式约束限定的可行域 $1-x_1\leqslant 0$ 内，而且需要在等式约束表示的约束直线 $x_1-x_2=0$ 上，可看出最优解为 $\boldsymbol{X}^*=(1,1)^{\mathrm{T}}$，$f(\boldsymbol{X}^*)=2$。

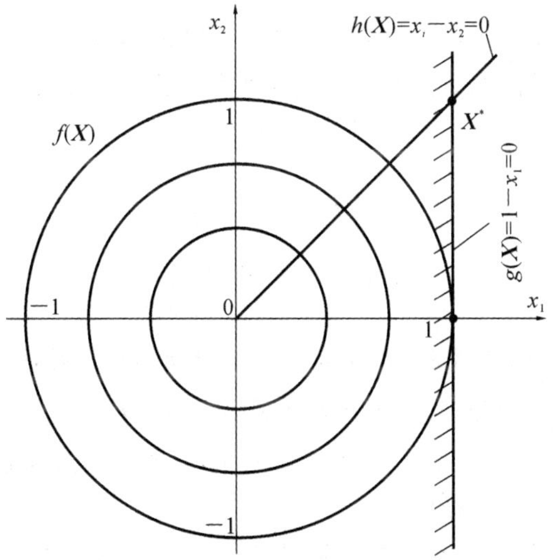

图 5-4-1　混合法算例

1. 构造混合法泛函数及惩罚项

由不等式约束条件 $g(\boldsymbol{X})=1-x\leqslant 0$，构造其中内点法的泛函数：

$$P(\boldsymbol{X}) = -\ln(-(1-x_1)) = -\ln(x_1-1)$$

由等式约束条件 $h(\boldsymbol{X})=x_1-x_2=0$，构造其中外点法的泛函数：

$$Q(\boldsymbol{X}) = (x_1-x_2)^2$$

构造混合法的惩罚项：

$$-r^{(k)}\ln(x_1-1)+\frac{1}{\sqrt{r^{(k)}}}(x_1-x_2)^2$$

2. 构造混合法的惩罚函数

混合法的惩罚函数为

$$\varphi(\boldsymbol{X},r^{(k)})=x_1^2+x_2^2-r^{(k)}\ln(x_1-1)+\frac{1}{\sqrt{r^{(k)}}}(x_1-x_2)^2$$

3. 用解析法求混合法惩罚函数的极值

分别令两个偏导数为零：

$$\frac{\partial\varphi}{\partial x_1}=2x_1-\frac{r^{(k)}}{x_1-1}+\frac{2(x_1-x_2)}{\sqrt{r^{(k)}}}=0$$

$$\frac{\partial\varphi}{\partial x_2}=2x_2-\frac{2(x_1-x_2)}{\sqrt{r^{(k)}}}=0$$

$$x_1^2-x_1-\frac{r}{2}\cdot\frac{1+\sqrt{r^{(k)}}}{2+\sqrt{r^{(k)}}}=0$$

$$x_1=(1+\sqrt{r^{(k)}})x_2$$

令 $a=-\frac{r^{(k)}}{2}\cdot\frac{1+\sqrt{r^{(k)}}}{2+\sqrt{r^{(k)}}}$，则：

$$x_1^2-x_1+a=0$$

$$x_2=\frac{x_1}{1+\sqrt{r^{(k)}}}$$

对于其中变量 x_1，可用一元二次方程求根公式解出，其中 $1-\sqrt{1^2-4a}$ 对应的试探点在可行域外，应舍去，得惩罚函数最优点和最优点的两个坐标分量为

$$\overline{\boldsymbol{X}}^*(r^{(k)})=(\overline{x}_1^*(r^{(k)}),\overline{x}_2^*(r^{(k)}))^{\mathrm{T}}$$

$$\overline{x}_1^*(r^{(k)})=\frac{1+\sqrt{1^2-4a}}{2}$$

$$\overline{x}_2^*(r^{(k)})=\frac{\overline{x}_1^*(r^{(k)})}{1+\sqrt{r^{(k)}}}$$

其中 a 只与 $r^{(k)}$ 有关，给定 $r^{(k)}$ 序列值，必定可以求出 $\overline{x}_1^*(r^{(k)})$ 序列值，再将 $\overline{x}_1^*(r^{(k)})$ 对应代入，可以求出对应的 $\overline{x}_2^*(r^{(k)})$ 序列值，即可求得最优点 $\overline{\boldsymbol{X}}^*(r^{(k)})$。

将最优点 $\overline{\boldsymbol{X}}^*(r^{(k)})$ 代入惩罚函数及目标函数中，可求出对应的最优点极值序列。

4. 混合法惩罚函数的最优解序列

取 $r^{(0)}=1,C=0.1$，代入上述公式验算，$\boldsymbol{X}^{(0)}$ 在可行域内。表 5-4-1 中列出了随罚因子变化的最优解序列（表 5-4-1 中 $\overline{\boldsymbol{X}}^*(r^{(k)})$ 简记为 $\overline{\boldsymbol{X}}^*$）。

表 5-4-1　二元函数混合法最优解序列

k	$r^{(k)}$	$\overline{\boldsymbol{X}}^*$	$f(\overline{\boldsymbol{X}}^*)$	$\varphi(\overline{\boldsymbol{X}}^*)$	$P(\overline{\boldsymbol{X}}^*)$	$Q(\overline{\boldsymbol{X}}^*)$	$r^{(k)}P(\overline{\boldsymbol{X}}^*)$
0	1.000	$(1.2638,0.6319)^{\mathrm{T}}$	1.9965	3.7283	1.3326	0.3992	1.3326
1	0.100	$(1.0276,0.7807)^{\mathrm{T}}$	1.6655	2.2174	3.5899	0.0610	0.3590

续表

k	$r^{(k)}$	$\overline{X}^*$	$f(\overline{X}^*)$	$\varphi(\overline{X}^*)$	$P(\overline{X}^*)$	$Q(\overline{X}^*)$	$r^{(k)}P(\overline{X}^*)$
2	0.010	$(1.0026,0.9115)^T$	1.8360	1.9785	5.9522	0.0083	0.0595
3	0.001	$(1.0003,0.9696)^T$	1.9407	1.9772	8.1117	0.0009	0.0081
4	0.0001	$(1.00025,0.9903)^T$	1.9812	1.9920	8.2940	0.0001	0.0008
5	0.00001	$(1.0000025,0.9969)^T$	1.9937	1.9970	12.899	0.00001	0.0001
⋮	⋮	⋮	⋮	⋮	⋮	⋮	⋮
$\to\infty$	$\to 0$	$\to(1,1)^T$	$\to 2$	$\to 2$	$\to\infty$	$\to 0$	$\to 0$

最优点始终在可行域内，且逐步逼近不等式约束边界及等式约束直线。极限情况下，$k\to\infty, r^{(k)}\to 0, \overline{X}^*(r^{(k)})\to(1,1)^T$。同样，极限情况下，$k\to\infty, r^{(k)}\to 0, \varphi(X^*(r^{(k)}), r^{(k)})\to f(X^*(r^{(k)}))$。

作为对比，该算例也可用外点法计算，外点法惩罚函数形式为

$$\varphi(X, r^{(k)}) = f(X) + r^{(k)}\left\{\sum_{i=1}^{p}(\max[0, g_i(X)])^2 + \sum_{j=1}^{q}(h_j(X))^2\right\}$$

对于本算例（$r^{(k)}$ 为递增序列）：

$$\varphi(X, r^{(k)}) = x_1^2 + x_2^2 + r^{(k)}\{(\max[0,(1-x_1)])^2 + (x_1 - x_2)^2\}$$

仅考虑试探点在可行域外时，$P(X)=\max[0,(1-x_1)])^2=(1-x_1)^2$，惩罚函数简化为

$$\varphi(X, r^{(k)}) = x_1^2 + x_2^2 + r^{(k)}\{(1-x_1)^2 + (x_1 - x_2)^2\}$$

用解析法求外点法惩罚函数的极值，分别令两个偏导数为零：

$$\frac{\partial\varphi}{\partial x_1} = 2x_1 + 2r^{(k)}\{(x_1 - x_2) - (1 - x_1)\} = 0$$

$$\frac{\partial\varphi}{\partial x_2} = 2x_2 - 2r^{(k)}(x_1 - x_2) = 0$$

整理得：

$$x_1^*(r^{(k)}) = \frac{r^2 + r}{r^2 + 3r + 1}$$

$$x_2^*(r^{(k)}) = \frac{r}{1+r}x_1 = \frac{r^2}{r^2 + 3r + 1}$$

取 $r^{(0)}=1, C=10$，代入上述公式验算，$X^{(0)}$ 在可行域外。表 5-4-2 中列出了随罚因子变化的最优解序列。

表 5-4-2　二元函数外点法最优解序列

k	$r^{(k)}$	$\overline{X}^*$	$f(\overline{X}^*)$	$\varphi(\overline{X}^*)$	$P(\overline{X}^*)$	$Q(\overline{X}^*)$	$r^{(k)}P(\overline{X}^*)$
0	1.000	$(0.4000,0.2000)^T$	0.2000	0.6000	0.3600	0.0400	0.3600
1	10.0	$(0.8397,0.7634)^T$	1.2878	1.6031	0.0257	0.0058	0.2570
2	100	$(0.9805,0.9708)^T$	1.9038	1.9513	0.0004	0.0001	0.0381
3	1000	$(0.9980,0.9970)^T$	1.9900	1.9950	0.000004	0.000001	0.00398
4	10000	$(0.9998,0.9997)^T$	1.9990	1.9995	0.000000	0.000000	0.00040
⋮	⋮	⋮	⋮	⋮	⋮	⋮	⋮

续表

k	$r^{(k)}$	$\overline{X}^*$	$f(\overline{X}^*)$	$\varphi(\overline{X}^*)$	$P(\overline{X}^*)$	$Q(\overline{X}^*)$	$r^{(k)}P(\overline{X}^*)$
$\to\infty$	$\to 0$	$\to(1,1)^{T}$	$\to 2$	$\to 2$	$\to\infty$	$\to 0$	$\to 0$

注意外点法的特点，它是从可行域外逼近惩罚函数最优点，与表 5-4-1 过程有区别。

5.4.3 数值法计算步骤

混合法的数值计算方法与内、外点法类似，需要调用某种无约束优化方法，该无约束优化方法，既可以用最优步长法，也可以用追赶步长法。数值法的计算步骤如下。

(1) 在可行域内稍远离约束边界处取初始点 $\boldsymbol{X}^{(0)}$、递减系数 C、计算精度 ε。

(2) 取初始罚因子 $r^{(0)}$(或用式(5-3-11)估算 $r^{(0)}$)。

(3) 分别构造混合法泛函数 $P(\boldsymbol{X})$ 和 $Q(\boldsymbol{X})$、惩罚项及惩罚函数。

(4) 将初始罚因子 $r^{(0)}$ 转置为变量罚因子 r：$r \leftarrow r^{(0)}$。

(5) 进入直到型循环，开始混合法循环搜索。

① 保留初始点：$\boldsymbol{X}^{(00)} \leftarrow \boldsymbol{X}^{(0)}$；

② 将罚因子递减：$r^{(k+1)} = C \cdot r^{(k)}$。

③ 调用某种无约束优化方法，求出当前罚因子下的惩罚函数最优点 $\overline{\boldsymbol{X}}^*(r^{(k)})$。

④ 将当前最优点 $\overline{\boldsymbol{X}}^*(r^{(k)})$ 转置保留为下一维/轮的起点：$\boldsymbol{X}^{(0)} \leftarrow \overline{\boldsymbol{X}}^*(r^{(k)})$。

⑤ 检查是否满足无约束优化方法的计算精度要求，若不满足，转到步骤(5)的③处继续进行无约束优化方法搜索，直到满足无约束优化方法的计算精度要求为止，退出该无约束优化方法搜索。

⑥ 计算初始点与最优点距离：$X_m = \sqrt{\sum (\boldsymbol{X}^{(0)} - \boldsymbol{X}^{(00)})^2}$；

(6) 检查最优点是否满足混合法计算精度要求。

当 $X_m > \varepsilon$ 时，不满足混合法计算精度要求，转到步骤(5)处，继续递减罚因子，从新的起点处重复进行下一轮混合法优化搜索，直到 $X_m < \varepsilon$ 满足计算精度要求为止，退出混合法优化搜索。

(7) 将 $\overline{\boldsymbol{X}}^*(r^{(k)})$ 作为目标函数最优点的近似值输出。

由于不等式约束部分对应内点法，在调用无约束优化方法时，必须设置条件语句，判断试探点是否越过约束边界。如果试探点越过约束边界，应舍去该试探点，回到初始点，重新进行搜索；如果试探点没有越过约束边界且惩罚函数值下降，则保留该试探点，并将试探点转置为初始点，继续进行搜索。

当试探点逐步逼近约束边界时，为了避免试探点越过约束边界，在进退法程序中，采用了变步长方法。利用内点法的罚因子逐步减小的特点，将逐步减小的罚因子作为初始步长，越接近约束边界，初始步长越小，既减小了试探点越过约束边界的可能性，也可以进行更精细的搜索。

5.4.4 混合法子程序流程图及重要语句

1. 混合惩罚函数法子程序流程图

以调用无约束鲍威尔法为例，混合惩罚函数法子程序流程如图 5-4-2 所示。

该流程图以调用鲍威尔法为例，也可以调用第 3 章中任意一种无约束优化方法，而且既

Receive：$X^{(0)}$，$r^{(0)}$，C，ε	
$r \leftarrow r^{(0)}$	
	$X^{(00)} \leftarrow X^{(0)}$
	$r \leftarrow C \cdot r$
	Call Sub univar_search_technique$\varphi(X, r)$：$X^*(r)$
	$X^{(0)} \leftarrow X^*(r)$
	$X_m=\sqrt{\sum (X^{(0)}-X^{(00)})^2}$
Until：$X_m<\varepsilon$	
Return：$X^*(r)$，r	

图 5-4-2　调用鲍威尔法的混合法子程序流程图

可以用最优步长法，也可以用追赶步长法。

以最优步长法为例编写混合法程序，调用无约束鲍威尔法的程序可扫描二维码查看。

混合法程序

2. 混合惩罚函数法程序的重要语句

以调用无约束鲍威尔法配合最优步长法的混合惩罚函数法为例，为说明具体的程序语句，设目标函数为 $f(\boldsymbol{X})=x_1^2+x_2^2$，约束条件为 $g(\boldsymbol{X})=1-x_1\leqslant 0$。

1）主程序

主程序中调用混合惩罚函数法语句为

```
Call SUMT_Powell_M(x0, r0, C, epx, r, xopt)
```

其中，r0、r 为初始罚因子及最优点罚因子，C 为罚因子递减系数。

2）混合惩罚函数法子程序

子程序名及形参表为

```
Private Sub SUMT_Powell_M(x0!(), r0, C, epx, r, xopt!())
```

通过形参表接收 x0，r0，C，epx，返回 r，xopt。

混合惩罚函数法子程序的部分关键语句如下：

```
r= r0   '初始罚因子转置变量罚因子
Do '内点惩罚函数法循环搜索
  x00= x0 '保留初始点
  r= C *  r   '罚因子递减
  Call Powell(x0, epx, r, xopt) '调用鲍威尔法
  x0= xopt '转置最优点为初始点
  xm= 0
  For i= 1 To n: xm= xm + (x0(i) - x00(i)) ^ 2: Next i '计算初始点与最优点距离
  xm= Sqr(xm) '计算初始点与最优点距离
Loop Until xm <  epx '最优点处是否满足控制精度要求
```

变量罚因子 r 最后对应最优点罚因子。

3）鲍威尔法子程序中重要语句

坐标轮换法子程序名及形参表为

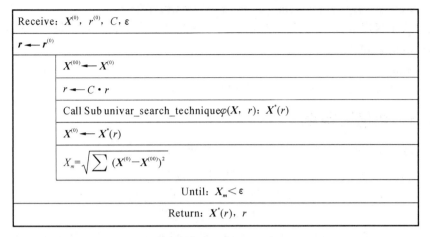

```
Private Sub Powell (x0! (), epx, r, xopt! ()) '无约束鲍威尔法
```

鲍威尔法子程序较长，不再详细列出。其中判断试探点是否在可行域内，是否转置为下一轮的起点的语句如下：

```
PX= 1 / (xopt(1) -  1)
If PX >  0 Then: x0= xopt '若泛函数值非负，最优点 xopt()→x0()
```

5.4.5 数值法算例

【例 5-8】 用数值法求混合法的约束优化问题：

$$\min f(\boldsymbol{X}) = x_1^2 + x_2^2$$

$$\text{s.t.}\quad g(\boldsymbol{X}) = 1 - x_1 \leqslant 0$$

$$h(\boldsymbol{X}) = x_1 - x_2 = 0$$

解 此例无约束优化方法改用鲍威尔法。参见图 5-4-1，需要进行多轮搜索，每一轮都需要调用鲍威尔法。

1. 第一轮混合法搜索

(1) 取可行点 $\boldsymbol{X}^{(0)}=(2.1,1)^{\mathrm{T}}$ 为初始点，初始罚因子 $r^{(0)}=1$，递减系数 $C=0.1$，计算精度 $\varepsilon=0.001$。

(2) 构造泛函数、惩罚项及惩罚函数。

① 用不等式约束条件构造内点法的泛函数及惩罚项：

$$P(\boldsymbol{X}) =-\frac{1}{g_1(\boldsymbol{X})} =-\frac{1}{1-x_1}$$

$$r^{(k)}P(\boldsymbol{X}) =-\frac{r^{(k)}}{1-x_1}$$

② 用等式约束条件构造外点法的泛函数及惩罚项：

$$Q(\boldsymbol{X}) = (x_1-x_2)^2$$

$$\frac{1}{\sqrt{r^{(k)}}}Q(\boldsymbol{X}) = \frac{1}{\sqrt{r^{(k)}}}(x_1-x_2)^2$$

③ 构造混合法惩罚函数：

$$\varphi(\boldsymbol{X},r^{(k)}) = f(\boldsymbol{X}) + r^{(k)}P(\boldsymbol{X}) + \frac{1}{\sqrt{r^{(k)}}}Q(\boldsymbol{X})$$

$$= (x_1^2+x_2^2) - \frac{r^{(k)}}{1-x_1} + \frac{1}{\sqrt{r^{(k)}}}(x_1-x_2)^2$$

(3) 计算初始点处泛函数值、目标函数值及惩罚函数值：

$$P(\boldsymbol{X}^{(0)}) =-\frac{1}{1-x_1} =-\frac{1}{1-2.1} = 0.9091$$

$$Q(\boldsymbol{X}) = (x_1-x_2)^2 = (2.1-1)^2 = 1.21$$

$$f(\boldsymbol{X}^{(0)}) = 2.1^2+1^2 = 5.41$$

$$\varphi(\boldsymbol{X}^{(0)},r^{(0)}) = f(\boldsymbol{X}^{(0)}) + r^{(0)}P(\boldsymbol{X}^{(0)}) = 5.41 - 1\cdot\frac{1}{1-2.1} = 6.3191$$

(4) 将初始罚因子转置为变量罚因子：$r \leftarrow r^{(0)}=1$。

(5) 进入直到型循环，开始第一轮混合法循环搜索。

① 保留初始点：$\boldsymbol{X}^{(00)} \leftarrow \boldsymbol{X}^{(0)}=(2.1,1)^{\mathrm{T}}$。

② 罚因子递减，$r^{(k+1)}=C\cdot r^{(k)}$，当 $k=0$ 时，$r^{(1)}=C\cdot r^{(0)}=0.1\cdot 1=0.1$。

③ 调用无约束鲍威尔法，求 $r^{(1)}=0.1$ 时 $\varphi(\boldsymbol{X},r^{(1)})$ 的无约束优化最优点 $\overline{\boldsymbol{X}}^*(r^{(1)})$。

鲍威尔法的中间过程较长，为简便起见，这里仅引用鲍威尔法计算结果。

$$\overline{\boldsymbol{X}}^*(r^{(1)})=(1.1583,0.8791)^{\mathrm{T}}$$

检查最优点是否在可行域内，计算最优点处泛函数（障碍项）值：

$$P(\overline{\boldsymbol{X}}^*(r^{(1)}))=-\frac{1}{1-\overline{x}_1^*}=-\frac{1}{1-1.1583}=6.3171$$

泛函数为正，最优点在可行域内，第一轮混合法最优点处目标函数值及惩罚函数值为

$$f(\overline{\boldsymbol{X}}^*(r^{(1)}))=1.1583^2+0.8791^2=2.1145$$

$$\varphi(\overline{\boldsymbol{X}}^*(r^{(1)}),(r^{(1)}))=2.9927$$

将最优点转置保留为下一轮初始点：$\boldsymbol{X}^{(0)}\leftarrow\overline{\boldsymbol{X}}^*(r^{(1)})=(1.1583,0.8791)^{\mathrm{T}}$。

计算初始点与最优点距离：

$$X_m=\sqrt{\sum(\boldsymbol{X}^{(0)}-\boldsymbol{X}^{(00)})^2}=\sqrt{(2.1-1.1583)^2+(1-0.8791)^2}=0.9494$$

(6) 检查是否满足混合法计算精度要求。

因为 $X_m=0.9494>\varepsilon(=0.001)$，不满足混合法计算精度要求，需要转到步骤(5)处，继续进行第二轮混合法搜索。

后续计算不再重复，经过七轮混合法搜索得出的全部计算数据见表 5-4-3。

表 5-4-3　二元函数混合法数值法解序列

k	$r^{(k)}$	$\overline{\boldsymbol{X}}^*$	$f(\overline{\boldsymbol{X}}^*)$	$\varphi(\overline{\boldsymbol{X}}^*)$
0	1.0000000	$(2.10000,1.00000)^{\mathrm{T}}$	5.41000	7.52909
1	0.1000000	$(1.15828,0.87912)^{\mathrm{T}}$	2.11447	2.99269
2	0.0100000	$(1.04994,0.95445)^{\mathrm{T}}$	2.01336	2.30477
3	0.0010000	$(1.01565,0.98363)^{\mathrm{T}}$	1.99906	2.09539
4	0.0001000	$(1.00491,0.99458)^{\mathrm{T}}$	1.99904	2.03007
5	0.0000100	$(1.00133,0.99813)^{\mathrm{T}}$	1.99893	2.00968
6	0.0000010	$(1.00040,0.99938)^{\mathrm{T}}$	1.99956	2.00310
7	0.0000001	$(1.00012,0.99980)^{\mathrm{T}}$	1.99985	2.00099
⋮	⋮	⋮	⋮	⋮
$\to\infty$	$\to 0$	$\to(1,1)^{\mathrm{T}}$	$\to 2$	$\to 2$

从表 5-4-3 中可以看出，随着罚因子递减，惩罚函数最优点 $\overline{\boldsymbol{X}}^*(r^{(k)})$ 向约束优化最优点 $\boldsymbol{X}^*=(1,1)^{\mathrm{T}}$ 逼近。混合法中的内点法决定了惩罚函数最优点 $\overline{\boldsymbol{X}}^*(r^{(k)})$ 只能从可行域内无限逼近约束优化最优点 $\boldsymbol{X}^*=(1,1)^{\mathrm{T}}$。而混合法中的外点法决定了惩罚函数最优点还必须同时逼近等式约束直线。综合起来，同时有等式约束及不等式约束时，惩罚函数最优点必须在可行域内且收敛于等式约束的曲线/曲面。

同理，必定有 $\varphi(\boldsymbol{X}^*,r^{(k)})\geqslant f(\boldsymbol{X}^*(r^{(k)}))$，且 $k\to\infty$ 时，$\varphi(\boldsymbol{X}^*,r^{(k)})\to f(\boldsymbol{X}^*(r^{(k)}))$。

数值法只能进行有限次循环计算，本例在给定精度下，进行了七轮混合法搜索。

最后将 $\overline{\boldsymbol{X}}^*(r^{(7)})=(1.00012,0.99980)^{\mathrm{T}}$ 作为约束优化最优点 $\boldsymbol{X}^*=(1,1)^{\mathrm{T}}$ 的近似值输出。

本章小结

1. 知识组织脉络图

间接约束优化知识组织脉络图如图 5-5-1 所示。

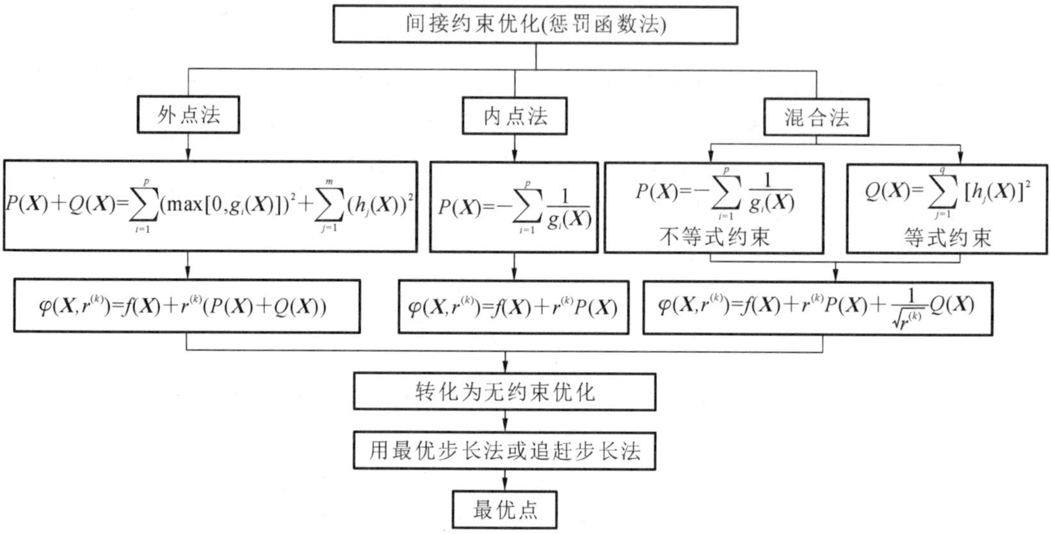

图 5-5-1　间接约束优化知识组织脉络图

2. 内容回顾

惩罚函数法的特点　惩罚函数法将约束条件按一定规则整合到目标函数中构造惩罚函数，由于惩罚函数形式上没有“约束”，于是将约束优化问题转换成无约束优化问题。

惩罚函数法在优化方法中的位置　惩罚函数法是联系约束优化与无约束优化的经典方法，它既能解决实际工程约束优化问题，又能充分利用无约束优化的基础知识，是任何优化设计教材都会介绍的一种优化方法。

约束优化设计间接法　间接法方法较多，惩罚函数法是其中最常用的一种方法。惩罚函数法的基本方法是内点法和外点法，混合法是由内点法与外点法衍生的方法。三种惩罚函数法构造泛函数和惩罚项的方法不同。

外点法　惩罚项仅在可行域外起惩罚作用的惩罚函数法称为外点惩罚函数法，当试探点位于可行域内时，惩罚项为零(不起惩罚作用)。外点法中，试探点在可行域外逐步逼近约束边界上的最优点，外点法的最优解一般是非常逼近约束优化最优解的一个不可行解。外点法可解决同时具有等式约束及不等式约束的优化问题。

内点法　惩罚项仅在可行域内起惩罚作用的惩罚函数法称为内点惩罚函数法，内点法的试探点必须严格位于可行域内。内点法中，试探点从可行域内逐步逼近约束边界上的最优点，内点法的最优解是一个可行解。内点法只能解决具有不等式约束的优化问题。

混合法　混合法是将外点法与内点法综合应用的一种惩罚函数法。当约束优化问题同时具有不等式约束及等式约束时，将其中的不等式约束用内点法原理构造泛函数和惩罚项，将其中的等式约束用外点法原理构造泛函数和惩罚项，再综合两种方法的惩罚项构造出混合法的惩罚函数。因为使用了内点法，混合法的试探点只能在可行域内，并从可行域内逼近不等式约束边界，最终收敛于等式约束的曲线或曲面。混合法的最优解是一个可行解。

习　题

5-1　用外点法的解析法求解约束优化问题：

$$\min f(\boldsymbol{X}) = (x_1 - 2)^2 + x_2^2$$

$$\text{s.t.}\quad g_1(\boldsymbol{X}) = 1 - x_2 \leqslant 0$$

5-2　用外点法的解析法求解约束优化问题：

$$\min f(\boldsymbol{X}) = x_1 + x_2$$

$$\text{s.t.}\quad g_1(\boldsymbol{X}) = 3 - x_2 \leqslant 0$$

$$g_2(\boldsymbol{X}) = -x_1 \leqslant 0$$

5-3　用外点法的解析法求解约束优化问题：

$$\min f(\boldsymbol{X}) = x_1^2 + x_2^2$$

$$\text{s.t.}\quad g_1(\boldsymbol{X}) = 2 - x_1 \leqslant 0$$

5-4　用内点法的解析法求解约束优化问题：

$$\min f(\boldsymbol{X}) = (x_1 - 2)^2 + x_2^2$$

$$\text{s.t.}\quad g_1(\boldsymbol{X}) = 1 - x_2 \leqslant 0$$

5-5　用内点法的解析法求解约束优化问题：

$$\min f(\boldsymbol{X}) = x_1 + x_2$$

$$\text{s.t.}\quad g_1(\boldsymbol{X}) = 3 - x_2 \leqslant 0$$

$$g_2(\boldsymbol{X}) = -x_1 \leqslant 0$$

5-6　用混合法的解析法求解约束优化问题：

$$\min f(\boldsymbol{X}) = x_1^2 + x_2^2$$

$$\text{s.t.}\quad g(\boldsymbol{X}) = 1 - x_1 \leqslant 0$$

$$h(\boldsymbol{X}) = x_1 - 2x_2 = 0$$

第6章

多目标优化方法

若某个设计方案仅需要针对一项评价指标进行最优化设计，则称其为单目标优化设计问题。在单目标优化设计中，只有一个目标函数。前5章的优化问题都是单目标优化设计问题。然而人们对未知领域的探索永远不会停止，一旦拥有了优化设计方法，设计人员自然希望尝试更好的设计方案，以实现多个评价指标的最优化。例如，在设计某齿轮变速箱时，设计人员希望齿轮体积总和 $f_1(\boldsymbol{X})$ 尽可能小，以节省材料；各传动轴间的中心距总和 $f_2(\boldsymbol{X})$ 尽可能小，使变速箱结构紧凑；齿轮的最大圆周速度 $f_3(\boldsymbol{X})$ 尽可能低，以减小变速箱运转噪声。在这个优化问题中，同时出现了多个期望达到最优的评价指标。设计方案中同时具有多个评价指标的综合优化问题称为**多目标最优化问题**，在多目标最优化设计中，有多个分目标函数。

多目标最优化方法涉及优化问题中多个相互竞争的目标函数，设计人员需要在这些分目标之间进行权衡，以找到一组使分目标都尽可能最优的解，即**帕雷托(Pareto)最优解集**。与单目标优化设计问题相比，多目标最优化设计问题更具挑战性，因为设计方案需要在多个评价指标上进行综合优化。通常，使每个分目标都是最优解是困难的，甚至是不可能的，也就是没有单一的**绝对最优解**。多目标最优化方法可以帮助设计人员获得在多个评价指标下都表现出色的设计方案，从而提供更全面的设计选择。

6.1 多目标最优化概述

多目标最优化概述

某设计方案，分别按各自性能建立了多项评价指标 $f_1(\boldsymbol{X})$、$f_2(\boldsymbol{X})$、$f_2(\boldsymbol{X})$、…、$f_m(\boldsymbol{X})$，其称为**分目标函数**。需要对 m 个分目标函数寻求综合最优，建立数学模型：

$$\begin{aligned} &\min\ f_1(\boldsymbol{X}) \\ &\cdots \\ &\min\ f_m(\boldsymbol{X}) \\ \text{s.t.}\quad & g_i(\boldsymbol{X}) \leqslant 0\ (i=1,2,\cdots,p) \\ & h_j(\boldsymbol{X}) = 0\ (j=1,2,\cdots,q<n) \end{aligned} \tag{6-1-1}$$

用向量形式来表示 m 个分目标函数：

$$V\text{-}\min \boldsymbol{F}(\boldsymbol{X}) = \min[f_1(\boldsymbol{X}),\cdots,f_m(\boldsymbol{X})]^{\mathrm{T}} \tag{6-1-2}$$

称 $V\text{-}\min\boldsymbol{F}(\boldsymbol{X})$ 为多目标优化数学模型的最优**向量目标函数**。各最优分目标函数是该向量的分量。

多目标最优化问题的数学模型表示为

$$V\text{-}\min\boldsymbol{F}(\boldsymbol{X})$$

$$
\begin{aligned}
\text{s.t.}\quad & g_i(\boldsymbol{X}) \leqslant 0\ (i = 1,2,\cdots,p) \\
& h_j(\boldsymbol{X}) = 0\ (j = 1,2,\cdots,q < n)
\end{aligned}
\tag{6-1-3}
$$

对多项评价指标寻找综合最优化方案的问题，称为**多目标优化设计问题**。

6.2　多目标最优解的基本概念

多目标最优解
基本概念

在一个多目标函数优化问题中，如何评价两个设计方案的优劣呢？

对于单目标函数，比较两个设计方案各自对应的目标函数值大小，即可确定两个设计方案的优劣程度。所以，单目标函数优劣程度的比较是完全有序的。对于多目标函数，使各分目标函数同时都达到最优是最理想的情况。但实际工程中各分目标函数的关系可能是互相制约甚至是互相矛盾的，例如为了使构件具有尽可能小的变形，需要使用更多的材料；但为了使产品经济性最优，又要求使用较少的材料。同时要求更大的刚度与更好的经济性就是一对互相矛盾的优化目标，而多目标优化问题往往会出现这种互相矛盾的优化要求，找到使各分目标函数同时都达到最优的结果往往很难。

为了直观说明目标函数各解优和劣的概念，仅选择只有两个分目标函数 $f_1(\boldsymbol{X})$、$f_2(\boldsymbol{X})$ 的多目标优化问题，用图 6-2-1 进行简单说明。图 6-2-1 表示由两个分目标函数可行解组成的一组解向量集，每一个序号点表示一个可行的解向量，每个解向量中有两个分量 $f_1(\boldsymbol{X}^*)$、$f_2(\boldsymbol{X}^*)$，共有 6 个解向量，构成一组解向量集。现在试图比较该解集中各解向量的优劣程度。

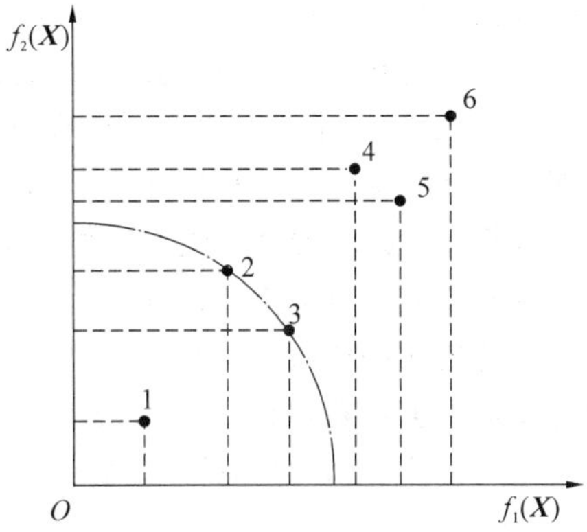

图 6-2-1　两个分目标函数最优解集

从图 6-2-1 中可见，在该解集中，方案 6 解向量的两个分量值 $f_1(\boldsymbol{X}^*)$、$f_2(\boldsymbol{X}^*)$ 都是最大的，称其为解集内的**绝对最劣解**。绝对最劣解只是一个用于比较的概念，优化时不会求解绝对最劣解。方案 1 解向量的两个分量值都是最小的，称其为解集内的**绝对最优解**。它是多目标优化问题的最优解，但是找到绝对最优解比较困难。

多数情况下，找到的解向量是方案 2、3、4、5，它们的两个分量值 $f_1(\boldsymbol{X}^*)$、$f_2(\boldsymbol{X}^*)$ 都介于绝对最优解及绝对最劣解之间。其中方案 4、5 的两个分量值都比方案 6 较优，又比方案 2、3 较差，方案 4、5 称为解集内的**劣解**，所谓“劣解”只是没有绝对最劣解那么“绝对劣”。方案 2、3 的两个分量值虽然都比方案 4、5 较优，但又比方案 1 较差，方案 2、3 称为解集内的**非劣解**（或称为**有效解**、帕雷托解）。所谓“非劣解”只是没有“劣解”那么“劣”，但是也没有绝对最优解那么“优”。

再对有效解方案 2、3 的优劣程度进行比较。方案 2 的 $f_1(\boldsymbol{X}^*)$ 值比方案 3 的 $f_1(\boldsymbol{X}^*)$ 值优，但是方案 2 的 $f_2(\boldsymbol{X}^*)$ 值比方案 3 的 $f_2(\boldsymbol{X}^*)$ 值劣，无法确定方案 2 一定比方案 3 更优，反之，也无法确定方案 3 一定比方案 2 更优。这就是多目标优化设计中比较优化方案优劣的困难之处。另外，注意图 6-2-1 中方案 2、3 点在同一圆周上，表示这两点到坐标原点的距离相同，也就是说这两点代表的解向量的模相等。虽然这两个向量的模相等，但两个向量的分量值不同，仍然无法比较这两个向量表示的优化方案的优劣。

上述说明只是关于绝对最优解、劣解和非劣解不严格的几何解释，其数学定义如下。

对于有 m 个分目标函数 $f_i(\boldsymbol{X})(i=1,2,\cdots,m)$ 的多目标优化设计问题：

(1) 若 $\boldsymbol{X}^* \in \boldsymbol{D}$，对于任意 $\boldsymbol{X}\in\boldsymbol{D}$ 都有 $f_i(\boldsymbol{X})\geqslant f_i(\boldsymbol{X}^*)(i=1,2,\cdots,m)$，则称 $\boldsymbol{X}^*$ 是多目标优化问题的绝对最优解。

(2) 若 $\boldsymbol{X}^* \in \boldsymbol{D}$，又存在 $\boldsymbol{X}\in\boldsymbol{D}$，使得 $\boldsymbol{F}(\boldsymbol{X}^*)\geqslant\boldsymbol{F}(\boldsymbol{X})$，表示在 $\boldsymbol{F}(\boldsymbol{X})$ 的分目标函数中，存在 $\boldsymbol{X}$ 的某个或某些解都比 $\boldsymbol{X}^*$ 对应的每个 $f_i(\boldsymbol{X}^*)(i=1,2,\cdots,m)$ 分目标函数值都小，则称 $\boldsymbol{X}^*$ 是多目标优化问题的劣解。

(3) 若 $\boldsymbol{X}^* \in \boldsymbol{D}$，且不存在 $\boldsymbol{X}\in\boldsymbol{D}$，使其对应的向量目标函数 $\boldsymbol{F}(\boldsymbol{X})=[f_1(\boldsymbol{X}),\cdots,f_m(\boldsymbol{X})]^{\mathrm{T}}$ 中的各个分目标函数值不都比 $\boldsymbol{X}^*$ 对应的 $\boldsymbol{F}(\boldsymbol{X}^*)=[f_1(\boldsymbol{X}^*),\cdots,f_m(\boldsymbol{X}^*)]^{\mathrm{T}}$ 中相应的值大，并且 $\boldsymbol{F}(\boldsymbol{X})$ 中至少有一个分目标函数值比 $\boldsymbol{F}(\boldsymbol{X}^*)$ 相应的值小，则称 $\boldsymbol{X}^*$ 是多目标优化问题的非劣解。

非劣解的另一个表述方法是，对于有 m 个分目标函数 $f_i(\boldsymbol{X})(i=1,2,\cdots,m)$ 的多目标优化设计问题，若已经求得 $\boldsymbol{X}^*\in\boldsymbol{D}$ 的各分目标函数 $f_i(\boldsymbol{X}^*)(i=1,2,\cdots,m)$，当要求 $m-1$ 个目标函数值不变坏时，找不到一个 $\boldsymbol{X}$，使得剩余的这一个(第 k 个)分目标函数值 $f_k(\boldsymbol{X})\geqslant f_k(\boldsymbol{X}^*)$，则称 $\boldsymbol{X}^*$ 是多目标优化问题的非劣解。即无法通过改进某一个目标函数 $f_k(\boldsymbol{X})$ 而不损害其他目标函数 $f_i(\boldsymbol{X})(i=1,2,\cdots,m,i\neq k)$ 来使该目标函数 $f_k(\boldsymbol{X})$ 获得更好的解。

多目标优化设计中，找到绝对最优解比较困难，只能退而求其次找出一组有效解。一个多目标优化问题，常常以找到一组有效解为初步目标，全部有效解的集合称为有效解集。有效解集是多目标优化可行解的一个子集。该子集越小，寻找多目标优化设计最优解越简单。多目标优化设计需要从一组尽可能小的有效解集中，选择出最符合工程问题要求的最优解。所以有效解在多目标优化设计中非常重要，但目前求得有效解的理论研究并不充分。

从有效解中选取最符合工程问题要求的最优解，通常有如下几种方法：第一种是事前协商好按某种关系来求解最优解，如加权因子法、目标规划法；第二种是考虑设计要求的其他因素选取最优解，如协调曲线法；第三种是逐渐改进有效解，直至找到最令人满意的最优解为止，如功效系数法。

6.3　多目标优化设计方法

多目标优化设计方法

多目标优化设计方法较多，限于篇幅，这里仅介绍相对简单的构建统一目标函数的几种常见的方法。

统一目标函数法是将 m 个分目标函数 $f_i(\boldsymbol{X})(i=1,2,\cdots,m)$ 统一到新构成的一个综合目标函数 $\boldsymbol{F}(\boldsymbol{X})$ 中：

$$\boldsymbol{F}(\boldsymbol{X})=\boldsymbol{F}(f_1(\boldsymbol{X}),\cdots,f_m(\boldsymbol{X})) \tag{6-3-1}$$

将原来的多目标优化问题转化为一个统一目标函数的单目标优化问题进行求解。

$$\min \boldsymbol{F}(\boldsymbol{X})=\min\boldsymbol{F}(f_1(\boldsymbol{X}),f_2(\boldsymbol{X}),\cdots,f_m(\boldsymbol{X})) \tag{6-3-2}$$

下面介绍几种常见的统一目标函数法，相关程序可扫描二维码查看。

多目标优化设计程序

1. 加权组合法

加权组合法也称为线性组合法或加权因子法，是一个广泛应用的统一目标函数法。其基本原理是,根据各个分目标函数的重要程度,分别赋予它们不同的权值(权重系数),权值本质上是比例系数(越重要的项其权值越大,在整体中所占的比例越大)。再将这些带有权值的各个分目标函数求和,构成一个统一目标函数。由于统一目标函数形式上是一个单目标函数,因此可以用单目标函数优化方法,对统一目标函数进行单目标函数优化处理,比较统一目标函数值的大小,得到统一目标函数值的最优解,从而获得原多目标优化问题中各分目标函数的综合优化解,综合优化解一般是有效解(非劣解)。

当统一目标函数得到综合最优解时:① 不能保证各个分目标函数全部都得到最优解(绝对最优解),只能使各个分目标函数按比例达到综合优化解,对应权值大的分目标函数优化效果更好;② 对同一个优化问题用加权组合法进行两次优化,即使两次优化的统一目标函数值相等,也不能保证两次优化的各个分目标函数值一定相同。参见图 6-2-1 的几何关系,两个相等的统一目标函数值(如在同一圆周上的 2、3 两点),仅表示这两点对应的向量的模相等,并不表示对应两个点的两个向量的坐标分量一定相同。同一个统一目标函数值可以对应不同的解的组合。

加权组合法的统一目标函数为

$$\boldsymbol{F}(\boldsymbol{X}) = \sum_{i=1}^{m} \omega_i f_i(\boldsymbol{X}) \tag{6-3-3}$$

式中:ω_i 为第 i 个分目标函数 $f_i(\boldsymbol{X})$的权值,$f_i(\boldsymbol{X})$项越重要 ω_i 取值应越大,它们在统一目标函数中所占的比例越大。通常取 $\omega_i>0$ 且 $\sum_{i=1}^{m}\omega_i=1$。

对于多目标优化数学模型:

$$\begin{aligned}
& V\text{-}\min\boldsymbol{F}(\boldsymbol{X}) = \min\,[f_1(\boldsymbol{X}),\cdots,f_m(\boldsymbol{X})]^{\mathrm{T}} \\
\text{s.t.}\quad & g_i(\boldsymbol{X}) \leqslant 0 \quad (i=1,2,\cdots,p) \\
& h_j(\boldsymbol{X}) = 0 \quad (j=1,2,\cdots,q<n)
\end{aligned}$$

用加权组合法表示为一个单目标优化的数学模型:

$$\begin{aligned}
& \min\boldsymbol{F}(\boldsymbol{X}) = \min\sum_{i=1}^{m}\omega_i f_i(\boldsymbol{X}) \\
\text{s.t.}\quad & g_i(\boldsymbol{X}) \leqslant 0 \quad (i=1,2,\cdots,p) \\
& h_j(\boldsymbol{X}) = 0 \quad (j=1,2,\cdots,q<n)
\end{aligned} \tag{6-3-4}$$

对式(6-3-4)求出统一目标函数最优解,使各个分目标函数按比例(权值)达到综合优化解。

一般情况下,对统一目标函数进行有限的 k 次优化搜索,可以得到 k 个综合优化解,构成一组有效解,再根据实际工程设计问题,从中选出一组最令人满意的多目标优化最优解。

2. 理想点法(或目标规划法)

其基本方法是,先对各分目标函数分别进行单目标优化,将取得的各个单目标函数最优值作为多目标优化时各个分目标函数的理想值,根据多目标优化设计的总体要求,对这些理想值进行适当调整,确定各个分目标函数的最合理值 f_i^0,然后按平方和法,构造统一的目标函数。

$$\boldsymbol{F}(\boldsymbol{X}) = \sum_{i=1}^{m}\left(\frac{f_i(\boldsymbol{X})-f_i^0}{f_i^0}\right)^2 \tag{6-3-5}$$

将其作为单目标函数,再对该统一目标函数进行优化:

$$\min \boldsymbol{F}(\boldsymbol{X}) = \min \sum_{i=1}^{m} \left(\frac{f_i(\boldsymbol{X}) - f_i^0}{f_i^0} \right)^2$$

$$\text{s.t.} \quad g_i(\boldsymbol{X}) \leqslant 0 \quad (i = 1,2,\cdots,p)$$

$$h_j(\boldsymbol{X}) = 0 \quad (j = 1,2,\cdots,q < n) \tag{6-3-6}$$

求得的统一目标函数最优解，可使得各分目标函数优化值 $f_i(\boldsymbol{X})$距各分目标合理值 f_i^0 最近，实现各分目标函数综合最优的目的。式(6-3-6)中除以函数 f_i^0，是为了实现无量纲化。

3. 功效系数法

功效系数法的基本方法是，将 m 个分目标函数 $f_i(\boldsymbol{X})(i=1,2,\cdots,m)$，对应设置 m 个功效系数 η_i，用于表示各目标函数指标的优劣。功效系数 η_i 是一个定义于 $0\leqslant\eta_i\leqslant1$ 的函数，$\eta_i=F(f_i(\boldsymbol{X}))$，$\eta_i=1$ 表示第 i 个分目标函数 $f_i(\boldsymbol{X})$的值最好，$\eta_i=0$ 表示第 i 个分目标函数 $f_i(\boldsymbol{X})$的值最差，其余情况下功效系数在 0～1 之间变化。全部功效系数的几何平均值称为总功效系数 η：

$$\eta = \sqrt[m]{\eta_1 \eta_2 \cdots \eta_m} \tag{6-3-7}$$

功效系数 η 的大小表示设计方案的优劣，最优设计方案应该使

$$\eta = \sqrt[m]{\eta_1 \eta_2 \cdots \eta_m} \quad \rightarrow \quad \max \tag{6-3-8}$$

$\eta=1$ 表示取得最理想方案，$\eta=0$ 表示取得最差方案，此时必有某分目标函数的功效系数 $\eta_i=0$。

功效系数本质上是一个函数，如何确定功效系数函数是该方法的重点，图 6-3-1 是两种常用的线性功效系数函数曲线。其中，图 6-3-1 (a)所示为 $f_i(\boldsymbol{X})$的值越大越好时功效系数 η_i 的线性函数表示方法，当 $f_i(\boldsymbol{X})$的值最小时 $\eta_i=0$，$f_i(\boldsymbol{X})$的值最大时 $\eta_i=1$，$f_i(\boldsymbol{X})$的值介于最小至最大之间时 $\eta_i=0$～1。图 6-3-1 (b)所示为 $f_i(\boldsymbol{X})$的值越小越好时功效系数 η_i 的线性函数表示方法，$f_i(\boldsymbol{X})$的值最小时 $\eta_i=1$，$f_i(\boldsymbol{X})$的值最大时 $\eta_i=0$，$f_i(\boldsymbol{X})$的值介于最小至最大之间时 $\eta_i=0$～1。在使用这些功效系数函数时，必须做出相应的规定。

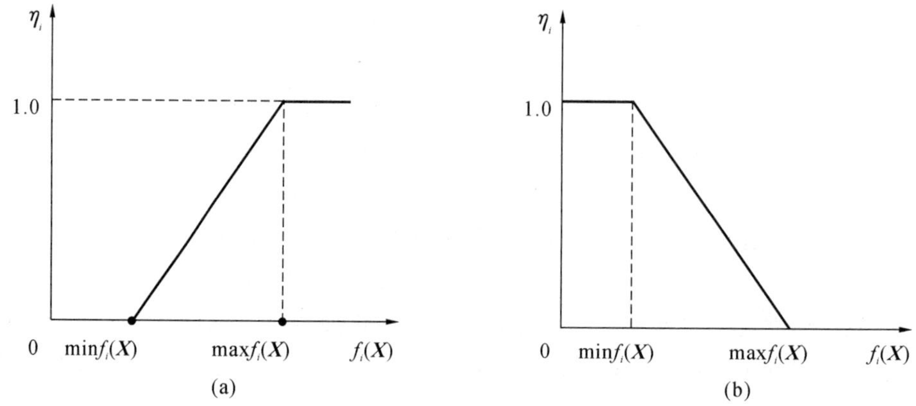

图 6-3-1　功效系数函数曲线

(a) $\eta_i=1$　(b) $\eta_i=0$

将总功效系数 η 作为统一目标函数 $F(\boldsymbol{X})$，使

$$F(\boldsymbol{X}) = \eta = \sqrt[m]{\eta_1 \eta_2 \cdots \eta_m} \quad \rightarrow \quad \max \tag{6-3-9}$$

功效系数法概念易于理解，系数易于调整，同时由于各个分目标函数最终都化为 0～1 之间的数值，各个分目标函数的量纲不会互相影响，而且一旦某一分目标函数值不理想($\eta_i=0$)，总功效系数必定为零，表示该设计方案不可接受。另外，改变功效系数曲线设置方

法，该方法也可以处理目标函数值既不是愈大愈好、也不是愈小愈好的问题。

4. 乘除法

乘除法的基本方法是，在全部 m 个分目标函数中，有 s 项函数值希望愈小愈好，其余的 $(m-s)$ 项函数值则希望越大越好，那么统一目标函数可以取为

$$f(\boldsymbol{X})=\frac{\sum_{i=1}^{s}\omega_i f_i(\boldsymbol{X})}{\sum_{i=s+1}^{m}\omega_i f_i(\boldsymbol{X})}\rightarrow \max \tag{6-3-10}$$

式中：ω_i 为第 i 项分目标函数 $f_i(\boldsymbol{X})$ 的权值。

对于多目标优化设计问题，除了上述提到的统一目标函数法，还有主要目标法、协调曲线法等方法，可以参考其他教材获取更多信息。总体而言，与单目标优化设计相比，多目标优化设计在理论和算法方面仍有很大的改进空间，至今仍然是一个活跃的研究领域，尚未达到完善的程度。设计人员在面临多个评价指标时，需要综合考虑不同目标之间的权衡关系，并根据具体需求选择合适的优化方法。

多目标最优化方法用于解决设计方案中同时具有多个评价指标的综合优化问题。它涉及对多个相互竞争的目标函数进行优化，并帮助设计人员找到一组帕雷托解集，提供多个在不同评价指标下都较优的设计方案。

本 章 小 结

1. 知识组织脉络图

多目标优化方法知识组织脉络图如图 6-4-1 所示。

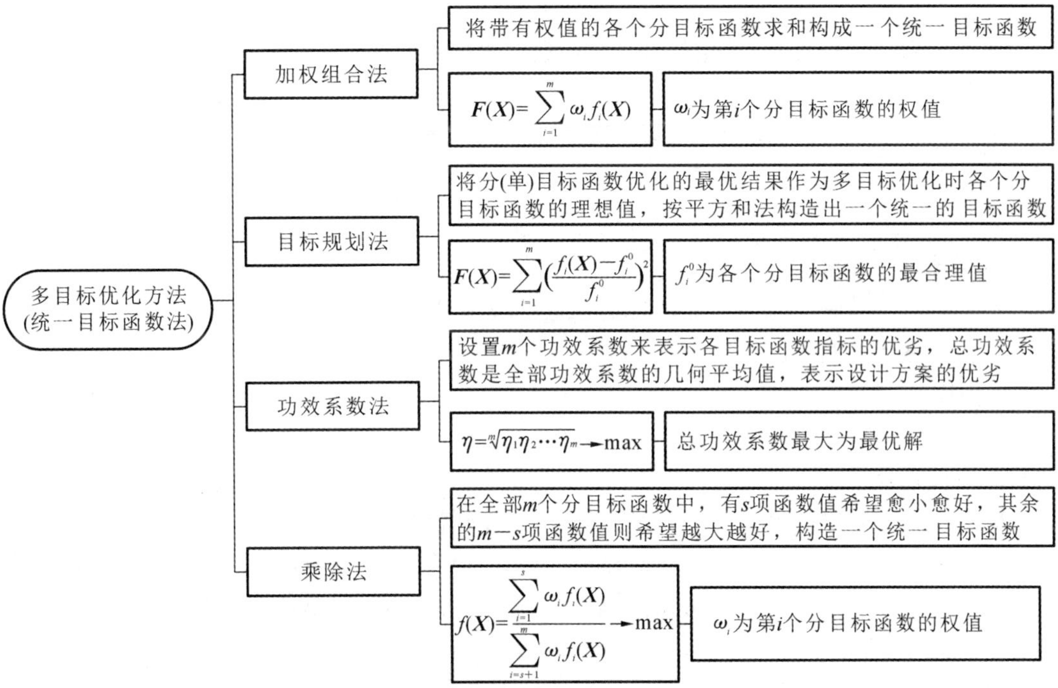

图 6-4-1　多目标优化方法知识组织脉络图

2. 内容回顾

具有多个评价指标的综合优化问题称为多目标最优化问题，在多目标最优化设计中，有多个分目标函数，多目标优化数学模型为由多个分目标函数组成的最优向量目标函数，其解为帕雷托最优解集。优化解是对分目标进行权衡，找到一组分目标都尽可能最优的解集，本章仅介绍由多目标函数构建统一目标函数后寻优的几种常见方法。

加权组合法　加权组合法是一种将多个目标进行加权组合，然后求解综合目标函数的最小值或最大值的方法。它通过给每个目标分配一个权值，将多个目标函数转化为一个综合目标函数，然后使用优化算法求解综合目标函数的最优解。加权组合法的缺点是需要手动设定权值，具有一定的主观性。

目标规划法　目标规划法是一种将多目标优化问题转化为单目标优化问题的方法。它将各个分目标函数的最优值，按平方和法构造统一的目标函数，然后使用单目标优化算法来求解最优解。

功效系数法　功效系数法通过定义一系列的功效系数(各功效系数是相应分目标函数的函数)，将所有的功效系数取几何平均值作为总功效函数(评价函数)，这样将多目标优化问题转化为单目标优化问题。通过直线法、折线法或指数法等方法确定各功效系数值，最终得到一个或多个满足所有功效系数的优化解。

乘除法　分目标函数可分为目标函数取极大值和目标函数取极小值两类，将取极大值目标函数加权和除以取极小值函数加权和构成的单一目标函数进行求解，要求位于分子的各分目标函数应尽量大，位于分母的各分目标函数应尽量小。

习　题

6-1　简述单目标函数优化与多目标函数优化的主要区别。

6-2　什么是非劣解？

6-3　设某多目标优化设计问题的两个分目标函数为

$$\min f_1(x) = x^2 - 2x$$

$$\min f_2(x) = -x$$

若用统一目标函数为

$$\min f(x) = f_1(x) + W f_2(x)$$

试分别选如下两组加权因子：

(1) $W=1$；

(2) $W=1/2$。

进行多目标优化。

6-4　设某多目标优化设计问题的三个分目标函数为

$$\min f_1(\boldsymbol{X}) = (x_1+2)^2 + (x_2-2)^2$$

$$\min f_2(\boldsymbol{X}) = (x_1+1)^2 + (x_2+3)^2$$

$$\min f_3(\boldsymbol{X}) = (x_1-9)^2 + (x_2+3)^2$$

$$\text{s.t.}\quad g(\boldsymbol{X}) = 4 - (x_1^2 + x_2^2) \leqslant 0$$

若用线性组合方法，统一目标函数设为

$$\min f(\boldsymbol{X}) = W_1 f_1(\boldsymbol{X}) + W_2 f_2(\boldsymbol{X}) + W_3 f_3(\boldsymbol{X})$$

$$\text{s.t.} \quad g(\boldsymbol{X}) = 4 - (x_1^2 + x_2^2) \leqslant 0$$

若取初始点$\boldsymbol{X}^{(0)} = (1, 0.5)^{\mathrm{T}}$，试分别选如下两组加权因子：

(1) $W_1 = W_2 = W_3 = 1$；

(2) $W_1 = 3.8, W_2 = 2.8, W_3 = 1$。

进行多目标优化。

第7章

约束优化应用实例

在工程应用中，几乎所有问题都可以视为约束优化问题。前述有关约束优化的章节主要介绍了基本原理和方法，在此过程中，一个非常重要的组成部分——优化数学模型是直接给出的。然而，建立优化模型是优化设计的根本，要建立一个优化模型，需要一定的工程经验以及扎实的数学、力学和专业理论知识。

本章引用四个简单的实例，从选择设计变量、确定目标函数以及处理约束条件开始，构建相应的优化模型；通过选择某种优化方法来确定优化程序，在具体的优化程序中，根据当前的优化模型来修改目标函数子函数/子程序和约束条件，并确定初始值；最后对计算结果进行简单分析。本章的主要目的是学习如何应用约束优化的数值计算方法，因而没有选用复杂的工程问题，只需要具有工程力学方面的专业知识即可，以免花费过多的时间和精力在复杂的工程专业知识上，从而忽略了对优化设计知识本身的理解。

7.1 简单压杆优化实例

第 1 章中，用例 1-2 引入了二维优化设计的一些基本概念，例题最后提到：在第 4、5 章中，有多种优化方法可搜索出最优点 $\boldsymbol{X}^*$，如用约束随机方向法得到：

$$\boldsymbol{X}^* = \begin{pmatrix} D \\ \delta \end{pmatrix} = \begin{bmatrix} x_1^* \\ x_2^* \end{bmatrix} = \begin{pmatrix} 81 \\ 1 \end{pmatrix}(\mathrm{mm})$$

现在可用学过的各种约束优化数值方法，实际计算出该问题的结果。

【例 7-1】 空心等截面简单压杆两端均为球铰支座，承受轴向压力 $P=22680$ N，如图 7-1-1所示。压杆长度 $l=2540$ mm，铝材弹性模量 $E=70.3$ GPa，密度 $\rho=2.768$ t/m^3，比例极限 $\sigma_p=175$ MPa，许用压应力$[\sigma]=140$ MPa。设压杆的内、外直径分别为 D_0、D_1，平均直径 $D=(D_0+D_1)/2$。视其为薄壁圆环，要求 $D\leqslant 89$ mm，壁厚 $\delta\geqslant 1$ mm。求 D、δ 分别为何值时，压杆质量最小。

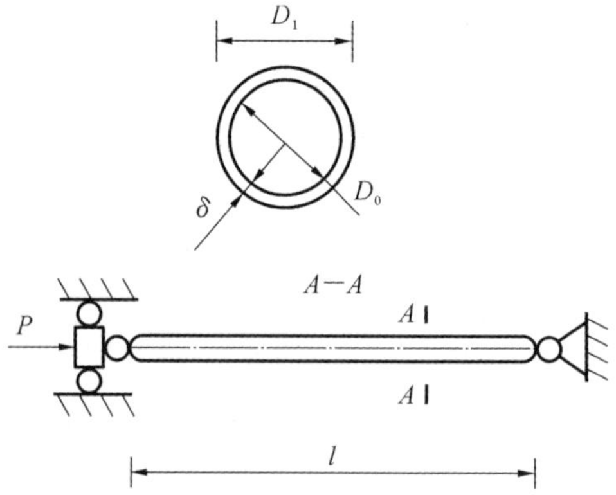

图 7-1-1　压杆结构图

解　1. 建立优化模型

该例题的优化模型建立过程可参考并复习例 1-2，不再重复推导。经过整理的约束优化数学模型参见式(1-1-28)至式(1-1-32)，为计算质量，引入密度，优化模型如下：

$$\begin{aligned} &\min f(\boldsymbol{X}) = \pi x_1 x_2 l\rho \\ \text{s.t.}\quad & x_1 - 89 \leqslant 0 \\ & 1 - x_2 \leqslant 0 \\ & 51.6 - x_1 x_2 \leqslant 0 \\ & 537026.3 - x_1^3 x_2 \leqslant 0 \end{aligned} \tag{7-1-1}$$

2. 选用优化方法

为了练习，分别选用直接法中的约束随机方向法和约束坐标轮换法进行计算，相关程序可扫描二维码查看。

3. 优化计算

一般情况下，对于通用的约束优化程序，需要根据具体的问题，将其中目标函数及约束条件改写为优化模型表达式对应的语句，选择适当的初始参数，并根据实际问题，调整程序界面上需要输入的基本参数。

如对于例 7-1 的约束优化模型式(7-1-1)，选用约束坐标轮换法程序及约束随机方向法程序，进行如下改写。

约束随机方向法-压杆程序　　约束坐标轮换法-压杆程序

(1) 目标函数子程序改写为

```
Private Function fxval! (x! ()) '目标函数
  l= 2540
  fxval = 3.1416 *  x(1) *  x(2)* l* 2.768E6 ’参见式(7-1-1)中目标函数计算式
End Function
```

(2) 将约束条件子程序改写为

```
Private Function gua% (x! ()) '约束条件
gua= 1 '先设定未超界,标记= 1
If x(1)- 89 > =  0 Then gua= 0 ’参见式(7-1-1)中各约束条件
If 1- x(2) > =  0 Then gua= 0
If 51.6- x(1) *  x(2) >  0 Then gua= 0  '强度约束
If 537026.3- x(1) ^ 3 *  x(2) >  0 Then gua= 0 '稳定性约束
End Function
```

分别选择初始值，如图 7-1-2(a)(b)所示。

约束坐标轮换法的计算结果如图 7-1-2(a)所示，约束随机方向法的计算结果如图 7-1-2(b)所示。

约束坐标轮换法的最优解为

$$\boldsymbol{X}^* = (D,\delta)^{\mathrm{T}} = (x_1^*, x_2^*)^{\mathrm{T}} = (81.01, 1.01)^{\mathrm{T}}(\mathrm{mm}), f(\boldsymbol{X}^*) = 1.807(\mathrm{kg})$$

约束随机方向法中某一次的最优解为

$$\boldsymbol{X}^* = (D,\delta)^{\mathrm{T}} = (x_1^*, x_2^*)^{\mathrm{T}} = (81.28, 1.00)^{\mathrm{T}}(\mathrm{mm}), f(\boldsymbol{X}^*) = 1.796(\mathrm{kg})$$

精确解是

$$\boldsymbol{X}^* = (D,\delta)^{\mathrm{T}} = (x_1^*, x_2^*)^{\mathrm{T}} = (81.17, 1.00)^{\mathrm{T}}(\mathrm{mm}), f(\boldsymbol{X}^*) = 1.786(\mathrm{kg})$$

两种约束优化方法都具有较好的计算结果。在实际计算过程中，也可发现两种直接约束优化方法各自的不足。

对于约束坐标轮换法，由于其只能沿着坐标轴方向进行搜索，搜索方向不够灵活，致使优化结果与壁厚 $\delta(x_2)$ 的初始值密切相关，对该变量优化效果一般。实用中，若发现某变量

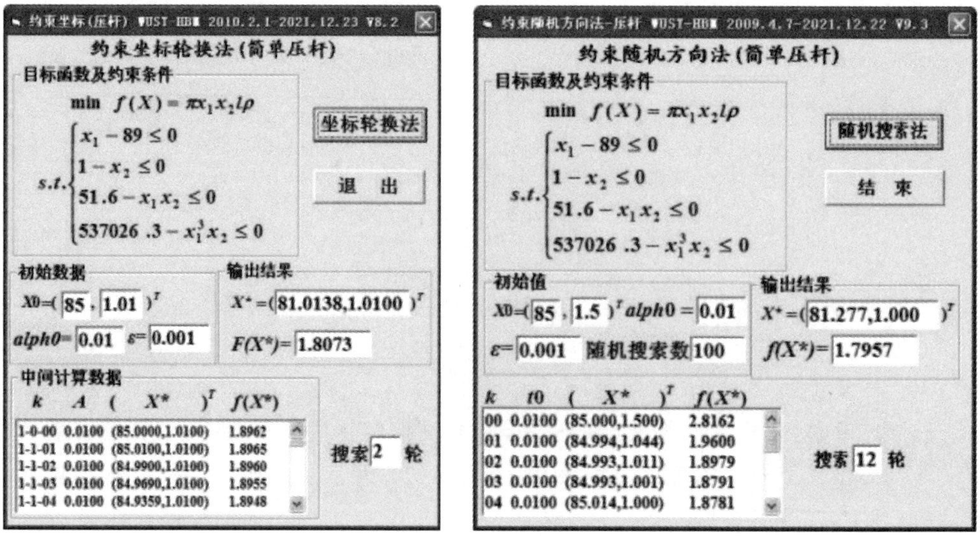

(a)　　(b)

图 7-1-2　例 7-1 计算程序界面

(a) 约束坐标轮换法　(b) 约束随机方向法

无法进行优化，则可以调整该变量的初始值，以期获得更好结果。如此例中，当壁厚初始值取 $\delta(x_2)=1.001$(mm)时，$\boldsymbol{X}^*=(81.26,1.001)^{\mathrm{T}}$(mm)，$f(\boldsymbol{X}^*)=1.7966$(kg)。

对于约束随机方向法，图中显示的优化结果比较好，但该结果是经过多次计算后选出的。由于其随机性，每次计算结果均不相同，有的只搜索了两轮，目标函数值下降并不多。但与约束坐标轮换法相比，约束随机方向法对两个设计变量的优化结果均较好，特别是壁厚变量。所以，使用约束随机方向法时，需要多计算几次，通过比较每次的目标函数值，从中选出一个最优的结果。

为了估计优化的效果，一般用相对值进行比较。假设给定的初始值是一个原始设计方案，则约束坐标轮换法优化效果为

$$\Delta E=\frac{|f(\boldsymbol{X}^*)-f(\boldsymbol{X}^{(0)})|}{f(\boldsymbol{X}^{(0)})}=\frac{|1.807-1.896|}{1.896}\times 100\%=4.7\%$$

约束随机方向法的优化效果为

$$\Delta E=\frac{|f(\boldsymbol{X}^*)-f(\boldsymbol{X}^{(0)})|}{f(\boldsymbol{X}^{(0)})}=\frac{|1.796-2.816|}{2.816}\times 100\%=36\%$$

但是，这只是一种比较优化效果的计算方法而已。事实上，由于两种约束优化方法的初始值不同，两者的优化效果并不具有可比性。特别是约束随机方向法，为了验证其优化效果，将初始值设计得较大，以至于优化效果看起来“很显著”。实际上，按经验设计的初始方案，虽然不是最优方案，但一般也是比较接近优化方案的。

上述例题的一个略复杂的变化可参见图 7-1-3，该例是优化设计教材中引用较多的一个应用实例。

【例 7-2】　人字架结构如图 7-1-3 所示，结构由两根相同的空心钢管构成。顶点处受竖直外力 $2F=3\times10^5$ N，材料弹性模量 $E=2.1\times10^5$ MPa，材料密度 $\rho=7.8\times10^3$ kg/m^3，许用压应力$[\sigma_y]=420$ MPa，跨度 $2B=152$ cm，钢管壁厚 $T=0.25$ cm。求钢管不发生受压强度破坏及不失稳条件下的人字架高度 h 及钢管平均直径 D，使钢管总质量 m 最小。

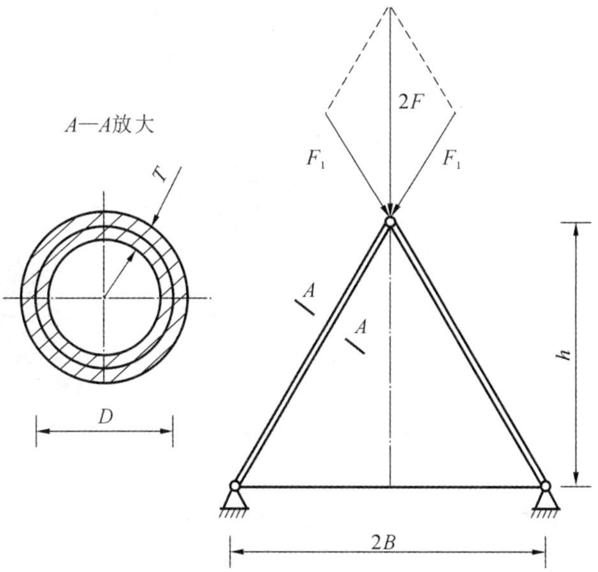

图 7-1-3　人字架结构

解　对于该二维变量约束优化问题，目标函数是钢管总质量，性能约束是结构具有足够的压缩强度及稳定性。

1. 建立优化模型

(1) 取设计变量：$\boldsymbol{X}=(D,h)^{\mathrm{T}}=(x_1,x_2)^{\mathrm{T}}$。

(2) 建立目标函数：

$$f(\boldsymbol{X})=2\rho AL=2\pi\rho TD\sqrt{B^2+h^2}=2\pi\rho Tx_1\sqrt{B^2+x_2^2}$$

(3) 约束条件：

每根钢管承受的压力为

$$F_1=\frac{FL}{h}=\frac{F\sqrt{B^2+h^2}}{h}=\frac{F\sqrt{B^2+x_2^2}}{x_2}$$

① 保证每根钢管具有足够的压应力强度：

$$\sigma=\frac{F_1}{A}=\frac{F\sqrt{B^2+x_2^2}}{\pi TDx_2}=\frac{F\sqrt{B^2+x_2^2}}{\pi Tx_1x_2}\leqslant[\sigma_{\mathrm{y}}]$$

② 保证结构具有足够的稳定性：

两端铰支约束压杆的临界压力为

$$F_{\mathrm{cr}}=\frac{\pi^2EI}{L^2}$$

式中：I 为薄壁钢管截面的惯性矩。

$$I=\frac{\pi}{4}(R^4-r^4)=\frac{A}{8}(T^2+D^2)=\frac{\pi TD}{8}(T^2+D^2)$$

$$F_{\mathrm{cr}}=\frac{\pi^2EI}{L^2}=\frac{\pi^3ETD(T^2+D^2)}{8(B^2+h^2)}=\frac{\pi^3ETx_1(T^2+x_1^2)}{8(B^2+x_2^2)}$$

要保证结构具有足够的稳定性，则

$$F_1=\frac{F\sqrt{B^2+x_2^2}}{x_2}\leqslant F_{\mathrm{cr}}=\frac{\pi^3ETx_1(T^2+x_1^2)}{8(B^2+x_2^2)}$$

建立优化数学模型：

$$\min f(\boldsymbol{X}) = 2\pi\rho T x_1 \sqrt{B^2 + x_2^2}$$

$$\text{s.t.}\quad \frac{F\sqrt{B^2 + x_2^2}}{\pi T x_1 x_2} - [\sigma_y] \leqslant 0$$

$$\frac{F\sqrt{B^2 + x_2^2}}{x_2} - \frac{\pi^3 E T x_1 (T^2 + x_1^2)}{8(B^2 + x_2^2)} \leqslant 0$$

2. 选用优化方法

仍然用约束坐标轮换法及约束随机方向法进行优化计算，相关程序可扫描二维码查看。

约束随机方向法-人字架程序　　约束坐标轮换法-人字架程序

3. 优化计算

取初始值 $\boldsymbol{X}=(x_1,x_2)^{\mathrm{T}}=(8,78)^{\mathrm{T}}$(cm)，初始步长 $\alpha_0=0.1$，计算精度 $\varepsilon=0.01$。

在程序界面上，通过文本框获得杆件许用压应力$[\sigma_y]=420$ MPa。

(1) 目标函数子程序改写为

```
Private Function fxval! (x! ()) '目标函数
  fxval= 2 * 3.1416 * 0.0078 * 0.25 * x(1) * Sqr(76 * 76+ x(2) * x(2))
End Function
```

(2) 将约束条件子程序改写为

```
Private Function gua% (x! ()) '约束条件
xgm= Val(Text9.Text) '许用应力
gua= 1 '先设定未超界,标记= 1
a1= 150000 * Sqr(76 * 76+ x(2) * x(2)): a2 = (3.14159 * 0.25 * x(1) * x(2))
b1= 3.14159 * 3.14159 * 21000000# * (0.25 * 0.25+ x(1) * x(1))
b2= 8 * (76 * 76+ x(2) * x(2))
If a1/a2- 100 * xgm > = 0 Then gua= 0 '强度约束,超界则标记= 0
If a1/a2- b1/b2 > = 0 Then gua= 0 '稳定性约束,超界则标记= 0
End Function
```

强度和稳定性约束条件表达式太长，先将其拆成分项式 $a1$、$a2$、$b1$ 及 $b2$。

约束坐标轮换法的计算结果如图 7-1-4(a)所示，约束随机方向法的计算结果如图 7-1-4(b)所示。

约束坐标轮换法的最优解为

$$\boldsymbol{X}^* = (D,h)^{\mathrm{T}} = (x_1^*, x_2^*)^{\mathrm{T}} = (6.385, 77.108)^{\mathrm{T}}(\mathrm{cm}),\ f(\boldsymbol{X}^*) = 8.470(\mathrm{kg})$$

约束随机方向法的最优解为

$$\boldsymbol{X}^* = (D,h)^{\mathrm{T}} = (x_1^*, x_2^*)^{\mathrm{T}} = (6.422, 76.216)^{\mathrm{T}}(\mathrm{cm}),\ f(\boldsymbol{X}^*) = 8.469(\mathrm{kg})$$

精确解是

$$\boldsymbol{X}^* = (D,h)^{\mathrm{T}} = (x_1^*, x_2^*)^{\mathrm{T}} = (6.431, 76.00)^{\mathrm{T}}(\mathrm{cm}),\ f(\boldsymbol{X}^*) = 8.469(\mathrm{kg})$$

两种优化方法取相同的初始点，初始设计方案的函数值为 $f(\boldsymbol{X}^{(0)})=10.675$(kg)。

约束坐标轮换法优化效果：

$$\Delta E = \frac{\Delta f}{|f(\boldsymbol{X}^{(0)})|} = \frac{10.675 - 8.470}{10.675} \times 100\% = 20.7\%$$

约束随机方向法优化效果：

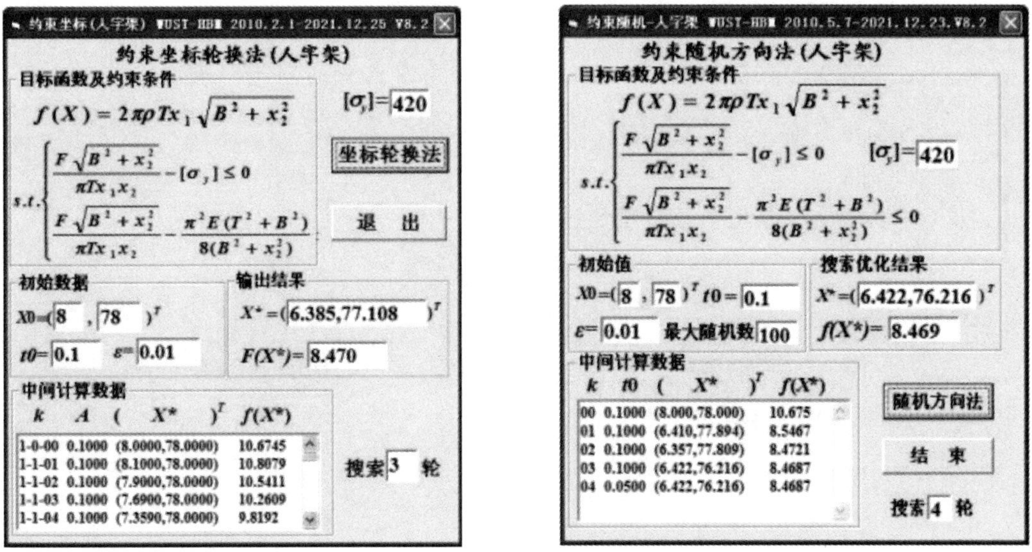

(a)　　　　(b)

图 7-1-4　例 7-2 计算程序界面

(a) 约束坐标轮换法　(b) 约束随机方向法

$$\Delta E=\frac{\Delta f}{|f(\boldsymbol{X}^{(0)})|}=\frac{10.675-8.469}{10.675}\times 100\%=20.7\%$$

两种优化方法的效果相当，质量减轻 20.7%，优化效果比较明显。只是约束随机方向法需要经过多次试算，才能选出较好的结果。

7.2　机床主轴优化实例

实际的机床主轴是空心的阶梯轴，为了便于用材料力学知识计算，常将其简化为用当量直径表示的等截面轴。本节例题以一个简化的静定外伸梁主轴为例，如图 7-2-1 所示，说明其约束优化方法。

【例 7-3】 机床主轴结构简图如图 7-2-1 所示，内径 $d=30$ mm，外力 $F=15000$ N，外伸端 C 处的许用最大挠度 $[y_c]=0.05$ mm，材料弹性模量 $E=2.1\times 10^5$ MPa，材料密度 $\rho=7.8\times 10^3$ kg/m^3，以 l、D 及 a 为设计参数进行优化，使主轴自重最小。

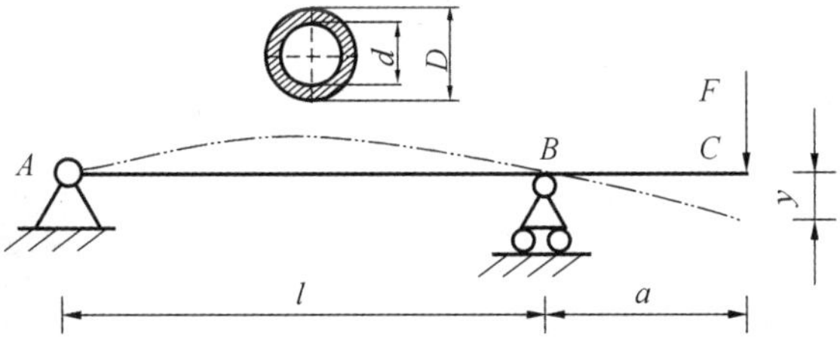

图 7-2-1　机床主轴结构简图

解　1. 建立优化模型

(1) 取主轴外径 D、跨度 l 及外伸长度 a 为三个设计变量：

$$\boldsymbol{X}=(l,D,a)^{\mathrm{T}}=(x_1,x_2,x_3)^{\mathrm{T}}$$

(2) 建立主轴的质量目标函数：

$$f(\boldsymbol{X})=\frac{1}{4}\pi\rho(l+a)(D^2-d^2)=\frac{1}{4}\pi\rho(x_1+x_3)(x_2^2-d^2)$$

(3) 建立约束条件。

① 性能约束。

刚度条件为外伸端挠度 y 不得超过许用挠度：

$$g_1(\boldsymbol{X})=y-[y_c]\leqslant 0$$

外伸端挠度为

$$y=\frac{Fa^2(l+a)}{3EI}=\frac{Fx_3^2(x_1+x_3)}{3E\pi(x_2^4-d^4)/64}=\frac{64Fx_3^2(x_1+x_3)}{3\pi E(x_2^4-d^4)}$$

式中：I 为主轴截面的惯性矩。

则

$$g_1(\boldsymbol{X})=\frac{64Fx_3^2(x_1+x_3)}{3\pi E(x_2^4-d^4)}-[y_c]\leqslant 0$$

根据材料力学的安全准则，还应该考虑强度条件，即梁中的最大弯曲正应力不得超过材料的许用应力，梁中的最大切应力不得超过材料的许用切应力。由于主轴的刚度条件要求较高，当满足刚度要求时，强度一定足够。所以，强度条件是冗余约束，不必作为性能约束考虑。

② 几何约束。

设计变量的几何尺寸应当在一定的范围内，即

跨度几何约束：

$$l_{\min}\leqslant l\leqslant l_{\max}$$

外径几何约束：

$$D_{\min}\leqslant D\leqslant D_{\max}$$

外伸长度几何约束：

$$a_{\min}\leqslant a\leqslant a_{\max}$$

其中可以省略两个约束条件：$l\leqslant l_{\max}$ 及 $a\leqslant a_{\max}$。因为减轻自重及减小外伸端挠度，都需要 l 及 a 尽量小，所以这两个几何尺寸上限约束是冗余约束。

由此建立主轴的优化数学模型：

$$\min f(\boldsymbol{X})=\frac{1}{4}\pi\rho(x_1+x_3)(x_2^2-d^2)$$

$$\begin{aligned}\text{s.t.}\quad & g_1(\boldsymbol{X})=\frac{64Fx_3^2(x_1+x_3)}{3\pi E(x_2^4-d^4)}-[y_c]\leqslant 0\\ & g_2(\boldsymbol{X})=1-x_1/l_{\min}\leqslant 0\\ & g_3(\boldsymbol{X})=1-x_2/D_{\min}\leqslant 0\\ & g_4(\boldsymbol{X})=1-x_3/a_{\min}\leqslant 0\\ & g_5(\boldsymbol{X})=x_2/D_{\max}-1\leqslant 0\end{aligned}$$

约束随机方向法-主轴程序

复合形法-主轴程序

2. 选用优化方法

为了练习，分别选用约束随机方向法及复合形法进行计算，相关程序可扫描二维码查看。

3. 优化计算

取初始值 $\boldsymbol{X}^{(0)}=(l,D,a)^{\mathrm{T}}=(x_1,x_2,x_3)^{\mathrm{T}}=(310,80,99)^{\mathrm{T}}$(mm)，计算精度 $\varepsilon=0.01$。

取设计变量几何尺寸的上下限，即

跨度几何约束：

$$l_{\min} = 300 \leqslant l$$

外径几何约束：

$$D_{\min} = 60 \leqslant D \leqslant D_{\max} = 140$$

外伸长度几何约束：

$$a_{\min} = 90 \leqslant a$$

（1）目标函数子程序改写为

```
Private Function fxval! (x! ()) '目标函数
  fxval= 3.14 *  7.8/1000000# /4 * (x(1)+ x(3)) * (x(2) *  x(2)- 30 *  30)
End Function
```

（2）将约束条件子程序改写为

```
Private Function gua% (x! ()) '主轴约束条件
yc= Val(Text10.Text)
gua = 1 '先设定满足约束条件,标记= 1
Dim a5 As Single
a5= 15000/216000
a5= 64 *  a5 * (x(3) ^ 2) * (x(1)+ x(3))
c1= a5/3/3.14 /(x(2) ^ 4- 30 ^ 4)
If c1/yc- 1 >  0 Then gua= 0 '超界则标记= 0
If 1- x(1)/300 >  0 Then gua= 0
If 1- x(2)/60 >  0 Then gua= 0
If x(2)/140- 1 >  0 Then gua= 0
If 1- x(3)/90 >  0 Then gua= 0
End Function
```

其中性能约束公式太长，中间添加了一些变量 a_5 和 c_1，以使程序中对应的约束条件可以写得短一点。

约束随机方向法的计算结果如图 7-2-2(a)所示，复合形法的计算结果如图 7-2-2(b)所示。其中，约束随机方向法经过了多次试探计算，选出一个效果较好的结果。

约束随机方向法的最优解为

$$\boldsymbol{X}^* = (l,D,a)^{\mathrm{T}} = (x_1,x_2,x_3)^{\mathrm{T}} = (300.02,74.39,90.01)^{\mathrm{T}}(\mathrm{mm}),f(\boldsymbol{X}^*) = 11.067(\mathrm{kg})$$

复合形法的最优解为

$$\boldsymbol{X}^* = (l,D,a)^{\mathrm{T}} = (x_1,x_2,x_3)^{\mathrm{T}} = (300.01,74.65,90.53)^{\mathrm{T}}(\mathrm{mm}),f(\boldsymbol{X}^*) = 11.1737(\mathrm{kg})$$

该例没有计算解析解。

两种直接约束优化方法的优化结果比较接近。

为估计优化效果，仍然假设给定的初始值是原始设计方案，对于约束随机方向法：

$$\boldsymbol{X}^{(0)} = (l,D,a)^{\mathrm{T}} = (x_1,x_2,x_3)^{\mathrm{T}} = (310,80,99)^{\mathrm{T}}(\mathrm{mm}),f(\boldsymbol{X}^{(0)}) = 13.773(\mathrm{kg})$$

$$\Delta E = \frac{|f(\boldsymbol{X}^*) - f(\boldsymbol{X}^{(0)})|}{f(\boldsymbol{X}^{(0)})} = \frac{|11.07 - 13.77|}{13.77} \times 100\% = 19.6\%$$

复合形法的初始值是 5 个顶点，取初始点中最好点函数值 $f(\boldsymbol{X}^{(0)})=19.84(\mathrm{kg})$ 进行比较：

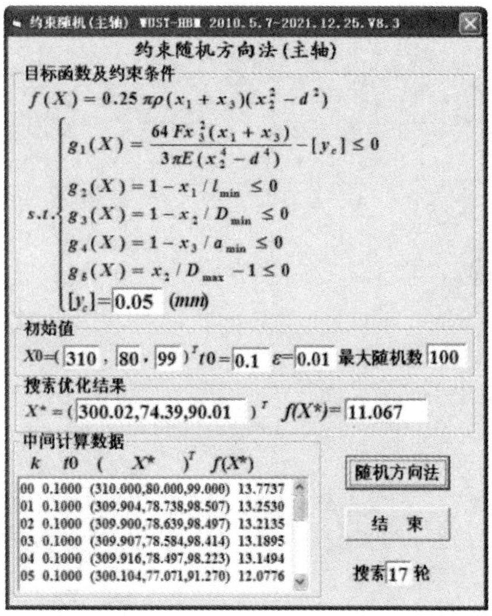

(a)

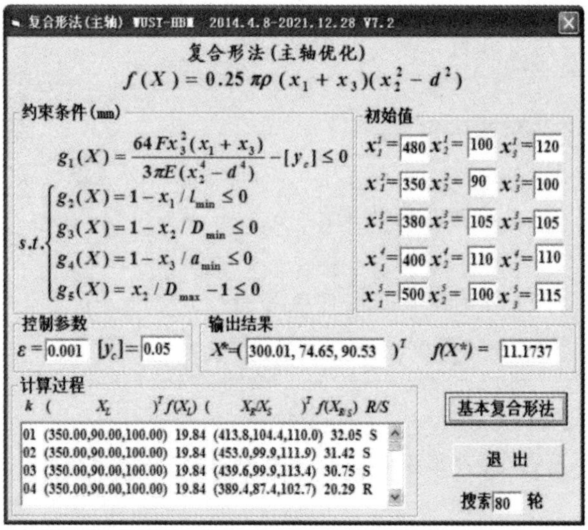

(b)

图 7-2-2　机床主轴实例计算程序界面

(a) 约束随机方向法　(b) 复合形法

$$\Delta E=\frac{|f(\boldsymbol{X}^*)-f(\boldsymbol{X}^{(0)})|}{f(\boldsymbol{X}^{(0)})}=\frac{|11.17-19.84|}{19.84}\times 100\%=43.7\%$$

实际上，优化效果很难达到这么好的程度。其主要原因是，为了构造初始复合形，需要在可行域内较大的范围上选点，每一个初始点都是一个初始设计方案，即使是其中的最好点，一般也离最优点较远，使得最好的初始方案目标函数值较大，看起来优化效果“非常显著”。所以，结合例 7-1、例 7-2 的情况，可知比较复合形法的优化效果没有太大的实际意义。

7.3　箱型盖板优化实例

【例 7-4】　箱型盖板结构简图如图 7-3-1 所示，长度 $l=600$ cm，宽度 $b=60$ cm，厚度 $t=0.5$ cm，翼板厚度为 δ(cm)，最大单位载荷 $q=0.01$ MPa。铝合金材料的泊松比 $\mu=0.3$，弹性模量 $E=7\times10^4$ MPa，许用弯曲应力 $[\sigma]=70$ MPa，许用切应力 $[\tau]=45$ MPa，要求结构满足强度、刚度及稳定性要求，对翼板厚度 δ 及盖板高度 h 进行优化，使盖板质量最小。

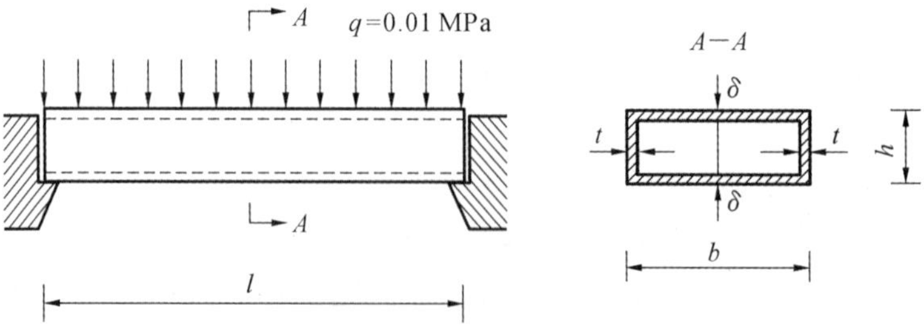

图 7-3-1　箱型盖板结构简图

1. 建立优化目标函数

(1) 按题目要求，取翼板厚度 δ 及盖板高度 h 为两个设计变量：

$$\boldsymbol{X} = (\delta, h)^{\mathrm{T}} = (x_1, x_2)^{\mathrm{T}}$$

(2) 建立箱型盖板质量的目标函数。

单位长度质量(kg/cm)为

$$\begin{aligned} W &= \frac{\rho(b \times h - (b - 2t)(h - 2\delta))l}{l} \\ &= \rho(2b \cdot \delta + 2t \cdot h - 4t \cdot \delta) \\ &= \rho(120\delta + h) = \rho(120x_1 + x_2) \end{aligned}$$

其中,因为 $4t$ 远小于 $2b$,故略去了 $4t\delta$ 项。

密度 ρ 是常数,不影响最优化结果,将单位长度质量作为目标函数:

$$f(\boldsymbol{X}) = 120x_1 + x_2$$

2. 建立约束条件

1) 性能约束条件

(1)弯曲正应力强度条件:

盖板中点处的最大弯矩为

$$M = \frac{q_A l^2}{8} = \frac{qbl^2}{8}$$

式中:q_A 为均匀线分布载荷。

其中,载荷沿着纵向对称面对称,将面分布载荷 q 转换成线分布载荷 q_A:

$$q_A = \frac{qbl}{l} = qb$$

注意到 q 的单位是 MPa,b 的单位是 cm。

盖板截面的惯性矩近似值为

$$I = \frac{b\delta h^2}{2} = 30\delta h^2 = 30x_1x_2^2(\mathrm{cm}^4)$$

弯曲正应力强度条件为

$$\sigma_{\max} = \frac{M(h/2)}{I} = \frac{qbl^2/8(h/2)}{b\delta h^2/2} = \frac{ql^2}{8\delta h} = \frac{450}{x_1x_2}(\mathrm{MPa}) \leqslant [\sigma]$$

(2) 弯曲切应力强度条件(支座处):

$$\tau_{\max} = \frac{Q}{2t \cdot h} = \frac{qb(l/2)}{h} = \frac{180}{x_2}(\mathrm{MPa}) \leqslant [\tau]$$

式中:Q 为最大剪力。

(3) 屈曲临界稳定性条件:

$$\sigma_{\mathrm{cr}} = \frac{\pi^2 E}{12(1-\mu^2)}\left(\frac{\delta}{b}\right)^2 \cdot 4 \approx 70x_1^2$$

单位长度刚度条件:

$$\frac{f_{\max}}{l} = \frac{5}{384}\frac{q \cdot bl^3}{EI} = \frac{5.62 \times 10^4}{E \cdot \delta \cdot h^2} = \frac{5.62 \times 10^4}{E \cdot x_1 \cdot x_2^2} \leqslant \left[\frac{f}{l}\right] = \frac{1}{400}$$

取单位长度许用挠度为 $\left[\frac{f}{l}\right] = \frac{1}{400}$。

2) 几何约束

设计变量的几何尺寸应当为正,当满足上述性能约束时,几何约束会自然满足。

盖板约束优化数学模型为

$$\min f(\boldsymbol{X}) = (120x_1 + x_2)$$

$$\text{s.t.}\quad g_1(\boldsymbol{X}) = \sigma_{\max}/[\sigma] - 1 = \frac{45}{7x_1x_2} - 1 \leqslant 0$$

$$g_2(\boldsymbol{X}) = \tau_{\max}/[\tau] - 1 = \frac{4}{x_2} - 1 \leqslant 0$$

$$g_3(\boldsymbol{X}) = \sigma_{cr}/\sigma_{\max} - 1 = \frac{45}{7x_1^3x_2} - 1 \leqslant 0$$

$$g_4(\boldsymbol{X}) = f_{\max}/[f] - 1 = \frac{320}{x_1x_2^2} - 1 \leqslant 0$$

比较约束条件 $g_1(\boldsymbol{X})$ 与 $g_3(\boldsymbol{X})$：当 $x_1=1$ 时，两式相同；当 $0<x_1<1$ 时，若满足 $g_3(\boldsymbol{X})$，则自然满足 $g_1(\boldsymbol{X})$。观察约束条件 $g_2(\boldsymbol{X})$，$4<x_2$ 的条件很容易满足。所以，真正起作用的约束条件应当是 $g_3(\boldsymbol{X})$ 及 $g_4(\boldsymbol{X})$。

7.3.1 约束随机方向法优化

目标函数为

$$f(\boldsymbol{X}) = 120x_1 + x_2$$

（1）目标函数子程序改写为

```
Private Function fxval! (x! ()) '目标函数
  fxval = 120 * x(1) + x(2)
End Function
```

约束随机方向法-盖板程序

（2）约束条件子程序改写为

```
Private Function gua% (x! ()) '盖板约束条件
gua= 1'先设定未超界,标记= 1
If 45 /(7 *  x(1) *  x(2))- 1 >  0 Then gua= 0 '弯曲正应力强度约束,超界则标记= 0
If 45 /(7 *  x(1) ^ 3 *  x(2))- 1 >  0 Then gua= 0 '屈曲临界稳定性约束,超界则标记= 0
If 4/x(2)- 1 >  0 Then gua= 0 '弯曲切应力强度约束,超界则标记= 0
If 320 /(x(1) *  x(2) ^ 2)- 1 >  0 Then gua= 0'刚度条件约束,超界则标记= 0
End Function
```

（3）优化计算。

取初始值 $\boldsymbol{X}^{(0)}=(\delta,h)^{\mathrm{T}}=(x_1,x_2)^{\mathrm{T}}=(1,28)^{\mathrm{T}}$(cm)，计算精度 $\varepsilon=0.01$。

调用约束随机方向法程序，计算结果如图 7-3-2 所示。

约束随机方向法的最优解为

$$\boldsymbol{X}^* = (0.6395, 24.58)^{\mathrm{T}}(\mathrm{cm}),\ f(\boldsymbol{X}^*) = 101.3218(\mathrm{kg})$$

7.3.2 内点惩罚函数法

由 7.3.1 节约束随机方向法的优化结果：$\boldsymbol{X}^*=(D,h)^{\mathrm{T}}=(x_1^*,x_2^*)^{\mathrm{T}}=(0.6395,24.58)^{\mathrm{T}}$(cm)，约束条件满足 $g_3(\boldsymbol{X})$ 时，自然满足 $g_1(\boldsymbol{X})$。优化模型可简化为

$$\min f(\boldsymbol{X}) = 120x_1 + x_2$$

$$\text{s.t.}\quad g_1(\boldsymbol{X}) = \tau_{\max}/[\tau] - 1 = \frac{4}{x_2} - 1 \leqslant 0$$

$$g_2(\boldsymbol{X}) = \sigma_{cr}/\sigma_{\max} - 1 = \frac{45}{7x_1^3x_2} - 1 \leqslant 0$$

$$g_3(\boldsymbol{X}) = f_{\max}/[f] - 1 = \frac{320}{x_1x_2^2} - 1 \leqslant 0$$

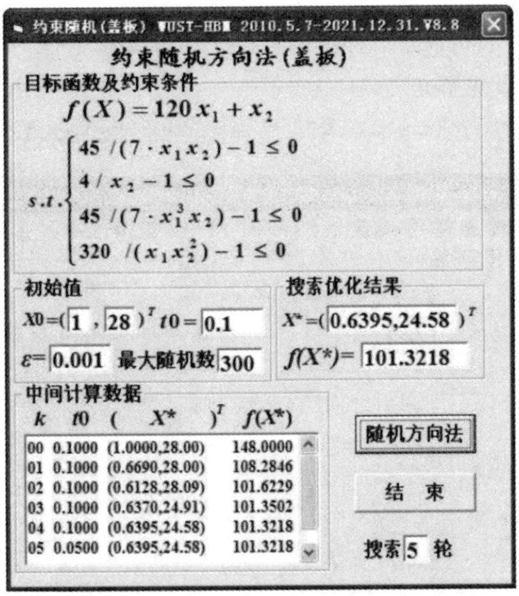

图 7-3-2　约束随机方向法盖板优化程序界面

(1) 用约束条件构造内点法的泛函数、惩罚项及惩罚函数：

$$P_1(\boldsymbol{X})=-\frac{1}{4/x_2-1}$$

$$P_2(\boldsymbol{X})=-\frac{1}{45/(7x_1^3x_2)-1}$$

$$P_3(\boldsymbol{X})=-\frac{1}{320/(x_1x_2^2)-1}$$

$$P(\boldsymbol{X})=P_1(\boldsymbol{X})+P_2(\boldsymbol{X})+P_3(\boldsymbol{X})$$

$$\varphi(\boldsymbol{X},r^{(k)})=120x_1+x_2+r^{(k)}P(\boldsymbol{X})$$

(2) 由目标函数 $f(\boldsymbol{X})=120x_1+x_2$，将内点法目标函数子程序改写为

```
Private Function objective_function! (x! ()) '目标函数
objective_function= 120 *  x(1)+ x(2)
End Function
```

内点法-盖板程序

(3) 由惩罚函数 $\varphi(\boldsymbol{X},r^{(k)})=120x_1+x_2+r^{(k)}P(\boldsymbol{X})$，将惩罚函数子程序改写为

```
Private Function penalty_function! (x! (), r) '罚函数
PX1= 1 /(1- 45 /(7 *  x(1) ^ 3 *  x(2))): PX2= 1 /(1- 320 /(x(1) *  x(2) ^ 2))
PX3= 1 /(1- 4/x(2)): PX= PX1+ PX2+ PX3
penalty_function= 120 *  x(1)+ x(2)+ r *  PX
End Function
```

(4) 优化计算。

在可行域内取初始点 $\boldsymbol{X}^{(0)}=(\delta,h)^{\mathrm{T}}=(x_1,x_2)^{\mathrm{T}}=(0.91,28.1)^{\mathrm{T}}$(cm)，该初始点参考了约束随机方向法优化结果，初始数据尾数为 1 可避免发生“被零除”情况。取计算精度 $\varepsilon=0.01$，初始罚因子 $r^{(0)}=0.3$，递减系数 $C=0.1$。

内点法程序计算结果如图 7-3-3 所示。

内点法的最优解为

$$\boldsymbol{X}^* = (0.6301, 25.71)^{\mathrm{T}}(\mathrm{cm}), f(\boldsymbol{X}^*) = 101.3185(\mathrm{kg}), \varphi(\boldsymbol{X}^*, r) = 101.3268(\mathrm{kg})$$

图解法的一个参考最优解是

$$\boldsymbol{X}^* = (0.6366, 24.9685)^{\mathrm{T}}(\mathrm{cm}), f(\boldsymbol{X}^*) = 101.3605(\mathrm{kg}), \varphi(\boldsymbol{X}^*, r) = 101.3706(\mathrm{kg})$$

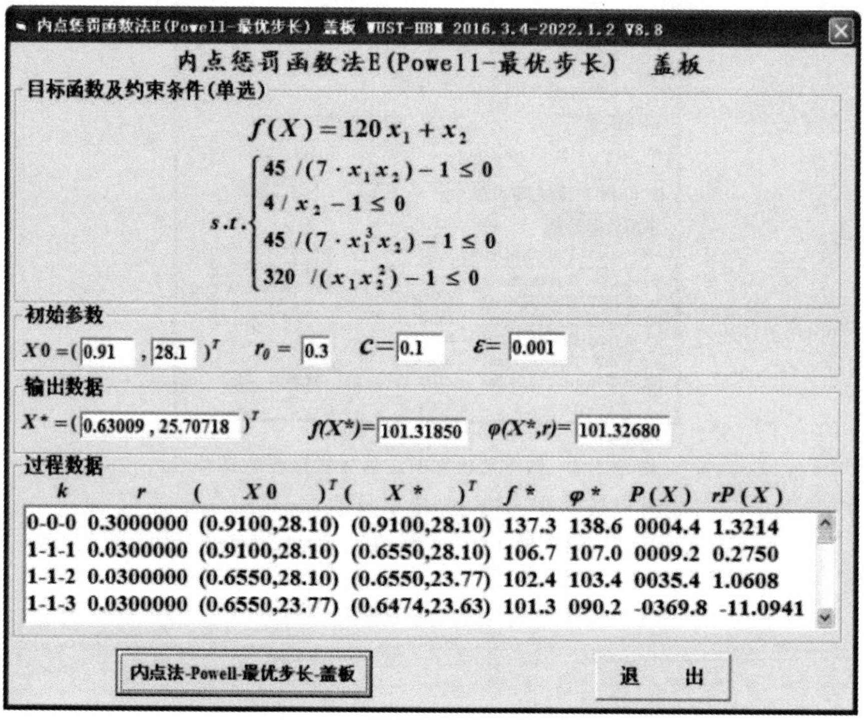

图 7-3-3 内点惩罚函数法盖板优化程序界面

7.3.3 外点惩罚函数法

参考 7.3.1 节和 7.3.2 节两种约束优化方法，约束条件 $g_1(\boldsymbol{X})$ 容易满足。在外点法中，将优化模型再次简化：

$$\min f(\boldsymbol{X}) = 120x_1 + x_2$$

$$\text{s.t.} \quad g_1(\boldsymbol{X}) = \sigma_{\mathrm{cr}}/\sigma_{\max} - 1 = \frac{45}{7x_1^3 x_2} - 1 \leqslant 0$$

$$g_2(\boldsymbol{X}) = f_{\max}/[f] - 1 = \frac{320}{x_1 x_2^2} - 1 \leqslant 0$$

(1) 用约束条件构造外点法的泛函数、惩罚项及惩罚函数：

$$P_1(\boldsymbol{X}) = \begin{cases} (45/(7x_1^3 x_2) - 1)^2 & \boldsymbol{X} \notin \boldsymbol{D} \\ 0 & \boldsymbol{X} \in \boldsymbol{D} \end{cases}$$

$$P_2(\boldsymbol{X}) = \begin{cases} (320/(x_1 x_2^2) - 1)^2 & \boldsymbol{X} \notin \boldsymbol{D} \\ 0 & \boldsymbol{X} \in \boldsymbol{D} \end{cases}$$

$$P(\boldsymbol{X}) = P_1(\boldsymbol{X}) + P_2(\boldsymbol{X})$$

$$\varphi(\boldsymbol{X}, r^{(k)}) = 120x_1 + x_2 + r^{(k)} P(\boldsymbol{X})$$

（2）由目标函数 $f(\boldsymbol{X})=120x_1+x_2$，将外点法目标函数子程序改写为

```
Private Function objective_function!（x!（））'目标函数
objective_function= 120 *  x(1)+ x(2)
End Function
```

（3）由惩罚函数 $\varphi(\boldsymbol{X},r^{(k)})=120x_1+x_2+r^{(k)}P(\boldsymbol{X})$，将惩罚函数子程序改写为

外点法-盖板程序

```
Private Function penalty_function!（x!（），r）'罚函数
g1 =（45 /(7 *  x(1) ^ 3 *  x(2))- 1):
g2 =（320 /(x(1) *  x(2) ^ 2)- 1)
If g1 < =  0 And g2 < =  0  Then PX= 0 Else PX =（g1 ^ 2+ g2 ^ 2)
penalty_function= 120 *  x(1)+ x(2)+ r *  PX
End Function
```

（4）优化计算。

在可行域外取初始点 $\boldsymbol{X}^{(0)}=(\delta,h)^{\mathrm{T}}=(x_1,x_2)^{\mathrm{T}}=(0.2,20.1)^{\mathrm{T}}$(cm)，取计算精度 $\varepsilon=0.01$，初始罚因子 $r^{(0)}=1$，递增系数 $C=2$。

外点法程序计算结果如图7-3-4所示。

外点法的最优解为

$$\boldsymbol{X}^*=(0.6640,21.95)^{\mathrm{T}}(\mathrm{cm}),f(\boldsymbol{X}^*)=101.64(\mathrm{kg}),\varphi(\boldsymbol{X}^*,r)=101.64(\mathrm{kg})$$

无论内点还是外点惩罚函数法，其目标函数及惩罚函数最优值都取得了较好的优化效果。

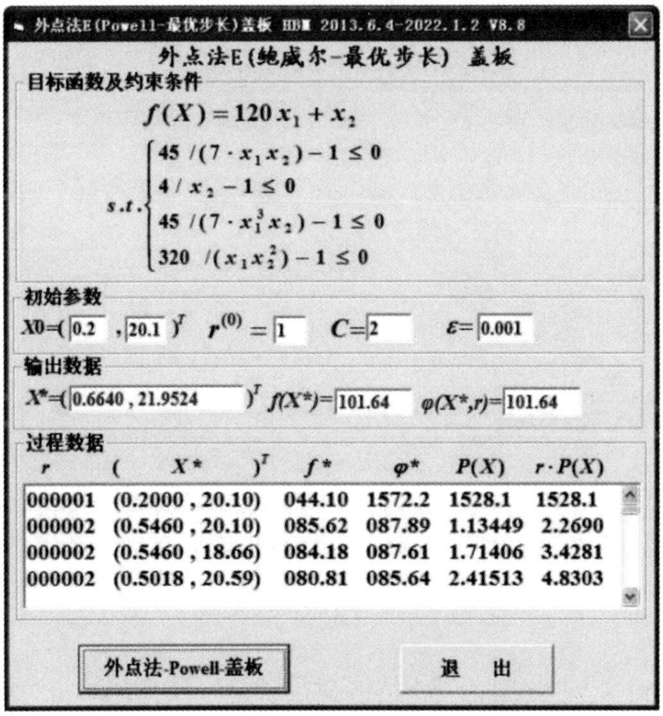

图7-3-4　外点惩罚函数法盖板优化程序界面

习　　题

如题图所示，截面为矩形的简支梁，其材料密度为 ρ，许用弯曲应力为$[\sigma_w]$，允许挠度为$[f]$，在梁的中点处作用一个集中载荷 P，梁的截面宽度 b 不小于 b_{min}。现要求设计此梁，使其质量最小，试写出其优化数学模型。假设 $\rho=7.8\times10^3\ kg/m^3$，$[\sigma_w]=70$ MPa，$[f]=5$ mm，材料弹性模量 $E=7\times10^4$ MPa，$P=50000$ kg，梁跨度 $L=5.0$ m，$b_{min}=50$ mm。

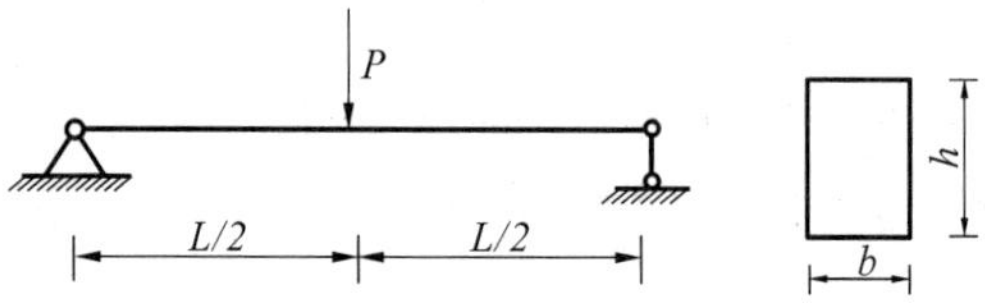

题图

附录Ⅰ

数学基础

优化设计是运筹学的一个分支，涉及较多的数学基础知识。理解和掌握相关的数学知识和原理，才能正确而迅速地掌握优化设计方法。鉴于本书是一本关于优化设计的基础快速入门教材，主要运用矩阵(向量)运算、多元函数的梯度、凸函数等知识，在附录Ⅰ部分对其进行简要介绍。本着尽量避免复杂的数学知识、降低数学理论难度的目的，本书没有介绍牛顿法、变尺度法、拉格朗日乘子法等优化设计方法，减少了一些不必使用的数学知识。更深入地学习优化设计方法时，涉及的多元函数泰勒展开式及海塞(Hessian)矩阵、二次型函数及矩阵的正定性质、多元函数的极值条件等知识内容，可以参阅其他相关的数学教材。

Ⅰ.1 矩　　阵

Ⅰ.1.1 矩阵及主要形式

矩阵是描述优化设计问题和研究优化方法的一个重要数学工具，限于篇幅，这里仅对矩阵知识做简要概述。设有线性方程组：

$$\begin{cases} a_{11}x_1 + a_{12}x_2 + \cdots + a_{1n}x_1 = b_1 \\ \vdots \\ a_{m1}x_1 + a_{m2}x_2 + \cdots + a_{mn}x_n = b_m \end{cases} \tag{Ⅰ-1}$$

方程组左端未知量的系数按其所在位置排成 m 行 n 列的一个表，记作 $\boldsymbol{A}$，即

$$\boldsymbol{A} = \begin{pmatrix} a_{11} & \cdots & a_{1n} \\ \vdots & & \vdots \\ a_{m1} & \cdots & a_{mn} \end{pmatrix} \tag{Ⅰ-2}$$

由一组数(或符号)按一定顺序排列成 m 行 n 列的表，称为 $m \times n$ 矩阵。矩阵中横排称为行，行标记为 i，纵排称为列，列标记为 j，a_{ij} 称为第 i 行第 j 列的矩阵元素。

一些特殊形式的矩阵如下。

(1) 列矩阵——仅有一列元素的矩阵(m 行，列数 $n=1$)，如：

$$\boldsymbol{B} = \begin{pmatrix} b_1 \\ \vdots \\ b_m \end{pmatrix} \tag{Ⅰ-3}$$

(2) 行矩阵——仅有一行元素的矩阵(行数 $m=1$，n 列)，如：

$$\boldsymbol{A} = (a_1 \quad a_2 \quad \cdots \quad a_n) \tag{Ⅰ-4}$$

(3) 方阵——行数 m 与列数 n 相等的矩阵($m=n$)，如：

$$\boldsymbol{A}=\begin{pmatrix} a_{11} & \cdots & a_{1n} \\ \vdots & & \vdots \\ a_{n1} & \cdots & a_{nn} \end{pmatrix} \tag{Ⅰ-5}$$

其中，行标和列标相同的矩阵元素 $a_{11}, a_{22}, \cdots, a_{nn}$ 称为方阵的主对角元素。

(4) 对称方阵——元素 $a_{ij}=a_{ji}$ 的方阵，如：

$$\boldsymbol{A}=\begin{pmatrix} 1 & 2 & 3 \\ 2 & 5 & 4 \\ 3 & 4 & 6 \end{pmatrix} \tag{Ⅰ-6}$$

(5) 对角矩阵——除主对角元素外其余元素都为零的方阵，如：

$$\boldsymbol{A}=\begin{pmatrix} 1 & 0 & 0 \\ 0 & 5 & 0 \\ 0 & 0 & 6 \end{pmatrix} \tag{Ⅰ-7}$$

显然，对角矩阵是一种对称方阵。

(6) 单位矩阵——主对角线上元素均为 1 的对角矩阵，记作 $\boldsymbol{I}$，如：

$$\boldsymbol{I}=\begin{pmatrix} 1 & 0 & 0 \\ 0 & 1 & 0 \\ 0 & 0 & 1 \end{pmatrix} \tag{Ⅰ-8}$$

(7)零矩阵——所有元素都为零的方阵，记作 $\boldsymbol{\Theta}$，如：

$$\boldsymbol{\Theta}=\begin{pmatrix} 0 & 0 & 0 \\ 0 & 0 & 0 \\ 0 & 0 & 0 \end{pmatrix} \tag{Ⅰ-9}$$

Ⅰ.1.2　矩阵的基本运算

1. 矩阵加减运算

两个行数和列数都相同的矩阵(同阶矩阵)加减，是对应元素的加减。对于 $\boldsymbol{C}=\boldsymbol{A}\pm\boldsymbol{B}$，即

$$c_{ij}=a_{ij}\pm b_{ij} \tag{Ⅰ-10}$$

例如：

$$\begin{pmatrix} 1 & 2 & 3 \\ 2 & 3 & 5 \end{pmatrix}+\begin{pmatrix} 3 & 4 & 5 \\ 5 & 3 & 4 \end{pmatrix}=\begin{pmatrix} 4 & 6 & 8 \\ 7 & 6 & 9 \end{pmatrix}$$

2. 数与矩阵乘法运算

当数与矩阵相乘时，是该数乘以矩阵中所有元素。对于 $\boldsymbol{C}=k\boldsymbol{A}$，即

$$c_{ij}=kc_{ij} \tag{Ⅰ-11}$$

例如：

$$3\times\begin{pmatrix} 1 & 2 & 3 \\ 2 & 3 & 1 \end{pmatrix}=\begin{pmatrix} 3 & 6 & 9 \\ 6 & 9 & 3 \end{pmatrix}$$

3. 矩阵乘法运算

矩阵间的乘法运算 $\boldsymbol{C}=\boldsymbol{AB}$，必须满足矩阵 $\boldsymbol{A}$ 的列数等于矩阵 $\boldsymbol{B}$ 的行数。

矩阵 $\boldsymbol{C}$ 的元素 c_{ij} 等于矩阵 $\boldsymbol{A}$ 的第 i 行各元素分别与矩阵 $\boldsymbol{B}$ 的第 j 列各对应元素的乘积之和，即

$$c_{ij}=\sum_{k=1}^{m}a_{ik}b_{kj} \tag{Ⅰ-12}$$

【例Ⅰ-1】 已知矩阵

$$\boldsymbol{A}=\begin{pmatrix}1&2&3\\2&3&5\end{pmatrix},\boldsymbol{B}=\begin{pmatrix}2&1\\3&2\\4&2\end{pmatrix}$$

试计算 $\boldsymbol{C}=\boldsymbol{AB}$。

解

$$\boldsymbol{C}=\boldsymbol{AB}=\begin{pmatrix}1&2&3\\2&3&5\end{pmatrix}\begin{pmatrix}2&1\\3&2\\4&2\end{pmatrix}$$

$$=\begin{pmatrix}1\times2+2\times3+3\times4&1\times1+2\times2+3\times2\\2\times2+3\times3+5\times4&2\times1+3\times2+5\times2\end{pmatrix}=\begin{pmatrix}20&11\\33&18\end{pmatrix}$$

$\boldsymbol{C}$ 的行数等于 $\boldsymbol{A}$ 的行数，$\boldsymbol{C}$ 的列数等于 $\boldsymbol{B}$ 的列数。显然矩阵乘法具有如下性质：

$$\begin{aligned}&\text{结合律}\qquad \boldsymbol{A}(\boldsymbol{BC})=(\boldsymbol{AB})\boldsymbol{C}\\&\text{分配律}\qquad \boldsymbol{A}(\boldsymbol{B}+\boldsymbol{C})=\boldsymbol{AB}+\boldsymbol{AC}\end{aligned} \tag{Ⅰ-13}$$

一般情况下矩阵乘法不满足交换律，也就是一般 $\boldsymbol{AB}\neq\boldsymbol{BA}$。

利用矩阵乘法，可以把方程组表达为矩阵形式。

【例Ⅰ-2】 试写出线性方程组

$$\begin{gathered}a_{11}x_1+a_{12}x_2+\cdots+a_{1n}x_1=b_1\\ \vdots\\ a_{n1}x_1+a_{n2}x_2+\cdots+a_{m}x_n=b_n\end{gathered}$$

的矩阵表达式。

解 从该方程组中引出如下矩阵：

$$\boldsymbol{A}=\begin{pmatrix}a_{11}&\cdots&a_{1n}\\\vdots&&\vdots\\a_{n1}&\cdots&a_{m}\end{pmatrix},\boldsymbol{X}=\begin{pmatrix}x_1\\\vdots\\x_n\end{pmatrix},\boldsymbol{B}=\begin{pmatrix}b_1\\\vdots\\b_n\end{pmatrix}$$

按照矩阵相乘法则，方程组可表达为

$$\boldsymbol{AX}=\boldsymbol{B}$$

4. 转置矩阵

将矩阵 $\boldsymbol{A}$ 中的行与列对调得到的矩阵称为原矩阵的转置矩阵，记为 $\boldsymbol{A}^{\mathrm{T}}$。例如：

$$\boldsymbol{A}=\begin{pmatrix}1&3&6\\2&3&5\end{pmatrix},\boldsymbol{A}^{\mathrm{T}}=\begin{pmatrix}1&2\\3&3\\6&5\end{pmatrix}$$

对于对称方阵，由于方阵中元素 $a_{ij}=a_{ji}$，其转置矩阵必与原方阵相等，即：

$$A = A^T \tag{Ⅰ-14}$$

矩阵转置还有如下转置规则：

$$(AB)^T = B^T A^T$$
$$(ABC)^T = C^T B^T A^T \tag{Ⅰ-15}$$
$$(A + B)^T = A^T + B^T$$

5. 逆矩阵

对于 n 阶方阵 $\boldsymbol{A}$，若有另一个 n 阶方阵 $\boldsymbol{B}$，能满足 $\boldsymbol{AB}=\boldsymbol{I}$，则称 $\boldsymbol{B}$ 为 $\boldsymbol{A}$ 的逆矩阵。$\boldsymbol{A}$ 的逆矩阵记作 $\boldsymbol{A}^{-1}$，则 $\boldsymbol{B}=\boldsymbol{A}^{-1}$。可以证明，当 $\boldsymbol{AB}=\boldsymbol{I}$ 时，也有 $\boldsymbol{BA}=\boldsymbol{I}$，即若 $\boldsymbol{B}$ 是 $\boldsymbol{A}$ 的逆矩阵，则 $\boldsymbol{A}$ 也必是 $\boldsymbol{B}$ 的逆矩阵。矩阵运算中，若 $\boldsymbol{A}$ 和 $\boldsymbol{B}$ 为可逆方阵，则有

$$(AB)^{-1} = B^{-1} A^{-1} \tag{Ⅰ-16}$$

形式上看，逆矩阵“相当于”矩阵中的除法。由于求逆矩阵有多种方法且稍显复杂，本书不再讲解，需要时可以查阅线性代数教材。

逆矩阵 $\boldsymbol{A}^{-1}$ 的直接意义就是可用于求解线性方程组。设线性方程组的矩阵形式为

$$AX = B$$

若系数矩阵 $\boldsymbol{A}$ 及常数项矩阵 $\boldsymbol{B}$ 均已知，且 $\boldsymbol{A}^{-1}$ 存在，以 $\boldsymbol{A}^{-1}$ 左乘等式两端：

$$A^{-1}AX = A^{-1}B \tag{Ⅰ-17}$$
$$IX = A^{-1}B \tag{Ⅰ-18}$$
$$X = A^{-1}B \tag{Ⅰ-19}$$

因此，求解线性方程组，关键在于求出系数矩阵 $\boldsymbol{A}$ 的逆矩阵 $\boldsymbol{A}^{-1}$。

Ⅰ.2　向　　量

Ⅰ.2.1　基本概念

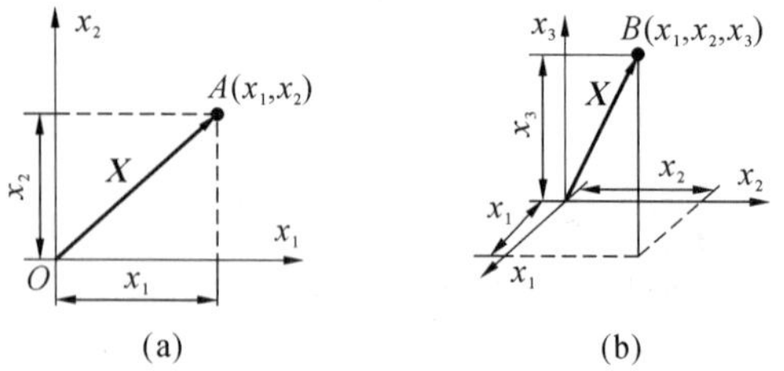

图Ⅰ-1　向量概念

(a) 二维向量　(b) 三维向量

既有大小又有方向的量称为向量，或矢量。优化设计中寻优过程实际是确定搜索优化方向和合适步长的过程，因此宜用向量描述。数学上常常采用有向线段来表示向量，图Ⅰ-1(a)所示为一平面直角坐标系 x_1Ox_2 上的 $A(x_1,x_2)$ 点，$\overrightarrow{OA}=\boldsymbol{X}$ 是它对应的向量。这样，平面上的一个点与一个向量具有唯一的对应关系。因而一个向量可以用一个列矩阵表示，如 A 点对应列矩阵 $\boldsymbol{X}=(x_1,x_2)^T$，称为二维平面列向量。当向量由三个坐标决定时，称为三维空间向量，如图Ⅰ-1(b)所示；当向量由 n 个($n>3$)坐标决定时，称为超越空间向量，统称为 n 维向量。

当向量推广到 n 维时，n 维向量与 n 维超越空间的一个点唯一对应，该点对应的向量大小和方向由 n 个坐标值($x_1,x_2,\cdots,x_n$)决定，也可以用一个列矩阵表示为

$$\boldsymbol{X}=\begin{pmatrix}x_1\\ \vdots\\ x_n\end{pmatrix}=(x_1,x_2,\cdots,x_n)^{\mathrm{T}} \tag{Ⅰ-20}$$

式(Ⅰ-20)称为 n 维向量的坐标表示式。$x_1,x_2,\cdots,x_n$ 分别称为 n 维向量 $\boldsymbol{X}$ 的第 $1,2,\cdots,n$ 个分量。

Ⅰ.2.2 单位向量

n 维向量的 n 个坐标中，若只有一个坐标分量为 1，其余均为零，它就是沿着该分量坐标轴方向具有单位长度的向量，称为**单位向量**。在 n 维空间中，独立的单位向量共有 n 个，可记为

$$\begin{aligned}\boldsymbol{e}_1&=(1,0,0,\cdots,0)^{\mathrm{T}}\\ \boldsymbol{e}_2&=(0,1,0,\cdots,0)^{\mathrm{T}}\\ &\vdots\\ \boldsymbol{e}_n&=(0,0,0,\cdots,1)^{\mathrm{T}}\end{aligned} \tag{Ⅰ-21}$$

因此，任何 n 维向量都可以用单位向量及对应坐标量组合表示：

$$\boldsymbol{X}=x_1\boldsymbol{e}_1+x_2\boldsymbol{e}_2+\cdots+x_n\boldsymbol{e}_n \tag{Ⅰ-22}$$

需要注意的是：向量 $\boldsymbol{X}$ 是一个有大小和方向的“矢量”，而坐标分量 x_i 是只有正负和大小的“代数量”。式(Ⅰ-22)等号左边是向量 $\boldsymbol{X}$，等号右边也必须是向量。正是因为有单位向量 $\boldsymbol{e}_i$，等号右边才是向量。各分量全为零的向量称为 n 维零向量，记 $\boldsymbol{X}=\boldsymbol{\Theta}$，零向量没有方向。

向量 $\boldsymbol{X}$ 的长度称为模(也称范数)，记作 $\|\boldsymbol{X}\|$。n 维向量的模可由各坐标计算求得

$$\|\boldsymbol{X}\|=\sqrt{x_1^2+x_2^2+\cdots+x_n^2}=\sqrt{\sum_{i=1}^{n}x_i^2} \tag{Ⅰ-23}$$

优化设计中，常常通过向量的模来判断是否满足计算精度要求，或者将其作为终止迭代的一个判断标准量。

上述向量概念中，起点为坐标原点，在实际问题中有些向量与起点位置相关，有些向量与起点位置无关，后者称为自由向量，自由向量在向量运算中再做说明。由于各向量的共性是它们都有大小和方向，因此起点为坐标原点的向量，可以认为是自由向量的特殊情况，本书中若不做特别说明向量即指自由向量。

Ⅰ.2.3 向量运算

由于向量可以采用列矩阵表示，所以一些向量的运算规则与矩阵的运算规则相似。

1. 向量加减运算

同阶向量 $\boldsymbol{X}$ 和 $\boldsymbol{Y}$ 的各对应分量相加(或减)所得的量称为向量 $\boldsymbol{X}$ 和 $\boldsymbol{Y}$ 的和(或差)，即

$$\boldsymbol{X}\pm\boldsymbol{Y}=[x_1\pm y_1,x_2\pm y_2,\cdots,x_n\pm y_n]^{\mathrm{T}} \tag{Ⅰ-24}$$

图Ⅰ-2 表示了二维向量 $\boldsymbol{X}$ 与 $\boldsymbol{Y}$ 加减关系的几何意义。从图Ⅰ-2(b)可以看出差向量 $\boldsymbol{X}-\boldsymbol{Y}$ 是以向量 $\boldsymbol{Y}$ 为起点指向 $\boldsymbol{X}$ 向量的终点的自由向量，差向量各个坐标值可以看作向量对各坐标轴的投影。

2. 数与向量相乘运算

将向量 $\boldsymbol{S}$ 的各分量与数相乘构成的向量称为 α 与向量 $\boldsymbol{S}$ 的乘积，即

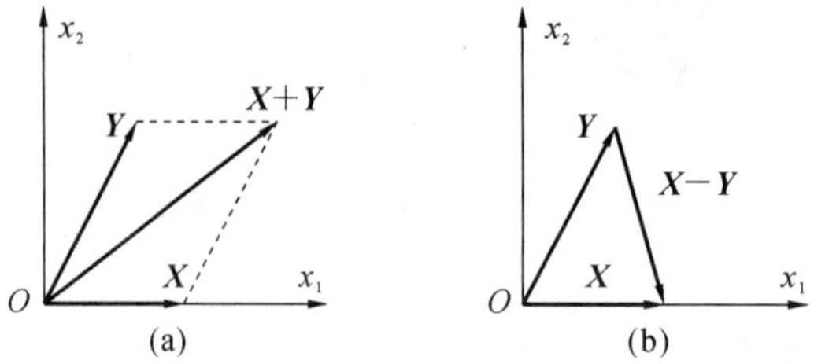

图Ⅰ-2 向量加减的几何意义

(a) 二维向量相加 (b) 二维向量相减

$$\alpha\boldsymbol{S}=\alpha\begin{pmatrix}s_1\\ \vdots\\ s_n\end{pmatrix}=\begin{pmatrix}\alpha s_1\\ \vdots\\ \alpha s_n\end{pmatrix}=(\alpha s_1,\alpha s_2,\cdots,\alpha s_n)^{\mathrm{T}} \tag{Ⅰ-25}$$

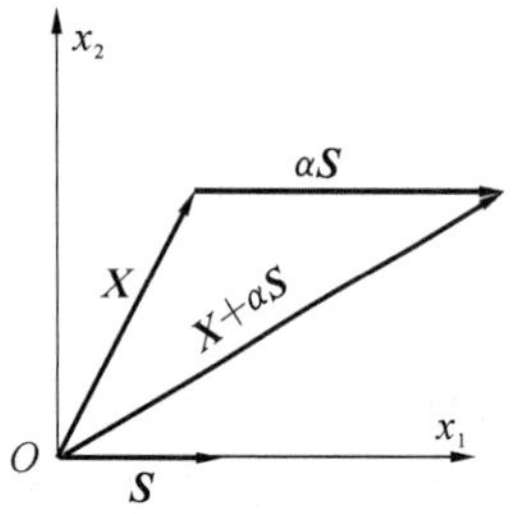

图Ⅰ-3 向量数乘与加减的复合运算

数 α 与向量 $\boldsymbol{X}$ 相乘的几何意义,即是沿着向量方向将向量的模扩大 α 倍。特别的是,当 α 为负值时,则是沿着向量反方向将向量的模扩大 α 倍。利用向量的加减运算及数乘运算,可以进行如下数乘与加减的复合运算:

$$\boldsymbol{X}+\alpha\boldsymbol{S}=\begin{pmatrix}x_1\\ \vdots\\ x_n\end{pmatrix}+\alpha\begin{pmatrix}s_1\\ \vdots\\ s_n\end{pmatrix}=\begin{pmatrix}x_1+\alpha s_1\\ \vdots\\ x_1+\alpha s_n\end{pmatrix} \tag{Ⅰ-26}$$

式(Ⅰ-26)即是优化设计中使用最多的一个迭代公式,它的几何意义如图Ⅰ-3所示。

3. 向量的点积

同阶向量 $\boldsymbol{X}$ 和 $\boldsymbol{Y}$ 的点积(也称内积或数积)是各对应分量的乘积之和,即

$$\boldsymbol{X}\cdot\boldsymbol{Y}=x_1\cdot y_1+x_2\cdot y_2+\cdots+x_n\cdot y_n=\sum_{i=1}^{n}x_iy_i \tag{Ⅰ-27}$$

向量点积也可以用类似矩阵运算形式表示成

$$\boldsymbol{X}\cdot\boldsymbol{Y}=\boldsymbol{X}^{\mathrm{T}}\boldsymbol{Y}=\boldsymbol{Y}^{\mathrm{T}}\boldsymbol{X} \tag{Ⅰ-28}$$

若 θ 是两向量 $\boldsymbol{X}$、$\boldsymbol{Y}$ 间的正向夹角,则向量的点积也可由公式计算得到

$$\boldsymbol{X}\cdot\boldsymbol{Y}=\|\boldsymbol{X}\|\cdot\|\boldsymbol{Y}\|\cos\theta \tag{Ⅰ-29}$$

对于单位向量,$\boldsymbol{e}_i\cdot\boldsymbol{e}_i=1$,而 $\boldsymbol{e}_i\cdot\boldsymbol{e}_j=0(i\neq j)$。

4. 向量正交

向量的正交在几何意义上,是两个向量互相垂直。为此,需要先研究向量间的夹角。设 n 维向量 $\boldsymbol{X}$ 与各坐标轴的夹角分别为 α_i,则向量 $\boldsymbol{X}$ 的任意一个分量 x_i(即向量 $\boldsymbol{X}$ 在对应坐标轴上的投影)为

$$x_i=\|\boldsymbol{X}\|\cos\alpha_i\quad(i=1,2,\cdots,n) \tag{Ⅰ-30}$$

式中:$\cos\alpha_i$ 称为向量 $\boldsymbol{X}$ 的**方向余弦**。

若另一向量 $\boldsymbol{Y}$ 与各坐标轴的夹角分别为 β_i,则同理有

$$y_i=\|\boldsymbol{Y}\|\cos\beta_i\quad(i=1,2,\cdots,n) \tag{Ⅰ-31}$$

求向量 $\boldsymbol{X}$、$\boldsymbol{Y}$ 的点积,则有

$$\begin{aligned}\boldsymbol{X}\cdot\boldsymbol{Y} &= \sum_{i=1}^{n} \|\boldsymbol{X}\|\cos\alpha_i \cdot \|\boldsymbol{Y}\|\cos\beta_i \\ &= \sum_{i=1}^{n} \|\boldsymbol{X}\| \cdot \|\boldsymbol{Y}\|\cos\alpha_i\cos\beta_i\end{aligned} \tag{Ⅰ-32}$$

比较式(Ⅰ-29)和式(Ⅰ-32)得到两个 n 维向量间夹角 θ 的余弦为

$$\cos\theta = \sum_{i=1}^{n}\cos\alpha_i\cos\beta_i \tag{Ⅰ-33}$$

由式(Ⅰ-33)即可求得两向量之间的夹角。

若两个非零向量 $\boldsymbol{X}$、$\boldsymbol{Y}$ 的夹角 $\theta=\pi/2$,则称它们为**正交向量**。对于正交向量,必有

$$\boldsymbol{X}\cdot\boldsymbol{Y} = \|\boldsymbol{X}\|\cdot\|\boldsymbol{Y}\|\cos\theta = 0 \quad 或 \quad \boldsymbol{X}^{\mathrm{T}}\boldsymbol{Y} = 0 \tag{Ⅰ-34}$$

设 $\boldsymbol{X}_1,\boldsymbol{X}_2,\cdots,\boldsymbol{X}_k$ 为 k 个非零向量,若对于其中任意两个向量,存在如下关系:

$$\boldsymbol{X}_i\cdot\boldsymbol{X}_j = 0(i\neq j) \tag{Ⅰ-35}$$

则称该向量系为正交向量系。单位坐标向量系 $\boldsymbol{e}_1,\boldsymbol{e}_2,\cdots,\boldsymbol{e}_n$ 即为正交向量系。

正交和模这两个概念,在二维和三维向量空间中具有直观的几何解释,在 n 维($n>3$)空间,其仅是一种抽象的概念。向量点积(内积)的概念以及向量垂直关系的判定,在优化设计方法(梯度法及共轭梯度法)中是重要理论基础,相关知识在“多元函数梯度正交性质”一节中介绍。

5. 向量的线性相关和线性独立

对于非零向量系 $\boldsymbol{a}_1,\boldsymbol{a}_2,\cdots,\boldsymbol{a}_n$,若其中至少有一个向量可以用其他 $n-1$ 个向量的线性组合表示,则称该向量系线性相关,否则该向量系线性独立。也就是存在一组不全为零的实数 $\lambda_1,\lambda_2,\cdots,\lambda_n$,使得:

$$\lambda_1\boldsymbol{a}_1+\lambda_2\boldsymbol{a}_2+\cdots+\lambda_n\boldsymbol{a}_n = \boldsymbol{0} \tag{Ⅰ-36}$$

成立,则该非零向量系是线性相关的,若只有当 $\lambda_1=\lambda_2=\cdots=\lambda_n=0$ 时,式(Ⅰ-36)才成立,则该非零向量系是线性无关的。

可以证明:非零向量构成的正交向量系必然是线性无关的;在 n 维空间中,最多只可能有 n 个线性独立的向量,对于 $n+1$ 个向量,它们必定是线性相关的。

Ⅰ.3 多元函数的方向导数与梯度

确定优化设计中寻优方向时,常常会用到目标函数的方向导数和梯度的知识,并且目标函数常用二次型函数作为示例,下面对相关内容进行简述。

Ⅰ.3.1 方向导数

根据多元函数偏微分定义,对于一个在定义域连续可微的多元函数 $f(\boldsymbol{X})$,在点 $\boldsymbol{X}^{(k)}=(x_1,x_2,\cdots,x_n)^{\mathrm{T}}$ 处,其一阶偏导数

$$\frac{\partial f(\boldsymbol{X}^{(k)})}{\partial x_1},\frac{\partial f(\boldsymbol{X}^{(k)})}{\partial x_2},\cdots,\frac{\partial f(\boldsymbol{X}^{(k)})}{\partial x_n}$$

表示函数 $f(\boldsymbol{X})$ 在 $\boldsymbol{X}^{(k)}$ 点沿各坐标轴方向的变化率,它也是函数在该处沿各坐标轴的斜率。一阶偏导数描述的是函数沿坐标轴这个特定方向的变化率,为了求过 $\boldsymbol{X}^{(k)}$ 点沿任一方向 $\boldsymbol{S}$

的函数变化率，需要定义方向导数的概念。由于本书中，方向导数主要用来引出梯度的概念和性质，所以定义推导过程从略。

对于 n 维函数 $f(\boldsymbol{X})$，其在点 $\boldsymbol{X}^{(k)}$ 的方向导数定义如下：

$$\frac{\partial f(\boldsymbol{X}^{(k)})}{\partial \boldsymbol{S}}=\sum_{i=1}^{n}\frac{\partial f(\boldsymbol{X}^{(k)})}{\partial x_i}\cdot\cos\alpha_i=\left[\frac{\partial f(\boldsymbol{X}^{(k)})}{\partial x_1},\frac{\partial f(\boldsymbol{X}^{(k)})}{\partial x_2},\cdots,\frac{\partial f(\boldsymbol{X}^{(k)})}{\partial x_n}\right]\begin{bmatrix}\cos\alpha_1\\ \cos\alpha_2\\ \vdots\\ \cos\alpha_n\end{bmatrix} \tag{Ⅰ-37}$$

式中：$\frac{\partial f(\boldsymbol{X}^{(k)})}{\partial x_i}$为函数对 x_i 坐标轴的一阶偏导数；$\cos\alpha_i$ 为 $\boldsymbol{S}$ 方向与坐标轴夹角的余弦。

方向导数是一个标量，其值为正，表示多元函数 $f(\boldsymbol{X})$ 值在 $\boldsymbol{X}^{(k)}$ 点处沿向量 $\boldsymbol{S}$ 方向是增加的；其值为负，表示函数值在 $\boldsymbol{X}^{(k)}$ 点处沿 $\boldsymbol{S}$ 方向是减小的。

Ⅰ.3.2　多元函数的梯度

方向导数仅表明了函数 $f(\boldsymbol{X})$ 在给定点 $\boldsymbol{X}^{(k)}$ 处沿某一方向的变化率，但优化设计最关心的是函数在该点沿哪个方向变化率最大的问题，要解决这一问题需要引出梯度概念。

定义一个以函数 $f(\boldsymbol{X})$ 各个一阶偏导数为分量的列向量，记作

$$\nabla f(\boldsymbol{X}^{(k)})=\begin{pmatrix}\frac{\partial f(\boldsymbol{X}^{(k)})}{\partial x_1}\\ \frac{\partial f(\boldsymbol{X}^{(k)})}{\partial x_2}\\ \vdots\\ \frac{\partial f(\boldsymbol{X}^{(k)})}{\partial x_n}\end{pmatrix}=\left[\frac{\partial f(\boldsymbol{X}^{(k)})}{\partial x_1},\frac{\partial f(\boldsymbol{X}^{(k)})}{\partial x_2},\cdots,\frac{\partial f(\boldsymbol{X}^{(k)})}{\partial x_n}\right]^{\mathrm{T}} \tag{Ⅰ-38}$$

该列向量为函数在点 $\boldsymbol{X}^{(k)}$ 的梯度，简记为∇f。这样方向导数可以表示为

$$\frac{\partial f(\boldsymbol{X}^{(k)})}{\partial \boldsymbol{S}}=\sum_{i=1}^{n}\frac{\partial f(\boldsymbol{X}^{(k)})}{\partial x_i}\cdot\cos\alpha_i=\nabla f^{\mathrm{T}}\boldsymbol{S} \tag{Ⅰ-39}$$

式中：$\boldsymbol{S}=[\cos\alpha_1,\cos\alpha_2,\cdots,\cos\alpha_n]^{\mathrm{T}}$ 为方向向量。$\boldsymbol{X}^{(k)}$ 点处梯度和方向向量的模为

$$\|\nabla f(\boldsymbol{X}^{(k)})\|=\sqrt{\left(\frac{\partial f(\boldsymbol{X}^{(k)})}{\partial x_1}\right)^2+\cdots+\left(\frac{\partial f(\boldsymbol{X}^{(k)})}{\partial x_n}\right)^2}=\sqrt{\sum_{i=1}^{n}\left(\frac{\partial f(\boldsymbol{X}^{(k)})}{\partial x_i}\right)^2} \tag{Ⅰ-40}$$

$$\|\boldsymbol{S}\|=\sqrt{\sum_{i=1}^{n}(\cos\alpha_i)^2}=1 \tag{Ⅰ-41}$$

若梯度∇f 与 $\boldsymbol{S}$ 方向的夹角为 φ，那么用两个向量的数量积来表示方向导数为

$$\frac{\partial f(\boldsymbol{X}^{(k)})}{\partial \boldsymbol{S}}=\nabla f^{\mathrm{T}}\boldsymbol{S}=\|\nabla f\|\cdot\|\boldsymbol{S}\|\cdot\cos\varphi \tag{Ⅰ-42}$$

若 $\varphi=0°$，则∇f 与 $\boldsymbol{S}$ 同向，$\cos\varphi=1$，此时方向导数值$\frac{\partial f(\boldsymbol{X}^{(k)})}{\partial \boldsymbol{S}}=\nabla f^{\mathrm{T}}\boldsymbol{S}=\|\nabla f\|\cdot\|\boldsymbol{S}\|$最大，这一方向称为最速上升方向。若 $\varphi=180°$，$\boldsymbol{S}$ 和函数负梯度方向相同，就是 $\boldsymbol{S}$ 与 $-\nabla f$ 同向，$\cos\varphi=-1$，此时方向导数值$\frac{\partial f(\boldsymbol{X}^{(k)})}{\partial \boldsymbol{S}}=\nabla f^{\mathrm{T}}\boldsymbol{S}=-\|\nabla f\|\cdot\|\boldsymbol{S}\|$最小，这一方向称为

最速下降方向。

函数梯度的概念在优化设计中具有重要意义。梯度向量 $\nabla f(\boldsymbol{X}^{(k)})$ 与过点 $\boldsymbol{X}^{(k)}$ 的等值线(或等值面)的切线是正交(垂直)的。以二元函数为例,如图Ⅰ-4所示。

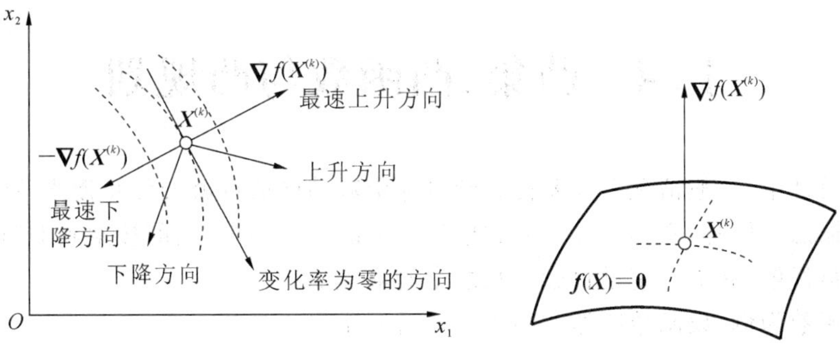

图Ⅰ-4 梯度方向与等值线(面)的关系

所以,函数 $f(\boldsymbol{X})$ 在给定点 $\boldsymbol{X}^{(k)}$ 的梯度向量是函数等值线或等值面在该点 $\boldsymbol{X}^{(k)}$ 的法线方向。特别需要指出其几个重要性质:

(1) 函数 $f(\boldsymbol{X})$ 在给定点的梯度是一个向量。它的正向是函数值最速上升方向,负向是函数值最速下降方向。无约束优化设计中的梯度法,即是利用该性质确定优化搜索方向的。

(2) 不同函数点处,梯度及模不相等,所以函数在某点的梯度向量只是指出了在该点极小邻域内函数的最速上升方向,梯度是函数的一种局部性质。

(3) 函数在给定点的梯度方向是函数等值线或等值面在该点的法线方向。无约束优化设计中的共轭方向法理论将涉及该性质。

函数的二阶导数不再叙述。

Ⅰ.3.3 多元函数梯度正交性质

最速下降法的基本思想:优化设计是追求 $\min f(\boldsymbol{X})$,因此可自然联想到从某一点 $\boldsymbol{X}$ 出发,沿着负梯度方向,以函数最速下降方向为搜索方向,使函数值在该点附近范围内下降最快。按此规律进行迭代,迭代公式为

$$\boldsymbol{X}^{(k+1)} = \boldsymbol{X}^{(k)} - \alpha^{(k)} \nabla f(\boldsymbol{X}^{(k)})\ (k=0,1,2,\cdots,n) \tag{Ⅰ-43}$$

为了使目标函数 $f(\boldsymbol{X})$ 沿搜索方向,能获得最大的下降值,其步长需要取一维搜索的最优步长,也就是

$$f(\boldsymbol{X}^{(k+1)}) = f(\boldsymbol{X}^{(k)} - \alpha^{(k)} \nabla f(\boldsymbol{X}^{(k)})) = \min \varphi(\alpha) \tag{Ⅰ-44}$$

根据一元函数极值的必要条件及多元复合函数求导公式,有

$$\boldsymbol{X} = \boldsymbol{X}^{(k)} - \alpha^{(k)} \nabla f(\boldsymbol{X}^{(k)}) \tag{Ⅰ-45}$$

这样:

$$\varphi'(\alpha) = \frac{\partial f(\boldsymbol{X})}{\partial \boldsymbol{X}} \frac{\mathrm{d}\boldsymbol{X}}{\mathrm{d}\alpha} = [\nabla f(\boldsymbol{X}^{(k)} - \alpha^{(k)} \nabla f(\boldsymbol{X}^{(k)}))]^{\mathrm{T}} (-\nabla f(\boldsymbol{X}^{(k)})) = 0 \tag{Ⅰ-46}$$

所以

$$[\nabla f(\boldsymbol{X}^{k+1})]^{\mathrm{T}} (-\nabla f(\boldsymbol{X}^{k})) = 0 \tag{Ⅰ-47}$$

令

$$\boldsymbol{S}^{(k+1)} = \nabla f(\boldsymbol{X}^{(k+1)}),\boldsymbol{S}^{(k)} = \nabla f(\boldsymbol{X}^{(k)}) \tag{Ⅰ-48}$$

所以

$$[\boldsymbol{S}^{(k+1)}]^{\mathrm{T}}\boldsymbol{S}^{(k)}=0 \qquad (\text{Ⅰ-49})$$

这样我们证明了函数负梯度相邻的两个搜索方向是相互垂直的，也就是说最速下降法中，迭代过程成直角锯齿形，路线曲折。

Ⅰ.4 凸集、凸函数与凸规划

在优化设计中，一般情况下只要搜索到目标函数的极值点就会停止搜索，并将此极值点作为最优解输出。但是，实际目标函数的极值点可能不止一个，当前搜索到的“最优解”可能是函数局部最优解，并不一定是目标函数的全局最优解。

以一元函数为例，设函数图形如图Ⅰ-5所示。在 x_1，x_2，x_4 三点处，$f(x)$分别有三个极小值。其中，x_4 点是整个函数的极小值，称为全局最优点，是函数的真正最优点。而 x_1，x_2 点只是在该点附近有限区域内的极小点，称为局部最优点，并不是函数的真正最优点。

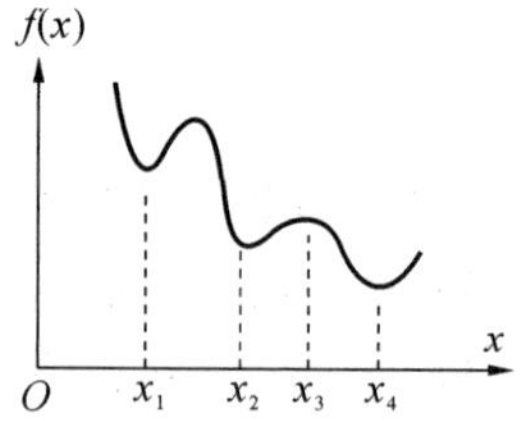

图Ⅰ-5 局部最优与全局最优

但是由于搜索起始点不同，可能首先搜索到的是局部最优点 x_1 或 x_2。由于优化方法和判据标准，一旦程序搜索到一个最优点，不管是局部最优还是全局最优，搜索过程即结束。因而一般情况下，并不能保证任意一次搜索，一定能搜索到最期望的全局最优点 x_4。在一个优化设计中，为了判断搜索到的一个最优点是局部最优点还是全局最优点，或搜索到的最优点既是局部最优点也是全局最优点，我们介绍凸集、凸函数和凸规划的概念，确定目标函数和约束条件的凸性，来解决这个问题。

Ⅰ.4.1 凸集

设 $\boldsymbol{D}$ 为 n 维欧氏空间中的一个集合。若其中任意两点 $\boldsymbol{X}^{(1)}$、$\boldsymbol{X}^{(2)}$ 之间的连线都在该集合内，称这种集合 $\boldsymbol{D}$ 为 n 维欧氏空间的一个凸集。图Ⅰ-6(a)是二维空间的一个凸集；图(b)不是凸集，而Ⅰ-6(c)也是二维空间的一个凸集。

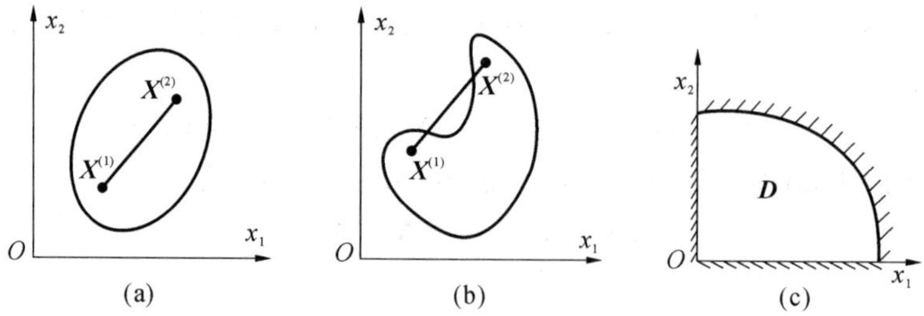

图Ⅰ-6 二维空间的凸集与非凸集

(a) 凸集 (b) 非凸集 (c) 凸集

对于 n 维欧氏空间上 $\boldsymbol{X}^{(1)}$、$\boldsymbol{X}^{(2)}$ 两点之间的连线，可用数学式表达为

$$\boldsymbol{X}=\boldsymbol{X}^{(1)}+(1-\alpha)\boldsymbol{X}^{(2)} \qquad (\text{Ⅰ-50})$$

式中：α 为0到1区间内的任意实数，即利用不同 α 值可以得到 $\boldsymbol{X}^{(1)}$、$\boldsymbol{X}^{(2)}$ 两点之间连线上的所有 $\boldsymbol{X}$ 点。

凸集具有以下性质：① 若 A 是一个凸集，λ 是一个实数，则 λA 仍为凸集；② 若 A 和 B 均为凸集，则其和(或并)仍为凸集；③ 任何一组凸集的交集还是凸集。

Ⅰ.4.2 凸函数、凸与非凸函数的等值线

1. 一元凸函数

为了直观地理解凸函数，首先以一元函数为例进行说明。如图Ⅰ-7(a)和(b)所示，假设一元凸函数 $f(x)$ 是向下凸的曲线。在函数的定义域内任取两点 x_1、x_2，在曲线上连接 $f(x_1)$、$f(x_2)$ 两点形成一直线。在 (x_1,x_2) 之间任取一点 x_k，x_k 对应于直线上的坐标 y_k。对于凸函数 $f(x)$，y_k 一定大于或等于 x_k 点的函数值 $f(x_k)$，即

$$y_k \geqslant f(x_k) \tag{Ⅰ-51}$$

显然，图Ⅰ-7(c)所示的函数为非凸函数。

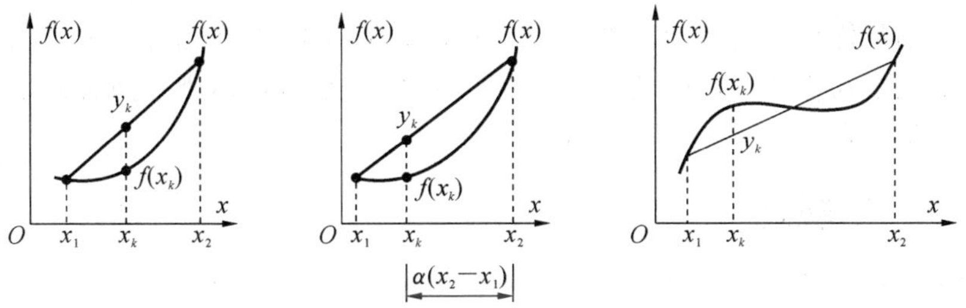

图Ⅰ-7 一元凸与非凸函数

(a) 一元凸函数几何意义 (b) 一元凸函数定义 (c) 一元非凸函数

该例的凸函数几何意义为：在凸函数曲线上，任意连接其中两点的直线，不会位于凸函数曲线以下。

对于一元函数，取实数 $\alpha(0\leqslant\alpha\leqslant1)$，依据式(Ⅰ-50)和式(Ⅰ-51)，可以推导出一元凸函数的数学定义为

$$\alpha f(x_1)+(1-\alpha)f(x_2)\geqslant f(\alpha x_1+(1-\alpha)x_2) \tag{Ⅰ-52}$$

式中：$\alpha f(x_1)+(1-\alpha)f(x_2)$ 是直线方程在区间 (x_1,x_2) 中任意坐标 x_k 点处的值 y_k，而 $f(\alpha x_1+(1-\alpha)x_2)$ 是一元凸函数 $f(x)$ 在 x_k 点处的函数值 $f(x_k)$。

2. 多元凸函数

多元凸函数无法用图形表示，只能用抽象的数学方式进行定义。设 $f(\boldsymbol{X})$ 为定义在凸集 $\boldsymbol{D}$ 上的多元函数，$\boldsymbol{X}$ 是 n 维向量。在凸集 $\boldsymbol{D}$ 内任取两点 $\boldsymbol{X}_1$、$\boldsymbol{X}_2$，若对于任意实数 $\alpha(0\leqslant\alpha\leqslant 1)$，恒有

$$f(\alpha\boldsymbol{X}_1+(1-\alpha)\boldsymbol{X}_2)\leqslant\alpha f(\boldsymbol{X}_1)+(1-\alpha)f(\boldsymbol{X}_2) \tag{Ⅰ-53}$$

称函数 $f(\boldsymbol{X})$ 为定义在凸集 $\boldsymbol{D}$ 上的凸函数。

凸函数具有如下两个重要性质：① 设 $f(\boldsymbol{X})$ 为定义在凸集 $\boldsymbol{D}$ 上的凸函数，且 λ 为大于零的一个正数，则 $\lambda f(\boldsymbol{X})$ 也是定义于凸集 $\boldsymbol{D}$ 上的凸函数；② 设函数 $f_1(\boldsymbol{X})$、$f_2(\boldsymbol{X})$ 为定义于凸集 $\boldsymbol{D}$ 上的凸函数，有正实数 $\alpha>0$，$\beta>0$，则线性组合 $f(\boldsymbol{X})=\alpha f_1(\boldsymbol{X})+\beta f_2(\boldsymbol{X})$ 也是凸集上的凸函数。多元函数的凸性还可以通过二阶导数来判定，这里不再叙述。

3. 凸与非凸函数的等值线

以二维函数为例，凸函数的等值线具有一组大圈套小圈的几何形状，如图Ⅰ-8(a)所示。

非凸函数的等值线具有多组大圈套小圈的几何形状，如图Ⅰ-8(b)所示。

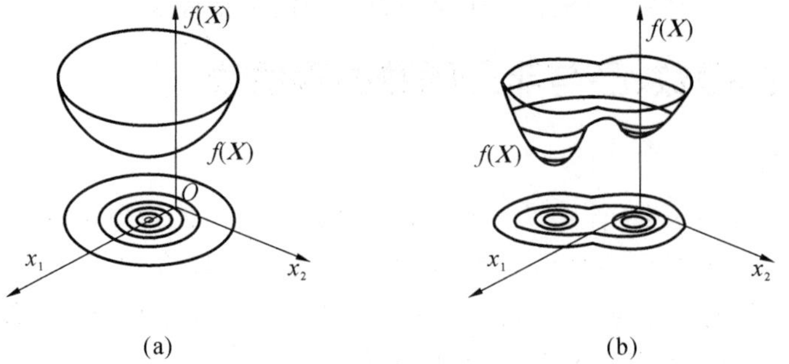

图Ⅰ-8　二维凸函数与非凸函数等值线

(a) 凸函数等值线　(b) 非凸函数等值线

图Ⅰ-8可以直观说明，凸函数的局部最优点也是全局最优点；但非凸函数的局部最优点不一定是全局最优点。因而，如果能确定目标函数是凸函数，在凸集的定义域上搜索到的最优点就一定是全局最优点；但如果不能确定目标函数是凸函数，则在凸集的定义域上即使搜索到了一个最优点，也不一定是全局最优点。

Ⅰ.4.3　凸规划

对于约束优化问题：

$$\begin{aligned}&\min f(\boldsymbol{X})\\&\boldsymbol{X}\in\boldsymbol{D}\subset\mathbf{R}^n\\ \text{s.t.}\quad&g_i(\boldsymbol{X})\leqslant 0\quad(i=1,2,\cdots,q)\end{aligned}\tag{Ⅰ-54}$$

若目标函数 $f(\boldsymbol{X})$ 为凸函数，$g_i(\boldsymbol{X})\leqslant 0$ 组成的区域 $\boldsymbol{D}$ 为凸集，则该数学规划称为凸规划。凸规划的局部最优点一定是全局最优点，但非凸规划的局部最优点不一定是全局最优点。这样就解决了前面提出的关于局部最优与全局最优的关系问题。优化方法的很多结论都是以函数具有凸性为前提的，所以函数的凸性在优化理论及算法收敛性的讨论中起着重要的作用。

在实际工程优化设计中，一般目标函数都比较复杂，常常难以判断其凸性。为了找到全局最优点，最常用的一个简单方法就是，给定不同的初始点进行搜索，如果目标函数是非凸函数，则有可能搜索到不同的最优点，再对不同最优点对应的最优值进行比较，尽可能地找到全局最优点。

Ⅰ.5　二次型函数简介

在优化方法讨论中，示例目标函数往往为二次型函数，其原因除了二次型函数在工程优化问题中有较多的应用且比较简单之外，还因为任何一个复杂的多元函数都可采用泰勒二次展开式进行局部逼近，使复杂函数简化为二次型函数。因此，讨论二次型函数概念和性质有助于理解和掌握优化设计方法。

Ⅰ.5.1　二次型函数的一般形式

以一般的二元二次函数为例，若函数可表示为如下形式：

$$f(\boldsymbol{X})=f(x_1,x_2)=ax_1^2+bx_1x_2+cx_2^2+dx_1+ex_2+m \tag{Ⅰ-55}$$

引入向量和矩阵：

$$\boldsymbol{X}=\begin{bmatrix}x_1\\x_2\end{bmatrix},\boldsymbol{A}=\begin{pmatrix}2a & b\\ b & 2c\end{pmatrix},\boldsymbol{B}=\begin{pmatrix}d\\e\end{pmatrix}$$

则：

$$f(\boldsymbol{X})=\frac{1}{2}\boldsymbol{X}^{\mathrm{T}}\boldsymbol{A}\boldsymbol{X}+\boldsymbol{B}^{\mathrm{T}}\boldsymbol{X}+m \tag{Ⅰ-56}$$

式中：$\boldsymbol{X}$ 表示一组变量 x_1,x_2，在多元函数中用 $\boldsymbol{X}$ 表示一组变量 $x_1,x_2,\cdots,x_n$ 的集合，方阵 $\boldsymbol{A}$ 显然是一个对称方阵。对有 n 个实变量的齐次二次型函数，其有如下表达式：

$$\begin{aligned}f(\boldsymbol{X})&=a_{11}x_1^2+a_{12}x_1x_2+\cdots+a_{1n}x_1x_n+a_{21}x_2x_1+a_{22}x_2^2+\cdots+a_{2n}x_2x_n+\cdots\\&+a_{n1}x_nx_1+a_{n2}x_nx_2+\cdots+a_{nn}x_n^2=\sum_{i=1}^{n}\sum_{j=1}^{n}a_{ij}x_ix_j\end{aligned} \tag{Ⅰ-57}$$

式中：$a_{ij}(i,j=1,\ 2,\ \cdots,\ n)$为给定的实常数，称为二次型函数的系数。式(Ⅰ-57)可以写成矩阵形式：

$$f(\boldsymbol{X})=(x_1,x_2,\cdots,x_n)\begin{bmatrix}a_{11} & a_{12} & \cdots & a_{1n}\\ a_{21} & a_{22} & \cdots & a_{2n}\\ \vdots & \vdots & & \vdots\\ a_{n1} & a_{n2} & \cdots & a_{nn}\end{bmatrix}\begin{bmatrix}x_1\\x_2\\ \vdots\\x_n\end{bmatrix}=\boldsymbol{X}^{\mathrm{T}}\boldsymbol{A}\boldsymbol{X} \tag{Ⅰ-58}$$

式中：$\boldsymbol{A}=\begin{bmatrix}a_{11} & a_{12} & \cdots & a_{1n}\\ a_{21} & a_{22} & \cdots & a_{2n}\\ \vdots & \vdots & & \vdots\\ a_{n1} & a_{n2} & \cdots & a_{nn}\end{bmatrix}$为二次型矩阵，矩阵中 $a_{ij}=a_{ji}(i,\ j=1,\ 2,\cdots,\ n)$为常系数。

对于二次型函数（实二次型），因为 $a_{ij}=a_{ji}$，所以 $\boldsymbol{A}=\boldsymbol{A}^{\mathrm{T}}$ 为对称矩阵，因此二次型矩阵都是对称矩阵。

Ⅰ.5.2　二次型函数的基本性质

二元二次函数在空间上是一个椭圆抛物面，函数的等值线是一系列的同心椭圆，参看图Ⅰ-7(a)。一般目标函数的等值线并不是同心的椭圆族，但是在极值点附近和二次型函数的性质相类似。

某二维四次目标函数的等值线如图Ⅰ-9所示，在显示的等值线范围内，有两个极小点 $\boldsymbol{X}_1^*$、$\boldsymbol{X}_2^*$，分别对应着两个极小值 $(f(\boldsymbol{X}_1^*)>f(\boldsymbol{X}_2^*))$，$\boldsymbol{X}_3$ 是一个鞍点。在极值点附近，其等值线近似于二次型函数的等值线。其他一般函数在极值点附近也具有类似的性质。这样研究二次型目标函数的寻优过程，可便于更好地理解其他复杂目标函数的优化过程。

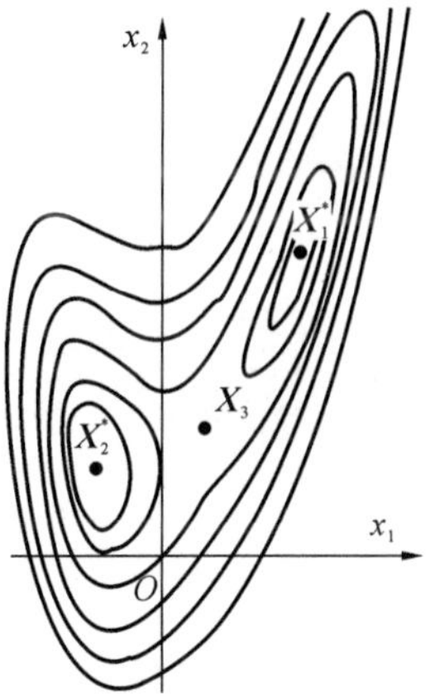

图Ⅰ-9　复杂目标函数的等值线

值得指出的是：① 从等值线的疏密可看出函数的变化率的大小，等值线越密函数值变化率越大，反之则越小；② 同二次型函数相比，函数非线性程度越高，其函数等值线越复杂，可能存在多个极值点，等值线形状多样且疏密不一，这给寻优过程带来一定的难度。

一般教材中还可能涉及等式约束优化的极值条件、不等式约束优化的极值条件等内容，本书不再介绍，需要时可参考相关书籍。

附录Ⅱ

Visual Basic 基础

Visual Basic(VB)是一门面向对象的编程语言。它具有入门容易、简单实用的特点，其编制的程序具有 Windows 窗体形式，可以在 Windows 系统下直接使用。

本附录没有全面介绍 VB，只是供读者学习本书优化设计内容时，查阅程序对应知识点的复习材料，因而只是简明扼要地列出了与本书程序有关的 VB 知识。如果需要，读者可以查阅相关的 VB 教材。

Ⅱ.1 VB 语法基础

1. 数据类型

表Ⅱ-1 列出了本书用到的数据类型。

表Ⅱ-1 数据类型

数据类型	关键字	类型符
整型	Integer	%
单精度型	Single	!
字符型	String	$
逻辑型(布尔型)	Boolean	

其中数值类型中的整型及单精度型，在一般的优化设计问题中，都不会出现超过取值范围的问题。

2. 常量与变量

标识符：VB 中为常量及变量定义的名字。

标识符的命名规则与一般编程语言的基本规则类似，即：必须以英文字母开头，可以用英文字母、数字及下划线组成，不能与 VB 保留的关键字同名。

常量：在程序运行中其值(数值、字符等)不会改变。

字符型常量是用一对英文双引号括起来的字符串，例如，“abC”“李明”。

逻辑常数只有两个：True(真)、False(假)。

变量：在程序运行中其值(数值、字符等)可改变。

在 VB 中，作为变量名的标识符对字母的大小写不敏感，即不区分变量名中的大小写。如对于变量名 abc 及 ABC，VB 认为是同一个变量。实际上，VB 系统具有自动更正功能，它会将同名的变量自动更正成相同的字符大小写格式。

变量声明:对变量的数据类型进行定义,以便系统对该变量分配适当的字节单元。VB中有两种变量声明方式:显式声明和隐式声明。

显式声明:在变量使用前声明变量的方式。显式声明的方式有多种,本书只使用“Dim”方式一种,如:

```
Dim K As Integer,x As Single
```

Dim是变量声明的保留字,K和x是两个变量名,As Integer/Single分别表示定义为整型/单精度型。

用Dim格式,可以在一行内对多个不同类型的变量进行声明,变量之间用英文逗号分隔。

变量声明也可以用更简洁的类型符定义。格式为变量名后使用类型符,如:

```
Dim K% ,x!
```

隐式声明:没有声明即使用简单变量的方式。VB系统会根据数据的值自动匹配数据类型,如:

```
x= 12        'x定义为整型变量
y= 3.14      'y定义为单精度型变量
c= "李明"    'c定义为字符型变量
```

上述变量称为简单变量。在VB中,简单变量不必先声明再使用。

VB中还有一类具有相同数据类型的数据元素集合,称为数组变量。数组变量必须先显式声明才能使用。

本书中,简单变量均不做显式声明,数组变量均做显式声明。

3. 运算符与表达式

运算符:操作数据的表示符号。

表达式:由运算符与数据连接成的式子。

算术运算符:用于数值型数据(如整型、单精度型)进行数值计算的运算符。

算术表达式:用算术运算符与数值数据连接的表达式,如表Ⅱ-2所示。

表Ⅱ-2　算术运算符及表达式

算术运算符	说明	算术表达式
+	加法	$x+y$
-	减法	$x-y$
*	乘法	$x*y$
/	除法	x/y
∧	指数运算	x^3

关系运算符:用于数据比较的运算符。

关系表达式:用关系运算符连接简单变量或表达式所组成的式子,如表Ⅱ-3所示。关系表达式的结果是一个逻辑值,只能是True或False。

表Ⅱ-3 关系运算符及表达式

关系运算符	说明	关系表达式
<	小于	epx<0.01
<=	小于等于	$(x+y)<=z$
>	大于	$x>y$
>=	大于等于	$x>=(y+z)$
=	等于	$x=y$
<>	不等于	$x<>y$

逻辑运算符：用于对逻辑型数据进行各种逻辑运算的运算符。

逻辑表达式：用逻辑运算符对关系表达式或逻辑型数据进行连接的式子，如表Ⅱ-4所示。逻辑表达式的结果是一个逻辑值，只能是 True 或 False。

表Ⅱ-4 逻辑运算符及表达式

逻辑运算符	说明	逻辑表达式
And	逻辑与	A And B
Or	逻辑或	A Or B
Not	逻辑非	Not A

字符串运算符：字符串运算符的作用是进行字符串的连接，有"&"及"+"两种。当操作数中出现数值型数据时，使用连接符"+"易出现混淆。所以，字符串连接时建议使用"&"，如：

```
"123" & "xyz"          '"123xyz"
123 & "xyz"            '"123xyz"
123 & 456              '"123456"
```

4. 常用内部函数

1）数学函数

常用数学函数如表Ⅱ-5所示。

表Ⅱ-5 常用数学函数

函数	格式	说明
Sin	Sin(x)	弧度 x 的正弦值
Cos	Cos(x)	弧度 x 的余弦值
Tan	Tan(x)	弧度 x 的正切值
Abs	Abs(x)	x 的绝对值
Sqr	Sqr(x)	x 的平方根

2）随机函数

随机函数如表Ⅱ-6所示。

表Ⅱ-6　常用随机函数

函数	格式	说明
Rnd	Rnd[(*x*)]	产生0～1(包含0)的伪随机数

方括号[(*x*)]表示该参数可用也可不用,如Rnd和Rnd(1)都可以产生伪随机数。

对于Rnd(1)和Rnd(−1),其中的(1)和(−1)称为随机数种子。上述两个式子分别称为以1和−1为随机数种子而产生的伪随机数。

所谓伪随机数,是由计算机按照一定的算法计算出的“随机数”,并不是真正的随机数。如随机数种子取−1,在VB中计算Rnd(−1),每次都是0.224007,而不会产生真正的任意随机数。

一个改进方法是引用随机数种子生成器语句Randomize。使用该语句时,VB取计算机系统的时间作为随机数种子。由于系统时间是不断变化的,随机数种子也是不断变化的,可产生不同的近似“随机数”。

若需要产生0～10之间的随机数,可以用Rnd * 10获得。

3) 类型转换函数

类型转换函数如表Ⅱ-7所示。

表Ⅱ-7　类型转换函数

函数	格式	说明
Val	Val(Str)	将数字式字符串Str转换成数值

如:

```
x= Val("3.1415")        '将字符串"3.1415"转换成数值 3.1415
```

本书使用类型转换函数Val最多的地方,是将从文本框中接收的初始字符数据,转换成数值型数据,以便进行对应的数值计算,参见“文本框”一节内容。

4) 格式输出函数

格式输出函数如表Ⅱ-8所示。

表Ⅱ-8　格式输出函数

函数	格式	说明
Format	Format(数值表达式,格式字符串)	将数值表达式按指定的格式字符串输出

其中,数值表达式可以是一个数值型变量,也可以是一个关于数值计算的一般表达式。格式字符串需要用格式说明符及一定的格式排列进行表述,如表Ⅱ-9所示。

表Ⅱ-9　格式字符串

字符	作用
#	输出数字,输出串前、后不补0
0	输出数字,输出串前、后补0
.	输出小数点

如：

```
x= 12.34
Format(3.1415,"##.##")        '输出字符串"3.14"
Format(3.1415,"00.00")        '输出字符串"03.14"
Format(x,"00.000")            '输出字符串"12.340"
```

Ⅱ.2 基本语句

1. 注释语句

注释有利于表述程序代码的含义，便于阅读理解程序。

格式一：Rem 注释内容

格式二：'注释内容

Rem 注释内容：一般在程序开始处使用，用于说明程序的功能和简单的使用方法。

'注释内容：一般与程序的命令语句在同一行，用于说明命令的作用。本书基本上采用这种方式。

2. 数据输入语句

数据输入的方式较多，本节只介绍赋值语句。

VB 中，用"="作为赋值符号。赋值语句的格式为

变量名={常量|变量|表达式}

赋值语句的含义是，将赋值号右侧表达式的值赋给左侧的变量。

```
x= 3.14     '将数值 3.14 赋值给变量 x
x= x+ 2.5   '再将 3.14+ 2.5 赋值给变量 x
```

在 VB 中，允许一行写多条命令语句，各语句之间用英文冒号分隔。以上两条命令可以在同一行上写为

```
x= 3.14:x= x+ 2.5
```

由于 VB 是面向对象的编程语言，本书主要采用文本框输入数据。文本框输入数据的方式在Ⅱ.6 节介绍。

3. 数据输出语句

用 Print 输出，如 Print 2+3。

与 Print 配合使用的还有 Tab()函数、Space()函数及 Format()。

同样，由于 VB 是面向对象的编程语言，本书主要采用文本框输出数据。文本框输出数据的方式在Ⅱ.6 节介绍。

Ⅱ.3 程序控制结构

与一般的结构化编程语言一样，VB 的程序控制结构也只有三种：顺序结构、分支结构和循环结构。

为了形象地描述控制结构，需要使用程序流程图。流程图一般有两种，一种是传统的用框形及流程线构成的(为方便起见，简称为框线流程图)，另一种是 N-S(由 Nassi 和 Shneiderman 两人研制)结构化流程图。N-S 结构化流程图更有利于编程，所以，本书以 N-S 结构化流程图为主。

1. 顺序结构

程序按书写的顺序从上到下顺序执行。图Ⅱ-1(a)是框线流程图表示方法，图Ⅱ-1(b)是 N-S 流程图表示方法，都是先执行 A，再执行 B。

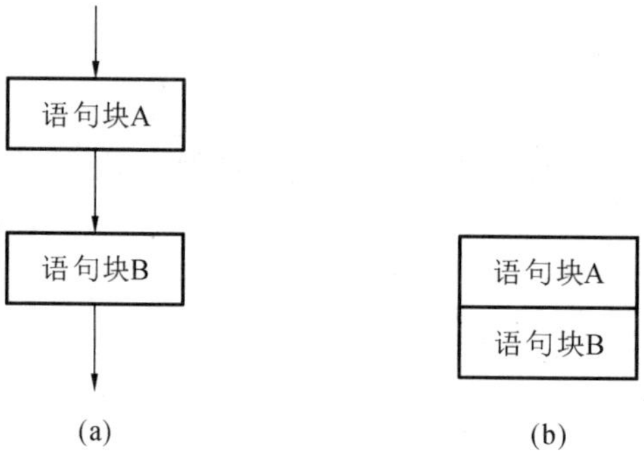

图Ⅱ-1 顺序结构流程图

(a) 线框流程图 (b) N-S 流程图

2. 分支结构

分支结构在判断条件 E 后进行分支，条件为真执行 A，条件为假执行 B。

基本分支结构为 If…Then…Else。

图Ⅱ-2(a)是框线流程图表示方法，图Ⅱ-2(b)是 N-S 流程图表示方法。

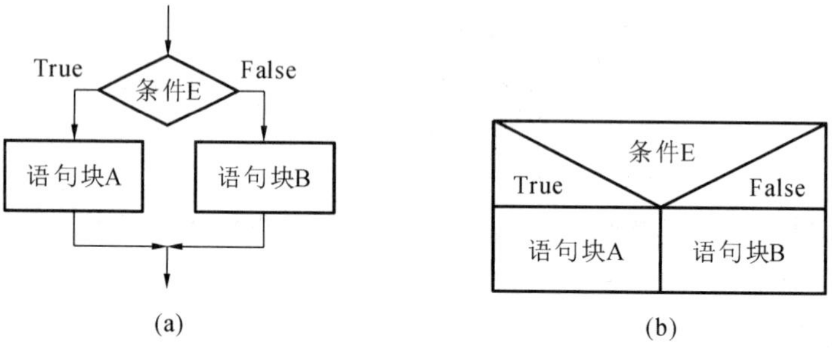

图Ⅱ-2 基本分支结构流程图

(a) 框线流程图 (b) N-S 流程图

条件判断 E 的结果是逻辑值，条件为 True 执行 A 语句块，条件为 False 执行 B 语句块。

分支结构还有一种退化形式：没有 Else 部分。在流程图中，即没有 B 语句块。

至于更为复杂的 If…Then…ElseIf 语句，其可以仿照基本分支流程图画出。

3. 循环结构

循环结构是用于处理重复执行程序的结构。这里只介绍 Do 循环与 For 循环。

1) Do…Loop 循环结构

Do…Loop 循环结构用于未知循环次数的情况，有两种形式：前测型及后测型。

前测型：　　　　　　　　　　　　后测型：

```
Do While|Until 条件              Do
  语句组                           语句组
  [Exit Do]                        [Exit Do]
  语句组                           语句组
Loop                             Loop While|Until 条件
```

前测型是先测试条件是否为真，再决定是否执行循环体。所以，前测型 Do…Loop 循环结构可能一次循环都不执行。

后测型是先执行循环体，再测试条件是否为真。所以，后测型 Do…Loop 循环结构至少执行一次循环。

While|Until 表示选择其一。取 While 条件形式时，条件为真，则执行循环，也称其为 Do…Loop 结构的当型循环形式。即："当"条件为真时，执行循环。取 Until 条件形式时，条件为假，则执行循环，也称其为 Do…Loop 结构的直到型循环形式。即："直到"条件为真时，退出循环。

若循环内有 Exit Do 语句，则执行到该语句时，退出循环。

图Ⅱ-3(a)是前测型框线流程图表示方法，图Ⅱ-3(b)是 N-S 流程图表示方法。

图Ⅱ-4(a)是后测型框线流程图表示方法，图Ⅱ-4(b)是 N-S 流程图表示方法。

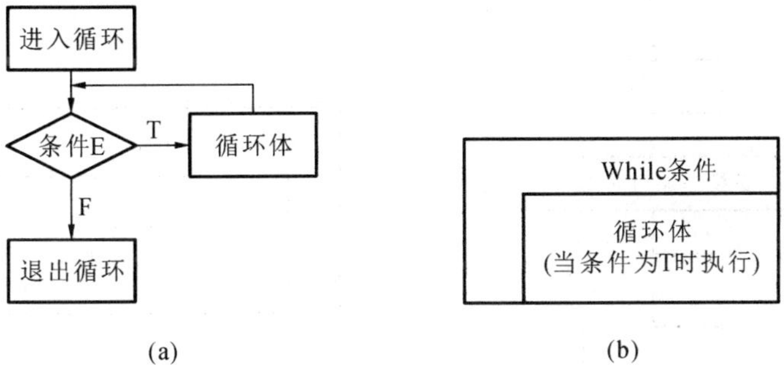

图Ⅱ-3 Do…Loop 前测型循环结构流程图

(a) 框线流程图 (b) N-S 流程图

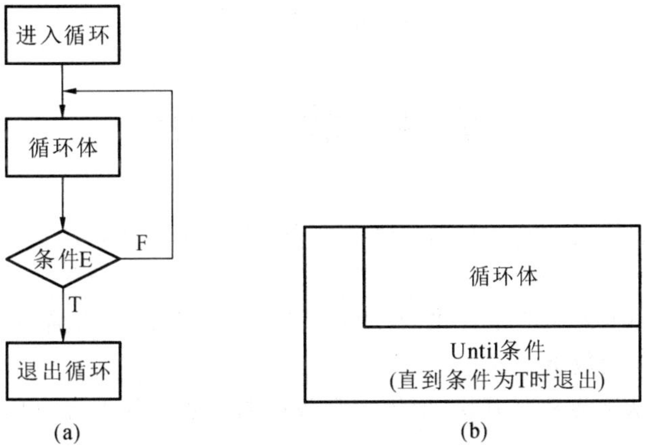

图Ⅱ-4 Do…Loop 后测型循环结构流程图

(a) 框线流程图 (b) N-S 流程图

2) For…Next 循环结构

For…Next 循环用于已知循环次数的情况,常称为计数型循环。格式如下:

For 循环变量=初值 To 终值 [Step 步长]

　语句组

　[Exit For]

　语句组

Next [循环变量]

图Ⅱ-5(a)是框线流程图表示方法,图Ⅱ-5(b)是 N-S 流程图表示方法。

另外,关于 VB 中的 While…Wend 循环结构,以及循环的嵌套问题,这里不再介绍。

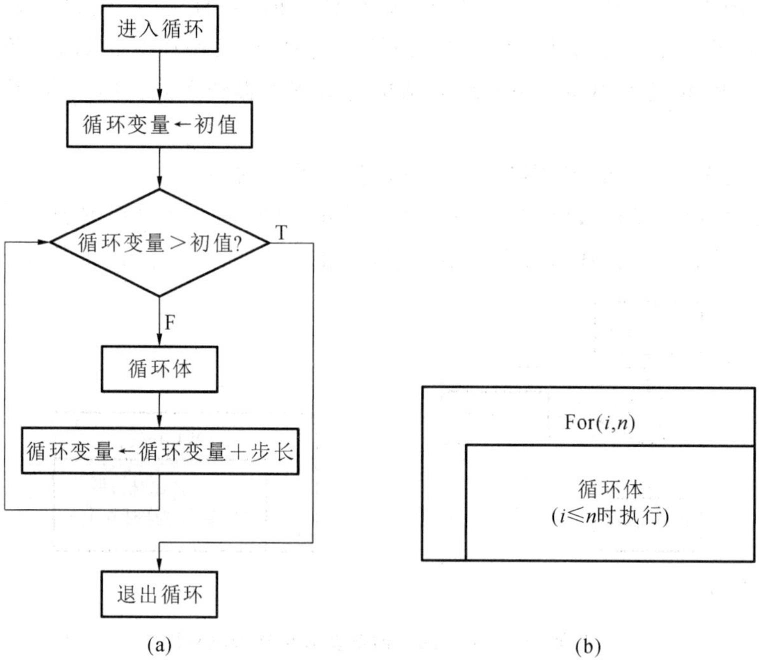

图Ⅱ-5　For…Next 循环结构流程图

(a) 框线流程图　(b) N-S 流程图

Ⅱ.4　数　　组

数组是具有相同数据类型的数据元素的集合。数组必须先声明后使用。

```
Dim A(9) As Single, B! (3,3)
```

示例分别用两种方式声明了一维及二维的单精度型数组。为简单起见,本书主要以第二种方式(类型符)声明数组。

VB 中,数组默认下界从 0 开始,上界用常数声明。数组的上界可用函数 UBound(数组名)获得,如:

```
Dim A! (9)
Print UBound(A)'输出一维数组 A 的上界值:9
```

该函数经常在程序中使用。

当数组的上界事先无法确定时，VB 中可以使用动态数组。例如，一个实际工程优化问题只有 2 个变量，但另一个实际工程优化问题有 4 个变量。为了使设计的优化程序具有通用性，即对 2～4 个变量都能使用，就可以将设计变量数组设置为动态数组。动态数组的声明需要两步。

```
Dim A! ()          '先声明一个没有上界的数组
n= 4
ReDim A(n)         '重新声明有上界的数组
```

其中，可以通过变量 n 的数值来确定动态数组的上界。改变上界，就可调整数组的大小。ReDim 语句用于为动态数组重新分配存储空间，执行该语句时，数组中的内容将被清除。在坐标轮换法中，每轮坐标轮换时，都使用 ReDim 语句，以清除原有的单位坐标向量。

Ⅱ.5 过　　程

VB 中有两种过程：子程序过程（sub procedure）和函数过程（function procedure）。

1. 子程序过程

本书用到的定义子程序过程的语法为

Private Sub 过程名（[形参表]）

　变量声明

　语句组

End Sub

形参表类似于变量声明，列表中含有调用该过程时传递给过程的系列参数。形参可以有一个、多个或零个，多个形参之间用英文逗号分隔。如果形参有数组，则需要在数组后加上一对空括号，并声明数组的数据类型。

形参有两种参数传递方式：ByVal（参数按值传递），ByRef（参数按地址传递）。其中默认方式是参数按地址传递，这也是本书程序默认的参数传递方式。子程序过程及形参表示例如下：

```
Private Sub abc(k,A,B,x! ())
```

过程名是 abc，形参表中有 3 个简单变量、1 个数组。参数都用默认的按地址传递方式。数组名是 x()，形参表中不能写数组的上界，在数组名后用类型符“!”声明其为单精度型。

过程调用有两种格式：

Call 过程名 [（实参表）]

或者：

过程名 [实参表]

调用过程的语句中使用的参数表称为实参表，作用是与过程的形参表中各个对应参数进行数据交换（传递及返回数据）。所以，实参表与形参表中的参数必须一一对应。

使用 Call 语句调用时，实参必须置于括号()内，若没有实参，则可以省略括号()。

仅用过程名调用时，实参没有括号()，各实参之间用逗号分隔。

为了清楚地表示过程调用，本书一律使用 Call 过程名的方式。

当实参是数组时，参数只能用按地址传递方式。

由于实参中的数组会先声明再使用,所以,实参表中的数组名不需要定义数据类型。但形参表中对应的数组必须在形参表中定义数据类型,而且在该子过程中不能再次声明,否则会出现重复声明错误。

一个配对的子过程实参表与形参表的例子如下。

主程序中:

```
Private Sub Command1_Click()          '主程序
Dimxmin! (5)                          '声明单精度型数组 xmin! (5)
Call  abc(n,L1,L2,xmin)               '调用过程 abc,实参数组不标注类型,不用()
……
End Sub                               '主程序结束
```

子程序过程中:

```
Private Sub abc(k,A,B,x! ())          '过程 abc,形参中数组必须声明类型
……                                    '形参数组不得再次声明
End Sub                               '子程序过程结束
```

实参与形参的对应关系为:n→k,L1→A,L2→B, xmin()→x()。

2. 函数过程

函数过程与子程序过程有许多相似之处,但函数过程可以返回一个值。正是因为函数过程要返回值,所以函数过程必须为返回值声明一个数据类型。

本书中定义函数过程的一般格式如下。

Private Function 函数名([形参表]) [As 数据类型]

　　变量声明

　　[函数名=表达式]

　　语句组

End Function

As 数据类型是函数返回值的数据类型,也可以在函数名后用类型符进行声明。

在函数过程中,用“函数名=表达式”语句给函数赋值。

调用函数过程的方法如下:

变量名= Function 的函数名([实参表])

与子程序过程的调用很相似。

一个配对的函数过程实参表与形参表的例子如下。

主程序中:

```
Private Sub Command1_Click()      '主程序
Dim xmin! (2)                     '声明单精度型数组 xmin! (2)
xmin(1)= 1:xmin(2)= 2
fmin= fval(xmin)                  '调用函数过程 fval,实参数组不标注类型,不用()
……
End Sub                           '主程序结束
```

函数过程中:

```
Private Subfval! (x! ())      '函数过程 fval(),函数及形参中数组必须声明类型
……                            '形参数组不得再次声明
Fval= x(1)^2+  x(2)^2+ 1      '函数名= 表达式,计算函数
```

```
End Sub                       '函数过程结束
```

函数过程中,函数名 fval 用数据类型符"!"声明为单精度型。

Ⅱ.6 VB 常用控件

VB 是可视化编程语言,其最重要的特点是使用了大量的可视化控件。控件的三个要素是:属性、事件和方法。本节仅介绍相关的属性设置。

1. 标签

标签(Lable)主要用于显示文字说明、提示信息等不需要用户修改的文本。

标签最常用的属性是 Caption(标题)属性,即填写标签的文本内容。

为了格式规整,也常用 Autosize(自动适应大小)属性。

2. 文本框

文本框(TextBox)是 VB 中经常用于数据输入或输出的控件。

文本框的主要属性如下。

(1) Name(名称)属性:用于设置文本框的名称,以便指定文本框进行输入、输出。

(2) Text(文本)属性:设置文本框中显示的文本内容。这些内容可以作为输入或输出的文本数据。

```
Text1.Text= "计算结果"    '将字符串"计算结果"输出到名为 Text1 的文本框中
Text2.Text= x(1)         '将数值型数组元素 x(1)输出到名为 Text2 的文本框中
x(2)= Val(Text2.Text)    '将名为 Text2 文本框中的文本转换为数值型数据赋值给 x(2)
```

文本框中的数据是字符型,所以需要先转换成数值型数据,再赋值给数值型变量。

赋值语句不仅可以给简单变量赋值,也可以给控件赋值。

(3) Font(字体)属性:可以设置文本字体、字型和字号。

文本框还具有设置单行文本、多行文本及滚动条的属性。

3. 命令按钮

命令按钮(CommandButton)是 VB 中使用最为广泛的控件之一。其主要用途是,当鼠标单击命令按钮时,会自动执行一段代码,完成代码指定的某项任务,如某项计算、清除界面等。

命令按钮的主要属性是 Caption(标题)属性:设置命令按钮的标题。

在窗体上添加命令按钮后,双击按钮,自动生成鼠标单击事件过程:

```
Private Sub Command1_Click()


End Sub
```

在过程代码中间部位插入相应代码,当程序运行时,单击该命令按钮,即可执行事件过程中的程序,完成某项具体任务。

4. 框架

框架(Frame)是一个控件容器,用于按功能分组容纳一组相关控件。

框架一般只用 Caption(标题)属性,在标题中表示该框架的功能或描述。

在框架中添加控件时，需要先单击选定(激活)框架，再向其中添加控件。只有这样添加的控件，才能在框架移动时，随同框架一起移动。

5. 单选/复选按钮

(1) 单选按钮(OptionButton)：用于多选一的选择方式。多个单选按钮必须放在同一个框架内构成选项组，才能实现多选一的“互斥”功能。

单选按钮的主要属性如下。

① Caption(标题)属性：设置单选按钮的标题，用于表示选项的功能。

② Value(状态)属性：设置单选按钮在程序执行过程中是否被选中。

其语法格式为

单选按钮名. Value={True|False}

单选按钮被选中时，属性值为 True，且按钮圆圈中出现黑点。单选按钮未被选中时，属性值为 False，按钮圆圈中空白没有黑点。依据 Value 的值，用分支语句即可分别处理相应的任务。

(2) 复选按钮(CheckBox)：用于多选的选择方式。多个复选按钮必须放在同一个框架内构成选项组，才能实现多选的功能。

复选按钮的主要属性如下。

① Caption(标题)属性：设置复选按钮的标题，用于表示选项的功能。

② Value(状态)属性：设置复选按钮在程序执行过程中是否被选中，如表Ⅱ-10 所示。

其语法格式为

复选按钮名. Value={0|1|2}

表Ⅱ-10 复选按钮 Value 的属性

属性值	功能
0	未选中，方框空白没有√标志，是默认值。
1	选中状态，方框中有√标志。
2	禁止选择状态，呈灰色，用户无法修改。

依据 Value 的值，用分支语句即可分别处理相应的任务。

附录Ⅲ

优化程序示例

本书配备了60个配套优化程序，这些优化程序是专门为帮助读者更好地理解和应用所学知识而设计的。通过这些程序，读者可以更加深入地了解各种优化算法和技巧，程序还提供了丰富的实例，使得读者能够轻松掌握如何针对特定问题进行优化。总之，本书的这一特色使得读者在掌握优化算法的同时，能够轻松地将其应用于实际场景中，进而提高学习效率。本书附带的程序均提供源代码，方便读者进行移植和二次开发。这些源代码以清晰、易读的方式编写，同时提供了详细的注释和说明，帮助读者理解其实现原理和代码逻辑。此外，这些程序均采用通用的编程语言 Visual Basic 编写，使得读者可以轻松将其应用于不同的平台和环境中。为了拓展读者的思路和应用范围，配套资源中还提供了几个 MATLAB 程序供参考。

附录Ⅲ选择消除冗余区间进退法、梯度法-追赶步长法和基本鲍威尔法作为示例进行说明，所有程序源代码和可执行程序可扫描书中二维码免费下载。读者可以根据自己的需要和实际情况对源代码进行修改和扩展，以满足特定的应用需求。

Ⅲ.1　消除冗余区间进退法

Ⅲ.1.1　程序源代码

```
Private Sub Command1_Click()                              '消除冗余区间进退法主程序
n= 2                                                      '以二维函数为例
Dim x0! (), s! (): ReDim x0(n), s(n)                      '声明初始点函数坐标数组,搜索方向数组
x0(1)= Val(Text1.Text): x0(2)= Val(Text2.Text)            '取初始点函数坐标
t0= Val(Text3.Text)                                       '取初始步长因子增量
s(1)= 4: s(2)= 6                                          '练习:给定一维搜索方向 s()
Call forward_backward(x0, s, t0, A, B)                    '调用进退法子程序,返回单峰区间[A,B]
Text4.Text= Format$ (A, "0.00") & ", " & Format$ (B, "0.00")   '输出单峰区间
End Sub                                                   '消除冗余区间进退法 2021. 4.5 V5.6

Private Sub forward_backward(x0! (), s! (), t0, A, B)     '消除冗余区间进退法子程序
n= UBound(x0)                                             '取数组上标作维数
beta= Val(Text5.Text)                                     '取变量步长增量加倍因子
Dim x! (): ReDim x(n)                                     '声明试探点函数坐标数组
F0= fxval(x0)                                             'x0 处函数数值
```

```
A0= 0                                              'A0= 0对应x0处
A1= t0                                             '沿前进方向第一个试探点步长因子坐标A1
Call Cal_Coord(x0, s, A1, x): F1= fxval(x)         '调用计算函数坐标子程序,返回A1处x(),F1
If F0 > F1 Then                                    '判断进退:函数值呈"高-低"状应前进搜索
  T= t0                                            '取正的初始步长增量赋值给变量步长增量
  Do                                               '循环前进搜索
    T= beta * T: A2= A0 + T                        '正向上变量步长增量加倍,第二个试探点步长因子坐标A2
    Call Cal_Coord(x0, s, A2, x): F2= fxval(x)     '调用计算函数坐标子程序,返回A2处x(),F2
    If F1 > F2 Then A0= A1: A1= A2: F1= F2         '若函数值呈"高-低-更低"状,转置消除冗余
  Loop Until F2 > F1                               '继续循环前进,直到函数值呈"高-低-高"状态终止循环
  A= A0: B= A2                                     '单峰区间[A0,A2]→[A,B],通过形参返回
Else                                               '否则,函数值呈"低-高"状应后退搜索
  tem= A0: A0= A1: A1= tem: F1= F0: T= - t0        '交换转置,变量步长增量反向
  Do                                               '循环后退搜索
    T= beta * T: A2= A0 + T                        '反向上变量步长增量加倍,第二个试探点步长因子坐标A2
    Call Cal_Coord(x0, s, A2, x): F2= fxval(x)     '调用计算函数坐标子程序,返回A2处x(),F2
    If F1 > F2 Then A0= A1: A1= A2: F1= F2         '若函数值呈"更低-低-高"状,转置消除冗余
  Loop Until F2 > F1                               '继续后退,直到函数值呈"高-低-高"状态终止循环
  A= A2: B= A0                                     '单峰区间[A2,A0]→[A,B],通过形参返回
End If
End Sub                                            '消除冗余区间进退法子程序

Private Sub Cal_Coord(x0! (), s! (), A, x! ())     '计算函数坐标子程序
For i= 1 To UBound(x0! ())                         '取数组的上标作维数
  x(i)= x0(i) + A * s(i)                           '从x0()点,沿s()方向移动A步长因子的函数坐标
Next i
End Sub

Private Function fxval! (x! ())                    '计算函数值子函数
  fxval= (x(1) - 2) ^ 2 + (x(2) - 3) ^ 2
End Function

Private Sub Command2_Click()                       '退出子程序
Unload Me: End                                     '卸载程序:终止程序
End Sub
```

Ⅲ.1.2 可执行程序运行界面

可执行程序运行界面如图Ⅲ-1所示。

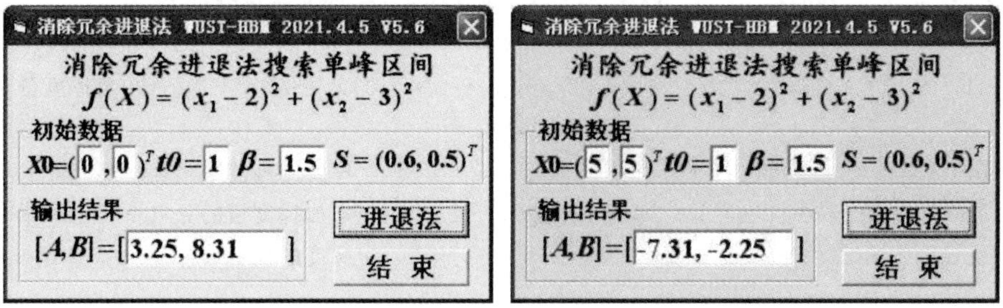

图Ⅲ-1　消除冗余区间进退法程序界面

(a) 前进搜索　(b) 后退搜索

Ⅲ.2　梯度法-追赶步长法

Ⅲ.2.1　程序源代码

```
Private Sub Command1_Click()                                  '梯度法- 追赶步长法
n= 2                                                          '取维数
Dim x0! (), xopt! (): ReDim x0(n), xopt(n)                    '初始点,最优点函数坐标
x0(1)= Val(Text1.Text): x0(2)= Val(Text2.Text)                '取初始点函数坐标
epx= Val(Text3.Text)                                          '取控制精度 ε
Call gradient_method(x0, epx, xopt)                           '调用梯度法子程序,获得最优点 xopt()
Text5.Text= Format$ (xopt(1), "0.0000") & "," & Format$ (xopt(2), "0.0000")  '最优点
fmin= fxval(xopt): Text6.Text= Format$ (fmin, "0.000")   '输出最优点函数值
End Sub                                                       '梯度法- 追赶步长法

Private Sub gradient_method(x0! (), epx, xopt! ())'梯度法子程序
n= UBound(x0)
Dim s! (): ReDim s(n)
Call grad_modulus(x0, s, m)                                   '调用梯度及模计算子程序
Do While m >  epx
  k= k +  1                                                   '搜索轮次
  Call chasing_method(x0(), s(), epx, xopt)                   '调用追赶步长子程序,获最优点 x()
  x0= xopt                                                    '取最优点
  Call grad_modulus(x0, s, m)                                 '调用梯度及模计算子程序
Loop                                                          '循环尾
Text7.Text= k                                                 '输出最优函数值
End Sub                                                       '梯度法子程序

Private Sub grad_modulus(x0! (), g! (), m)                    '计算梯度及模子程序
n= UBound(x0)
If Option1.Value= True Then                                   '选中函数 1 x(1) ^ 2 +  25 *  x(2) ^ 2
```

```
  g(1)= - 2 *  (x0(1) -  2): g(2)= - 2 *  (x0(2) -  3)  '负梯度分量 1
Else                                                    '选中函数 2
  g(1)= - 2 *  x0(1) +  2 *  x0(2) +  4: g(2)= 2 *  x0(1) -  4 *  x0(2)  '负梯度分量 2
End If
m= 0                                                    '梯度的模清零
For i= 1 To n: m= m +  g(i) *  g(i): Next i             '累加梯度模的分量
m= Sqr(m)                                               '梯度的模
End Sub

Private Sub chasing_method(x0! (), s! (), epx, x00! ())  '追赶步长法子程序
n= UBound(x0): Dim x! (): ReDim x(n)
t0= 0.5: f0= fxval(x0)
Do                                                      '外循环
  A0= 0: A= t0
  Call Cal_Coord(x0, s, A, x): f= fxval(x)
  If f0 >  f Then                                       '前进试探成功
    T= t0
    Do                                                  '前进追赶内循环
      A0= A: x0= x: f0= f: x00 = x0: T= 1.3 *  T: A= A0 +  T
      Call Cal_Coord(x0, s, A, x): f= fxval(x)
    Loop Until f >  f0                                  '终止内循环
  Else                                                  '正向试探不成功,反向试探
    A= - t0: Call Cal_Coord(x0, s, A, x): f= fxval(x)
    If f0 >  f Then                                     '反向试探成功
      T= - t0
      Do                                                '后退追赶内循环
        A0= A: x0= x: f0= f: x00= x0: T= 1.3 *  T: A= A0 +  T
        Call Cal_Coord(x0, s, A, x): f= fxval(x)
      Loop Until f >  f0                                '终止内循环
    Else                                                '正、反向试探均不成功
      t0= 0.5 *  t0                                     '步长减半进行下一轮外循环搜索
    End If
  End If
Loop Until t0 <  epx                                    '终止外循环
End Sub                                                 '追赶步长法子程序

Private Sub Cal_Coord(x0! (), s! (), A, x! ())          '计算函数坐标子程序
For i= 1 To UBound(x0! ())
  x(i)= x0(i) +  A *  s(i)
Next i
End Sub

Private Function fxval! (x! ())                         '计算函数值子函数
If Option1.Value= True Then                             '选中函数 1
```

```
  fxval= (x(1) - 2) ^ 2 + (x(2) - 3) ^ 2
Else                                                        '选中函数 2
  fxval= x(1) ^ 2 + 2 * x(2) ^ 2 - 4 * x(1) - 2 * x(1) * x(2)
End If
End Function
```

Ⅲ.2.2　可执行程序运行界面

可执行程序运行界面如图Ⅲ-2 所示。

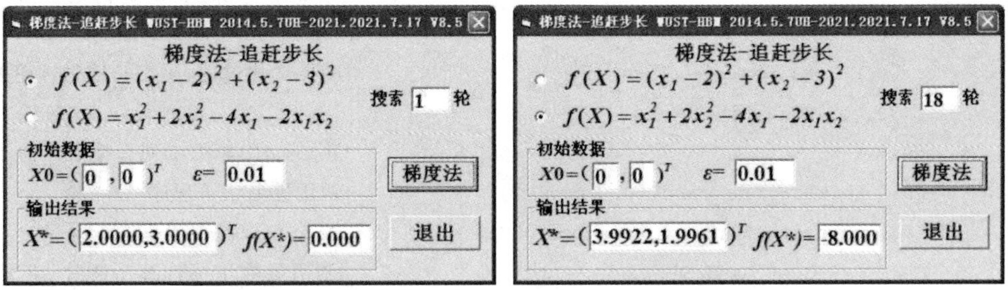

(a)　　　　　　　　　　(b)

图Ⅲ-2　梯度法-追赶步长法程序界面

(a) 等值线为圆的目标函数　(b) 等值线为倾斜椭圆的目标函数

Ⅲ.3　基本鲍威尔法

Ⅲ.3.1　程序源代码

```
Private Sub Command1_Click()                                 '基本鲍威尔法主程序
n= 2                                                        '取维数
Dim x0! (), Xopt! (): ReDim x0(n), Xopt(n)                  '声明初始点,最优点
x0(1)= Val(Text1.Text): x0(2)= Val(Text2.Text)              '取初始点坐标
epx= Val(Text3.Text)                                        '取控制精度
Call Powell_Basic(x0, epx, Xopt)                            '调用基本鲍威尔法,获最优点 xopt()
Text4.Text= Format$ (Xopt(1), "0.0000") & "," & Format$ (Xopt(2), "0.0000")
                                                            '输出最优点
fmin= fxval(Xopt): Text5.Text= Format$ (fmin, "0.0000")     '输出最优点函数值
End Sub                                                     '基本鲍威尔法主程序

Private Sub Powell_Basic(x0! (), epx, Xopt! ())             '基本鲍威尔法子程序
n= UBound(x0)                                               '取维数
Dim x00! (), x_plus! ()                                     '定义每轮起点,共轭搜索最优点
Dim SS! (), Si! (), S! ()                                   '搜索方向向量系,一维搜索向量,共轭
                                                            向量
ReDim x00(n), x_plus(n), SS(n + 1, n), Si(n), S(n)          '重定义
Text6.Text= "": k1= 0
```

```
For i= 1 To n: For j= 1 To n                          '置 ss()为单位矩阵作首轮搜索方向向量系
  If i= j Then SS(j, i)= 1
Next j: Next i
Call grad_modulus(x0, m)                              '调用梯度及模计算子程序
Do While m >  epx
  For k= 1 To n                                       '共进行 n 次辅助优化+ 共轭优化
    k1= k1 +  1
    x00= x0                                           '保留每一轮起点 x00(),用于构造共轭向量
    For i= 1 To n: For j= 1 To n                      '辅助优化过程,第 1 轮用坐标轮换法
        Si(j)= SS(j, i):
      Next j                                          '从 ss()中取第 i 列为搜索方向 si()
      Call forward_backward(x0, Si, A, B)             '调用进退法子程序
      Call quadratic_interpolation(x0, Si, A, B, epx, Aopt)  '调用插值法子程序
      Call Cal_Coord(x0, Si, Aopt, Xopt)              '调用函数坐标计算子程序,获最优点坐标 xopt()
      Text6.Text= Text6.Text & Format$ (k1, "0") & "- " & Format$ (i, "0") & "    " & Format$ (Aopt, "0.000") & "    (" & Format$ (Xopt(1), "0.0000") & "," & Format$ (Xopt(2), "0.0000") & ")" & vbCrLf
      If Abs(Aopt) <  epx Then                        '* * 改进 1:步长极小时终止搜索
        Xopt= x0: Exit Do                             '* * 改进:理论上防止降维/程序中防止进退法数值溢出
      Else
        x0= Xopt                                      '辅助优化各维最优点 xopt()→x0(),作下一维搜索起点
      End If
    Next i                                            '辅助过程结束
    For j= 1 Ton: S(j)= Xopt(j) -  x00(j): Next j     '构造共轭向量
    Call forward_backward(x00, S, A, B)               '调用进退法,作共轭优化
    Call quadratic_interpolation(x00, S, A, B, epx, Aopt)  '调用插值法
    Call Cal_Coord(x00, S, Aopt, x_plus)              '调用函数坐标计算子程序,共轭优化最优点 x_plus()/Xn+ 1
    x0= x_plus                                        '共轭优化最优点 x_plus()→x0(),作下一轮起点
    Text6.Text= Text6.Text & Format$ (k1, "0") & "- " & Format$ (i, "0") & "    " & Format$ (Aopt, "0.000") & "    (" & Format$ (x_plus(1), "0.0000") & ","& Format$ (x_plus(2), "0.0000") & ")" & vbCrLf
    For i= 1 To n -  1: For j= 1 To n                 '更新搜索方向向量系
      SS(j, i)= SS(j, i +  1)                         '去掉第 1 列,i 列←i+ 1 列
    Next j: Next i
    For j= 1 To n: SS(j, n)= S(j): Next j             '共轭向量置于第 n 列,更新完成
  Next k
  Call grad_modulus(x0, m)
```

```
Loop                                                  '最优点梯度的模足够小,结束搜索
Xopt= x0                                              '最优点作为目标函数最优点返回主程序
Text7.Text= k1                                        '输出搜索轮次
End Sub                                               '基本鲍威尔法子程序

Private Sub forward_backward(x0! (), S! (), A, B)     '消除冗余区间进退法子程序
……
Sub                                                   '消除冗余区间进退法子程序

Private Sub quadratic_interpolation(x0! (), S! (), A1, A3, epx, Aopt)  '插值法子程序
……
End Sub                                               '插值法子程序结束

Private Sub Cal_Coord(x0! (), S! (), A, x! ())        '计算函数坐标子程序
……
End Sub

Private Function fxval! (x! ())                       '计算函数值子函数
……
End Function
```

Ⅲ.3.2　可执行程序运行界面

可执行程序运行界面如图Ⅲ-3 所示。

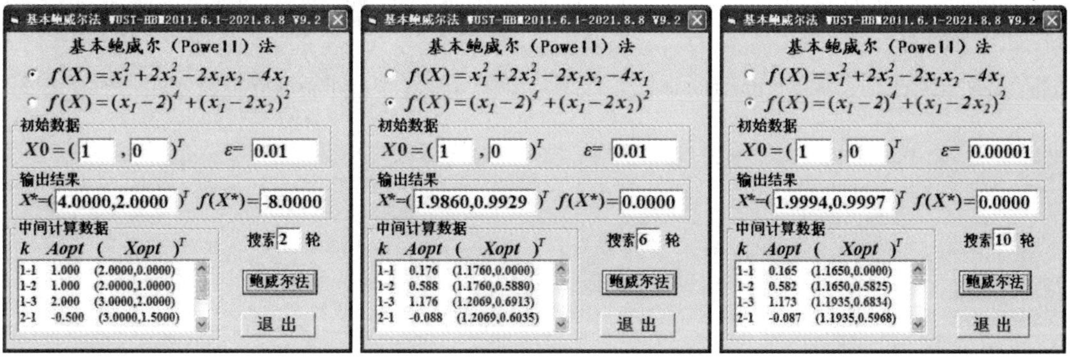

图Ⅲ-3　基本鲍威尔法程序界面

(a) 目标函数 1　(b) 目标函数 2　(c) 提高计算精度

参 考 文 献

[1] 孙靖民，梁迎春. 机械优化设计[M]. 5 版. 北京：机械工业出版社，2012.

[2] 陈立周. 机械优化设计方法[M]. 北京：冶金工业出版社，1985.

[3] 张立卫. 最优化方法[M]. 北京：科学出版社，1978.

[4] 席少霖，赵风治. 最优化计算方法[M]. 上海：上海科学技术出版社，1983.

[5] 钱令希. 工程结构优化设计[M]. 北京：水利电力出版社，1983.

[6] 邓乃阳. 无约束最优化计算方法[M]. 北京：科学出版社，1983.

[7] 王永乐. 机械工程师优化设计基础[M]. 哈尔滨：黑龙江科学技术出版社，1983.

[8] 冯康. 数值计算方法[M]. 北京：国防工业出版社，1978.

[9] 福克斯 R L. 工程设计的优化方法[M]. 张建中，等译. 北京：科学出版社，1981.

[10] 刘惟信. 机械最优化设计[M]. 北京：清华大学出版社，2000.

[11] 张玉凯. 机械优化设计入门[M]. 天津：天津科学技术出版社，1984.

[12] 郑文伟，吴克坚. 机械原理[M]. 北京：高等教育出版社，1996.

[13] ATHERTON D P. Nonlinear control engineering: describing function analysis and design[M]. London: Van Nostrand Reinhold, 1997.

[14] ROSENBROCK H H. Computer-aided control system design[M]. London: Academic Press, 1973.

[15] 史晓峰，刘超，薄海玲，等. VB 语言程序设计实验教程[M]. 北京：人民邮电出版社，2015.

[16] 杨忠宝，刘向东，康顺哲，等. VB 语言程序设计教程[M]. 北京：人民邮电出版社，2015.

[17] 王韦伟，王海军. Visual Basic 程序设计与应用开发[M]. 北京：清华大学出版社，2012.